西安交通大学 少年班规划教材

# 大学计算机基础

主编　顾　刚　乔亚男

参编　贾应智　谢　涛　杨忠孝

西安交通大学出版社
XI'AN JIAOTONG UNIVERSITY PRESS

**图书在版编目(CIP)数据**

大学计算机基础/顾刚,乔亚男主编.—西安:西安
交通大学出版社,2015.8
ISBN 978-7-5605-7689-3

Ⅰ.①大… Ⅱ.①顾… ②乔… Ⅲ.①电子计
算机-高等学校-教材 Ⅳ.①TP3

中国版本图书馆 CIP 数据核字(2015)第 181834 号

| | | |
|---|---|---|
| 书　　名 | 大学计算机基础 | |
| 主　　编 | 顾　刚　乔亚男 | |
| 参　　编 | 贾应智　谢　涛　杨忠孝 | |
| 责任编辑 | 王　欣 | |

出版发行　西安交通大学出版社
　　　　　（西安市兴庆南路 10 号　邮政编码 710049）
网　　址　http://www.xjtupress.com
电　　话　(029)82668357　82667874(发行中心)
　　　　　(029)82668315(总编办)
传　　真　(029)82668280
印　　刷　虎彩印艺股份有限公司

开　　本　787mm×1 092mm　1/16　印张 24.875　字数 604 千字
版次印次　2016 年 8 月第 1 版　2016 年 8 月第 1 次印刷
书　　号　ISBN 978-7-5605-7689-3/TP·680
定　　价　49.80 元

读者购书、书店添货,如发现印装质量问题,请与本社发行中心联系、调换。
订购热线:(029)82665248　(029)82665249
投稿热线:(029)82664954
读者信箱:jdlgy@yahoo.cn

# "西安交通大学少年班规划教材"编写委员会

# 总 序

　　为进行创新与素质教育改革试点,以探索新形势下高校与中学合作培养拔尖创新人才的新途径,经教育部批准,西安交通大学从1985年开始在全国范围内招收少年班大学生,目的在于不拘一格选拔智力超常的少年,进行专门培养,促使他们尽早成才。在教育部的支持下,西安交大历经30年的实践与探索,逐步形成了选拔、培养和后续培养的少年大学生培养体系,取得了明显的效果,一批又一批少年大学生脱颖而出,众多毕业生已在祖国各条战线上为国家建设做出突出贡献。

　　目前,西安交大少年班实行"预科(两年)—本科(四年)—硕士(两年)"八年制贯通培养模式:其中,预科阶段分别在中学(预科一)和大学(预科二)进行,为期两年。在预科学习中,少年班大学生既要学完高中三年的全部知识,又要先修部分大学基础知识,完成中学教育与高等教育的平滑过渡。而现行的教材无一例外都是中学与大学知识体系分开的教材,这种分开的教材反映出我国中学与大学教育在认知、方法和规律上存在着差异。因此,编写一套适合少年班大学生预科阶段学习的教材,在人才培养模式上实现中学基础教育与高等教育无缝衔接,是一项极具前瞻性和战略意义的教育任务。

　　对此,西安交通大学教务处于2009年9月启动少年班预科教材编撰工作,并专门设立教学改革项目,组织专家与教师进行少年班预科教材的研究与编写;2010年开始,教务处陆续出版了少年班预科试用教材;2011年12月,西安交通大学成立拔尖人才培养办公室(拔尖办),少年班预科教材编撰任务交由拔尖办负责;2013年5月和12月,拔尖人才培养办公室连续两次组织相关任课教师与专家召开少年班预科教材编撰工作研讨会,来自大学及高中近60名专家和一线教师谨遵因材施教,发掘潜能,注重创新的指导思想,通过多次研讨和严格审核,规范了少年班预科课程教学大纲的内容,并决定在试用教材的基础上,于2014年正式出版少年班预科系列教材。

　　此次少年班预科教材涉及语文、数学、英语、物理、化学和计算机等课程,是专门针对少年班大学生的特点设计的预科教材,这些教材的出版不仅推动了少年班培养模式的创新与完善,同时对于探索新形势下教育体制改革有着重要的探索指导意义。最后,拔尖人才培养办公室要向参与少年班教材编撰工作的全体人员表示感谢,对他们的奉献表示敬意,并期望这些教材能受到少年大学生的欢迎。同时希望作者不断改版,形成精品,为中国的高等教育做出贡献。

杨森

西安交通大学拔尖人才培养办公室

2014 年 8 月 20 日

# 前 言

进入新世纪以来,大学第一门计算机课程的改革越来越引起各高等院校的广泛关注。教育部非计算机专业计算机基础课程教学指导分委员会早在2003年就提出了改革大学的第一门计算机课程的要求。2006年,教育部正式颁布了《高等学校非计算机专业计算机基础课程教学基本要求》。西安交通大学于2004年将入校新生第一门计算机课程"计算机文化基础"改革为"大学计算机基础"。少年班也相应开设了这门课程。

自2011年开始,根据学校统一部署,我们开始着手编写少年班专用的大学计算机基础课程教材。通过一系列教学探索和实践,重点解决了以下两个"大学计算机基础"课程的问题:

(1)非零基础的新生人数逐年上升,但零基础的人数仍不能忽视;

(2)课程涉及的内容面宽、概念多,但学时较少。这个矛盾日益突出。

在教学实践中,我们发现采用案例驱动式教学可以较为有效地解决上述两个问题。因此我们组织教师为每章设计了若干应用案例。应用案例的内容主题一般分四类:①最新发布的与本章相关的新技术、新方法;②涉及本章的应用技巧、窍门、经验;③本章中最常见问题的解决方案;④采用与生活、工作经历对比的方式阐述讲解本章的难点。在课堂教学上,要求教师以应用案例为主线开展教学。通过案例驱动式教学,课程教学质量有了很大提高,并受到学生的好评。教学的成功驱使我们将案例驱动式教学方法及一批应用案例融入到教材中。

当今社会,以计算机科学技术为核心的计算科学发展异常迅猛、有目共睹。计算科学和理论科学、实验科学作为科学发现三大支柱,正推动着人类文明进步和科技发展。计算科学主要包含三部分:运算法则;计算机和信息科学;计算基础设施。与计算科学相对应的是计算思维,简单地说,计算思维是运用计算机科学的基础概念去求解问题、设计系统、理解人类的行为。从计算科学与计算思维的定义中不难发现,计算思维能力培养恰恰是大学计算机基础教学的根本目的,自然也是大学第一门计算机课程的根本目的。我们深深感觉到应该将"计算思维"能力培养作为大学计算机基础课程的主线,尽可能多地阐述计算思维的核心概念,把现有教学内容紧密耦合或串联起来,提高本科生的"计算素质"。

本书由顾刚、乔亚男主编,贾应智、谢涛、杨忠孝参编。其中,第 1 章和第 7 章由顾刚老师编写,第 2 章由乔亚男老师编写,第 3、4、6 章由贾应智老师编写,第 5 章由杨忠孝老师编写,第 8 章由谢涛老师编写。全书由顾刚、乔亚男两位老师统稿。

西安交通大学"大学计算机基础"课程是国家级精品课程、精品资源共享课程,本书是在"十一五"和"十二五"国家级规划教材的基础上编写的,力图将 2011 年以来的改革经验和体会融入到教材中,与大家分享我们的改革成果与经验。由于认识水平的局限,有些规律还有待进一步探索和深层次的总结。愿与广大同行为建设高校高质量的第一门计算机课程共同努力。

编　者
2016 年 6 月

# 目　录

# 第1章　计算机与计算思维

## 1.1　计算意义与计算思维

计算思维(computational thinking)由美国卡内基梅隆大学(Carnegie Mellon University)计算机科学系教授周以真女士于 2006 年提出。她认为,计算思维是运用计算机科学的基础概念进行问题求解、系统设计以及人类行为理解等涵盖计算机科学之广度的一系列思维活动。计算思维代表着一种普遍的态度和一类普适的技能,每一个人都应热心于它的学习和运用。

周以真认为计算思维具有以下特征:

①是概念化的抽象思维而不只是程序设计;

②是基本的但不是死记硬背的技能;

③是人的而不是计算机的思维方式;

④是数学和工程思维的互补与融合;

⑤是思想而不是人造品;

⑥面向所有的人和所有地方;

⑦关注依旧亟待理解和解决的智力上极有挑战性并且引人入胜的科学问题。

对大多数人来说,"计算"是一个可以领会却又难于言表的数学概念。电子计算机的出现和计算机科学的发展泛化了这个概念。无论是过去、现在还是未来,计算始终都是人类基本思维活动和行为方式的主要方面之一,也是人们认识世界与改造世界的基本方法。

值得关注的是,计算思维中的"计算"是 computation 而不是 computing,在计算机科学与工程领域中用的是 computing 而不是 computation。在中文中,我们将 computation 和 computing 同译为计算,而且,普通人还会把计算归入数学领域,这样,计算就失去了它的本质意义,因为 computation 和 computing 在英语中有着不同的含义。Computation 是可用数学表示的任何形式的信息处理的概念,它包括简单的计算和人的思维(human thinking)。**所以,计算思维无论是由人或机器执行,都是建立在计算处理的能力和限制之上的。**

一般来讲,computing 意味着任何面向目标的,需要、受益于和创造计算机的活动。因此,computing 包括用于广泛目的的软件和硬件系统的设计、建造,各种信息的处理、规范和管理,用计算机开展的科研活动,使计算机系统具有智能的行为,创建、使用通信和娱乐媒体,寻找和收集与任何目的有关的信息等。

如此看来,computation 更侧重数学或在计算学科的应用,而 computing 是发展和使用计算机及有关技术的人类知识和活动的总和,它不仅需要数学而且需要人类的一切知识和经验来发展和使用计算机。实际上,过去的 60 多年中,计算机之所以得到史无前例的发展,一方面因为数学和电子科学为它的发展提供了坚实的理论和技术基础,另一方面在于其他各个学科为它的发展和应用提供了各种可能的帮助和动力。没有后者,计算机就不能成为每个人的必须,就不能渗透到人类活动的各个领域,就不能成为当代社会的最有效的工具。

所以,本章所涉及的计算一词,包括了 computation 和 computing 的内容。对于计算机基础学习而言,了解计算思维的宏观特性,对于读者个人专业发展具有特别重要的意义。以下将论述层次化、结构化、过程化、工程化、智能化、人性化、网络化、移动化、信息化和服务化这当代计算思维的十大特征。

(1)计算思维的层次化

层次化源于社会组织和分工。计算思维的层次化体现在计算思维由计算理论思维、计算技术思维、计算工程思维、计算工具思维、计算服务思维和计算应用思维六个思维层次组成,它们分别对应计算理论、计算技术、计算工程、计算工具、计算服务和计算应用。每个层次上的思维都至少包含许多不同的思维过程、思维模式和思维规律。对这六种思维的抽象形式化、理论化和工程化促进了计算理论、计算技术、计算工程、计算工具、计算服务和计算应用的发展。而后者的进一步发展又反过来催生出新的计算理论思维、计算技术思维、计算工程思维、计算工具思维、计算服务思维和计算应用思维。

(2)计算思维的结构化

结构化源于软件开发的结构化系统分析、结构化设计和结构化程序设计。现在,结构化已经成为计算思维的一大特征,它的表现形式往往是每当研究一个与计算有关的问题时,我们会思考:这个问题可以结构化吗? 或者,这个问题是否在一个现有的结构中? 或者,它的结构是什么? 等等。

(3)计算思维的过程化

过程化源于工程学和企业管理,也是一种计算思维范式。例如,面向过程的程序设计思维。任何计算机算法、程序或协议都可以看作是一种过程化的逻辑描述。计算思维过程化的表现形式往往是每当研究一个与计算有关的问题时,可以这样思考:这个问题可以过程化吗? 或者,这个问题是否在一个现有的过程中? 或者,它的过程描述是什么? 等等。从思维过程化的角度来看,计算思维源于并服务于由计算理论、计算技术向计算工程、计算工具、计算服务和计算应用构成转化的计算思维生存周期,这一生存周期以计算理论为始点,以计算应用为终点。这一计算思维生存周期中的每一结点都将产生计算思维,计算思维从这一计算链的终点到始点的转化构成了计算思维的抽象、升华和理论,而计算思维从这一计算链的始点到终点的转化构成了计算思维的工程化。

(4)计算思维的工程化

工程化源于工程学、计算机工程和软件工程,其核心是用工程中行之有效的工程原理、思想和方法来开发计算系统、软件系统或智能系统。工程化往往涉及技术或社会成分和系统的分析、设计、验证、模拟、仿真和管理,成为计算思维的一种特别重要的特征。计算思维从计算理论、计算技术向计算工程、计算工具、计算服务和计算应用的转化就是计算思维的工程化。计算思维工程化的表现形式往往是如何用行之有效的工程思想、管理、方法和设计来开发计算或智能系统。计算思维的工程化包括工程设计,主要要素为需求分析、规格说明、设计和实现方法、测试和分析,用来开发求解问题的系统和设备。计算思维的工程化促进了计算机、手机、平板电脑等计算工具和系统的发展,后者反过来促进了计算思维的工程化。

(5)计算思维的智能化

智能化源于阿兰·图灵(Alan Turing)在 1950 年发表的一篇关于机器智能的文章。1956

年出现的人工智能使智能化提上科学研究的议事日程。人工智能、计算机科学与技术的发展使机器的智能化成为研究热点。因此,智能化是计算思维的一个特别重要的特征。计算思维智能化的表现形式往往是:这个机器是智能的吗? 能否使这个机器具有智能? 可以使这一事务摆脱我们的脑力劳动吗? 等等。计算思维的智能化促进了交通管理的智能化、业务流程的智能化、电子服务的智能化;电子服务和社会生活的智能化的需求反过来促进计算思维智能化的进一步发展。

(6)计算思维的人性化

人性化是任何技术和产品的社会要求,急人所急、想人所想是当代科学技术和产品成功的秘密。许多人上网做的第一件事就是查询,谷歌、百度成为"急人所急、想人所想"的成功典范。因此,人性化成为计算思维的一个特别重要的特征。计算思维的人性化的表现形式往往是:这个机器或系统是人性化的吗? 人-机能否像人们那样自然地交互? 等等。机器人(robot)是机器人性化的代表;智能代理(intelligent agent)是软件系统人性化的代表。计算思维的人性化促进了人-机交互的人性化、计算工具的人性化和社会的进步,信息社会需要计算思维的人性化。

(7)计算思维的网络化

网络化源于社会学(社会网络)、经济学(市场网络和经营网络)和计算机网络,互联网使网络化成为计算思维的一个特别重要的特征。计算思维网络化的表现形式往往是每当研究一个与计算有关的问题时,我们会思考:这个问题可以网络化吗? 或者,这个问题是否在一个现有的网络中? 等等。例如,当遇到一个问题时,我们往往首先上互联网用各种搜索引擎寻找这一问题的答案。计算思维的网络化促进了互联网的巨大发展,互联网的巨大发展反过来使计算思维的网络化更加深入人心。计算思维的网络化改变了人们的生活方式、工作方式和思维方式(包含计算思维方式)。

(8)计算思维的移动化

移动化已经经历了若干次革命。汽车、火车、飞机、电话、传真等使人们从一个地方到另一个地方、与另一个地方的人通信成为可能。然而移动计算、移动通信使人与人的信息交流超越时空,变得更加自然。因此,移动化成为计算思维的一个特别重要的特征。计算思维的移动化的表现形式往往是:不管他在何时、何地,我能和他联系吗? 我能看得见他吗? 等等。移动通信与地理信息系统的结合,产生了新的计算模式:与位置有关的计算。这种移动计算模式与服务业结合,产生了与位置有关的服务计算。计算思维的移动化正在改变着人们的生活、工作和学习方式。移动化的通信、服务和生活需要计算思维的移动化。

(9)计算思维的信息化

信息化是计算机科学与技术发展到一定时期的产物。20 世纪 70 年代美国提出信息高速公路概念,使信息化提上了科学研究和社会的议事日程。互联网和计算机科学与技术的蓬勃发展促进了政务、商务、教育和社会的信息化。因此信息化成为计算思维的一个特别重要的特征。计算思维的信息化表现形式往往是每当研究一个问题时,我们会思考:这个问题可以信息化吗? 这个事务流程信息化了吗? 等等。计算思维的信息化促进了政务、商务、教育和社会的信息化,信息化的政务、商务、教育和社会将使人们在一种全新的社会中生活和工作。

(10)计算思维的服务化

社会生活的服务化从来没有像今天这样重要。实际上,对于计算机行业的领军企业 IBM

公司未来最看重的服务领域,在 2007 年所占全球业务份额已达到了 37%,软件业务则达到了 40%,增长速度都远远超过硬件业务。按照 IBM 的预言,2020 年中国将从制造生产型社会转变为服务型社会。因此,中国经济发展正在向服务型经济转型,而计算机科学与技术及信息技术则是现代服务型经济发展的根本保障。这是软件即服务(Software as a Service, SaaS)和服务计算(service computing)正在引起关注的原因之一。由此,计算思维与服务建立更加密切的关系成为了必然。这种密切关系要求计算思维必须建立在服务基础之上,这就是计算思维的服务化。

上述的十大计算思维特征可以分为三个层次,如图 1-1 所示(为简洁起见,用 CT 代表计算思维)。

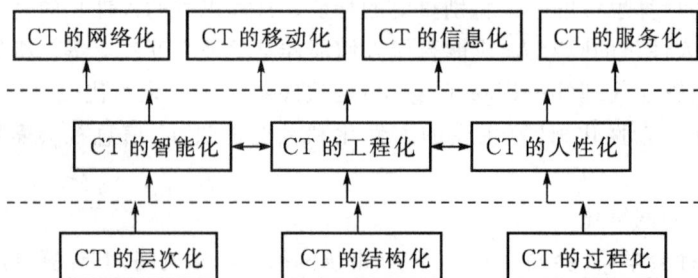

```
┌─────────┐  ┌─────────┐     ┌─────────┐  ┌─────────┐
│ CT 的网络化 │  │ CT 的移动化 │     │ CT 的信息化 │  │ CT 的服务化 │
└─────────┘  └─────────┘     └─────────┘  └─────────┘
      ↑            ↑               ↑            ↑
- - - - - - - - - - - - - - - - - - - - - - - - - - - -
      ↑            ↑               ↑            ↑
   ┌─────────┐  ┌─────────┐  ┌─────────┐
   │ CT 的智能化 │←→│ CT 的工程化 │←→│ CT 的人性化 │
   └─────────┘  └─────────┘  └─────────┘
      ↑            ↑               ↑
- - - - - - - - - - - - - - - - - - - - - - - - - - - -
      ↑            ↑               ↑
┌─────────┐   ┌─────────┐    ┌─────────┐
│ CT 的层次化 │   │ CT 的结构化 │    │ CT 的过程化 │
└─────────┘   └─────────┘    └─────────┘
```

图 1-1　计算思维特征与层次关系

简单说来,计算思维的层次化、结构化和过程化是对一个想法或问题进行形式化、特征化和抽象化(抽象层次)的系统思维方法,属于系统工程方法。它们也是计算思维的工程化的基础和计算问题求解的最典型、最有效的基本途径。因此,它们处于底层或基础层次。

计算思维的工程化是计算思维的智能化、人性化、服务化、网络化、信息化和移动化的前提。计算思维的智能化和人性化是计算思维工程化的重要组成部分。没有前两者,后者将变得黯然失色;没有后者,前两者无法实现。因此,计算思维的工程化、智能化和人性化可处于中间层次或工程技术层次。

计算思维的网络化、移动化、信息化和服务化是当代社会的网络化、移动化、信息化和服务化对计算思维的客观要求,它们促进着计算思维的工程化、智能化和人性化的进一步发展。因此,它们处于顶层或应用层次。

由于我们讨论的"计算思维"是面向所有的人、所有学科的,具有普适性,但这种普适在内部是有差异的。由于计算机科学是一门新兴学科,其本身的内容日新月异,而且人的智力水于有高低之分,人们已掌握的计算机知识各有差异,不同人的计算思维具有很大差别,因此计算思维具有层次性,但只要具有思维品质中的独创性,就能创造性地解决问题,这样,不同层次上的计算机思维均可得到同质性的发展。

## 1.2　计算科学方法概论

科学界一般认为,科学方法分为理论、实验和计算三大类。与三大科学方法相对的是三大科学思维,理论思维以数学为基础,实验思维以物理等学科为基础,计算思维以计算机科学为基础(见图 1-2)。

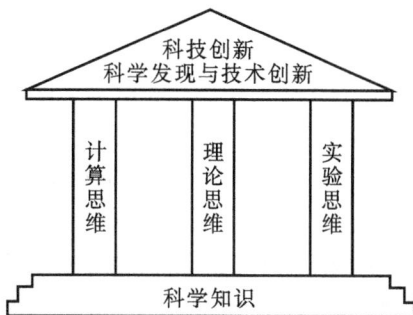

图 1-2 科技创新的思维方式构架

（1）理论思维

理论源于数学，理论思维支撑着所有的学科领域。正如数学一样，定义是理论思维的灵魂，定理和证明则是它的精髓。公理化方法是最重要的理论思维方法，科学界一般认为，公理化方法是世界科学技术革命推动的源头。用公理化方法构建的理论体系称为公理系统，如欧氏几何。公理系统需要满足以下三个条件：

①无矛盾性。这是公理系统的科学性要求，它不允许在一个公理系统中出现相互矛盾的命题，否则这个公理系统就没有任何实际的价值。

②独立性。公理系统所有的公理都必须是独立的，即任何一个公理都不能从其他公理推导出来。

③完备性。公理系统必须是完备的，即从公理系统出发，能推出（或判定）该领域所有的命题。

为了保证公理系统的无矛盾性和独立性，一般要尽可能使公理系统简单化。简单化将使无矛盾性和独立性的证明成为可能，简单化是科学研究追求的目标之一。一般而言，正确的一定是简单的（注意，这句话是单向的，反之不一定成立）。

关于公理系统的完备性要求，自哥德尔发表关于形式系统的不完备性定理的论文后，数学家们对公理系统的完备性要求大大放宽了。也就是说，能完备更好，即使不完备，同样也具有重要的价值。

以理论为基础的学科主要是指数学，数学是所有学科的基础。中外科技史专家研究认为，由于在中国漫长的古代数学史中没有引入公理化思想方法，导致以公理化方法为核心的理论思维在我国的传统教育中是缺失的。

（2）实验思维

实验思维的先驱应当首推意大利著名的物理学家、天文学家和数学家伽利略，他开创了以实验为基础、具有严密逻辑理论体系的近代科学，被人们誉为"近代科学之父"。爱因斯坦对之评价说："伽利略的发现，以及他所用的科学推理方法，是人类思想史上最伟大的成就之一，而且标志着物理学的真正开端。"

一般来说，伽利略的实验思维方法可以分为以下三个步骤：

①先提取出从现象中获得的直观认识的主要部分，用最简单的数学形式表示出来，以建立量的概念；

②再由此试用数学方法导出另一易于实验证实的数量关系；

③然后通过实验证实这种数量关系。

与理论思维不同,实验思维往往需要借助于某些特定的设备(科学工具),并用它们来获取数据以供以后的分析使用。例如,伽利略不仅设计和演示了许多实验,而且还亲自研制出不少精妙的实验仪器,如温度计、望远镜、显微镜等。

以实验为基础的学科有物理、化学、地学、天文学、生物学、医学、农业科学、冶金、机械,以及由此派生的众多学科。

在实验思维中,有一个至关重要的核心内容,那就是实验思维往往要借助于特定的设备和环境来进行,比如,用一个网眼大小都小于等于 10 厘米的网来捕鱼,不管经过多少次的认真实践,都会得到,在捕鱼的区域内没有大于 10 厘米的鱼。而哈勃空间望远镜(Hubble Space Telescope,HST)是以天文学家爱德温·哈勃(Edwin Powell Hubble)的名字命名的,在轨道上环绕着地球的望远镜。它的位置在地球的大气层之上,因此获得了地基望远镜所没有的好处——影像不会受到大气湍流的扰动,视相度绝佳又没有大气散射造成的背景光,还能观测会被臭氧层吸收的紫外线。它于 1990 年发射,现已经成为天文史上最重要的仪器,填补了地面观测的缺口,帮助天文学家解决了许多根本上的问题,使人们对天文物理学有更多的认识。哈勃空间望远镜的哈勃超深空视场是天文学家曾获得的最深入(最敏锐的)的光学影像。

所以,对于实验思维来说,最为重要的事情就是设计、制造实验仪器和追求理想的实验环境。

(3)计算思维

计算思维是运用计算机科学的基础概念进行问题求解、系统设计,以及人类行为理解的涵盖了计算机科学之广度的一系列思维活动。

①计算思维是通过约简、嵌入、转化和仿真等方法,把一个看来困难的问题重新阐释成一个我们知道怎样解决的问题的思维方法;

②计算思维是一种递归思维,是一种并行处理,是一种把代码译成数据又能把数据译成代码的多维分析推广的类型检查方法;

③计算思维是一种采用抽象和分解来控制庞杂的任务或进行巨大复杂系统设计的方法,是基于关注点分离的方法(SoC 方法);

④计算思维是一种选择合适的方式去陈述一个问题,或对一个问题的相关方面建模使其易于处理的思维方法;

⑤计算思维是按照预防、保护及通过冗余、容错、纠错的方式,并从最坏情况进行系统恢复的一种思维方法;

⑥计算思维是利用启发式推理寻求解答,即在不确定情况下的规划、学习和调度的思维方法;

⑦计算思维是利用海量数据来加快计算,在时间和空间之间,在处理能力和存储容量之间进行折衷的思维方法。

计算思维吸取了问题解决所采用的一般数学思维方法、现实世界中巨大复杂系统的设计与评估的一般工程思维方法,以及复杂性、智能、心理、人类行为的理解等的一般科学思维方法。

计算思维最根本的内容,即其本质是抽象(abstraction)与自动化(automation)。计算思维中的抽象完全超越物理的时空观,并完全用符号来表示,其中,数字抽象只是其中的一类特例。

与数学和物理科学相比,计算思维中的抽象显得更为丰富,也更为复杂。数学抽象的重大特点是抛开现实事物的物理、化学和生物学等特性,而仅保留其量的关系和空间的形式,而计算思维中的抽象却不仅仅如此。堆栈(Stack)是计算机学科中常见的一种抽象数据类型,这种数据类型就不可能像数学中的整数那样进行简单的"相加"。再比如,算法也是一种抽象,我们也不能将两个算法放在一起来实现一个并行算法。同样,程序也是一种抽象,这种抽象也不能随意"组合"。不仅如此,计算思维中的抽象还与其在现实世界中的最终实施有关。因此,就不得不考虑问题处理的边界,以及可能产生的错误。在程序的运行中,如果磁盘满、服务没有响应、类型检验错误,甚至出现危及人的生命的严重状况时,还要知道如何进行处理。

抽象层次是计算思维中的一个重要概念,它使我们可以根据不同的抽象层次,进而有选择地忽视某些细节,最终控制系统的复杂性;在分析问题时,计算思维要求我们将注意力集中在感兴趣的抽象层次,或其上下层;我们还应当了解各抽象层次之间的关系。

计算思维中的抽象最终要能够利用机器的一步步自动执行。为了确保自动化,就需要在抽象的过程中进行精确和严格的符号标记和建模,同时也要求计算机系统或软件系统生产厂家能够向公众提供各种不同抽象层次之间的翻译工具。

计算机科学在本质上基于数学思维,像所有的科学一样,它的形式化基础建筑于数学之上。计算机科学又从本质上源自工程思维,因为我们建造的是能够与实际世界互动的系统,基本计算设备的限制迫使计算机科学家必须计算性地思考,而不能只是数学性地思考。构建虚拟世界的自由使我们能够超越物理世界的各种系统。数学和工程思维的互补与融合很好地体现在抽象、理论和设计三个学科形态(或过程)上。

## 1.3　可计算性与计算过程

计算理论是研究使用计算机解决计算问题的数学理论,有三个核心领域:自动机理论、可计算性理论和计算的复杂性理论。可计算性理论的中心问题是建立计算的数学模型,进而研究哪些是可计算的,哪些是不可计算的。计算的复杂性理论研究算法的时间复杂性和空间复杂性。在可计算性理论中,将问题分成可计算的和不可计算的;在复杂性理论中,目标是把可计算的问题分成简单的和困难的。

可计算性理论(computability theory)是研究计算的一般性质的数学理论,也称算法理论或可行性理论。它通过建立计算的数学模型(例如抽象计算机),精确区分哪些是可计算的,哪些是不可计算的。计算的过程就是执行算法的过程。可计算性理论的重要课题之一,是将算法这一直观概念精确化。算法概念精确化的途径很多,其中之一是通过定义抽象计算机,把算法看作抽象计算机的程序。通常把那些存在算法计算其值的函数称为可计算函数。因此,可计算函数的精确定义为:能够在抽象计算机上编出程序计算其值的函数。这样就可以讨论哪些函数是可计算的,哪些函数是不可计算的。

可计算性理论是算法设计与分析的基础,也是计算机科学的理论基础。可计算性是函数的一个特性。设函数 $f$ 的定义域是 $D$,值域是 $R$,如果存在一种算法,对 $D$ 中任意给定的 $x$,都能计算出 $f(x)$ 的值,则称函数 $f$ 是可计算的。

例如:若 $m$ 和 $n$ 是两个正整数,并且 $m \geqslant n$ 时,求 $m$ 和 $n$ 的最大公因子的欧几里得算法可表示为:

E1［求余数］以 $n$ 除 $m$ 得余数 $r$。

E2［余数为 0 吗?］若 $r = 0$，计算结束，$n$ 即为答案;否则转到步骤 E3。

E3［互换］把 $m$ 的值变为 $n$，$n$ 的值变为 $r$，重复上述步骤。

依照这三条规则指示的步骤，可计算出任何两个正整数的最大公因子。可以把计算过程看成执行这些步骤的序列。我们发现，计算过程是有穷的，而且计算的每一步都是能够机械实现的(机械性)。为了精确刻画算法的特征，人们建立了各种各样的数学模型。

计算机学科的方法论有三个过程:抽象、理论和自动化设计及实现。最根本的问题在于:问题如何进行描述? 哪些部分能够被自动化? 如何进行自动化描述?

建立物理符号系统并对其实施等价变换是计算机学科进行问题描述和求解的重要手段。"可行性"所要求的"形式化"及其"离散特征"使得数学成为重要的工具，而计算模型无论从方法还是工具等方面，都表现出它在计算机科学中的重要作用。

### 1.3.1　近代的计算思维:七桥问题

七桥问题是 18 世纪著名古典数学问题之一。在哥尼斯堡的一个公园里，有七座桥将普雷格尔河中两个岛及岛与河岸连接起来，如图 1-3(a)所示。问:是否可能从这四块陆地中任一块出发，恰好通过每座桥一次，再回到起点? 欧拉于 1736 年研究并解决了此问题，他把问题归结为如图 1-3(b)所示的"一笔画"问题，证明上述走法是不可能的。

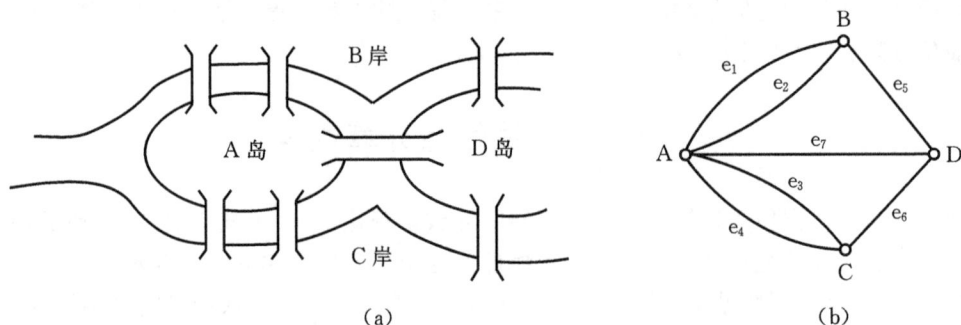

图 1-3　七桥问题

欧拉用点表示岛和陆地，两点之间的连线表示连接它们的桥，将河流、小岛和桥简化为一个网络，把七桥问题化成判断连通网络能否一笔画的问题。他不仅解决了此问题，且给出了连通网络可一笔画的充要条件是:它们是连通的，且奇顶点(通过此点弧的条数是奇数)的个数为 0 或 2。他的论点是这样的:除了起点以外，每一次当一个人由一座桥进入一块陆地(或点)时，他(或她)必须由另一座桥离开此点。所以每行经一点时，需要两座桥(或线)，从起点离开的线与最后回到起点的线亦需要两座桥，因此每一个陆地与其他陆地连接的桥数必为偶数。而七桥所成之图形中，没有一点含有偶数条数连线，因此上述的任务无法完成。

欧拉的这个考虑非常重要，也非常巧妙，它表明了数学家处理实际问题的独特之处——把一个实际问题抽象成合适的"数学模型"。这种研究方法就是"数学模型方法"。这并不需要运用多么深奥的理论，但想到这一点，却是解决难题的关键。

欧拉运用网络中的一笔画定理为判断准则，很快地就判断出要一次不重复走遍哥尼斯堡的七座桥是不可能的。也就是说,多少年来,人们费脑费力寻找的那种不重复的路线,根本就不存在。一个曾难住了那么多人的问题,竟是这么一个出人意料的答案!

1736 年,欧拉在交给彼得堡科学院的名为《哥尼斯堡的七座桥》的论文报告中,阐述了他的解题方法。他的巧解,为后来的数学新分支——拓扑学的建立奠定了基础。

欧拉通过对七桥问题的研究,不仅圆满地回答了哥尼斯堡居民提出的问题,而且得到并证明了更为广泛的有关一笔画的三条结论,人们通常称之为欧拉定理:

①凡是由偶点组成的连通图,一定可以一笔画成。画时可以把任一偶点作为起点,最后一定能以这个点为终点画完此图。

②凡是只有两个奇点的连通图(其余都为偶点),一定可以一笔画成。画时必须把一个奇点作为起点,另一个奇点作为终点。

③其他情况的图都不能一笔画出。(奇点数除以二便可算出此图需几笔画成。)

对于一个连通图,通常把从某结点出发一笔画成所经过的路线叫做欧拉路径。人们又通常把一笔画成回到出发点的欧拉路径叫做欧拉回路。具有欧拉回路的图叫做欧拉图。

有关七桥问题的讨论,表现出计算机出现之前,作为人的计算思维的出色表现。而在计算机出现后,计算机科学发展出利用计算机自动解决类似问题的方法,于是就有了以下的问题求解过程。

### 1.3.2　计算问题的描述

图论(graph theory)是数学的一个分支。它以图为研究对象。图论中的图是由若干给定的点及连接两点的线所构成的图形,这种图形通常用来描述某些事物之间的某种特定关系,用点代表事物,用连接两点的线表示相应两个事物间具有这种关系。

图 1-4 所示的图有若干个不同的点 $v_1$,$v_2$,$v_3$,$v_4$,将其中一些点之间用直线(或曲线)连接。图中的这些点被称为顶点(vertex)或结点,连接顶点的曲线或直线称为边(edge)。通常将这种由若干个顶点以及连接某些顶点的边所组成的图形称为图,顶点通常被称作是图中的数据元素。

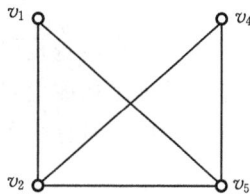

图 1-4　无向图的案例

图结构中的任意两个元素之间都可能相互联系。图作为一种可以为计算机应用的数据结构,通常又可被定义为:graph = $(V,E)$ 或 $G=(V,E)$,即一个图是由顶点的集合 $V$ 和边的集合 $E$ 组成。

在图 1-4 中,图中的边没有方向,这类图称为无向图(undirected graph)。在记录无向图时,$(v_1,v_2)$ 等价于 $(v_2,v_1)$。例如,在七桥的案例中,人们可以从任一方向走过任何一座桥。

图 1-4 的顶点集合为:

$$V = \{ v_1,v_2,v_3,v_4 \}$$

边集合为:

$$E = \{(v_1,v_2),(v_1,v_3),(v_2,v_3),(v_2,v_4),(v_3,v_4)\}$$

无向图有关的术语总结如下。

①有限图:顶点与边数均为有限的图,如图 1-4 中的图属于有限图。

②邻接与关联:当 $(v_1,v_2) \in E$,或 $<v_1,v_2> \in E$,即 $v_1$,$v_2$ 间有边相连时,则称 $v_1$ 和

$v_2$ 是相邻的，它们互为邻接点(adjacent)，同时称 $(v_1，v_2)$ 或 $<v_1，v_2>$ 是与顶点 $v_1$、$v_2$ 相关联的边。

③顶点的度数（degree）：从该顶点引出的边的条数，即与该顶点相关联的边的数目，简称度（参见表 1-1）。

表 1-1　图 1-4 中图的各顶点的度数

| 顶点 | $v_1$ | $v_2$ | $v_3$ | $v_4$ |
|---|---|---|---|---|
| 度数 | 2 | 3 | 3 | 2 |

④路径(path)与路长：在图 $G=(V,E)$ 中，如果存在由不同的边 $(v_{i0}，v_{i1})$，$(v_{i1}，v_{i2})$，…，$(v_{i(n-1)}，v_{in})$ 或是 $<v_{i0}，v_{i1}>$，$<v_{i1}，v_{i2}>$，…，$<v_{i(n-1)}，v_{in}>$ 组成的序列，则称顶点 $v_{i0}$，$v_{in}$ 是连通的，顶点序列 $(v_{i0}，v_{i1}，v_{i2}，…，v_{in})$ 是从顶点 $v_{i0}$ 到顶点 $v_{in}$ 的一条路径。路长是路径上边的数目，$v_{i0}$ 到 $v_{in}$ 的这条路径上的路长为 $n$。

⑤连通图：对于图中任意两个顶点 $v_i$、$v_j \in V$，$v_i$、$v_j$ 之间有路径相连，则称该图为连通图（connected graph），如图 1-4。

⑥带权图：给图 1-4 的各条边上附加一个代表性数据（比如表示长度、流量或其他），则称其为带权图，如图 1-5。

⑦网络：带权的连通图，如图 1-5 所示。

有了以上的术语，所有可以归结为无向图的问题（例如七桥问题），就可以使用它们进行规范的描述、交流和讨论了。

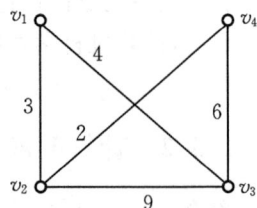

图 1-5　带权图和网络

### 1.3.4　计算数据的存储

计算机内存本身是线性结构的，所有需要计算的数据必须使用一定的数据结构或模式描述后储存在计算机内存中，才可以进行计算或问题求解。

无向图的最常见的存储方式之一是邻接矩阵，而矩阵则是计算机数据处理中，最为常用的数据结构。

邻接矩阵(adjacency matrix)是表示顶点间邻接关系的矩阵。在图的邻接矩阵表示法中通常用一个邻接矩阵表示顶点间的相邻关系，另外用一个顺序表来存储顶点信息。

具有 $n$ 个顶点的图 $G=(V,E)$ 的邻接矩阵可以定义为

$$A[i][j] = \begin{cases} 1 & 若(v_i，v_j) 或 <v_i，v_j> 是 E(G) 中的边 \\ 0 & 若(v_i，v_j) 或 <v_i，v_j> 不是 E(G) 中的边 \end{cases}$$

图 1-4 中图的邻接矩阵表示为

$$
\begin{array}{c c c c c}
 & v_1 & v_2 & v_3 & v_4 \\
v_1 & 1 & 1 & 1 & 0 \\
v_2 & 1 & 0 & 1 & 1 \\
v_3 & 1 & 1 & 0 & 1 \\
v_4 & 0 & 1 & 1 & 0
\end{array}
$$

有了数据的存储方法之后，就可以用来求解与计算相关的问题了。有关使用程序设计进行类似七桥问题的求解过程，请参见本章 1.7.3 节，使用程序进行图的遍历。

　　通过对无向图的遍历求解,可以了解使用计算机进行问题求解的一般过程。其中的主要步骤包括:问题的抽象,规范的描述,数据的存储模式,自动化程序的设计和实现(或验证)。

　　值得关注的是,许多计算问题求解的原理与思路,在计算机出现之前就已经存在,而现代计算机的出现,则为这些问题的求解,提供了自动化的手段。

　　在计算机出现之前,人们对问题的求解是利用定理、公理和假设进行推导和证明。而计算机出现之后,人们则可以通过数量巨大的实例和案例,通过计算得出解答。

## 1.4　计算思维的跨学科交融

　　计算思维是每个人的基本技能,不仅仅属于计算机科学家。运用计算思维分析和解决问题需满足三个前提条件:①描述的形式化;②可行的算法;③合理的复杂度。

　　迄今为止,计算思维不仅已渗透到每个人的生活之中,而且对统计学、生物学、经济学等学科产生了较为重大的影响,同时,计算思维在科技创新与教育教学中也起着非常重要的作用。对计算思维进行研究,不仅仅可以学习"如何像计算机科学家一样思维",更重要的是,可以激发公众对计算机科学领域探索的兴趣,传播计算机科学带来的快乐、崇高和力量,使计算思维成为一种常识。

　　1972 年,图灵奖得主 Edsger Dijkstra 说过一句话:"我们所使用的工具影响着我们的思维方式和思维习惯,从而也将深刻地影响着我们的思维能力。"正如印刷出版促进了 3R 的传播,计算和计算机也以类似的正反馈促进了计算思维的传播。在阅读、写作和算术(英文简称 3R)之外,计算思维应该成为每位受教育者的解析能力。

　　从早期的结绳记数、算筹到机械计算机、电磁计算机再到今天的电子计算机,计算工具的发展之快,引发出一个问题:人为什么能制造出计算机? 首先得益于布尔(George Boole,1815—1864)、香农(Claude Shannon,1916—2001)、图灵(Alan Turing,1912—1954)、冯·诺依曼(John Von Neumann,1903—1957)等一批数学家的努力。因为计算机科学在本质上来源于数学思维,它的形式化基础建筑于数学之上。而数学思维将数学体系看成是由公理和定理构建的大厦,而大厦中的一切数学定理都必须严格地证明,即从一组公理出发,通过逻辑推理,得出证明,逻辑推理不允许有任何漏洞。一旦数学定理得到证明,就是正确的,丝毫不容怀疑。这一点与物理、天文等学科不同,这些学科中定律的正确性是由实验证明的,但实验中误差的存在决定了无法保证定律的完全正确性,因此,一切定律都有可能被以后更精确的实验所否定,这种情形在科学发展的历史上屡见不鲜,如吴健雄、杨振宁和李政道通过实验推翻了"宇称守恒定律"。计算机科学也同样如此,由于我们建造的是能够与实际世界互动的系统,计算设备的限制迫使计算机科学家必须计算性地思考,不能只是数学性地思考,从这个角度看,计算机科学又从本质上源自工程思维,正因为如此,计算机科学才能快速向前发展,从机械计算机发展到电磁计算机,又从电磁计算机发展到现在的电子计算机。如果计算机发展的每一步都像数学体系中的定理证明那样,计算机科学可能会停滞不前。从这一点上讲,人类思维促进了计算工具的发展。

　　反过来说,计算的发展又从一定程度上影响着人类的思维方式。从最早的结绳计数,发展到当今的电子计算机,人类思维方式也随之发生相应的改变。例如,计算生物学正在改变着生物学家的思考方式;计算机博弈论正改变着经济学家的思考方式;纳米计算机改变着化学家的思考方式;量子计算改变着物理学家的思考方式。作为人类思维和计算技术结合的产物,计算思维已成为人类求解问题的一条途径,但这并不意味着人类像计算机那样思考。计算机枯燥且沉闷,人类聪颖且富有想象力,能赋予计算机激情。配置了计算设备,我们就能用自己的智慧去解决那些在计算时代之前不敢尝试的问题,实现"只有想不到,没有做不到"的梦想。

作为受教育者,要成长成为各种人才,必须具备各种素养,其中最为重要的包括科学、技术和工程的素养。

**科学**:关于自然、社会和思维的发展与变化规律的知识体系,其核心是发现。

**技术**:根据实践经验和科学原理而发展形成的各种工艺操作方法、技能和技巧,其核心是发明。

**工程**:将科学原理应用到生产实践中,是某种形式的科学应用,其核心是建造。

在高等教育和人才培养中,这三类素养是相辅相成的,缺一不可。

科学规律的发现能够帮助我们预知未知世界,如物理学家和化学家们能够从基本粒子理论和元素周期表来预测物质的特性和化合物的性质。然而,生命科学家仍然还不能够完全理解生命的本质特征。因此,建立生命科学的理论架构,使传统生物学由描述性科学转变成一种分析性的理性生命科学是目前生命科学领域的一个重要研究课题。此课题一旦得到解决,科学家们将可以根据给定的一个有机体的 DNA 序列,在计算机上模拟一个活细胞的生命行为,使得生命科学家仅通过这种模拟就能掌握序列在细胞内和细胞外的行为和功能。当然,实现这一远大目标还有许多课题需要研究。

### 1.4.1　计算思维与信息科学

在香农提出信息论以前,一般认为通信线路中传送的是电信号。这没错,但未能道出通信的本质。通信的目的不是传送电信号,而是传送信息。传送信息有多种方式:可以打电话、也可以写信……,打电话固然涉及到电信号,但发话人与话筒之间的传送是靠声波而不是电信号,受话人从耳机听到的也是声波;至于写信则完全不靠电信号。所以,通信的本质不是电信号而是信息。信息是什么? 维纳有一句名言:"信息就是信息,不是物质也不是能量。"这个回答对信息未作正面解释,也从另一个角度说明信息的定义不是容易下的。香农也绕过这个难题,基于概率统计,从可计算的角度,致力于信息的定量研究。

香农通过分析发现,对特定的单个事件而言,发生的概率越小,所提供的信息量就越大。据此,香农首先给出了单个事件的信息量为 $I(a) = -\log P(a)$,其中 $P(a)$ 为事件发生的概率。这也从侧面印证了"狗咬人不是新闻,人咬狗才是新闻"这句俗语完全符合香农信息论:人咬狗极少发生,概率极小,这个事件具有极大的信息量,所以是大新闻。通过进一步运用概率统计以及统计热力学中有关熵的概念,香农又给出了互信息、条件信息、平均互信息等的定量描述。

计算方法的限制从另一方面也限制了信息论的发展。在概率统计中,只关心事件发生概率的统计特性,而无法从本质上对不同的事件加以区别。如果两个事件有相同的发生概率,则提供的信息量是相同的,而无法进一步对事件的内容进行进一步区分,这也是香农信息论的一个特点:它只考虑信息的量,而完全不计信息的质。

哈夫曼编码是 1952 年由哈夫曼(David A. Huffman,1925—1999)提出的一种最佳信源编码方法,现在已经被广泛地应用于数据压缩、多媒体技术等各个领域。哈夫曼编码的编码方法为:将信源符号按概率由小到大排序,然后进行一次缩减信源,即用 0 和 1 分配给概率最小的两个信源符号,并将其合并为一个新符号,用缩减前的两个信源符号的概率之和作为新符号的概率,继续进行信源缩减,直至缩减至两个信源符号为止。依缩减路径由后向前返回,即得各信源符号所对应的码符号序列,即对应的码字。

　　哈夫曼发现:为使信源编码的平均码长最短,必须使概率大的符号对应于短码,而概率小的符号对应于长码。由此,在合并新信源符号时,设置两个信源符号总是最后一位码元不同,前面各位码元均相同。同时,为证明哈夫曼编码是最佳编码,哈夫曼采用的方法是找出缩减前后平均码长之间的关系,发现二者的差值是缩减所用两个信源符号的概率之和,与信源符号的码长无关。这样,为证明哈夫曼编码的平均码长最小,只需证明缩减后信源对应的平均码长最小即可。当信源缩减至仅有两个信源符号时,当且仅当为二者分配 0 和 1 时平均码长最小,为1。由此可以反过来证明哈夫曼编码的平均码长最小。

　　从计算思维的角度考虑,哈夫曼编码是人类思维和计算机方法结合的典型产物。主要有两点:①哈夫曼编码是在香农编码和费诺编码的基础上,而香农编码和费诺编码则是通过计算严格推导的信源编码定理的应用。哈夫曼通过观察,总结出最佳码的性质,然后进行逆向思维,得出哈夫曼编码的编码算法。而通过人类思维发现的最佳码的性质,即今天称之为“贪心选择”的性质,已经被广泛地应用于计算机算法中。②在哈夫曼编码为最佳码的证明过程中,通过找出缩减信源前后平均码长之间的关系来证明,则利用了计算机科学中典型的递归思想。不妨以信源中符号的个数 $n$ 作为参数,证明过程从本质上可归结为如下递归方程

$$f(n) = \begin{cases} f(n-1) + p_n + p_{n-1}, & n > 2 \\ 1, & n = 2 \end{cases}$$

### 1.4.2　计算思维与数论

　　在数论中,反运算的问题往往是极难求解,或者说极难计算的,离散对数和整数因式分解问题就属于困难的计算数论问题。如果给出两个素数 $p$ 和 $q$,要求两者的乘积 $N$,即使 $p$ 和 $q$ 很大,那计算仍然是可行的。但反过来,给出 $N$,要求 $p$ 和 $q$ 就极为困难了。

　　在马丁·加德纳(Martin Gardner)的《数学游戏》一书中,报告了 1977 年由 RSA(Rivest,Shamir 和 Adleman)悬赏 100 美元求解对一个密钥的破解问题。问题是这样的:

　　给出一对整数 $(e, N)$ 作为公开钥,$e = 9007$,$N$ 是一个随机的 129 位数

1143816257578888676692357799761466120102182967212423625625618429357069352457 33389783059712356395870589890751475992900268785435 41

　　经过密钥加密后得到的密文 C 是

9686961375462206147714092225435588290575999112457431987469512093081629822514570835693147662288398962801339905518299451557815154

　　问:C 加密前的明文是什么?

　　这个问题在 1994 年 4 月 2 日,即相隔了 17 年之后由迪里克·阿特金斯(Derek Atkins)、迈克尔·克拉弗(Michael Graff)、阿尔金 K.廉斯特拉(Arjen K. Lenstra)和帕尔·雷兰德(Panl Leyland)解出,他们对上述的 N 成功地进行因式分解,它的两素因子是

34905295108476509491478496199038981334177646384933878439908205 77

和

32769132993266709549961988190834461431776429679919415397982885 33

在得到了 $p$ 和 $q$ 后,从密文计算明文的障碍就被克服了,这个明文是

20080500130070903002315180419000118050019172105011309190800151919090618010705

它是

THE MAGIC WORDS ARE SQUEAMISH OSSIFRAGE(这些魔术般的词是鱼鹰)

利用反计算的难度对数据进行加密,是现代密码学的基础,在计算机和网络通信领域的公开密钥加密算法中,就是利用了数论的这个原理。

### 1.4.3　计算科学与生物信息学

生物信息学是伴随着计算科学与技术的迅猛发展而诞生的一门新兴交叉学科,其发展的标志便是大量生命科学数据的快速积累以及为处理这些复杂数据而设计的新算法的不断涌现。

生物信息学中最常用的数据结构主要有四种类型,与计算科学中的基本数据结构基本对应,分别是:①字符串结构,表示 DNA、RNA 和氨基酸序列;②树结构,表示各种生物有机体的系统进化树;③三维空间点和连接集合结构,表示蛋白质的三维结构;④图结构,表示代谢和信号传导通路。通常生命科学家对计算理论并不擅长,他们主要关注的是能够产生蛋白质的基因、蛋白质的三维结构和蛋白质在代谢和信号通路中的作用等,而计算科学家则可以探索设计新算法和模型来解决生命科学中的问题。

一些生物学家希望把来自生物信息学的许多新思想融入到计算科学的算法核心课程中来;生物信息学研究的是构成生命基本要素的诸如 DNA 和蛋白质等这样的生物序列,而涉及搜索、匹配和组合生物序列的算法却是生物信息学的常用基本工具,这些算法运用了计算科学中许多重要的思想,比如基于动态规划的序列比对算法和基于文法的序列结构识别算法等,而生物信息学能够使算法课程变得更加生动有趣。计算科学家们也常采用基于形式语言理论、统计学理论和机器学习理论的方法对生物序列进行建模与分析,特别是把文法推理方法引入到生物序列研究中来以期发现隐藏在生物序列中的文法结构。

由于计算科学与生命科学在本质上具有相通之处,因此,计算科学中的研究成果应用于生命科学的研究会引发创新性的思维,而快速发展的生命科学同样会促使计算科学的理论与工程迅猛发展,产生新的计算模式。

### 1.4.4　计算科学与仿生计算

对系统生物学的研究不能简单地认为是计算科学与技术在生命科学领域的一个应用,或仅是处理生物信息学数据的一个工具。计算科学中构建软件系统的系统化思想有助于理解细胞中复杂的生命系统;而生命进化过程中所蕴涵的生物智能对计算科学的发展同样具有重要启示。计算科学中许多仿生计算算法都是受到生物学中群体行为的启发而模仿设计出来的,例如,计算科学中的神经网络算法、遗传算法、演化算法、蚁群算法、协同进化算法、粒子群算法、生物免疫算法,以及突现计算算法等的出现都受益于生物进化中的智能行为,反过来,这些软计算方法又都在生物信息学与系统生物学的各个方面得到广泛应用。因此,系统生物学的发展不仅使得计算科学的发展充满活力,而且为系统地研究生命科学带来了新的计算思维。

计算机病毒的概念与行为也是模仿自然界中的生物病毒行为提出的,它们同样具有潜伏性、流行性、传播性、自复制性、变异性和适应性等特点;大规模软件系统中模块之间相互作用

关系网络、基因表达的调控网络以及蛋白质相互作用网络都属于无尺度标度网络,图 1-6 显示了两种网络的结构特点,网络中的节点的度与大于该度的节点数量的关系服从幂率分布,具有小世界网络结构特性,因此,在设计软件体系结构时可以有目的地把它设计成具有这种结构特性的网络,甚至可以说这种特性的网络结构就是复杂软件体系结构演化的终极形式。

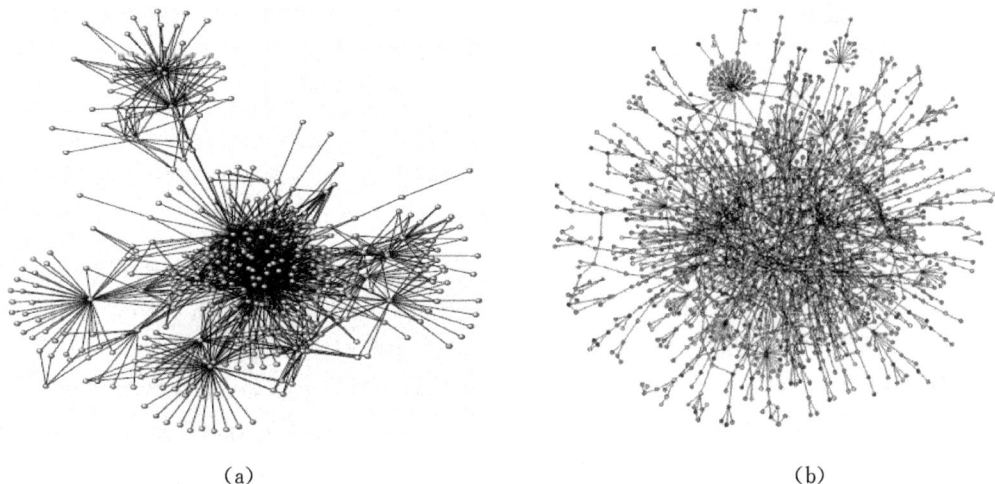

(a) (b)

图 1-6 两种无尺度标度网络
(a)XFree86 软件系统中模块相互作用关系图;(b)酵母菌体内蛋白质相互作用关系图

## 1.5 计算机学科的核心概念与问题求解

计算机学科是基于科学和工程的交叉学科,在计算机的研究、开发、应用中采用了各种不同的方法或过程。第一个过程是理论,与数学所用方法类似,主要要素有定义和公理、定理、证明、结果的解释等。第二个过程是抽象,源于实验科学,主要要素有数据采集法和假设的形式说明、模型的构造和预测、实验设计、结果分析等。第三个过程是设计,源于工程学,用于开发、求解给定问题的系统或设备,主要要素有需求说明、规格说明、设计和实现方法、测试和分析等。

计算机学科的核心概念是由美国计算机协会(ACM)和 IEEE-CS 制定的 CC1991 报告首次提出的,是具有普遍性、持久性的重要思想、原则和方法,核心概念具有如下基本特征:

①在学科及各分支学科中普遍出现;

②在理论、抽象和设计的各个层面上都有很多示例;

③在理论上具有可延展和变形的性质,在技术上有高度的独立性。

了解计算机学科的核心概念,对掌握计算机基本应用、适应计算机技术的发展、把握计算技术发展所带来的发展机遇,具有重大意义。

在了解计算机学科的核心概念的基础上,熟悉和掌握利用计算机科学与技术进行问题求解的基本方法,是现代科技人员需要具备的基本素养。

### 1.5.1 计算机学科的核心概念

计算机学科的核心概念包括:

①绑定(Binding),是通过将一个对象(或事物)与其某种属性相联系,从而使抽象的概念具体化的过程。例如,将一个进程与一个处理机、一个变量与其类型或值分别联系起来。这种联系的建立,实际上就是建立了某种约束。在数据库中的不同表之间建立"关系"和参照完整性,就是用约束关系来保证数据的完整性。

②大问题的复杂性(Complexity of Large Problems),是指随着问题规模的增长使问题的复杂性呈非线性增加的效应。这种非线性增加的效应是区分和选择各种现有方法和技术的重要因素。假如我们编写的程序只是处理全班近百人的成绩排序,选择一个最简单的排序算法就可以了。但如果我们编写的程序负责进行全省几十万考生的高考成绩排序,就必须认真选择一个排序算法,因为随着数据量的增大,一个不好的算法的执行时间可能是按指数级增长的,从而使人们无法忍受等待该算法的输出结果。

③概念和形式模型(Conceptual and Format Models),是对一个想法或问题进行形式化、特征化、可视化思维的方法。抽象数据类型、语义数据类型以及指定系统的图形语言,如数据流图和 E-R 图等都属于概念模型,而逻辑理论、开关理论和计算理论中的模型大都属于形式模型。概念模型和形式模型以及形式证明是将计算机学科各分支统一起来的重要核心概念。

④一致性和完备性(Consistency and Completeness),一致性包括用于形式说明的一组公理的一致性、事实和理论的一致性,以及一种语言或接口设计的内部一致性;完备性包括给出的一组公理的完备性、使其能获得预期行为的充分性、软件和硬件系统功能的充分性,以及系统处于出错和非预期情况下保持正常行为的能力等。例如,由于计算机资源的部署原因,服务器的网络地址可能发生变化,但由于用户访问的是域名地址,只要保证正确的映射关系,网络地址的变化不会影响用户访问,这就是一致性在发挥作用。

⑤效率(Efficiency),是关于时间、空间、人力和财力等资源消耗的度量。在计算机软硬件的设计中,要充分考虑某种预期结果达到的效率,以及一个给定的实现过程较之替代的实现过程的效率。例如,原先应用于计算机图形显示的图形处理器(GPU),被发现可以广泛应用于数据密集型的高性能计算场合(GPGPU,通用图形处理器),而这种应用可以大大节省高性能处理中的成本和能源消耗,堪称效率概念应用的典范。

⑥演化(Evolution),指的是系统的结构、状态、特征、行为和功能等随着时间的推移而发生的更改。这里主要指了解系统更改的事实和意义,以及应采取的对策。在软件进行更改时,不仅要充分考虑更改时对系统各层次造成的影响,还要充分考虑到软件的有关抽象、技术和系统的适应性等问题。计算机系统的演化是普通用户最容易感受的技术变革,从 CLI(命令行界面)到 GUI(图形用户界面),是计算机应用方式演化的里程碑;而浏览器的出现,结束了桌面系统一统天下的局面,计算机应用从桌面走向网络。而最容易使用户受到困扰的就是软件无止境的演化,使预见和适应计算机系统的演化,成为计算机基础教育的重要任务之一。

⑦抽象层次(Levels of Abstraction),指的是通过对不同层次的细节和指标的抽象对一个系统或实体进行表述。在复杂系统的设计中,通过隐藏细节,对系统各层次进行描述(抽象),从而控制系统的复杂程度。抽象是人类认知世界的最基本思维方式之一。抽象源于人类自身控制复杂性能力的不足:我们无法同时把握太多的细节,复杂的问题迫使我们将这些相关的概念组织成不同的抽象层次。对于了解计算机基础来说,抽象的不同层次有助于我们掌握一些计算机复杂系统之间的互相作用和影响,例如,计算机硬件系统与软件系统的抽象、计算机网络中参考模型的抽象、程序设计中面向过程和面向对象的抽象等。

⑧按空间排序(Ordering in Space),指的是各种定位方式,如物理上的定位(如网络和存储中的定位),组织方式上的定位(如处理机进程、类型定义和有关操作的定位)以及概念上的定位(如软件的辖域、耦合、内聚等)。按空间排序是计算技术中一个局部性和相邻性的概念。

⑨按时间排序(Ordering in Time),指的是事件的执行对时间的依赖性。例如,在具有时态逻辑的系统中,要考虑与时间有关的时序问题;在分布式系统中,要考虑进程同步的问题。

⑩重用(Reuse),指的是在新的环境下,系统中各类实体、技术、概念等可被再次使用的能力,如软件库和硬件部件的重用等。

⑪安全性(Security),指的是计算机软硬件系统对合法用户的响应及对非法请求的抗拒,以保护系统不受外界影响和攻击的能力。

⑫折衷和后果(Tradeoff and Consequences),指的是为满足系统的可实施性而对系统设计中的技术、方案所做出的一种合理的取舍。折衷是存在于计算机学科领域各层次的基本事实。

由 ACM 和 IEEE-CS 提出这 12 个核心概念贯穿于计算学科及其各分支领域中,在计算机课程学习中应注意培养灵活运用“核心概念”分析问题、解决问题的能力,这对于学习本课程和其他相关课程来说都是事半功倍的好事。计算学科的学习策略有模式的发觉与建构、自然生活的通俗化类比以及理论与实践相结合。理论与实践的结合是计算科学的一大特点,它决定了在学习中要不断地在严密的逻辑思维与形象的实验操作之间转换学习方式。

### 1.5.2　问题求解的基本步骤

计算机学科的核心概念为计算机有关问题的求解提供了基本的框架,而问题的求解则必须遵循一些基本的步骤,例如,一般问题求解可以归纳为四个主要步骤:理解问题、制定计划、执行计划、回顾和展望。

(1)理解问题

- 你是否能用自己的语言说明问题?
- 什么是你想找到或要做的?
- 什么是未知的?
- 你从问题中获取到了什么信息?
- 什么信息是缺少或没有必要的?

(2)制定计划

下面列出的策略,虽然并不完备,但的确是非常有用的。

- 寻找一种模式,如果是计算问题,可以考虑哪些计算机学科的核心概念可以应用。
- 研究有关问题,并确定是否可以应用同样的技术解决。
- 研究问题的简单或特殊情况,获得一个对原问题的解决方案。
- 列出表格。
- 制作图形。
- 写一个方程。
- 使用猜测和检验。
- 逆向求解。
- 确定一个子目标。

（3）执行计划

- 实施在第 2 步提出的计划，并执行任何必要的动作或计算。
- 检查计划的每个执行步骤（可能是一个直观的检查或正式证明）。
- 保持工作过程的准确记录。

（4）回顾和展望

- 在原问题中检查结果。（在某些情况下，这将需要一个证明。）
- 根据原始问题解读解决方案。（你的答案是否有意义？是否合理？）
- 确定是否有其他求解方法。
- 如果可能，找到可以用该技术进行解决的其他相关或更一般的问题。

# 1.6　计算思维的技能

从计算的性质进行研究，也可以将计算思维看成各种技能的集合。其中包括许多有助于学科发展的内容，例如创造性、沟通能力和团队合作。还有一些非常特殊的问题求解技能，如逻辑思维、算法思维和递归思维。计算机科学使用独特的方法将各种不同的技能集至麾下。

## 1.6.1　科学思维

计算机科学是科学的一个组成部分，尽管它不是一种所谓的"纯科学"，因为它还需要借鉴工程学科的许多内容，但毫无疑问，科学思维是计算思维的一个组成部分。所谓科学思维最基本的内容是没有证据就不要求急于下结论，遵循科学的方法来建立新的知识，无论这些知识是日常生活中的现象或是学科的前沿发现。

假设你发现某个地方有两个煤核和一个胡萝卜散落在地上。这里曾经发生了什么？你可能会说从证据来看也许这里曾经堆过雪人，用煤核做眼睛、胡萝卜做鼻子（见图 1-7）。雪人

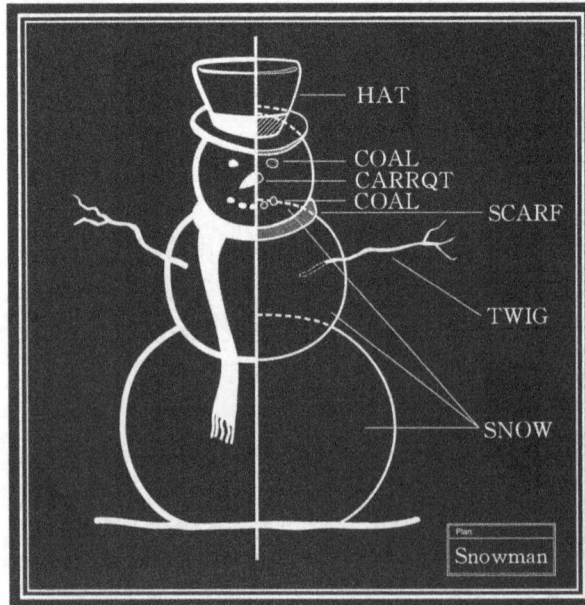

图 1-7　雪人假说示意

融化了,这些东西则被留在原地。你的证据可以支持"雪人假说",假说即指按照预先设定,对某种现象进行的解释,即根据已知的科学事实和科学原理,对所研究的自然现象及其规律性提出的推测和说明,而且数据经过详细的分类、归纳与分析,得到一个暂时性但是可以被接受的解释。现在假如别人走来,他们看了证据后,提出了"两车假说",一部煤车上掉了两个煤核,然后又有拉蔬菜的卡车经过掉下了胡萝卜。哪一个假说是正确的?

现在假设你从最近的天气记录中发现最近那里下过雪。这可以让"雪人假说"有更大的说服力,但是人们在冬季同样也需要更多的煤来供热,以及胡萝卜热汤,所以会有更多的货车。这意味着"两车假说"仍然可能是正确的。我们需要的是一个实验,发现一些新的证据来分离两个假设,看看哪个更好。一个理想的实验是:构建一个时间机器,回到过去,看看究竟发生了什么,这将一劳永逸地解决所有的事情。但是,这是目前不可能实现的! 这个方案被否决了。那么,下一步怎么办?

由于技术限制,我们不能做我们要的实验,所以我们做可能做的。有人提出回到现场去"找车辙"的实验动议。如果"两车假说"正确,那么现场附近应该留下车辙的证据。但为确保公平竞争,派出的考察队员都没有被告知要寻找什么。如果他们知道考察的目的是车辙,可能对他们产生误导。他们会全力以赴试图寻找,以致把某些其他原因产生的印记误认为是轮胎印记。考察队员返回后,带回新的证据。他们发现,在现场的路边有车胎印记,在那里没有人专门费心去寻找过,而更重要的是,那里到处是有煤块和胡萝卜,以及路面粗糙的迹象。这就是结果!

现在"两车假说"占了上风,它可以解释一切。且慢,"雪人假说"阵营又有说法,堆雪人的孩子们是坐卡车来到这里,他们在自己的口袋里装了许多的煤块和胡萝卜,而且车在崎岖的道路行驶时震动并使煤块和胡萝卜掉了出来。这听起来有点牵强,"两车假说"更可能是正确的。你不能 100% 确定,但这确实是一个新的尝试。

在这个时候,时间已经不早了,我们离开了现场。但两大阵营仍在争论,继续更多的实验,按照科学的方法,积累更多的数据和证据。

我们对每一个现象的解释必须在科学的方法上来考虑,即使是科学成果也一样。有什么证据来支持这种说法? 因为科学是构建在不断增加的证据基础上的,它是如此强大,能够支持我们对今天周围世界的理解。它可能有其局限性,不能给予 100% 有把握的答案。毕竟可能有一些结果缺少一块拼图,但它取得了一些精彩的胜利。但科学发展从未停息。你可以(也可能这样)在你每天的生活中运用科学的过程,你可以对某些事物有种看法(假说),并在新的经历中用新的证据不断测试(实验)。你并不能总是料事如神,但可以像科学家一样提出问题,总会有意外的惊喜。

### 1.6.2 逻辑思维

计算思维的基本组成之一是逻辑思维。计算机所使用的逻辑计算方式,与计算思维中的逻辑思维不甚相同。计算机必须进行编程(被教)后方能做逻辑推理。计算机自身并不会逻辑思维!

逻辑思维是从已知的些微(但非常重要的)信息中推导出尽可能多的信息,而不轻易下结论。新的信息收集必须按照确定的规程,不能仅仅靠幸运而走对路。

逻辑思维是充满趣味性的,拿起任何一张报纸,你都会看到这一点。几乎所有的报纸杂志

都有一些逻辑思维的益智类游戏。数独是最纯粹的形式之一(见图1-8),数独游戏规则为:
在9×9的格子中,用1到9共9个阿拉伯数字填满整个格子,要求符合:

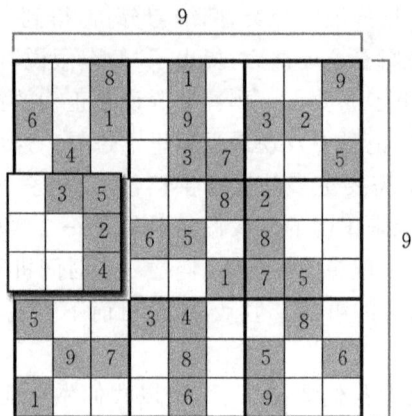

图1-8　数独游戏在9×9的方格内进行,其中3×3的小方格被称为"区"

①每一行都用到1到9,位置不限;
②每一列都用到1到9,位置不限;
③每3×3的格子(称为区)都用到1到9,位置不限。

数独是一种源自18世纪末的瑞士,后在美国发展并在日本得以发扬光大的数学智力拼图游戏,是九宫格(即3格宽×3格高)的正方形,每一格又细分为一个九宫格。在每一个小九宫格中,分别填上1至9的数字,让整个大九宫格每一列、每一行的数字都不重复。

数独的玩法逻辑简单,数字排列方式千变万化。被公认为是锻炼逻辑思维的好办法。一个数独谜题通常包含有9×9=81个单元格,每个单元格仅能填写一个值。对一个未完成的数独题,有些单元格中已经填入了值,另外的单元格则为空,等待解题者来完成。

很多人认为数独题目的难度取决于已填入谜题中的数字的数量,其实这并不尽然。一般来说,填入的数字越多,题目就越容易求解。然而实际上,有很多填入数字多的题目比填入数字少的题目要难得多。这就需要有其他的方法来确定其难度。

在应用中使用得比较多的一种方法是看要解决一道数独题目需要用到哪些数独技巧。极简单的题目用到的可能只是最基本的技巧。而相对复杂的题目可能要用到十分高深的解题方法。通过这样来设定游戏的难度相对而言较为客观。

人们总是不满足于已有的一切。同样,对于普遍使用的9×9谜题而言,大量涌现的变形数独题也在不断丰富着数独家族。一种比较常见的数独变形是大小上的改变。现在已有的大小包括:4×4,6×6,12×12,16×16,25×25,甚至还有100×100。另一种数独变形题是在原数独规则的基础上加入其他的规则。譬如X形数独就要求除原来的数独规则外,连主对角线上的单元格也要满足数字1到9的唯一性和完整性。而杀手数独则要求每个"区"中的值必须唯一且总和等于该区的右上角所指定的数字。

### 1.6.3　算法思维

在计算思维技能中,算法思维具有非常鲜明的计算机科学特征。

有些问题是一次性的,但解决这些问题的方案,则可以不断发展。在同类问题一再出现时,算法思维就可以介入。没有必要每次从头思考,而是采用每次都行之有效的解决方案。

算法思维在许多"策略性"棋盘游戏中非常重要。理想情况下需要有保证胜利或者至少不会输的策略。所有这种策略都是一套规则,告诉你无需思索地做每一步:也就是计算机科学家称之为算法的东西。如果你能建立这样的一套规则,这不仅可以成为玩好游戏的基础,也会成为一个设计优秀的计算机程序的基础。无论老幼,只要遵循这套规则,就可以玩好这场游戏!

算法思维是思考使用算法来解决问题的方法。这是学习自己编写计算机程序时需要开发的核心技术。

囚徒困境(prisoner's dilemma)是博弈论的非零和博弈中具代表性的例子,反映个人最佳选择并非团体最佳选择。虽然困境本身是模型,但现实中的价格竞争、环境保护等方面也频繁出现类似情况。

一个 1950 年提出的囚徒困境的典型案例是:两个罪犯准备抢劫银行,但作案前失手被擒。警方怀疑他们意图抢劫,苦于证据只能起诉非法持有枪械,于是将其分开审讯。为离间双方,警方分别对两人说:若你们都保持沉默("合作"),则一同入狱 1 年。若是互相检举(互相"背叛"),则一同入狱 5 年。若你认罪并检举对方("背叛"对方),而对方保持沉默,他入狱 10 年,你可以获释(反之亦然)。结果两人都选择了招供。孤立地看,这是最符合个体利益的"理性"选择(以 A 为例:若 B 招供,自己招供获刑 5 年,不招供获刑 10 年;若 B 不招供,自己招供可以免刑,不招供获刑 1 年。两种情况下,选择招供都更有利),事实上却比两人都拒不招供的结果糟。由囚徒困境可知,公共生活中,如果每个人都从眼前利益、个人利益出发,结果会对整体的利益(间接对个人的利益)造成伤害。

为解决"囚徒困境"难题,美国曾组织竞赛,要求参赛者根据"重复囚徒困境"(双方不止一次相遇,"背叛"可能在以后遭到报复)来设计程序,将程序输入计算机反复互相博弈,以最终得分评价优劣(双方合作各得 3 分;双方背叛各得 1 分;一方合作一方背叛,合作方得 0 分,背叛方得 5 分)。有些程序采用"随机"对策;有些采用"永远背叛";有些采用"永远合作"……,结果,加拿大多伦多大学的阿纳托尔·拉帕波特教授的"一报还一报"策略夺得了最高分。

"一报还一报"策略是这样的:我方在第一次相遇时选择合作,之后就采取对方上一次的选择。这意味着在对方每一次背叛后,我方就"以牙还牙",也背叛一次;对方每一次合作后,我方就"以德报德"一次。

该策略有别于"善良"的"永远合作"或"邪恶"的"永远背叛"对策,及对方一旦"不忠",我方就不再给机会,长久对抗的策略。

如果你选择"永远背叛"策略,你或许会在第一局拿到最高分,但之后的各局可能都只能拿到低分,最后虽然可能"战胜"不少对手,但由于总分很低,最终难逃被淘汰出局的命运。所以除非很难与对方再次相遇,不用担心其日后的反应,才可选择对抗与背叛;否则,在长期互动、博弈的关系中,"一报还一报"是最佳策略:它是善意的,从不首先背叛;它不迂腐,不管过去相处多好,仍然对背叛有反应;它是宽容的,不因一次背叛而选择玉石俱焚。

## 1.6.4　效率思维

效率一词有时会有多种,有时是相互矛盾的含义。对有些人来说,效率是指做事情的成本越低越好,甚至可以不顾最终的质量,而提出多、快、好、省的口号,却往往流于形式,因为缺乏量化的考证。

计算机科学家对效率观念有非常精确的定义,通用的方式是讨论如何用尽量减少的资源来完成任务。可以尽量减少的资源各有不同,但最重要的往往是"时间"。重要的是寻找某种途径,保证能够完成任务而且使用尽可能少的步骤。

例如,如何可能在一分钟之内完成一个魔方的复位,一种可能性,是加快搬弄魔方的动作并敏锐地思考,但往往与事无补。而真正能够解决问题的是找到一种途径,无论魔方开始时候是何种状态,都能以最少的步骤将其复原。

有一个游戏,可以帮助我们了解什么是算法。游戏的目的是要交换蓝色球和红色球的位置,且移动的步骤要少(见图 1-9)。有两种类型的移动。你可以(向前或向后)通过拖放移动球到相邻的空格,或者跳过一个相邻球(向前或向后)拖放到一个空格中。

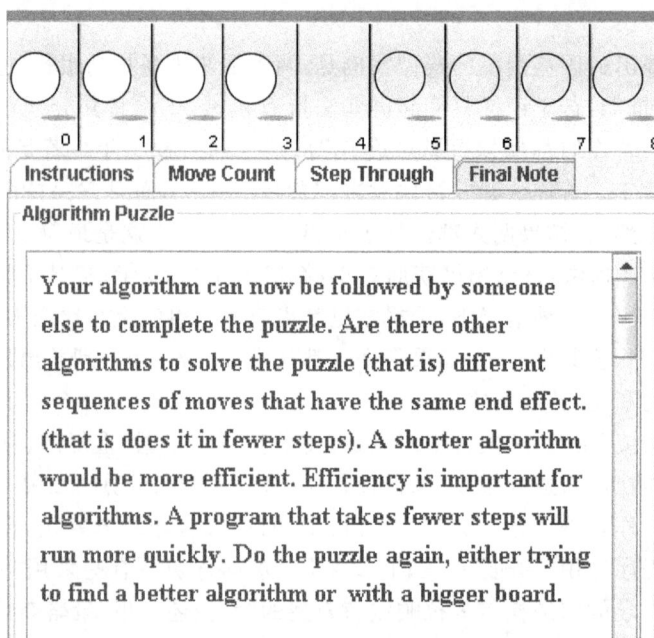

图 1-9　效率思维游戏

当完成这一游戏时,你所做的一系列移动的动作就是完成游戏的算法。它之所以是一种算法,是因为它是一系列移动球的指令序列,如果按给定的顺序动作,即可以完成交换球的任务。任何人都可以按照你的算法成功地完成这个游戏。

在计算机网络中,可以选择 Bit Torrent(BT)下载这个已广泛实际应用的网络下载软件为题材,以"如何尽可能最大地提高下载速度"作为效率思维的问题进行思考和探讨。首先,分析得出"尽可能最大地提高下载速度"是极大速运行模式的一种,类似于以最高速度运行 CPU,不使其闲置;接着,下载速度是可以计算衡量的,下载速度的快慢取决于单位时间通过数据量的多少,或者是通过单位数据量而耗用时间的多少;然后,结合网络下载中影响速度的诸环节进行分析,确定改变哪些环节可以提高下载速度,同时,估算和对比改变不同的环节所需代价的大小,效率会如何;接下来选择出代价最小,易于实现,效费比最高的环节进行改进;最后,在所确定改进的环节里,探索和选择技术方法。经过这样一个分析引导的过程后,再引出基于 PnP(多点对多点连接)的技术方法。这种技术方法采用了人人电脑都是服务器的思想,下载的人越多,共享的人便越多,下载的速度也越快。这种思想与方法里充分蕴含和体现了计算思维。

### 1.6.5　创新思维

发明家和创新者之间有什么区别？发明家拥有伟大的想法，而一个创新者会使用一切办法推行他的想法，并让大家使用。

要做到这一点远远不止需要好的想法，而需要毅力、团队技能、技术技能来将想法变为现实。也许最重要的是具备沟通和说服别人的能力。

当谈到创新，计算机科学家是进行系统集成的专家。他们不只是应用今天的技术，而且还创造明天的技术。什么是当今世界的九大创新？互联网，手机，个人计算机，光纤，电子邮件，卫星导航系统，记忆存储磁盘，数码相机和 RFID 标签。计算机科学家则将它们组合在一起，构建新的系统并满足社会的需求。

如果你认真对待它，创新是可以学习的东西。第一步就是知道你的想法或灵感从何而来。

你必须是一个敏锐的观察家，这对能够发现机会至关重要，你会注意到某些细节可能是有用的；与此相关的是要构建一个广泛的知识平台，因为可能在遥远的过去，人们已经对此有了一定的理解。一些非常不同凡响的创新的想法都源自于某些古老的理念，它们被重新认识并用来解决新问题，解题的技术或资源已成为现实。例如前面提到的七桥的案例，欧拉定理是一个近代的发现和证明，而自动进行图的遍历则是计算机发明以后的事。

获得灵感另一种方式是关注极端用户。许多现在的发明原本是设计来帮助残疾人的。关注和帮助边缘人群并解决他们的问题的结果是帮助了所有的人。亚历山大·贝尔通过教聋哑人讲话而引发了电话的发明灵感。英特尔公司一直在研制的 Motes——一种灰尘大小的计算机——帮助野外生物学家记录数据，而导致传感网络的诞生。

把握机会的一种方法是要能够挑战他人的成见。具有成见的人往往并不自知，但恰恰是成见限制了他们的发展。有时候，当你抛弃那些成见，很可能就获得一个创新的想法。这种思维方式与做程序设计时进行调试同样重要。有段时间，大部分人都以为短信不会有什么发展前景。因为在需要交流时，人们可以通过真正的交谈甚至是视频会议的方式进行，何必使用短信这种笨拙的方式。但短信就是流行开了，而其中的原因也仅仅因为它简便易行。

有些技术问题真正令人恼火，但大多数人选择了忍耐，或者只是抱怨。而具有开发技能的创新者就可以直接去解决它。这就是开源（open source）世界的工作原理，它把具有创新意识的人们的才能释放出来，只是为了得到做事的更好的方式。蒂姆·伯纳斯·李就是这样做的，他创造了万维网并毫无保留地贡献出来，现在可以看到这一切如何改变了世界。更重要的是他开启了无数新的创新机会。

软件世界的伟大在于，你无需拥有真正的工厂或昂贵的设备，所有开始时需要的东西就是一台计算机和一些基本的开发技术和设计技能。许多计算机科学领域的百万富翁有很多的创新在一开始是在寝室或车库中进行的。所以，别再为所有这些技术难题所头痛，开始从头学习必要的技能，开始创新吧。

在现代，随着各个国民经济的发展，创新和创意已经成为国家行为。例如在 20 世纪 90 年代，英国组建了"创意产业特别工作组"（CITF），还委托市场分析公司分析不同创意行业的规模、就业状况、年营业额。CITF 拿着新出炉的行业分析报告《文化创意产业图录报告》，通过大量的数据描绘出了一个动人的前景：文化创意产业以快于其他行业两倍的速度增长，带动的就业机会也是其他行业的两倍之多，创意产业可能正是英国经济成长的动力与财富之源。大家也为政府找到了三个方向：教育体系的支援、知识产权的保护、资助年轻创意者。时任首相的布莱尔亲自出任 CITF 主席，立志让英国成为全球的创意中心。

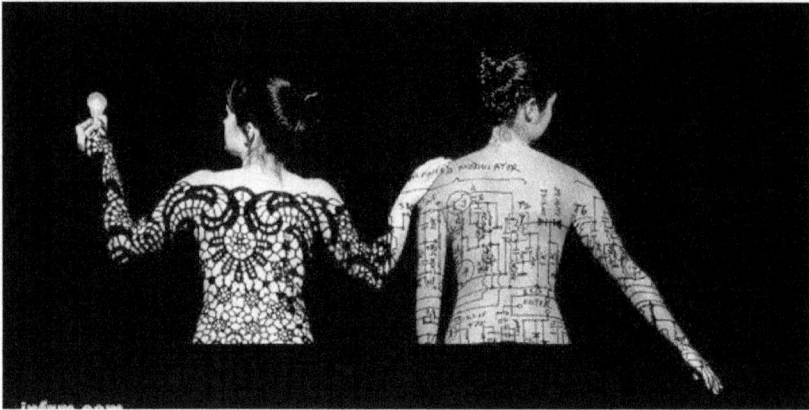

图 1-10　2009 年，英国皇家艺术学院的艺术家创造出电子绘画工具，很短时间就能完成一件电子人体艺术品，无毒的墨水直接作用在肌肤表面可以创意自定义的集成电路，而且对皮肤无害

### 1.6.6　伦理思维

任何新技术都是一把双刃剑。现代计算机系统的一个伟大成就是它带来的对数字信息进行分析、处理和共享的便利。但是与此同时，也存在大量负面的影响。例如，如何处理创建电子商务客户联机档案的便利性与隐私问题之间的平衡，是当代信息系统引发的伦理问题之一。所以，作为信息时代的科技工作者，必须做到以下几点：

①理解新技术的道德风险。技术的迅速发展意味着个人面临的选择在迅速地变化，风险与回报平衡、对错误行为的理解也会发生变化。正是由于这个原因，侵犯个人隐私已经成为一个严重的伦理问题。

②作为管理者，有责任建立、实施和解释企事业单位的道德规范。信息时代的企事业单位必须为计算机和信息技术的应用设立一个覆盖隐私、财产、责任、系统质量和生活质量的道德准则。

计算机伦理学是当代研究计算机信息与网络技术伦理道德问题的新兴学科。随着计算机信息与网络技术的飞速发展，计算机信息伦理问题的研究已引起全球性关注。

伦理（ethics）是指作为具有民事行为能力的个人用来指导行为的基本准则。计算机及信息技术对个人和社会都提出了新的伦理问题，这是因为其对社会产生了巨大的推动，从而对现有的社会利益的分配产生影响。像其他技术如蒸汽机、电力、电话、无线电通信一样，信息技术可以被用来推动社会进步，但是它也可以被用来犯罪和威胁现有的社会价值观念。在使用信息系统时，有必要了解所需承担的伦理和社会责任。

伦理、社会和政治问题是紧密相联的。作为未来社会的管理者，可能面对的典型的道德困境会在社会和政治的波动中反映出来。图 1-11 显示了一种社会伦理模型。将社会想像成夏日里平静的池塘，一个由个人、社会和政治团体组成的、局部平衡的微妙的生态系统。

人们知道在这个池塘中行动的准则，因为社会团体（家庭、教育组织）已经为行为制定了详

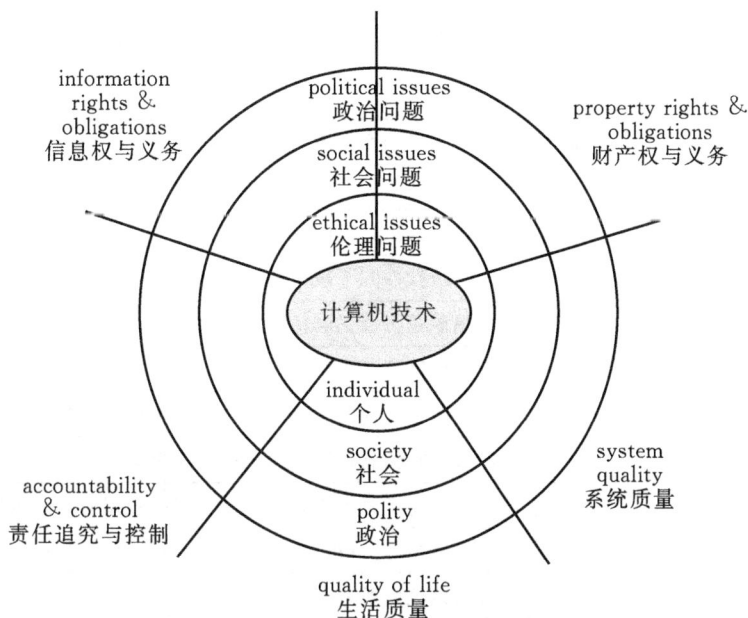

图 1-11　计算机伦理思维模型

尽的规矩,立法部门也制定了相关的法律,法律规范人们的行为并对触犯法律的行为进行处罚。如果向池塘的中心扔一块石头,假设这不是一块普通的石头的坠落,而是某种新的计算机或信息技术坠入一个看似平静的社会。接下来会出现什么? 当然是涟漪。

这时社会公众突然间要面对现有制度通常无法解释的情况。政府机构也不可能在一夜之间对这些波动做出反应——它可能花费数年的时间来制定一套经过检验的规则,政治机构根据具有危害性的例证来制定新的法规也需要一段时间。与此同时,社会公众可能被迫在一个"灰色地带"行动,关于什么才是新技术合乎道德的使用的判断标准还未统一。

新的计算机技术所引起的波动效应,势必在个人、社会和政治层次产生新的伦理、社会和政治问题。这些问题有五个道德维度:信息权和义务、财产权和义务、系统质量、生活质量、责任追究与控制。我们可以使用这个模型来演示伦理、社会和政治问题的动态联系。这个模型还可以用来识别贯穿各行为层次——信息社会中个人、社会和政治的道德维度。五项道德维度如下:

①信息权和义务:个人和组织可以主张哪些信息权? 哪些信息必须保护? 关于这些信息,个人和组织有哪些义务?

②财产权和义务:对所有权的追溯和确认很困难,而在数字社会中忽略这种财产权却非常容易,传统的知识产权应如何被保护?

③责任追究与控制:谁负责对个人、公共信息和财产权所受到的损害进行解释,并承担相应的责任?

④系统质量:为了保护个人权利和社会安全,我们应对数据和系统质量的标准有什么要求?

⑤生活质量:在一个以信息和知识为基础的社会中,什么价值观念应该被坚持? 哪些制度

应该保护不被破坏？新的信息技术支持哪些文化价值观和实践？

表1-2对图1-11表达的计算机伦理模型的内容进行了进一步的表述。

**表1-2　信息伦理的维度和问题**

| | | |
|---|---|---|
| 信息权与义务 | 伦理 | 哪些信息属于个人隐私？ |
| | 社会 | 哪些信息属于公众的知情权范畴？ |
| | 政治 | 政府如何保护公民隐私不受侵犯？ |
| 财产权与义务 | 伦理 | 使用盗版软件和下载乐曲是否违法？ |
| | 社会 | 盗版猖獗是否会影响信息产业发展？ |
| | 政治 | 政府如何处理盗版问题？ |
| 系统质量 | 伦理 | 软件或服务在何时算是准备充分并可以发布？ |
| | 社会 | 我们可以相信软件、服务、数据的质量吗？ |
| | 政治 | 国家和工业界是否需要为软件、硬件、数据质量制定标准？ |
| 生活质量 | 伦理 | 青少年网瘾、计算机职业病问题如何解决或缓解？ |
| | 社会 | 是否应该关闭所有营业性网吧？ |
| | 政治 | 政府如何保护公民和青少年免除和减少计算机带来的危害？ |
| 责任追究与控制 | 伦理 | 谁为某项信息技术使用的后果承担道德责任？ |
| | 社会 | 社会对此类技术的期待和容忍是怎样的？ |
| | 政治 | 政府对信息技术干预、保护应该到什么程度？ |

信息伦理的问题错综复杂，尽管一下子难以解决，甚至难以陈述清楚，有了伦理模型以后，至少可以帮助我们分清问题的性质（维度），然后，依据伦理分析的一般性办法，进行分析、选择、进行后果的评估。

## 1.7　应用案例

本章所选的计算案例试图展示古典的计算思维和现代计算机问题求解方法方面的关联，请读者务必在理解已经成为经典的计算理论的基础上，结合对计算机不同应用程序的使用，进行问题的求解。

### 1.7.1　非线性方程牛顿迭代求解方法分析

牛顿迭代法（Newton's method）又称为牛顿-拉夫逊方法（Newton-Raphson method），是牛顿在17世纪提出的一种在实数域和复数域上近似求解方程的方法。由于多数方程不存在求根公式，因此求精确根非常困难，甚至不可能，从而寻找方程的近似根就显得特别重要。该方法使用函数$f(x)$的泰勒级数的前面几项来寻找方程$f(x)=0$的根是求方程根的重要方法之一，其最大优点是在方程$f(x)=0$的单根附近具有平方收敛，而且该法还可以用来求方程的重根、复根。因此该方法广泛用于计算机编程中。

设方程为 $f(x)=0$,用数学方法导出等价的形式

$$x(n+1) = g(x(n)) = x(n) - f(x(n))/f'(x(n))$$

然后按以下步骤执行:

①选一个方程的近似根,赋给变量 $x_1$;

②将 $x_0$ 的值保存于变量 $x_1$,然后计算 $g(x_1)$,并将结果存于变量 $x_0$;

③当 $x_0$ 与 $x_1$ 的差的绝对值还小于指定的精度要求时,重复步骤②的计算。

若方程有根,并且用上述方法计算出来的近似根序列收敛,则按上述方法求得的 $x_0$ 就认为是方程的根。

【例 1.1】　已知 $f(x)=\cos(x)-x$。$x$ 的初值为 3.14159/4,用牛顿法求解方程 $f(x)=0$ 的近似值,要求精确到 10E−6。

算法分析:$f(x)$ 的牛顿迭代法构造方程为

$$x(n+1) = x_n - (\cos(x_n) - x_n)/(-\sin(x_n) - 1)$$

使用 C 语言编写的牛顿迭代法求解的程序如下:

```
#include<stdio.h>
#include<math.h>


double F1(double x); //要求解的函数
double F2(double x); //要求解的函数的一阶导数函数
double Newton(double x0, double e);//通用 Newton 迭代子程序
int main()
{
    double x0 = 3.14159/4;
    double e = 10E-6;

    printf("x = %f\n", Newton(x0, e));
    getchar();
    return 0;
}
double F1(double x)//要求解的函数
{
    return  cos(x) - x;
}
double F2(double x)//要求解的函数的一阶导数函数
{
    return  -sin(x) - 1;
}
double Newton(double x0, double e)//通用 Newton 迭代子程序
{
    double  x1;
```

```
    do
    {
        x1 = x0;
        x0 = x1 - F1(x1)/ F2(x1);
    } while (fabs(x0 - x1)> e);

    return x0;    //若返回 x0 和 x1 的平均值则更佳
}
```

【例 1.2】　用牛顿迭代法求解方程 $x^2-5x+6=0$，要求精确到 $10\mathrm{E}-6$。

算法分析：取 $x_0=100$ 和 $x_0=-100$；$f(x)$ 的牛顿代法构造方程为

$$x(n+1) = x_n - (x_n \times x_n - 5x_n + 6)/(2x_n - 5)$$

使用 C 语言编写的牛顿迭代法求解的程序如下：

```
# include<stdio. h>
# include<math. h>
double F1(double x); //要求解的函数
double F2(double x); //要求解的函数的一阶导数函数
double Newton(double x0, double e);//通用 Newton 迭代子程序

int main()
{
    double x0;
    double e = 10E-6;
    x0 = 100;
    printf("x = % f\n", Newton(x0, e));
    x0 = -100;
    printf("x = % f\n", Newton(x0, e));
    getchar();
    return 0;
}
double F1(double x)//要求解的函数
{
    return x * x - 5 * x + 6;
}
double F2(double x)//要求解的函数的一阶导数函数
{
    return 2 * x - 5;
}
```

```
double Newton(double x0, double e)//通用 Newton 迭代子程序
{
    double   x1;
    do {
        x1 = x0;
        x0 = x1 - F1(x1)/ F2(x1);
    } while (fabs(x0 - x1)> e);

return (x0 + x1)* 0.5;
}
```

具体使用迭代法求根时应注意以下两种可能发生的情况：

①如果方程无解，算法求出的近似根序列就不会收敛，迭代过程会变成死循环，因此在使用迭代算法前应先考察方程是否有解，并在程序中对迭代的次数给予限制；

② 方程虽然有解，但迭代公式选择不当，或迭代的初始近似根选择不合理，也会导致迭代失败。选初值时应使：$|\mathrm{d}f(x)/\mathrm{d}x|<1$，$|\mathrm{d}f(x)/\mathrm{d}x|$ 越小收敛速度越快。

### 1.7.2　Excel 数学积分计算

定积分的几何意义就是求曲线下面积，在 Excel 中可以：

①使用 Excel 的图表将离散点用 XY 散点图绘出；

②使用 Excel 的趋势线将离散点所在的近似拟合曲线绘出；

③利用 Excel 的趋势线推出近似拟合曲线公式；

④使用 Excel 的表格和公式计算定积分值。

【例 1.3】　由表 1-3 表示的一组数据，绘得图 1-12。求图 1-12 曲线下面积(灰色部分)。

表 1-3　在 Ecxel 中表示的一组数据

|   | A | B |
|---|---|---|
| 1 | X | Y |
| 2 | 0.0 | 0.0000 |
| 3 | 0.1 | 0.0109 |
| 4 | 0.2 | 0.0416 |
| 5 | 0.3 | 0.0921 |
| 6 | 0.4 | 0.1624 |
| 7 | 0.5 | 0.2525 |
| 8 | 0.6 | 0.3624 |
| 9 | 0.7 | 0.4921 |
| 10 | 0.8 | 0.6416 |
| 11 | 0.9 | 0.8109 |
| 12 | 1.0 | 1.0000 |

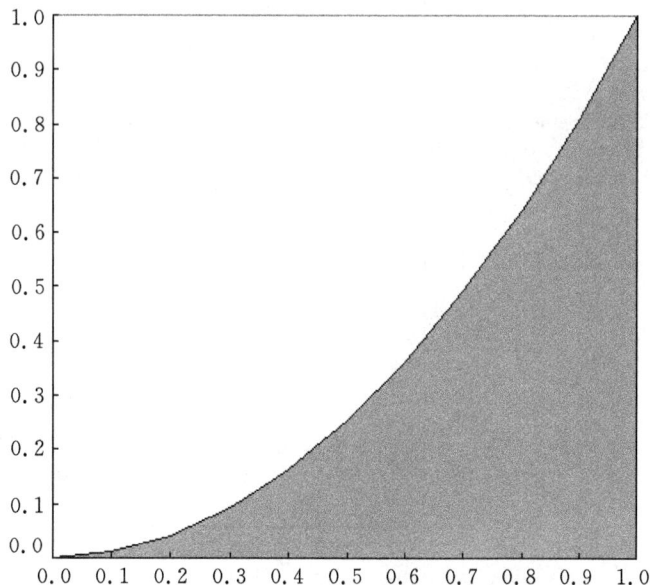

图 1-12　由表 1-3 的数据绘成曲线图

其实,此例的关键就是求出曲线的表达式,为此,就要将表1-3中数据绘成散点图,并据此绘出趋势线、求得趋势线方程,从而使用定积分求解。具体步骤如下(本例工作环境为Microsoft Excel 2003):

①选择表1-3数据单元,进入【图表向导-4步骤之1-图表类型】对话框,选择"X Y 散点图",点"下一步",取消图例,完成后得到XY散点图,如图1-13所示。

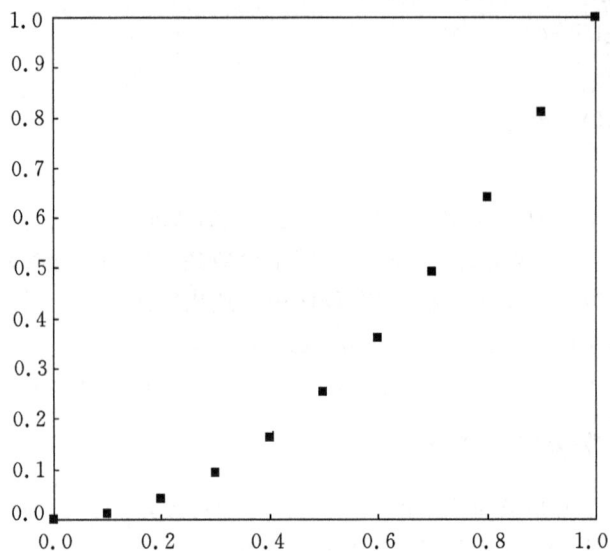

图1-13　由表1-3的数据绘成的散点图

②选择散点图中数据点,右键选择"添加趋势线",如图1-14所示。

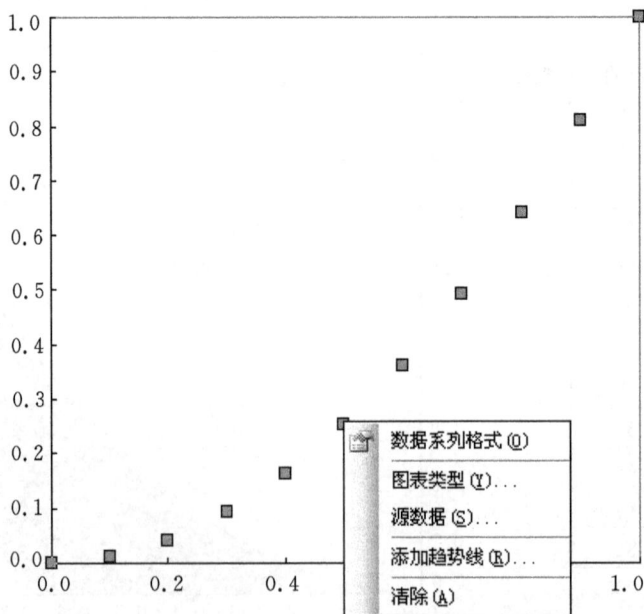

图1-14　为散点图添加趋势线

③在【添加趋势线】对话框中选择"类型"选项卡，在"趋势预测/回归分析类型"中，可以根据题意及定积分计算方便，选择"多项式"；"阶数"可调节为2(视曲线与点拟合程度调节)，如图 1-15 所示。

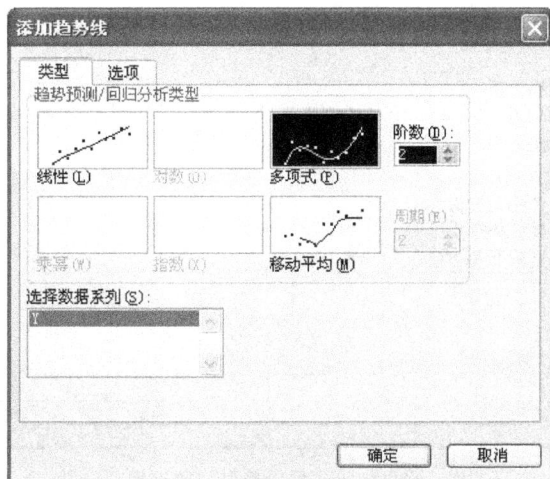

图 1-15　进行趋势预测/回归分析类型的选择

Excel 趋势线类型包括：

**线性**：线性趋势线是适用于简单线性数据集合的最佳拟合直线。如果数据点的构成的趋势接近于一条直线，则数据应该接近于线性。线性趋势线通常表示事件以恒定的比率增加或减少。

**对数**：如果数据一开始的增加或减小的速度很快，但又迅速趋于平稳，那么对数趋势线则是最佳的拟合曲线。

**多项式**：多项式趋势线是数据波动较大时使用的曲线。多项式的阶数视数据波动的次数或曲线中的拐点的个数确定，为判定方便，也可以由曲线的波峰或波谷确定。二阶多项式就是抛物线，二阶多项式趋势线通常只有一个波峰或波谷；三阶多项式趋势线通常有一个或两个波峰或波谷；四阶多项式趋势线波峰、波谷数通常多达 3 个。当然多项式形式的不定积分公式比较简单，求此类曲线下面积比较容易。

**乘幂**：乘幂趋势线是一种适用于以特定速度增加的数据集合的曲线。但是如果数据中有零或负数，则无法创建乘幂趋势线。

**指数**：指数趋势线适用于速度增加越来越快的数据集合。同样，如果数据中有零或负数，则无法创建指数趋势线。

**移动平均**：移动平均趋势线用于平滑处理数据中的微小波动，从而更加清晰地显示数据的变化的趋势(在股票、基金、汇率等技术分析中常用)。

④切换到"选项"选项卡，选中"显示公式"复选框；"设置截距＝0"视情况也可选中，如图 1-16所示；"显示 R 平方值"，也可以选中，以便观察曲线拟合程度，R 平方越接近于 1，拟合程度越高，本例 R 平方的值为 1，即完全拟合，是最佳趋势线。单击确定，如图 1-17 所示，其中的公式，就是通过回归求得的拟合曲线的方程。

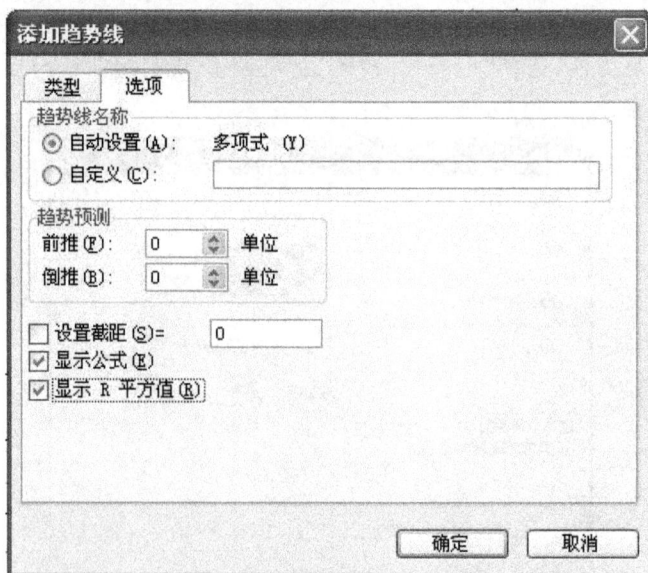

图 1－16　添加趋势线的选项

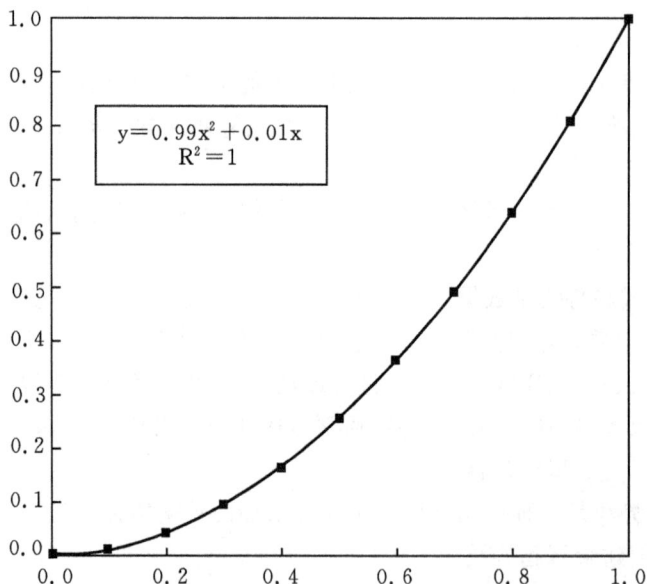

图 1－17　通过回归求得的拟合曲线的方程

⑤用不定积分求曲线方程的原函数 $f(x)$

$$f(x) = \int (0.99x^2 + 0.01x)\mathrm{d}x = 0.33x^3 + 0.005x^2$$

注：这一步无法通过 Excel 求得，请参考有关《高等数学》教材中的"基本积分表"。

⑥利用 Excel 表格和公式的拖曳，求原函数值：如在图 1－18 中，选中单元格 C2，在上方编辑栏中键入等号插入公式"＝0.33 * A2 ^ 3＋0.005 * A2 ^ 2"，回车确定后，用鼠标放置到 C2 的

右下角,出现"+"时,从 C2 拖到 C12,求得原函数值,即求得 $F(0)$、$F(0.1)$、$F(0.2)$、…、$F(1.0)$。

注意:单元格 C1 中的公式只是 C 列的标题,具体的计算必须引用单元格。

| C2 | | ▼ | $f_x$ =0.33*A2^3+0.005*A2^2 |
|---|---|---|---|
| | A | B | C |
| 1 | X | Y | F(X)=0.33X^3+0.005X^2 |
| 2 | 0.0 | 0.0000 | 0 |
| 3 | 0.1 | 0.0109 | 0.00038 |
| 4 | 0.2 | 0.0416 | 0.00284 |
| 5 | 0.3 | 0.0921 | 0.00936 |
| 6 | 0.4 | 0.1624 | 0.02192 |
| 7 | 0.5 | 0.2525 | 0.0425 |
| 8 | 0.6 | 0.3624 | 0.07308 |
| 9 | 0.7 | 0.4921 | 0.11564 |
| 10 | 0.8 | 0.6416 | 0.17216 |
| 11 | 0.9 | 0.8109 | 0.24462 |
| 12 | 1.0 | 1.0000 | 0.335 |

图 1-18 求 $F(X)$ 的函数

⑦求 $[0,1]$ 区间内曲线下面积,从图 1-18 中可知:

$$\int_0^1 (0.99x^2 + 0.01x)\mathrm{d}x = \left[0.33x^3 + 0.005x^2\right]\Big|_0^1$$
$$= F(1) - F(0) = 0.335$$

### 1.7.3 Excel 计算杨辉三角形

杨辉三角形,又称贾宪三角形、帕斯卡三角形,是二项式系数在三角形中的一种几何排列。在欧洲,这种排列叫做帕斯卡三角形。帕斯卡(1623—1662)是在 1654 年发现这一规律的,比杨辉要迟 393 年,比贾宪迟 600 年。

图 1-19 的表在我国南宋数学家杨辉 1261 年所著的《详解九章算法》一书里就出现了。

【例 1.4】 利用 Excel 2010 生成杨辉三角形的前 10 行,效果图参见图 1-20。

基本过程如下:

①在工作表的 B1、B2 和 C2 三个单元格中分别输入 1;

②在 B3 单元格中输入"=A2+B2";

③选定 B3 单元格,纵向拖动填充柄到 B10 单元格,使得从 B1 到 B10 十个单元格全部出现 1;

④选定 B3 单元格,横向拖动填充柄到 D3 单元格;

⑤用同样的方法,横向填充从 B4 到 B10 杨辉三角形的其余行。请一行一行填充,因为每行的长度不一样。一个杨辉三角形就出现了!

⑥使用"文件"/"另存为"功能保存文件。

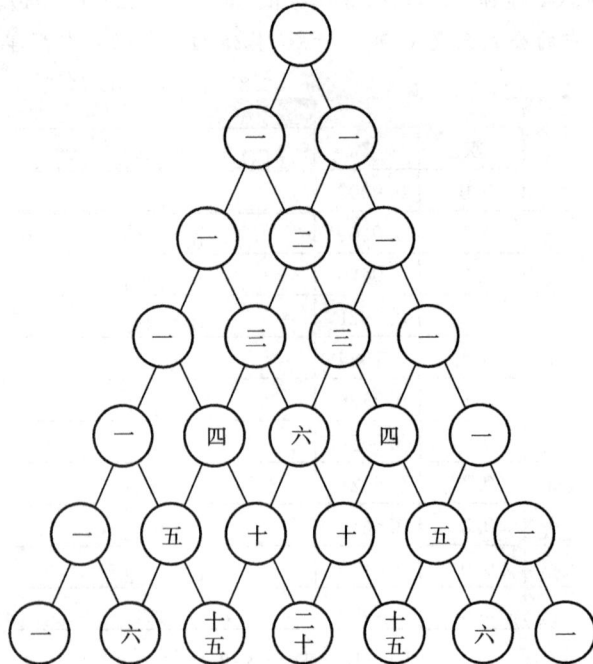

图 1-19　《详解九章算法》中描述的杨辉三角形

| B | C | D | E | F | G | H | I | J | K |
|---|---|---|---|---|---|---|---|---|---|
| 1 | | | | | | | | | |
| 1 | 1 | | | | | | | | |
| 1 | 2 | 1 | | | | | | | |
| 1 | 3 | 3 | 1 | | | | | | |
| 1 | 4 | 6 | 4 | 1 | | | | | |
| 1 | 5 | 10 | 10 | 5 | 1 | | | | |
| 1 | 6 | 15 | 20 | 15 | 6 | 1 | | | |
| 1 | 7 | 21 | 35 | 35 | 21 | 7 | 1 | | |
| 1 | 8 | 28 | 56 | 70 | 56 | 28 | 8 | 1 | |
| 1 | 9 | 36 | 84 | 126 | 126 | 84 | 36 | 9 | 1 |

## 本章习题

### 一、单选题

1. 我们讨论的计算思维中的计算一词，指英语中的：

　　A. computation　　　　　　　　B. computing

　　C. computation 和 computing　　D. 既不是 computation 也不是 computing

2. 移动通信与地理信息系统的结合，产生了新的计算模式是：

　　A. 与位置有关的计算　　　　　　B. 与时间有关的计算

　　C. 与空间有关的计算　　　　　　D. 与人群有关的计算

3. 当交通灯会随着车流的密集程度自动调整而不再是按固定的时间间隔放行时，我们说，这是计算思维_____的表现。

　　A. 人性化　　　　　　　　　　　B. 网络化

  C. 智能化　　　　　　　　　　　　D. 工程化

4. 计算思维服务化处于计算思维层次的:

  A. 基础层次　　　　　　　　　　　B. 应用层次

  C. 中间层次　　　　　　　　　　　D. 工程技术层

5. 计算思维的智能化处于计算思维层次的:

  A. 基础层次　　　　　　　　　　　B. 应用层次

  C. 顶层层次　　　　　　　　　　　D. 工程技术层

6. 以下列出的方法哪一项不属于科学方法?

  A. 理论　　　　　　　　　　　　　B. 实验

  C. 假设和论证　　　　　　　　　　D. 计算

7. 以下列出的哪一项不属于公理系统需要满足的基本条件?

  A. 无矛盾性　　　　　　　　　　　B. 独立性

  C. 完备性　　　　　　　　　　　　D. 不完备性

8. 以下哪一项不属于伽利略的实验思维方法的基本步骤之一?

  A. 设计基本的实验装置　　　　　　B. 从现象中提取量的概念

  C. 导出易于实验的数量关系　　　　D. 通过实验证实数量关系

9. 对于实验思维来说,最为重要的事情有三项,但不包括以下的:

  A. 设计实验仪器　　　　　　　　　B. 制造实验仪器

  C. 保证实验结果的准确性　　　　　D. 追求理想的实验环境

10. 计算思维最根本的内容为:

  A. 抽象　　　　　　　　　　　　　B. 递归

  C. 自动化　　　　　　　　　　　　D. A 和 C

11. 计算机科学在本质上源自于:

  A. 数学思维　　　　　　　　　　　B. 实验思维

  C. 工程思维　　　　　　　　　　　D. A 和 C

12. 计算理论是研究使用计算机解决计算问题的数学理论。有三个核心领域,但不包括:

  A. 抽象理论　　　　　　　　　　　B. 可计算性理论

  C. 计算的复杂性理论　　　　　　　D. 自动机理论

13. 计算机学科的方法论有三个过程,但不包括:

  A. 抽象　　　　　　　　　　　　　B. 理论

  C. 实验和论证　　　　　　　　　　D. 自动化设计及实现

14. 用邻接矩阵表示无向图属于计算机学科方法论的三个过程中的:

  A. 抽象　　　　　　　　　　　　　B. 理论

  C. 实验和论证　　　　　　　　　　D. 自动化设计及实现

15. 欧拉于 1736 年研究并解决的七桥问题,属于计算机学科方法论的三个过程中的:

  A. 抽象　　　　　　　　　　　　　B. 理论

  C. 实验和论证　　　　　　　　　　D. A 和 B

16. 图论是数学的一个分支,它以图为研究对象,主要应用在计算机学科方法论的三个过程中的

　　　A. 抽象　　　　　　　　　　　　B. 理论

　　　C. 实验和论证　　　　　　　　　D. 自动化设计及实现

　17. 通过程序设计对无向图的遍历求解，属于计算机学科方法论的三个过程中的：

　　　A. 抽象　　　　　　　　　　　　B. 理论

　　　C. 实验和论证　　　　　　　　　D. 自动化设计及实现

## 二、判断题

　1. 大部分学科都可以从计算机学科获得收益，但计算机学科很少从其他学科获益。（　）

　2. 计算思维主要是计算数学、信息科学和计算机学科的任务，与其他学科关系不大。（　）

　3. 虽然计算机技术发展很快，但大部分用户都可以跟上技术发展的步伐，这就是"重用（reuse）"在发挥作用，因为大部分新技术是在原有技术的基础上发展的。　　　　（　）

　4. 在数学计算中，7×4 和 4×7，是两个乘数的交换。因此，这两个过程在计算机中也是等价的。　　　　　　　　　　　　　　　　　　　　　　　　　　　　　　　　　（　）

　5. 已经有了一个可执行程序的源代码，对它进行分析，并绘制出流程图，是一种"逆向求解"的过程。目的在于分析和了解原创者的思想和算法。　　　　　　　　　（　）

## 三、填空题

　1. 通过将一个对象（或事物）与其某种属性相联系，从而使抽象的概念具体化的过程，是计算机学科的一个重要核心概念：_____。

　2. 计算机学科中，关于时间、空间、人力和财力等资源消耗的度量，称之为：_____。

　3. 在新的环境下，系统中各类实体、技术、概念等可被再次使用的能力，被称为：_____。

　4. 计算机软硬件系统对合法用户的响应及对非法请求的抗拒，以保护系统不受外界影响和攻击的能力被称为：_____。

　5. 系统的结构、状态、特征、行为和功能等随着时间的推移而发生的更改被称为：_____。

## 四、问答题

　1. Computation 与 computing 有何异同？

　2. 计算思维的层次化对大学生的学习有何影响？

　3. 计算思维的网络化对个人和社会产生了哪些重大影响？

　4. 计算思维的移动化可以产生哪些重要的信息系统应用模型？

　5. Software as a Service（SaaS）是何种计算模式？与传统的计算模式比较，有何特点？请举例说明。

　6. 不同人的计算思维具有很大差别，请举例说明只要具有思维品质中的独创性，就能创造性地解决问题。

　7. 使用计算机进行问题求解，需要哪些主要的步骤？

　8. 请举例说明哪些工具的应用影响了人类文明的进步？

　9. 哪些计算机科学的发展影响了其他学科的发展？

　10. 计算机科学从哪些学科获得了新的发展思路？

　11. 科学、技术和工程素养的核心内容各自是什么？

　12. 计算机科学与信息科学有哪些联系和区别？

　13. 计算机科学与生命科学有哪些联系？相互如何影响？

14. 计算机科学与数学之间有哪些重要的关联？

15. 请说明问题求解的四个基本步骤，并说明在第二步如何选择计算机科学核心概念中的内容与此关联。

16. 计算思维如何落实到日常的学习和工作中？

17. 科学思维的中心思想是什么？

18. 创新思维需要注意哪些方面？如何学习并成为一个创新者？

19. 计算机科学的核心概念中有哪些与效率思维有关？

20. 什么是算法思维，你是否可以从中国历史典故中举出相关的案例？

21. 计算机伦理思维有哪些维度？

22. 以网瘾为例，说明它对计算机伦理中的个人、社会和政策三个层面的影响。

**五、实验操作题**

1. 在因特网上的 http://www.cs4fn.org/algorithms/swappuzzle/ 网站上有一个游戏，目的是要交换蓝色球和红色球的位置，且要求移动的步骤要少。请选择 4 个球，进行位置交换，并描述你的基本算法。

2. 请打开 http://www.llang.net/sudoku/，进行一局数独游戏，并描述你的感受。

3. 在由表 1-4 数据绘成的曲线图中，求[0.6,0.9]区间的曲边梯形面积。

4. 选择你所了解最近发生在社会上的计算机伦理问题，进行伦理分析，并预测问题的解决方法，比较不同方法可能产生的影响与后果。

5. 试编译运行例 1.4 中的程序，体会一下计算机如何解决一笔画的问题。

# 第 2 章　计算机基础

## 2.1　计算机发展简史

### 2.1.1　计算工具的进化

#### 1. 早期的计算工具

在古人类曾经生活过的岩石洞里发现的刻痕说明人类文明发展的早期就有了计算问题的需要和能力。考古研究说明,在数的概念出现之后,就开始出现了数的计算。人类最初用手指计算。人有两只手,十个手指,掰着指头数数就是最早的计算方法。所以人们自然而然地习惯于运用十进制记数法。

用手指头计算固然方便,但不能存储计算结果,于是人们用石头、木棒、刻痕或结绳来延长自己的记忆能力。在拉丁语中,"计算"的单词 Calculus,其本意就是用于计算的小石子。

计算是基于算法的,所谓算法就是处理数字所依据的一步步的操作过程。即便是最基本的用笔和纸进行的加法也需要算法,可以这样描述:从最右边的数字开始加起,如果需要则进1,然后依次对左边余下的数字重复该过程。

在大约六七百年前,我们的祖先发明了算盘(图 2-1)。每个算盘珠表示一个数量,1、5、10 或 100 等。使用算盘计算时只要掌握操作珠子的算法——珠算口诀,就能够很方便地实现各种基本的十进制计算。即使在今天也还能在许多地方看到它的身影。有人认为算盘是最早的数字计算机,而珠算口诀则是最早的体系化的算法。

图 2-1　算盘

1621 年英国人冈特(E. Gunter)在一根长约 60 厘米的木尺上,标上对数刻度(对数坐标纸上所用的就是这种刻度),制造出第一把对数刻度尺,开创了模拟计算的先河。冈特计算尺是世界上最早的模拟计算工具。在它的基础上演化出了多种类型的计算尺。

在使用冈特的对数刻度尺进行乘法运算时,刻度尺上的长度要用一把两脚规去测量。在 1621 年的一天,英国数学家威廉·奥特雷德(William Oughtred)突然萌发起一个念头,要是做出两根对数刻度尺,让它们相互滑动,不就省得用两脚规去一一度量了吗!于是使乘除计算实现"机械化"的直尺型计算尺就这样问世了(图 2-2)。

图 2-2　计算尺

计算工具有两种,一种是模拟式,即通过长度、面积、电流强度等物理量来表示数值,因此它的准确度依赖于模拟物理量的精确度。另一种是数字式,即以数字表示数值,因此它的准确度取决于计算工具所能处理数字的数量。计算尺属于前面那种，是一种模拟计算装置；而算盘则属于后面那种，它是一种数字计算工具。模拟计算装置，由于在通用性和精度方面有很大的局限性，最终必然被数字计算装置取代。

从 19 世纪 60 年代起，计算尺就一直作为学生、工程师和科学家的基本计算工具，曾为科学和工程计算做出了巨大的贡献。直到 20 世纪中叶，计算尺才逐渐被袖珍计算器所取代。

**2. 机械式计算器**

像算盘、计算尺这样的手动计算器需要使用者应用算法来执行计算。机械式计算器则可以自己实现算法。操作者只需简单地输入需要计算的数字，然后拉动控制杆或者转动转轮来执行计算，基本上不需要或者只需要很少的思考。

17 世纪中叶，随着人们需要解决的计算问题越来越多、越来越复杂，各种机械设备被发明出来。在这种背景下，一批杰出的科学家相继开始尝试机械式计算机的研制，并取得了丰硕的成果。

1642 年，法国数学家帕斯卡（B. Pascal）发明了机械的齿轮式加法器（图 2-3），这台加法机的内部是齿轮传动装置，通过手工操作，能进行加减运算，并解决了自动进位这一关键问题。这是人类历史上第一台机械式计算机，它的设计原理对计算机械的发展产生了持久的影响。在随后的年代中，人们在这个领域里始终在做着不懈的努力，研究完成各种计算的机器，想方设法扩充和完善这

图 2-3　加法器

些机械装置的功能。1673 年，德国数学家莱布尼兹（G. W. Leibniz）设计完成了机械乘除器，从而使得机械式计算设备能够完成基本的四则运算。但在整个 17 世纪，这些机械计算机一直处于实验室产品阶段，直到五十年后的 1820 年，真正商品化的机械式计算器才正式出现。而且这时期的计算器都是由手动转动摇杆或者拉动控制杆来驱动的。

1822 年，英国数学家巴贝奇（C. Babbage）尝试设计用于航海和天文计算的差分机，可以由蒸汽动力来操作，这在那个时代是相当尖端的技术。

1834 年，巴贝奇又完成了一项新计算装置的构思。利用它不仅可以进行数字运算，而且还能够进行逻辑运算，巴贝奇把这种装置命名为"分析机"（图 2-4）。

图 2-4　分析机和穿孔卡片

巴贝奇的分析机大体上有三大部分：其一是齿轮式的"存储库"，每个齿轮可储存 10 个数，齿轮组成的阵列总共能够储存 1000 个 50 位数。分析机的第二个部件是所谓"运算室"，其基

本原理与帕斯卡加法器的转轮相似,用齿轮间的啮合、旋转、平移等方式进行数字运算。为了加快运算速度,他改进了进位装置,使得 50 位数加 50 位数的运算可完成于一次转轮之中。第三部分是以"0"和"1"来控制运算操作的顺序,类似于电脑里的控制器。他甚至还考虑到如何使这台机器处理依条件转移的动作,比如,第一步运算结果若是"1",就接着做乘法,若是"0"就进行除法运算。此外,巴贝奇也构思了送入和取出数据的机构,以及在"仓库"和"作坊"之间不断往返运输数据的部件。

虽然由于当时的技术限制,主要零件的误差达不到必要的精度,巴贝奇的计算机器最终没有真正取得成功。但计算机历史学家认为分析机的设计包含了许多现代计算机的概念,包括内存、可编程处理器、输出设备和用户可定义的程序和数据输入。巴贝奇提出了将计算用的程序和数据存储在穿孔卡片上来进行控制,这种卡片后来被应用于第一代电子计算机上。

### 3. 机械计算到电动计算

到 19 世纪后期,随着电学技术的发展,计算装置开始从机械向电气控制方向发展。1884年,美国人霍列瑞斯(H. Hollerith)设计出了一个电子穿孔卡片的制表设备,用穿孔卡片来表示数据,带孔的卡片被送入读卡机中。带有金属棒阵列的读卡机,以弱电流技术方式从卡片中读出数据并将其结果制成表格。以穿孔卡片记录数据的思想正是现代软件技术的萌芽。这种计算设备被成功地应用于 1890 年美国的人口普查,使各种数据的计算效率大为提高。制表机的发明是机械计算机向电气技术转化的一个里程碑。霍列瑞斯的制表公司在 1924 年更名为国际商用机器公司(International Business Machines corporation,IBM)。

1939 年 IBM 赞助了一个名叫霍华德·阿肯(Howard Aiken)的工程师,由美国海军提供经费,开始设计"马克 1号"(图 2-5)。"马克 1号"采用全继电器代替了齿轮传动的机械机构,长 51 英尺(1 英尺=30.48 厘米)、高 8英尺,看上去像一节列车,有 750000 个零部件,里面的各种导线加起来总长 500 英里(1 英里=1609.34 米),总耗资四五十万美元。马克 1号在很多方面可以说是巴贝奇分析机现代化的翻版,所不同的是用电来代替了蒸汽传动。

图 2-5　马克 1 号

"马克 1 号"通过穿孔纸带传送指令。做乘法运算一次最多需要 6 秒,除法需 10 多秒。运算速度不算快,但精确度很高(小数点后 23 位)。

"马克 1 号"的问世标志了现代计算机时代的开始,但是作为一个原型,它和现代计算机还相差甚远。"马克 1 号"是数字的,但它使用的是十进制表示方式而非今天计算机中的二进制表示方式。

### 4. 数字式电子计算机

1942 年在宾夕法尼亚大学任教的莫克利提出了用电子管组成计算机的设想,这一方案得到了美国陆军弹道研究所高尔斯特丹(Goldstine)的关注。当时正值第二次世界大战,新武器研制中的弹道问题涉及许多复杂的计算,单靠手工计算已远远满足不了要求,急需自动计算的机器。于是在美国陆军的资助下,1943 年开始研制,并于 1946 年完成,这是世界上第一台通用数字电子计算机,取名为 ENIAC(Electronic Numerical Integrator and Calculator)。设计这台计算机的总工程师埃克特(J. Eckert)当时年仅 24 岁。

ENICA 的主频为 0.1 MHz,但这对于完成它的本职工作——计算弹道轨迹,已是绰绰有余了。它可以在一秒钟内进行 5000 次加法运算,3 毫秒便可进行一次乘法运算,与手工计算相比速度大大加快,60 秒钟射程的弹道计算时间由原来的 20 分钟缩短到 30 秒。

但它也明显存在着缺点。它体积庞大,重达 30 吨,占地面积 1500 平方英尺(1 平方英尺 = 0.0929平方米)。机器中约有 18800 只电子管,每只电子管约有一个普通 25 瓦白炽灯那么大,见图 2-6(b)。还有 1500 个继电器,70000 只电阻及其他各类电气元件,运行时耗电量很大,每当这个庞然大物工作时都至少需要 200 kW 电力。为了解决电子管的散热大问题,ENIAC 的工作现场用两台 12 匹马力(约 750 W)的鼓风机,以每分钟 600 立方英尺(1 立方英尺 = 0.0283168立方米)流速的强劲气流不停吹,同时又在关键部位挂上温度计、调节器和恒温器。

另外,它的存储容量很小,只能存 20 个字长为 10 位的十进位数,而且是用线路连接的方法来编排程序,因此每次解题都要靠人工改接连线,准备时间大大超过实际计算时间。这使当时从事计算的科学家看上去更像在干体力活。图 2-6(a)所示的就是在 ENIAC 上编程的情形。

尽管如此,ENIAC 的研制成功还是为以后计算机科学的发展提供了契机,而每克服它的一个缺点,都对计算机的发展带来很大影响,其中影响最大的要算是"程序存储"方式的采用。将程序存储方式的设想确立为体系的是美国数学家冯·诺依曼(Von Neumann),其思想是:计算机中设置存储器,把原来通过切换开关和改变配线来控制的运算步骤,以程序方式预先存放在计算机中,将符号化的计算步骤存放在存储器中,然后依次取出存储的内容进行译码,并按照译码结果进行计算,从而实现计算机工作的自动化。在以后的日子中,计算机的发展正是沿着"程序存储方式"这一光辉道路前进的。

　　　　　　　　　　　　　(a)　　　　　　　　　　　　　　　　　　　　(b)

图 2-6　第一台电子计算机 ENIAC 和电子管

### 2.1.2　案例:使用机械式计算工具计算

"飞鱼"手摇计算机出于上海计算机打字机厂,20 世纪 50 年代末始有生产。当时的中国,具备计算机生产能力的仅有沪、津、粤三地,于是这项引进的新技术生产落户沪上,并借用上海计算机打字机厂已有的品牌,挂上了飞鱼牌的标志。如图 2-7 所示。

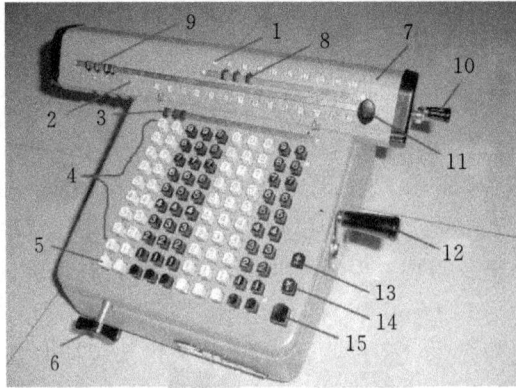

图 2-7 "飞鱼"手摇计算机

　　在之后很长的一段时间里,手摇计算机是中国最先进的计算装置。从 1956 年决策研制"两弹一星",到 1964 年第一颗原子弹成功爆炸,到 1967 年第一颗氢弹成功空爆,到 1970 年第一颗人造卫星升空,在"两弹一星"的研制过程中,手摇计算机担当了最为关键的运算工具。在此之前,计算一条飞机轰炸的曲线轨迹需费时十日之久,启用手摇计算机后,这一过程缩短至三四日。研制进程由此而成倍加速,手摇计算机功不可没。

### 2.1.3　电子计算机的发展与未来

#### 1. 计算机的发展历程

　　计算机的发展经历了大型计算机、微型计算机和计算机网络等不同阶段。在计算机不同的发展阶段,起决定性作用的都是电子元器件。所以,计算机发展阶段通常是根据计算机中采用的基本构成元件来划分的,即可分为电子管、晶体管、集成电路和超大规模集成电路四个阶段。

　　①第一代电子管计算机(1946—1957 年)的主要特征是:采用电子真空管及继电器作为逻辑元件,构成处理器和存储器,并用绝缘导线将它们互连在一起。这使它们的体积比较庞大,运算速度相对较慢,运算能力也很有限。第一代计算机的使用也很不方便,输入计算机的程序必须是由"0"和"1"组成的二进制码表示的机器语言,且只能进行定点数运算。由于计算机体积大、运算速度慢、价格昂贵、可靠性差,所以主要应用于科学研究和军事领域。

　　ENIAC 计算机是计算工具一个划时代的产品。ENIAC 的诞生,宣告了人类从此进入电子计算机时代。之后又相继出现了一批主要用于科学计算的电子管计算机,如 1950 问世的首次采用冯·诺依曼"存储程序方式"和采用二进制思想的并行计算机 EDVAC,在 1951 年首次走出实验室投入批量生产的计算机 UNIVAC,以及最终击败竞争对手 UNIVAC 的 IBM701 等。IBM701 计算机由 IBM 公司在 1953 年研制成功,它的问世奠定了蓝色巨人在计算机产业界的领袖地位。

　　②第二代晶体管计算机(1954—1964 年)。这一阶段的计算机的主要特征是采用晶体管作为元器件,内存储器采用磁芯存储器(每颗磁芯存储一位二进制代码),外存储器采用磁盘、磁带等。由于晶体管体积小,使计算机的整体体积缩小、功耗降低、提高了可靠性,运算速度提高到每秒几十万次,内存容量扩大到几十万字节。伴随计算机硬件技术的发展,软件技术也迅

速提高。出现了操作系统的概念及系统软件,使用高级程序设计语言(如 FORTRAN、CO-BOL)编程,极大地提高了软件开发效率,应用范围也从科学计算扩大到数据处理和事务管理等领域。

晶体三极管的发明,标志着人类科技史进入了一个新的电子时代。1947 年,贝尔实验室发明了点触型晶体管,1950 年又发明了面结型晶体管。与电子管相比,晶体管具有体积小、重量轻、寿命长、发热少、功耗低、速度高等优点。晶体管的发明及其实用性的研究,为半导休和微电子产业的发展指明了方向,同时也为计算机的小型化和高速化奠定了基础。

1955 年,美国贝尔实验室研制出了世界上第一台全晶体管计算机 TRADIC,它装有 800 只晶体管,功率仅为 100 W,占地 3 立方英尺,如图 2-8 所示。

当晶体管作为产品进入市场之后,IBM 公司总裁小沃森(T. Watson)就满腔热情地策划了公司计算机换代的重大举措。他向各地 IBM 工厂和实验室发出指令:"从 1956 年 10 月 1 日起,我们将不再设计使用电子管的机器,所有的计算机和打卡机都要实现晶体管化。"

三年后,IBM 公司全面推出了晶体管化的 7000 系列电脑。其典型产品是 IBM7090 型计算机(如图 2-9),它不仅在体积上比诞生仅一年的 IBM709 电子管计算机小很多,而且运算速度也提高了两个数量级。

图 2-8　TRADIC 晶体管计算机

IBM7090 型计算机从 1960 年到 1964 年一直统治着科学计算的领域,并作为第二代电子计算机的典型代表,被永远载入计算机的发展史册。

第二代计算机的成功,除采用了晶体管外,另一个很重要的特点是存储器的革命。

1951 年,王安发明了磁芯存储器(图 2-10),该技术彻底改变了继电器存储器的工作方式和与处理器的连接方法,也大大缩小了存储器的体积,为第二代计算机的发展奠定了基础。此项专利技术于 1956 年转让给了 IBM 公司。

图 2-9　IBM7090 型晶体管计算机

世界上的首张硬盘是后来被誉为"硬盘之父"的 IBM 公司工程师约翰逊(R. Johnson)领导的小组设计完成的。他将磁性材料碾磨成粉末,使其均匀扩散到 24 英寸铝圆盘表面,再将 50 张这样的磁盘安装在一起,构成一台前所未有的超级存储装置——硬盘,容量约 500 万字节,造价超过 100 万美元。硬盘机安装了类似于电唱机的机械臂,可以沿磁盘表面来回移动,随机搜索和存储信息。硬磁盘处理数据的速度,比过去常用磁带机快 200 倍。而世界上第一片以塑料材质为基础的 5 英寸软磁盘则是由该小组一位叫艾伦·舒加特(A. Shugart)的青年工程师在 1971 年率先研制出的。

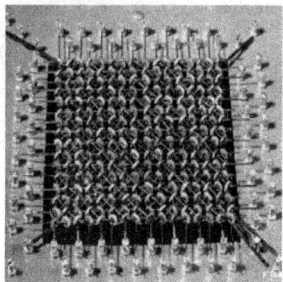

图 2-10　王安的磁芯存储器

第一代电子计算机使用的是"定点运算制",参与运算的绝对值必须小于 1,而第二代计算机普遍增加了浮点运算,使数据的绝对值可达到 2 的几十次方或几百次方,同时有了专门用于处理外部数据输入输出的处理机,使计算能力实现了一次飞跃。在软件方面,除了机器语言外,开始采用有编译程序的汇编语言和高级语言,建立了子程序库及批处理监控程序,使程序的设计和编写效率大为提高。除科学计算外,计算机也开始被用于企业商务。

由于第二代计算机采用晶体管逻辑元件及快速磁芯存储器,计算速度从第一代的每秒几千次提高到几十万次,主存储器的存储容量从几千字节提高到十万字节以上。从 1958 到 1964 年,晶体管电子计算机经历了大范围的发展过程。从印刷电路板到单元电路和随机存储器,从运算理论到程序设计语言,不断的革新使晶体管电子计算机日臻完善。1961 年,世界上最大的晶体管电子计算机 ATLAS 安装完毕。1964 年,中国制成了第一台 441-B 型全晶体管电子计算机。

③第三代集成电路计算机(1965—1970 年)。这一阶段的计算机采用小、中规模集成电路(即在很小的电路板上集成了成百上千的电子元器件),内存储器采用半导体存储器芯片,存储容量和可靠性有了较大的提高,计算机的体积、功耗、重量进一步减少,可靠性进一步提高,运算速度可以达到每秒几百万次、甚至上千万次,计算机已向标准化、模块化、系列化和通用化方向发展。在软件技术方面,操作系统发展逐步成熟(出现了分时操作系统),而程序设计技术有了很大提高(如结构化方法、数据库技术等),为开发大型、复杂软件提供了技术支持。该阶段计算机应用领域主要为信息处理(处理文字及图像等)。

1958 年,美国物理学家基尔比(J. Kilby)和诺伊斯(N. Noyce)同时发明集成电路(见图 2-11)。集成电路的问世催生了微电子产业,采用集成电路作为逻辑元件成为第三代计算机(1964—1974 年)的最重要特征,微程序控制开始普及。此外,系列兼容、流水线技术、高速缓存和先行处理机等也是第三代计算机的重要特点。第三代计算机的杰出代表有 IBM 公司 1964 年研制出的 IBM S/360,CDC 公司的 CDC6600 及 Cray 公司的超级电脑 Cray-1 等。其中,Cray-1 的运算速度达到每秒 1 亿次,共安装了约 35 万块集成电路,占地不到 7 平方米,重量约 5 吨,其外形看上去像一套开口的沙发圈椅,靠背处立着 12 个一人高的"大衣橱"(如图 2-12 所示),它是第三代巨型计算机的代表。

图 2-11　第一片集成电路芯片　　　图 2-12　Cray-1 巨型计算机

④第四代大规模集成电路计算机(从 1971 年至今)。这个阶段的计算机采用大规模和超大规模集成电路作为电子元器件。内存储器采用半导体集成电路,外存储器为磁盘、光盘,无论是外存还是内存,存取速度和存储容量都有了很大的提升,运算速度可以达到每秒几亿次。软件方面出现了分布式操作系统、网络操作系统、多媒体系统。在社会应用需求的驱动下,数据库技术、人工智能技术和网络通信技术得到长足发展。软件产业成为新兴的高科技产业,计

算机应用拓展到各个领域。

这个阶段计算机逐渐开始分化为通用大型机、巨型机、小型机和微型机。出现了共享存储器、分布存储器及不同结构的并行计算机,并相应产生了用于并行处理和分布处理的软件工具和环境。第四代计算机的代表机型 Cray-2 和 Cray-3 巨型机,因采用并行结构而使运算速度分别达到每秒 12 亿次和每秒 160 亿次。

超大规模集成电路(VLSI)工艺的日趋完善,使生产更高密度、更高速度的处理器和存储器芯片成为可能。这一代计算机的代表机型有:Fujitsu 公司的 VPP500、Intel 超级计算机系统 Paragon、SUN 公司的 10000 服务器、Cray 公司的 MPP(Massively Parallel Processing,大规模并行处理)及 Thinking Machines 公司的 CM-5 等。这一代计算机系统的主要特点是大规模并行数据处理及系统结构的可扩展性,这使系统不仅在构成上具有一定的灵活性,而且大大提高了运算速度和整体性能。如 CM-5 系统,它就包含了 16384 个 32 MHz 的处理机、同样数量的 32 MB 的存储器及可执行 64 位浮点和整数操作的向量处理部件,其峰值速度超过每秒 1 T 次浮点操作。

**2. 微型计算机的发展**

20 世纪 70 年代微型计算机诞生。人们将微型计算机称为个人计算机或 PC(Personal Computer)机。微型计算机的诞生在计算机发展史上具有里程碑的意义,它标志着人类社会跨入大众化普及应用计算机的新时代。

微型计算机以微处理器为核心,也采用冯·诺依曼体系结构,由运算器、控制器、存储器、输入设备和输出设备 5 大部分组成。现代电子计算机(包括微型计算机)的运算器和控制器被集成在一个芯片上,被称之为微处理器。如今,业内通行的标准是以微处理器为标志来划分微型计算机的,如 80286 机、80386 机、80486 机、Pentium 机、PII 机、PIII 机和 PIV 机等。目前,世界上生产微处理器的厂家主要有 Intel 公司、AMD 公司和 IBM 公司等。我国也已经研制出具有自主知识产权的"龙芯"微处理器。

世界上第一个通用微处理器 Intel 4004 在 1971 年问世,我们称它为第一代微处理器。按今天的标准衡量,它处理信息的能力低得可怜,但正是这个看起来非常原始的芯片,改变了我们的生活。4004 微处理器包含 2300 个晶体管,支持 45 条指令,工作频率 1 MHz,尺寸规格为 3 mm×4 mm。尽管它体积小,但计算性能远远超过当年的 ENIAC,最初售价为 200 美元。

微处理器及微型计算机从 1971 年至今已经历了六个时代。其中具有划时代意义的是:

①1973 年 Intel 公司推出的 8 位微处理器 Intel 8080。这是第一个真正实用的微处理器。它的存储器寻址空间增加到 64K 字节,并扩充了指令集,执行速度达到每秒 50 万条指令;同时它还使处理器外部电路的设计变得更加容易且成本降低。除 Intel 8080 外,同时期推出的还有 Motorola 公司的 MC6800 系列,以及 zilog 公司的 Z80 等。

②1978 年推出的 Intel 8086/8088 微处理器,它是第三代微处理器的标志。其内部包含 29000 个 3 微米技术的晶体管,工作频率为 4.77 MHz,采用 16 位寄存器和 16 位数据总线,能够寻址 1 MB 的内存储器。IBM PC 采用的微处理器就是 Intel 8088。同时代的还有 Motorola 公司的 M68000 和 zilog 公司的 Z8000。

③1985 年研制成功了 32 位微处理器 80386 系列。其内部包含 27.5 万个晶体管,工作频率为 12.5 MHz,后逐步提高到 40 MHz。可寻址 4 GB 内存,并可管理 64 TB 的虚拟存储空间。"奔腾(Pentium)"微处理器在 2000 年 11 月发布,起步频率为 1.5 GHz,随后陆续推出了

1.4～3.2 GHz 的 P4 处理器，这也是当时最新型的微处理器。

④世界上第一台微型计算机 Altair8800 是 1975 年 4 月由一家名为 Altair 的公司推出的，它采用 zilog 公司的 Z80 芯片作微处理器。虽说它是 PC 机真正的祖先，但其在外形上与今天的 PC 机有着天壤之别。它没有显示器，没有键盘，面板上有指示灯和开关，给人的感觉是更像一台仪器箱。

⑤IBM 公司在 1981 年推出了首台个人计算机 IBM PC，1984 年又推出了更先进的 IBM PC/AT，它支持多任务、多用户，并增加了网络能力，可联网 1000 台 PC。从此，IBM 彻底确立了在微机领域的霸主地位。

⑥PC 机真正的雏形应该是后来的苹果机，它是由苹果（Apple）公司的创始人——乔布斯（S.Jobs）和他的同伴在一个车库里组装出来的。这两个普通的年轻人坚信电子计算机能够大众化、平民化，他们的理想是制造普通人都买得起的 PC 机。车库中诞生的苹果机在美国高科技史上留下了神话般的光彩。

今天，微型计算机已真正进入到千家万户、各行各业，它在功能上、运算速度上都已超过了当年的大型机，而价格却只是大型机的几百分之一，真正实现了其大众化、平民化和多功能化的设计目标。

微型计算机在诞生之初就配置了操作系统，其后操作系统也在不断发展中。在 20 世纪 70 年代中期到 80 年代早期，微型计算机上运行的一般是单用户单任务操作系统，如：CP/M、CDOS（Cromemco 磁盘操作系统）、MDOS（Motorola 磁盘操作系统）和早期的 MS-DOS（Microsoft磁盘操作系统）。20 世纪 80 年代中后期到 90 年代初，微机操作系统开始支持单用户多任务和分时操作，以 MP/M、XENIX 和后期 MS-DOS 为代表。

近年来，微机操作系统得到了进一步发展，以 Windows、UNIX（包括 Linux）、Solaris 和 Mac OS 等为代表的新一代微机操作系统都已具有多用户和多任务、虚拟存储管理、网络通信支持、数据库支持、多媒体支持、应用编程接口（API）支持和图形用户界面（GUI）等功能。

### 3. 电子计算机的发展方向

20 世纪中期，人们虽然预见到了工业机器人的大量应用和太空飞行的出现，但却很少有人深刻地预见到计算机技术对人类巨大的潜在影响，甚至没有人预见到计算机的发展速度是如此迅猛，如此地超出人们的想象。那么，在新的世纪里，计算机技术的发展又会沿着一条什么样的轨道进行呢？从类型上看，今天的电子计算机技术正在向巨型化、微型化、网络化和智能化这四个方向发展。

巨型化并不是指计算机的体积大，而是指具有运算速度高、存储容量大、功能更完善的计算机系统。其运算速度通常在每秒 1 亿次以上，存储容量超过百万兆字节。巨型机的应用范围如今已日渐广泛，在航空航天、军事工业、气象、电子、人工智能等领域发挥着巨大的作用，特别是在复杂的大型科学计算领域，其他的机种难以与之抗衡。

计算机的微型化得益于大规模和超大规模集成电路的飞速发展。现代集成电路技术已可将计算机中的核心部件——运算器和控制器集成在一块大规模或超大规模集成电路芯片上。作为中央处理单元，称为微处理器，从而使计算机作为"个人计算机"变得可能。微处理器自 1971 年问世以来，发展非常迅速，几乎每隔二三年就会更新换代一次，这也使以微处理器为核心的微型计算机的性能不断跃升。现在，除了放在办公桌上的台式微型机外，还有可随身携带的笔记本计算机，以及可以握在手上的掌上电脑等。也许有一天，计算机植入人体也不会仅仅只是梦想。

　　网络技术在 20 世纪后期得到快速发展,已经突破了只是"帮助计算机主机完成与终端通信"这一概念。众多计算机通过相互联结,形成了一个规模庞大、功能多样的网络系统,从而实现信息的相互传递和资源共享。今天,网络技术已经从计算机技术的配角上升到与计算机技术紧密结合、不可分割的地位,产生了"网络电脑"的概念,它与"电脑联网"不仅仅是前后次序的颠倒,而是反映了计算机技术与网络技术真正的有机结合。新一代的 PC 机已经将网络接口集成到主机的母板上,电脑进网络已经如同电话机进市内电话交换网　样方便。如今正在兴起的所谓智能化大厦,其电脑网络布线与电话网络布线在大楼兴建装修过程中同时施工;而在发达国家和地区,传送信息的"光纤"差不多铺到了"家门口"。这从一个侧面反映了计算机技术的发展已经离不开网络技术的发展了。

　　计算机的智能化就是要求计算机具有人的智能,即让计算机能够进行图像识别、定理证明、研究学习、探索、联想、启发和理解人的语言等,它是新一代计算机要实现的目标。目前正在研究的智能计算机是一种具有类似人的思维能力,能"说""看""听""想""做",能替代人的一些体力劳动和脑力劳动的机器,俗称为"机器人"(图 2 - 13)。机器人技术近几年发展得非常快,并越来越广泛地应用于我们的工作、生活和学习中。

图 2 - 13　智能机器人

　　除了电子计算机外,21 世纪的计算机还会走向哪些方向呢?

### 4.计算机的未来

　　计算机中最重要的核心部件是芯片,芯片制造技术的不断进步是 50 多年来推动计算机技术发展的最根本的动力。目前的芯片主要采用光蚀刻技术制造,即让光线透过刻有线路图的掩膜照射在硅片表面以进行线路蚀刻的技术。当前主要是用紫外光进行光刻操作,随着紫外光波长的缩短,芯片上的线宽将会大幅度缩小,同样大小的芯片上可以容纳更多的晶体管,从而推动半导体工业继续前进。但是,当紫外光波长缩短到小于 193 nm 时(蚀刻线宽0.18 nm),传统的石英透镜组会吸收光线而不是将其折射或弯曲。为此,研究人员正在研究下一代光刻技术 NGL(Next Generation Lithography)。包括极紫外(EUV)光刻、离子束投影光刻技术(Ion Projection Lithography,IPL)、角度限制投影电子束光刻技术(SCALPEL)以及 X 射线光刻技术。

　　然而,以硅为基础的芯片制造技术的发展不是无限的,由于研发存在磁场效应、热效应、量子效应以及制作上的困难,当线宽低于 0.1 nm 以后,就必须研发新的制造技术。那么,哪些技术有可能引发下一次的计算机技术革命呢?

　　现在看来有可能的技术至少有 4 种:纳米技术、光技术、生物技术和量子技术。应用这些技术的计算机从目前来看达到实用的可能性还很小,现有技术不久就可能达到发展的极限,而这些技术又具有引发计算机技术革命的潜力,这就使它们逐渐成为了人们研究的焦点。

　　(1)光计算机

　　十几年前,计算机巨擘们曾向世人宣布,计算机革命业已临近,下一件大事就是光计算机。但是,他们的预测没有言中。实践证明,光处理困难重重,研制光计算机的早期热忱已渐渐消散。随着计算机芯片的处理速度愈来愈快,数据的传送速度替代处理速度成为主要问题。目前计算机使用的金属引线已无法满足大量信息传输的需要。因此,未来的计算机可能是混合型的,即把极细的激光束与快速的芯片相结合,计算机将不采用金属引线,而是以大量的透镜、棱镜和反射镜将数据从一个芯片传送到另一个芯片。这种传送方式称为自由空间光学技术。

自由空间光学技术的原理非常简单。首先,将硅片内的电子脉冲转换为极细的闪烁光束,"接通"表示"1","断开"表示"0"。然后,将数据流通过反射镜和棱镜网络投射到需要数据的地方。在接收端,透镜将每根光束聚焦到微型光电池上,由光电池将闪光重又转换成一系列电子脉冲。

光计算机有三大优势。光子的传播速度无与伦比,电子在导线中的运行速度与其无法相比。今天电子计算机的传送速度最高为每秒 109 个字节,而采用硅-光混合技术后,其传送速度就可达到每秒万亿字节。更重要的是光子不像带电的电子那样相互作用,因此经过同样窄小的空间通道可以传送更多数据。尤其值得一提的是光无须物理连接。如能将普通的透镜和激光器做得很小,足以装在微芯片的背面,那么未来的计算机就可以通过稀薄的空气传送信号了。

光计算机发展的关键是要制造出能耗少、体积小、价廉、易于制造的光电子转换器,研究者曾尝试了许多方案,包括发光二极管,其中最佳选择当属多量子阱(MQW)器件——一种电开关快门和一种称为"垂直空腔表面发射激光器"(VCSEL)的微型激光器。这两种器件由砷化镓等半导体化合物制成。其优点是可像硅芯片那样将大量器件制作在一片晶片上。MQW 器件由贝尔实验室首先推出,并且有效解决了 MQW 的激光光源问题。

其次是要研制光计算机的自动定位系统。这个系统中的传感器应监测每个通道,及时发现光束偏离目标的情况,一旦偏离,由微型电动机调整反射镜的斜度使之重新恢复到准确位置。

(2)生物计算机

与光计算机相比,大规模生物计算机技术实现起来更为困难,不过其潜力也更大。生物系统的信息处理过程是基于生物分子的计算和通信过程,因此生物计算又常称为生物分子计算,其主要特点是大规模并行处理及分布式存储。基于这一认识,沃丁顿(C. Waddington)在 20 世纪 80 年代就提出了自组织的分子器件模型,通过大量生物分子的识别与自组织可以解决宏观的模式识别与判定问题。近几年受人关注的 DNA 计算就是基于这一思路。

但是迄今提出的 DNA 计算模型仅适合做组合判定问题,直接进行数学计算还不方便。电子计算机的蓬勃发展基于图灵机的坚实基础,同样,生物计算机作为一种通用计算机,必须先建立与图灵机类似的计算模型。如果能够解决计算模型问题,生物计算机将展现出令人难以置信的运算速度和存储容量。

除了 DNA 计算外,生物计算还有另一个发展方向,即在半导体芯片上加入生物分子芯片,将硅基与碳基结合起来的混合技术。例如,硅片上长出排列特殊的神经元的"生物芯片"已被生产出来。尽管这些生物计算实验离实用还很遥远,但鉴于 1958 年我们对集成电路的看法,现在生物计算机的前景不容小觑。

(3)分子计算机

最近,科学家在分子级电子元件研究领域中取得了进展。该领域的出现有一个前提,就是有可能制造出单个的分子,其功能与三极管、二极管及今天的微电路的其他重要部件完全相同或相似。化学家、物理学家和工程师已经通过一系列出色的示范试验证明：单个的分子能传导和转换电流，并存储信息。

1999 年 7 月，媒体广泛报道了这样一个进展——惠普公司和加州大学洛杉矶分校的研究人员宣布，他们已经制造了一种电子开关，由一层达几百万个有机物(轮烷)分子构成。研究人员通过把若干个开关连接起来的方法，制造出初级的"与"门——一种执行基本逻辑操作的元件。由于每个分子开关中的分子远远超出了百万个，因此它们的体积比本来要求的大得多，并且这些开关只转换一次就不能操作了。但是，它们组装成逻辑门具有至关重要的意义。在这项成果发表后一个月左右，耶鲁和莱斯两所大学又发表了另一类具有可逆性分子开关的成果。接着成功地研制出一种能够作为存储器用的分子，它可以通过对电子的存储来改变分子的电导率。

虽然有了以上所说的种种进步，分子计算机在其前进的道路上仍然是遍地荆棘。制造出单个器件固然是非常重要的一步，但是在制造出完整的可用的电路之前，还必须解决一系列的重要问题，例如怎样把上百万甚至上亿个各式各样的分子器件牢固地连接在某种基体的表面上，同时按照电路图所要求的图形把它们准确无误地连接起来。遗憾的是，目前还没有能够满足这种要求的技术。

(4)量子计算机

量子计算机目前尚处于理论与现实之间。大多数专家认为量子计算机会在今后的几十年间出现。

什么是量子计算机？这是一种采用基于量子力学原理的、采用深层次计算模式的计算机。这一模式只由物质世界中一个原子的行为所决定，而不是像传统的二进制计算机那样将信息分为 0 和 1，对应于晶体管的开和关来进行处理。在量子计算机中最小的信息单元是一个量子比特(quantum bit)。量子比特不只是开、关两种状态，而是以多种状态同时出现。这种数据结构对使用并行结构计算机来处理信息是非常有利的。

量子计算机具有一些近乎神奇的性质：信息传输可以不需要时间(超距作用)，信息处理所需能量可以接近零。

近年来，基于量子力学效应(如量子相干、量子隧穿、库仑阻塞效应等)的固态纳米电子器件研究取得很大进展。美国劳伦斯伯克利国家实验室的研究人员目前证实，可在直径为人头发的 1/50000 的中空纯碳纳米管上制造原子大小的电子器件。纳米管器件理论上早有预言，但这是首次证实这种器件确实存在。

目前，美国洛斯阿拉莫斯国家实验室的一个小组正在研究量子计算机的原型机。他们使用了一种"量子阱"激光器。这种激光器是用一层超薄的半导体材料夹在另外两层物质中构成。中间层的电子被圈闭在一个量子平面上，所以只能做二维的运动。贝尔实验室发展了一维的量子导线激光器。科学家们希望进一步从量子导线激光器发展到量子点激光器以获得更好的效果。

量子计算机的另外一个问题是如何连接这些量子器件。美国印第安纳州圣母大学的研究小组提出了一个设计方案，其基础构件是 1 个有 4 个量子点的方块。当加入两个电子时，它们便返回到相反的角落。所以这种方块有两种可能的构形：电子或是在它的左上角和右下角，或是在它的右上角和左下角。这正是一个开关所需要的情况——通过方块上电子的运动可以使它迅速地翻转。这样的方块排列起来可以成为量子计算机内部的"电线",而且能够实现计算所必须具备的所有逻辑功能。迄今为止,研究小组只设法制出了几对供测试物理现象的量子点。尽管离应用还很遥远,但初步结果是令人鼓舞的。

不管哪种技术最终被证明是制造量子芯片的最好技术,都还要面对很多艰苦的研究工作。不过,科学家们仍然预见终究将有一天,几兆的量子点会叠放在原来是硅片的层面上。这意味着有可能实现针尖上的超级计算机。

(5)纳米计算机

纳米是一个计量单位,一纳米等于 $10^{-9}$ 米,大约是氢原子直径的 10 倍。纳米技术是从 20 世纪 80 年代初迅速发展起来的新的前沿技术,最终目标是人类按照自己的意志直接操纵单个原子,制造出具有特定功能的产品。现在纳米技术正从 MEMS(微电子机械系统)起步,把传感器、电动机和各种处理器都放在一个硅芯片上而构成一个系统。应用纳米技术研制的计算机内存芯片,其体积不过数百个原子大小,相当于人的头发丝直径的千分之一。纳米计算机不仅几乎不需要耗费任何能源,而且其性能要比今天的计算机强大许多倍。科学家发现,当晶体管的尺寸缩小到 0.1 微米(100 纳米)以下时,半导体晶体管赖以工作的基本原理将受到很大限制。研究人员需另辟蹊径,才能突破 0.1 微米界,实现纳米级器件。现代商品化大规模集成电路上元器件的尺寸约在 0.35 微米(即 350 纳米),而纳米计算机的基本元器件尺寸只有几到几十纳米。

目前计算机使用的硅芯片已经到达其物理极限,体积无法太小,通电和断电的频率无法再提高,耗电量也无法再减少。科学家认为,解决这个问题的途径是研制"纳米晶体管",并用这种纳米晶体管来制作"纳米计算机"。他们估计,纳米计算机的运算速度将是现在的硅芯片计算机的 1.5 万倍,而且耗费的能量也会减少很多。这项研究的成功使我们朝着制作超快速纳米计算机的方向前进了一步。

(6)超导计算机

所谓超导,是指有些物质在接近绝对零度(相当于 -269℃)时,电流流动是无阻力的。1962 年,英国物理学家约瑟夫逊提出了超导隧道效应原理,即由超导体-绝缘体-超导体组成器件,当两端加电压时,电子便会像通过隧道一样无阻挡地从绝缘介质中穿过去,形成微小电流,而这一器件的两端是无电压的。约琴夫逊因此获得 1973 年诺贝尔物理学奖。

可是,超导现象发现以后,超导研究进展一直不快,因为它可望而不可及。实现超导的温度太低,要制造出这种低温,消耗的电能远远超过超导节省的电能。在 20 世纪 80 年代后期,情况发生了逆转。科学家发现了一种陶瓷合金,在 -238℃摄氏度时出现了超导现象。我国物理学家找到一种材料,在 -141℃出现超导现象。目前,科学家还在为此奋斗,试图寻找出一种"高温"超导材料,甚至一种室温超导材料。一旦这些材料被找到,人们可以利用它制成超导开关器件和超导存储器,再利用这些器件制成超导计算机。

目前制成的超导开关器件的开关速度,已达到几皮秒($10^{-12}$秒)的高水平。这是当今所有电子、半导体、光电器件都无法比拟的,比集成电路要快几百倍。超导计算机运算速度比现在的电子计算机快 100 倍,而电能消耗仅是电子计算机的千分之一,如果目前一台大中型计算机每小时耗电 10 千瓦,那么,同样一台超导计算机只需一节干电池就可以工作了。

# 2.2 数字化基础知识

## 2.2.1 信息的度量与存储

### 1. 信息与数据的含义

信息是现代生活中一个非常流行的词汇,但至今信息这个概念没有一个严格的定义。到目前为止,关于信息的种种不同定义已超过百种,有人统计,仅在国内公开发行的刊物上对信息的解释就有近40种。

最早对信息的科学解释源于通信技术的发展需要,为了解决诸如如何从噪声干扰中接收正确的信号等信息理论问题,促使科学家们对信息问题进行认真的研究。1928年,哈特莱(Ralph V. L. Hartley)发表在《贝尔系统技术杂志》上的《信息传输》一文中,首先提出"信息"这一概念,他把信息理解为选择通信符号的方式,并用选择的自由度来计量这种信息量的大小。控制论创始人之一,美国科学家维纳(N. Wiener)指出:"信息就是信息,既不是物质也不是能量",专门指出了信息是区别于物质与能量的第三类资源。

《辞源》中将信息定义为"信息就是收信者事先所不知道的报道"。《简明社会科学词典》中对信息的定义为"作为日常用语,指音信,消息。作为科学术语,可以简单地理解为消息接受者预先不知道的报道"。

对于信息的定义,至今仍是众说纷纭,莫衷一是。但人们已经认识到,信息是一种宝贵的资源,信息、材料(物质)、能源(能量)是组成社会物质文明的三大要素。

相对于通信范围内的信息论(狭义信息论),广义信息论以各种系统、各门科学中的信息为对象,以信息过程的运动规律作为主要研究内容,广泛地研究信息的本质和特点,以及信息的取得、计量、传输、储存、处理、控制和利用的一般规律,使得人类对信息现象的认识与揭示不断丰富和完善。所以,广义信息论也被称为信息科学。

在一般用语中,信息、数据、信号并不被严格区别,但从信息科学的角度看,它们是不能等同的。在应用现代科技(计算机技术、电子技术等)采集、处理信息时,必须要将现实生活中的各类信息转换成机器能识别的符号(符号具体化即是数据,或者说信息的符号化就是数据),再加工处理成新的信息。数据可以是文字、数字、声音或图像,是信息的具体表示形式,是信息的载体。而信号则是数据的电磁或光脉冲编码,是各种实际通信系统中,适合信道传输的物理量。信号可以分为模拟信号(随时间而连续变化的信号)和数字信号(在时间上的一种离散信号)。

### 2. 信息技术发展

信息技术的发展历史源远流长,两千多年前中国历史上著名的周幽王烽火戏诸侯的故事,讲的就是当时的烽火通信。至今人类历史上已经发生了四次信息技术革命。第一次信息革命是文字的使用。文字既帮助了人们的记忆,又促进了人类智慧的交流,成为人类意识交流和信息传播的第二载体。文字的出现还使人类信息的保存与传播超越了时间和地域的局限。

第二次信息革命是印刷术的发明。大约在11世纪(北宋时期),中国人毕升最早发明了活字印刷技术,这是中国人引以为豪的四大发明之一。印刷术的使用导致了信息和知识的大量生产、复制和更广泛的传播。这些信息和知识经过择优流传和系统化,经过历史的取舍、形成了一门门科学知识,并且代代相传。在这期间,报刊和书籍成为重要的信息存储和传播媒介,极大地推动了人类文明进步。

第三次信息革命是电话、广播和电视的使用。电报、电话、无线电通信等一系列技术发明的广泛应用使人类进入了利用电磁波传播信息的时代。这时信息的交流和传播更为快捷,地域更加广大。传播的信息从文字扩展到声音、图像,先进的科学技术更快地成为了人类共有的财富。

从20世纪中叶开始,第四次信息革命开始,其特征是当代的电子计算机与通信相结合的信息技术的发展。现代信息技术将信息的传递、处理和存储融为一体,人们可以通过计算机和计算机网络与其他地方的计算机用户交换信息,或者调用其他机器上的信息资源。现代信息技术是应用信息科学的原理和方法,有效地使用信息资源的技术体系,它以计算机技术、微电子技术和通信技术为特征。计算机是信息技术的核心,随着硬件和软件技术的不断发展,计算机的信息处理能力在不断增强,离开了计算机,现代信息技术就无从谈起;微电子技术是信息技术的基础,芯片是微电子技术的结晶,是计算机的核心;通信技术的发展加快了信息传递的速度和广度,从传统的电报、无线电广播、电视到移动电话、卫星通信都离不开通信技术,计算机网络也与通信技术密不可分。

### 3. 信息的度量

信息是一个复杂的概念。人们常常说信息很多,或者信息较少,但却很难说清楚信息到底有多少。在日常生活中,人们对一句话、一件事会作出诸如"这句话很有用,信息量很大""这句话没有用"的评价。说明不同的话语、不同的事件带有不同的信息量。一般来说,越是意外的事情带来的信息量越大,所以信息是可度量的,信息的度量与信息的复杂性和不确定性密切相关。比如一本五十万字的中文书到底有多少信息量。直到1948年,香农提出了"信息熵"(shāng)的概念,才解决了对信息的量化度量问题。

一条信息的信息量大小和它的不确定性有直接的关系。比如说,我们要搞清楚一件非常不确定的事,或是我们一无所知的事情,就需要了解大量的信息。相反,如果我们对某件事已经有了较多的了解,我们不需要太多的信息就能把它搞清楚。所以,从这个角度,我们可以认为,信息量的度量就等于不确定性的多少。

那么我们如何量化地度量信息量呢?我们来看一个例子,假设马上要举行世界杯足球赛了,大家都很关心谁会是冠军。如果我错过了观看世界杯的比赛,赛后我问一个知道比赛结果的观众"哪支球队是冠军",他不愿意直接告诉我而要让我猜,并且我每猜一次,他要收一元钱才肯告诉我是否猜对了,那么我需要付给他多少钱才能知道谁是冠军呢?我可以把球队编上号,从1到32,然后提问:"冠军的球队在1—16号中吗?"假如他告诉我猜对了,我会接着问:"冠军在1—8号中吗?"假如他告诉我猜错了,我自然知道冠军队在9—16中。这样只需要五次,我就能知道哪支球队是冠军。所以,谁是世界杯冠军这条消息的信息量只值五块钱。

当然,香农不是用钱,而是用"比特"(bit)这个概念来度量信息量。一个比特是一位二进制数,计算机中的一个字节是八个比特。在上面的例子中,这条消息的信息量是五比特。(如果有朝一日有六十四个队进入决赛阶段的比赛,那么"谁是世界杯冠军"的信息量就是六比特,因为我们要多猜一次。)读者可能已经发现,信息量的比特数和所有可能情况的对数函数有关。($\log_2 32 = 5$,$\log_2 64 = 6$)

　　有些读者此时可能会发现我们实际上可能不需要猜五次就能猜出谁是冠军,因为像巴西、德国、意大利这样的球队得冠军的可能性比日本、美国、韩国等队大得多。因此,我们第一次猜测时不需要把 32 个球队等分成两个组,而可以把少数几个最可能的球队分成一组,把其他队分成另一组。然后我们猜冠军球队是否在那儿只热门队中。我们重复这样的过程,根据夺冠概率对剩下的候选球队分组,直到找到冠军队。这样,我们也许三次或四次就能猜出结果。因此,当每个球队夺冠的可能性(概率)不等时,"谁是世界杯冠军"的信息量比五比特少。香农指出,它的准确信息量应该是

$$p_1 \times \log_2 p_1 + p_2 \times \log_2 p_2 + \cdots + p_{32} \times \log_2 p_{32}$$

其中:$p_1$,$p_2$,$\cdots$,$p_{32}$分别是这 32 个球队夺冠的概率。香农把它称为"信息熵"(Entropy),一般用符号 H 表示,单位是比特。有兴趣的读者可以推算一下当 32 个球队夺冠概率相同时,对应的信息熵等于五比特。有数学基础的读者还可以证明上面公式的值不可能大于五。对于任意一个随机变量 $x$(比如得冠军的球队),它的熵定义如下

$$H(x) \equiv -\sum_x p(x) \log_2 [p(x)]$$

　　变量的不确定性越大,熵也就越大,把它搞清楚所需要的信息量也就越大。有了"熵"这个概念,我们就可以回答开始提出的问题,即一本五十万字的中文书平均有多少信息量。我们知道常用的汉字(一级二级国标)大约有 7000 字。假如每个字等概率,那么我们大约需要 13 个比特(即 13 位二进制数)表示一个汉字。但汉字的使用是不平衡的。实际上,前 10% 的汉字占文本的 95% 以上。因此,即使不考虑上下文的相关性,而只考虑每个汉字的独立的概率,那么,每个汉字的信息熵大约也只有 8~9 个比特。如果我们再考虑上下文相关性,每个汉字的信息熵只有 5 比特左右。所以,一本五十万字的中文书,信息量大约是 250 万比特。如果用一个好的算法压缩一下,整本书可以存成一个 320 KB 的文件。如果我们直接用两字节的国标编码存储这本书,大约需要 1 MB 大小,是压缩文件的三倍。这两个数量的差距,在信息论中称作"冗余度"(redundancy)。需要指出的是我们这里讲的 250 万比特是个平均数,同样长度的书,所含的信息量可以差很多。如果一本书重复的内容很多,它的信息量就小,冗余度就大。

　　计算机中程序和数据是按二进制的形式存放的,其度量单位与我们日常生活中的常用的度量单位是不同的,下面介绍计算机中通用的存储能力的度量单位。

　　①位(bit),也称比特,是计算机中最小的存储单位。一个二进制位可以表示 0 或 1 两种状态,两个二进制位可以表示四种不同的状态,$n$ 个二进制位可以表示 $2^n$ 种不同的状态。位通常用小写英文字母 b 表示。

　　②字节(Byte),是表示存储空间最基本的容量单位。一个字节由 8 位二进制位组成(即 1 B = 8 b)。字节通常用大写英文字母 B 表示。

　　③字长,是计算机存储、传输、处理数据的度量单位,用计算机一次操作(数据存取、传送、运算)的二进制最大位数来描述。常见的计算机字长有 16 位、32 位、64 位等。字长是计算机性能的重要指标之一。例如,32 位字长的计算机,传送长度为 32 位的数据一次可以传送一个,如果是 64 位字长的计算机,传送长度为 32 位的数据一次就可以传送两个。

④其他度量单位。由于计算机的存储容量较大，除了字节以外，实际使用的存储单位还有千字节（KB）、兆字节（MB）、吉字节（GB）和太字节（TB），它们之间的换算关系如下：

$$1\ KB = 1024\ B = 2^{10}\ B$$
$$1\ MB = 2^{10}\ KB = 2^{20}\ B$$
$$1\ GB = 2^{10}\ MB = 2^{30}\ B$$
$$1\ TB = 2^{10}\ GB = 2^{40}\ B$$

上述度量单位用来表示存储设备的存储能力。

### 2.2.2　数制

日常生活中我们熟悉和使用的是十进制，但是由于计算机中采用的逻辑部件所限，计算机中采用的数制是二进制。所谓数制就是按进位的方法进行计数，或理解为在该数制中可以使用的数字符号个数及计数规则。在不同的数制中，把可以使用的数字符号个数称为基数（用 $R$ 表示）。例如，十进制的 $R$ 值为 10，二进制的 $R$ 值为 2。

**1. 十进制**

基数 $R$ 为 10 的进位数制称为十进制，它用十个数字符号 0～9 表示数字，其进位规则是"逢十进一"。对任何一个十进制数 $D_{10}$（为不失一般性，设 $D_{10}$ 为小数形式）都可以用下列公式表示：

$$D_{10} = \sum_{i=-m}^{i=n} D_i \times 10^i$$
$$= D_{n-1} \times 10^{n-1} + D_{n-2} \times 10^{n-2} + \cdots + D_0 \times 10^0 + D_{-1} \times 10^{-1} + \cdots + D_{-m} \times 10^{-m}$$

$$(2-1)$$

显然，数字出现在不同的位置，其表示的大小是不同的。例如，在数字串右边第一位的"8"表示的值是 8，而在数字串右边第三位的"8"表示的是 800。

根据式（2-1），十进制数 852.39 可以写成下列形式：

$$852.39 = 8 \times 10^2 + 5 \times 10^1 + 2 \times 10^0 + 3 \times 10^{-1} + 9 \times 10^{-2}$$

**2. 二进制**

基数 $R$ 值取 2，就可以得到二进制，它有两个数码，分别是 0 和 1，其进位规则是"逢二进一"。对任何一个二进制数 $B_2$（为不失一般性，设 $B_2$ 为小数形式）都可以用下列公式表示：

$$B_2 = \sum_{i=-m}^{i=n} B_i \times 2^i$$

$$(2-2)$$

$$= B_{n-1} \times 2^{n-1} + B_{n-2} \times 2^{n-2} + \cdots + B_0 \times 2^0 + B_{-1} \times 2^{-1} + \cdots + B_{-m} \times 2^{-m}$$

根据式（2-2），二进制数 1011.011 可以写成下列形式：

$$1011.011 = 1 \times 2^3 + 0 \times 2^2 + 1 \times 2^1 + 1 \times 2^0 + 0 \times 2^{-1} + 1 \times 2^{-2} + 1 \times 2^{-3}$$

**3. 八进制**

基数 $R$ 值取 8，就可以得到八进制，它用 8 个数字符号 0～7 表示八进制数字，其进位规则是"逢八进一"。对任何一个八进制数 $O_8$（为不失一般性，设 $O_8$ 为小数形式）都可以用下列公式表示：

$$O_8 = \sum_{i=-m}^{i=n} O_i \times 8^i$$

$$= O_{n-1} \times 8^{n-1} + O_{n-2} \times 8^{n-2} + \cdots + O_0 \times 8^0 + O_{-1} \times 8^{-1} + \cdots + O_{-m} \times 8^{-m}$$

(2-3)

根据式(2-3)，八进制数 467.52 可以写成下列形式：

$$467.52 = 4 \times 8^2 + 6 \times 8^1 + 7 \times 8^0 + 5 \times 8^{-1} + 2 \times 8^{-2}$$

**4. 十六进制**

基数 $R$ 值取 16，就可以得到十六进制，它用 16 个符号 1～9、A～F 表示十六进制的数字（A～F 分别对应十进制的 10～15），其进位规则是"逢十六进一"。对任何一个十六进制数 $H_{16}$（为不失一般性，设 $H_{16}$ 为小数形式）都可以用下列公式表示：

$$H_{16} = \sum_{i=-m}^{i=n} H_i \times 16^i$$

$$= H_{n-1} \times 16^{n-1} + H_{n-2} \times 16^{n-2} + \cdots + H_0 \times 16^0 + H_{-1} \times 16^{-1} + \cdots + H_{-m} \times 16^{-m}$$

(2-4)

根据式(2-4)，十六进制数 3D9F.A1 可以写成下列形式：

$$3D9F.A1 = 3 \times 16^3 + 14 \times 16^2 + 9 \times 16^1 + 15 \times 16^0 + 10 \times 16^{-1} + 1 \times 16^{-2}$$

上述四种数制的基本符号如表 2-1 所示，四种数制之间的对应关系如表 2-2 所示。

表 2-1　四种数制的基本符号

| 进制 | 进位规则 | 基本符号 |
|---|---|---|
| 二进制 | 逢二进一 | 0,1 |
| 八进制 | 逢八进一 | 0,1,2,3,4,5,6,7 |
| 十进制 | 逢十进一 | 0,1,2,3,4,5,6,7,8,9 |
| 十六进制 | 逢十六进一 | 0,1,2,3,4,5,6,7,8,9,A,B,C,D,E,F |

表 2-2　四种数制之间的对应关系表

| 十进制 | 二进制 | 八进制 | 十六进制 |
|---|---|---|---|
| 0 | 0000 | 0 | 0 |
| 1 | 0001 | 1 | 1 |
| 2 | 0010 | 2 | 2 |
| 3 | 0011 | 3 | 3 |
| 4 | 0100 | 4 | 4 |
| 5 | 0101 | 5 | 5 |
| 6 | 0110 | 6 | 6 |
| 7 | 0111 | 7 | 7 |
| 8 | 1000 | 10 | 8 |
| 9 | 1001 | 11 | 9 |
| 10 | 1010 | 12 | A |

| 十进制 | 二进制 | 八进制 | 十六进制 |
|---|---|---|---|
| 11 | 1011 | 13 | B |
| 12 | 1100 | 14 | C |
| 13 | 1101 | 15 | D |
| 14 | 1110 | 16 | E |
| 15 | 1111 | 17 | F |
| 16 | 10000 | 20 | 10 |

#### 5. 不同进制的表示方法

对于数据 3A9D，根据上述介绍的数制规则可以认定它是十六进制的数。但是对于数据 1067，可以判定它为八进制、十进制或十六进制的任意一种数；而对于数据 10001，可以是上述四种数制中的任意一种。显然，仅凭数字串本身还不能完全区分具体的数制。

为了区分不同进制的数，在书写时可以使用两种不同的方法：

① 一种方法是将数字用圆括号括起来，在括号右下角写上基数来表示不同的进制。例如，$(101)_2$、$(256)_8$、$(101)_{10}$、$(256)_{16}$ 分别表示二进制数、八进制数、十进制数和十六进制的数。

② 另一种方法是在一个数的后面加上表示数制的不同字母，用"D"表示十进制、"B"表示二进制、"O"表示八进制、"H"表示十六进制。例如，101B、256O、101D、256H 分别表示为二进制、八进制、十进制和十六进制的数。

#### 6. 不同进制数之间的转换

不同进制数之间是可以进行转换的，下面介绍四种不同进制数之间的转换方法。

(1) 十进制数转换成二进制

任何一个十进制数都可以转换为一个二进制数。转换的方法是：十进制数的整数部分按"除 2 取余"法，纯小数部分按"乘 2 取整"法，然后将整数和小数部分转换的结果合并在一起即可。合并时整数部分和小数部分都是按"从高到低"位排列，但整数部分是"从下往上"排列，而小数部分是"从上往下"排列。

【例 2.1】 将 $(37.125)_{10}$ 转换成二进制数。

解：按转换算法，整数部分"除 2 取余"，小数部分"乘 2 取整"，运算如下：

转换结果为 $(37.125)_{10} = (100101.001)_2$。例 2.1 中的小数部分正好全部进位，小数部分为 0。如果小数部分不为 0,就会出现无限循环的小数情况。若出现无限循环小数的情况,只取有限位即可。

（2）十进制数转换为八进制

与十进制数转换为二进制数类似,十进制数转换为八进制数也是采用整数部分按"除 8 取余"法,纯小数部分"乘 8 取整"法进行转换,然后将转换后的整数部分和小数部分的结果合并在一起即可。

**【例 2.2】**　将十进制数 $(837.45)_{10}$ 转换成八进制数。

**解:** 按转换算法,整数部分"除 8 取余",小数部分"乘 8 取整",运算如下:

| 8 | 837 | 余数 |
|---|-----|------|
| 8 | 104 | 5 |
| 8 | 13 | 0 |
| 8 | 1 | 5 |
| | 0 | 1 |

低位 ↑ 高位

| | 0.45 | 整数 |
|---|------|------|
| × | 8 | |
| | (3.60 —— 3) | |
| × | 8 | |
| | (4.80 —— 4) | |
| × | 8 | |
| | (6.40 —— 6) | |
| × | 8 | |
| | 3.20 | 3 |

高位 ↓ 低位

转换结果为 $(837.045)_{10} = (1505.3463)_8$。例 2.2 中的小数部分出现了无限循环小数的情况,本例中只取了 4 位小数。

（3）十进制数转换为十六进制

按同样的思路和算法,十进制数转换为十六进制数按整数部分"除 16 取余"法,纯小数部分"乘 16 取整"法进行转换,转换后将结果的整数部分和小数部分合并即可。

**【例 2.3】**　将十进制数 $(532.87)_{10}$ 转换成十六进制数。

**解:** 按转换算法,整数部分按"除 16 取余",小数部分按"乘 16 取整"法进行运算。运算过程省略,运算结果为:$(532.87)_{10} = (214.DEB8)_{16}$。例 2.3 中的小数部分出现了无限循环小数的情况,本例中只取了 4 位小数。

（4）二进制数转换成十进制

十进制数可以转变为二进制数,反过来,二进制数也可以转换为十进制数。转换的方法就是将二进制数按权展开,将展开的表达式按十进制规则进行计算,计算结果就是转换后的十进制数。

**【例 2.4】**　将二进制数 $(10011.111)_2$ 转换成十进制数。

**解:** 将二进制数 $(10011.111)_2$ 按权展开如下

$$10011.111B = 1 \times 2^4 + 0 \times 2^3 + 0 \times 2^2 + 1 \times 2^1 + 1 \times 2^0 + 1 \times 2^{-1} + 1 \times 2^{-2} + 1 \times 2^{-3}$$
$$= 16 + 0 + 0 + 2 + 1 + 0.5 + 0.25 + 0.125$$
$$= 19.875D$$

转换结果为 $(10011.111)_2 = (19.875)_{10}$。

（5）二进制数转换成八进制数

由于 $2^3 = 8$,因此 1 位八进制数可用 3 位二进制数表示,反之,3 位二进制数可用 1 位八进制数表示。根据二进制和八进制数之间的这种对应关系就可以相互之间进行转换。将二进制数转换成八进制数的操作步骤为:

步骤一：分组。对于整数部分,从个位数开始从右向左每三位二进制数一组,最后一组不足三位时,前面补 0 填满为一组;对于小数部分,从小数点后第一位开始从左向右每三位一组,最后一组不足三位时,在后面补 0 填满为一组。

步骤二：转换。对每一组三位二进制数用一位八进制数进行替换,得到的结果就是相应的八进制数。

【例 2.5】 将二进制数 $(10101101.010101)_2$ 转换成八进制数。

解：首先按规则进行分组,整数和小数部分分组的结果为 $(010\ 101\ 101)$ 和 $(010\ 101)$；然后将分组结果用八进制数替代为 $(255)$ 和 $(25)$。

转换结果为：$(10101101.010101)_2 = (255.25)_8$。

(6)二进制数转换为十六进制数

由于 $2^4 = 16$,因此 1 位十六进制数可用 4 位二进制数表示,反之 4 位二进制数可以用 1 位十六进制数表示。根据二进制和十六进制数之间的这种对应关系,就可以相互之间进行转换。将二进制数转换为十六进制数的方式与将二进制数转换为八进制数的方式是类似的。

步骤一：分组。对于整数部分,从个位数开始从右向左每 4 位二进制数一组,最后一组不足 4 位时,前面补 0 填满为一组;对于小数部分,从小数点后第一位开始从左向右每 4 位一组,最后一组不足 4 位时,在后面补 0 填满为一组。

步骤二：转换。对每一组 4 位二进制数用 1 位十六进制数替代,得到的结果就是相应的十六进制数。

【例 2.6】 将二进制数 $(1101011011.111001)_2$ 转换成十六进制数。

解：对二进制数的整数部分和小数部分分别进行分组,分组结果为 $(0011\ 0101\ 1011)$ 和 $(1110\ 0100)$；然后将分组结果用十六进制数替代为 $(35B)$ 和 $(E4)$。

转换结果为：$(1101011011.111001)_2 = (35B.E4)_{16}$。

### 2.2.3　字符的表示

在计算机中任何数据都是用二进制编码来表示的,包括数字、字母、符号、声音、图像、动画等信息。

数字数据在计算机中用二进制编码表示比较容易理解,实际上,任何二进制数包括整数和小数都可以转换为我们需要的 $R$ 进制数。还要搞清楚数字的表示范围,即编码的长度。

非数值信息和控制信息包括了字母、各种控制符号、图形符号等,它们都以二进制编码方式存入计算机并得以处理,这种对字母和符号进行编码的二进制代码称为字符代码(character code)。计算机中常用的字符编码有 ASCII 码(美国标准信息交换码)和 EBCDIC 码(扩展的 BCD 交换码)。

**1. ASCII 码**

ASCII 码是目前在计算机中使用得较为广泛的一种编码标准。ASCII 码是美国国家标准局(ANSI)制定的一种美国标准信息交换码,被国际标准化组织 ISO(International Organization for Standardization, ISO)定为国际标准(ISO 646)。ASCII 码为计算机提供了一种存储数据和与其他计算机及程序交换数据的方式。

ASCII 码中包含了四种不同的字符类型:控制字符、字符、数字和特殊符号。ASCII 码分类对照表如表 2-3 所示。

表 2 - 3　ASCII 字符集中不同类型字符编码对照表

| 字符分类 | 二进制<br>表示范围 | 十进制<br>表示范围 | 十六进制<br>表示范围 | 字符 |
|---|---|---|---|---|
| 控制字符<br>34 个 | 000 0000～001 1111<br>010 0000，111 1111 | 0～31<br>32,127 | 0～1F<br>20,7F | BS(退格)，CR(回车)，LF(换行)，<br>CAN(取消)等<br>Space，DEL |
| 数字 10 个 | 011 0000～011 1001 | 48～57 | 30～39 | 0,1,2,3,4,5,6,7,8,9 |
| 字母<br>52 个 | 100 0001～101 1010<br>110 0001～111 1010 | 65～90<br>97～122 | 41～5A<br>61～7A | A～Z<br>a～z |
| 特殊符号<br>32 个 | 010 0001～010 1111 | 33～47 | 21～2F | !,",#,$,%,&,',(,),*,<br>+,,,-,.,/ |
| | 011 1010～100 0000 | 58～64 | 3A～40 | :,;,<,=,>,?,@ |
| | 101 1011～110 0000 | 91～96 | 5B～60 | [,\,],^,-,` |
| | 111 1011～111 1110 | 123～126 | 7B～7E | {,|,},~ |

①控制字符，是指 ASCII 码中的非显示字符，编码十进制值为 0～31，另外，还包括编码 32(Space)和 127(DEL)2 个控制字符，共 34 个。控制字符用于计算机通信中的通信控制或对计算机设备的控制。例如，十进制编码 8(BS)表示"退格"控制符，十进制编码 24(CAN)表示"取消"，编码 27(ESC)表示"退出"等。

②字母，是 ASCII 码中的可显示字符，包括大写和小写的 52 个字符。字母在 ASCII 码表中的顺序与字母顺序是一致的。大写字母"A"的十进制编码是 41H，或 65，大写字母"B"的编码是 66，大写字母"Z"的编码是 90；小写字母"a"的编码是 61H，或 97，小写字母"b"的编码是 98，小写字母"z"的编码是 122。通过分析不难发现，大、小写字母的 ASCII 编码值之差是 32。例如，大写"A"和小写"a"的 ASCII 编码 65 和 97 之差是 32，大写"Z"和"z"的 ASCII 编码 90 和 122 之差也是 32。英文字符"A"在计算机中的表示如图 2 - 14 所示。

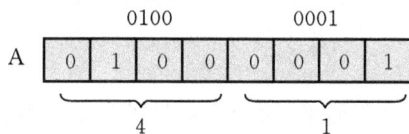

图 2 - 14　英文字符 A 在计算机中的表示

③数字 0～9 共 10 个字符也是 ASCII 码中的可显示字符，其十进制编码是从 48 到 57。

④特殊符号。上述三类字符共计 96 个。除此以外还有 32 个符号就是一些表示特殊含义和用途的特殊符号，包括标点符号、运算符号等(见表 2 - 3)。

ASCII 码分为 7 位编码和 8 位编码两种形式。

"7 位"ASCII 码是用一个字节(8 位二进制)的低 7 位二进制编码表示一个字符，最高位置"0"，其编码范围是 0000000B～1111111B，对应十进制的 0～127，被称为标准的 ASCII 编码。编码总数共 128 个。每一个字节中多余出来的一位(最高位)在计算机内部通常保持为 0(在数据传输时可用作奇偶校验位）。

**2. ISO 8859 码**

由于标准 ASCII 字符集字符数目有限，在实际应用中往往无法满足要求。为此，国际标准化组织又制定了 ISO 2022 标准，它规定了在保持与 ISO 646 兼容的前提下将 ASCII 字符集扩充为 8 位代码的统一方法。ISO 陆续制定了一批适用于不同地区的扩充 ASCII 字符集，"8 位"ASCII 码也用一个字节（8 位二进制）来表示一个字符，与 7 位编码不同的是它将该字节最高位置"1"，其编码范围是 128～255，编码总数也是 128 个，被称为扩展的 ASCII 编码。

最优秀的扩展方案是 ISO 8859。它包括了足够的附加字符集表示基本的西欧语言如：西欧语言、希腊语、泰语、阿拉伯语、希伯来语对应的文字符号。从 0～127 的代码与 ASCII 保持兼容，编号 128～159 共 32 个编码保留给扩充定义的 32 个扩充控制码，160 为空格，161～255 的 95 个数字用于新增加的字符代码。编码的布局与 ASCII 的设计思想相同。

由于在一张码表中只能增加 95 种字符的代码，所以 ISO 8859 实际上不是一张码表，而是一系列标准，包括 14 个字符码表。例如，ISO 8859-1 字符表中包含了 ASCII 码和西欧的常用字符，ISO 8859-7 则包含了 ASCII 码和现代希腊语字符。

ISO 8859-1 编码（亦称为 ISO Latin-1），ISO 8859-1 编码使用了一个字节的全部 8 位，编码范围是 0～255，收录的字符除 ASCII 收录的字符外，还包括西欧语言、希腊语、泰语、阿拉伯语、希伯来语对应的文字符号。而欧元符号出现的比较晚，没有被收录在 ISO 8859-1 当中；ISO 8859-1 编码使用 00H～1FH 用作控制字符，20H～7FH 表示字母、数字和符号等图形字符，A0H～FFH 作为附加部分使用。因为 ISO 8859-1 编码使用了单字节内所有空间，在支持 ISO 8859-1 的系统中传输和存储其他任何编码的字节流都不会被抛弃。换言之，把其他任何编码的字节流当作 ISO 8859-1 编码看待都没有问题。这是个很重要的特性。

西文字符集的编码较常见的还有 EBCDIC 码，该码使用 8 位二进制数（一个字节）表示，可以表示出 $2^8$ 个（256 个）字符。

一般地说，开放的操作系统（Linux、Windows 等）采用 ASCII 编码，而大型主机系统（MVS、IBM 公司的一些产品中）采用 EBCDIC 编码。在发送数据给对方前，需要事先告知对方自己所使用的编码，或者通过转码，使不同编码方案的两个系统可沟通自如。

### 2.2.4　汉字的表示

外文字符处理起来相对还比较简单，而中文信息处理起来就复杂了。汉字是图形文字，常用汉字就有 3000～6000 个，形状和笔画差异很大。这就决定了汉字字符的编码方案与外文的编码方案是完全不同的。

要想在计算机中处理汉字，必须解决汉字的输入编码、存储编码、显示和打印字符的编码问题。显然，汉字编码问题要比西文的编码复杂得多。

**1. 汉字的国标编码**

在计算机中处理中文信息时，通过将不同的系统使用的不同编码统一转换成国标码，不同系统之间的汉字信息就可以相互交换。

我国科学家研制出具有我国自主知识产权的汉字编码字符集，后经中国国家标准总局于 1981 年正式颁布为国家标准《信息交换用汉字编码字符集》（GB 2312—80），简称为国标码。

汉字采用双字节编码形式,即一个汉字用 2 个字节(16 位二进制)表示。

(1)GB 2312—80

GB 2312—80 字符集中共收录了 6763 个汉字,汉字根据使用的频率分为两级,一级汉字 3755 个,二级汉字 3008 个。标准中收录了 682 个非汉字符号,包括希腊字母、俄文字母、日文假名、汉语拼音符号、汉语注音字母、标点符号、数学符号等。GB 2312—80 是一种简体汉字的编码,通行于中国内地。

(2)GB 18030—2000

GB 18030—2000 编码是我国信息产业部和国家质量技术监督局在 2000 年联合发布的。随着信息技术在各行业应用的深入,GB 2312 收录汉字数量不足的缺点显露了出来。例如:"镕"字曾是高频率使用字,而 GB 2312 却没有为它编码,因而,政府、新闻、出版、印刷等行业和部门在使用中感到十分不便。1995 年原电子部和原国家技术监督局联合颁布了指导性技术文件《汉字内码扩展规范》1.0 版,即 GBK。

《汉字内码扩展规范》(GBK)保持与 GB 2312—80 的汉字编码完全兼容,同时又在字汇一级支持 ISO 10646.1(GB 13000.1)的全部其他 CJK[1]汉字,且非汉字符号同时涵盖大部分常用的 BIG5 中的非汉字符号。GBK 字符集中的汉字字序是:

①GB 2312—80 的汉字仍然按照原有的一、二级字,分别按拼音、部首/笔画排列。

②GB 13000.1 的其他 CJK 汉字,按 UCS[2] 代码大小顺序排列。

③追加的 80 个汉字、部首/构件,与上述两类字汇分开,按康熙字典页码、字位单独排列。

1995 年之后的实践表明,GBK 作为行业规范,缺乏足够的强制力,不利于其本身的推广。在银行、交通、公安、户政、出版印刷、国土资源管理等行业,对新的、大型的汉字编码字符集标准的要求尤其迫切。

为此,原国家质量技术监督局和原信息产业部组织专家制定发布了新的编码字符集标准——《信息技术 信息交换用汉字编码字符集 基本集的扩充》(GB 18030—2000)。GB 18030 的双字节部分完全采用了 GBK 的内码系统。

**2. 汉字在处理中的不同编码**

汉字编码解决了汉字的表示问题,但还没有解决汉字在计算机中的存储以及显示和打印等问题。由此,又引出汉字的输入码、区位码、机内码、点阵字模码等汉字的不同编码问题。

为方便汉字输入而形成的汉字编码为输入码,属于汉字的外码,输入码因编码方式不同而不同。为在计算机内表示汉字而统一编码方式,形成的汉字编码叫国标码,计算机还不能将国标码作为汉字在计算机中的表现形式,因为会和 ASCII 码发生冲突,所以又产生了汉字的机内码,机内码是唯一的。为显示和打印输出汉字而形成的汉字编码为字型码,计算机通过汉字内码在字模库中找出汉字的字型码,将其显示。

---

① CJK:中日韩统一表意文字(CJK Unified Ideographs),目的是要把分别来自中文、日文、韩文、越文中,本质、意义相同、形状一样或稍有差异的表意文字与 ISO 10646 及 Unicode 标准中赋予相同编码。

② UCS(Universal Character Set)是国际标准 ISO 10646 定义的通用字符集,是所有其他字符集标准的一个超集。它保证与其他字符集是双向兼容的,就是说,如果将任何文本字符串翻译为 UCS 格式,然后再翻译回原编码,不会丢失任何信息。

（1）输入码

输入码是输入汉字时采用的编码，如"区位码""全拼""双拼""五笔""智能 ABC""搜狗"等输入编码。

（2）内码

①区位码。在 GB2312—80 字符集中，共收录 7455 个字符，其中 6763 个汉字中，又分为一级常用字库 3755 个（按汉语拼音顺序排列）和二级次常用字库 3008 个（按部首顺序排列）。区位码编码方案是将 7455 个字符划分一个 94 行×94 列的方阵，方阵的每一行称为一个"区"，区号编码范围为 1～94；方阵的每一列称为"位"，位号编码范围也是 1～94。在这样的一个区位表中，一个汉字的位置就可以用一组区号和位号唯一地确定。这组区号和位号就是一个汉字在区位表中的区位码。例如，汉字"中"的区位码是 5448，就表示"中"在区位表中的 54 区 48 位；汉字"啊"的区位码是 1601，则表示其在区位表中的 16 区 1 位。

②国标码。如 GB2312—80 制定的编码，它用两个字节表示一个汉字，而每个字节只用低 7 位。这样，总共可以表示 $2^{14}$ 个汉字（即 16384 个不同的汉字）。为了与 ASCII 码在处理时保持一致性，GB2312—80 规定，所有国标码每个字节编码范围与 ASCII 码中的 94 个可显示字符是一致的（每个字节范围是 21H～7EH）。

国标码与区位码可以互相转换，它们之间的关系为"国标码 = 区位码（十六进制）＋2020H"。例如，汉字"中"的区位码是 5448（十六进制为 3630H），其国标码是"5650H"。

③机内码。汉字"中"的国标码为 5650H，这两个字节的二进制表示分别是"01010110"和"01010000"。对照表 2-3 中的 ASCII 码发现，英文字母"V"和"P"的 ASCII 码恰好也分别是"01010110"和"01010000"。这就发生了冲突，到底是汉字的"中"，还是英文字母"V"和"P"？

为了解决汉字和英文字母表示的冲突问题，将汉字国标码两个字节的最高位都设置为"1"，这样就得到汉字在计算机内部的编码，简称机内码。

例如，汉字"中"的国标码为 5650H，两个字节的最高位置 1 后得到的机内码为 D6D0H。

（3）汉字字型码

汉字字型码又称汉字字模，用于汉字在显示屏或打印机输出。汉字字型码通常有两种表示方式：点阵和矢量表示方法。

①点阵字模码。汉字在计算机中是以机内码的形式存储的，但是显示和打印时还是要以汉字的图形形式呈现。实际上，汉字的显示和打印字形是用点阵"画"出来的。例如，"汉"字的 16×16 点阵形式如图 2-15 所示。

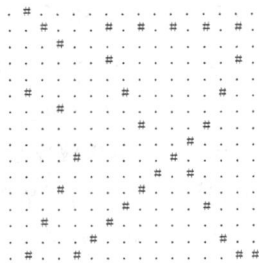

图 2-15　汉字点阵字模示意图

②矢量字库。矢量字库保存的是对每一个汉字的描述信息，比如一个笔划的起始、终止坐标，半径、弧度，等等。在显示、打印这一类字库时，要经过一系列的数学运算才能输出结果，但是这一类字库保存的汉字理论上可以被无限地放大，笔划轮廓仍然能保持圆滑，打印时使用的字库均为此类字库。

Windows 使用的字库也为以上两类，在 FONTS 目录下，如果字体扩展名为 FON，表示该文件为点阵字库，扩展名为 TTF 则表示矢量字库。

## 2.2.5　编码

世界上存在着多种编码方式,同一个二进制数字可以被解释成不同的符号。因此,要想打开一个文本文件,就必须知道它的编码方式,否则用错误的编码方式解读,就会出现乱码。电子邮件常常出现乱码,就是因为发信人和收信人使用的编码方式不一样。

**1. BIG - 5 汉字编码**

BIG5 汉字编码是我国台湾省和香港特别行政区计算机系统中使用的汉字编码字符集,它包含了 420 个图形符号和 13070 个汉字(不使用简化字库)。编码范围是 8140H～FE7EH、81A1H～FEFEH,其中 A140H～A17EH、A1A1H～A1FEH 是图形符号区,A440H～F97EH、A4A1H～F9FEH 是汉字区。

**2. Unicode 编码**

假如有一种编码,能将世界上所有的符号都纳入其中,每一个符号都给予一个独一无二的编码,那么,就不会有乱码问题。这就是 Unicode 编码。

Unicode 是一种在计算机上使用的字符编码。它为每种语言中的每个字符设定了统一并且唯一的二进制编码,以满足跨语言、跨平台进行文本转换、处理的要求。1990 年开始研发,1994 年正式公布。随着计算机工作能力的增强,Unicode 也在面世以来的十多年里得到普及。

一般来说,Unicode 编码系统可分为编码方式和实现方式两个层次。

(1)Unicode 编码方式

Unicode 的编码方式与 ISO 10646 通用字符集(Universal Character Set,UCS)相对应,目前实际应用的 Unicode 版本对应于 UCS - 2,使用 16 位的编码空间,也就是每个字符占用 2 个字节。这样理论上一共最多可以表示 65,536($2^{16}$)个字符。基本满足各种语言的使用。实际上目前版本的 Unicode 尚未用完这 16 位编码,保留了大量空间作为特殊使用或将来扩展。这样的 16 位 Unicode 字符构成基本多文种平面(Basic Multilingual Plane,BMP)。

UCS 编码字符集的总体结构是一个四维编码空间,它包含 00H～7FH 共 128 个组(三维),每组中包含 00H～FFH 共 256 个平面(二维),每一个平面包含 00H～FFH 共 256 个行(一维),每行共 256 个字位(00H～FFH),每个字位用一个字节(8 位二进制数)表示。因此,在 UCS 中每一个字符用 4 个字节编码,对应着每个字符在编码空间的组号、平面号、行号和字位号,上述 4 个 8 位二进制数编码形式称为 UCS 的 4 个 8 位正则形式,记作 UCS - 4,它提供了一个极大的编码空间,可以包括多个独立的字符集。每个字符在这个 4 字节编码空间内都有绝对的编码位置。

UCS 中的表意文字采用中、日、韩汉字统一编码(称为 CJK 编码)方式,以现有各标准字符集作为源字符集,将其中的汉字按统一的认同规则进行认同、甄别后,生成涵盖各源字集并按东亚著名的四大字典《康熙字典》《大汉和辞典》《汉语大字典》及《大字源》的页码序位综合排序,构成 UCS 中的表意文字部分(20902 个字符)。已收入 UCS 的 20902 个 CJK 汉字,从中国的角度看,有 17124 个字源自 GB;从中国台湾的角度看有 17258 个字源自 TCA - CNS;从日本的角度看有 12157 个字源自 JIS;从韩国的角度看有 7476 个字源自 KSC。它们采用 2 字节编码,现已被批准为我国国家标准(GB 13000)。

通用编码字符集 UCS 是一个由各种大、小字符集组成的编码体系。它的优点是编码空间大,能容纳足够多的各种字符集;缺点是引用不同的字符集信息量大,在信息处理效率和方便性方面还不理想。解决这个问题的方案是使用 UCS 的顺位形式的子集(UCS-2),它又称作为 Unicode 编码,其编码长度为 16 位。全部编码空间都统一安排给控制字符和各种常用大、小字符集。由于它把各个主要大、小字符集的字符统一编码于一个体系、既能满足多字符集系统的要求,又可以把各个字符集中的字符作为等长码处理,因而具有较高的处理效率。但是Unicode 也有明显的缺点:首先,实用中几万字的编码空间仍嫌不足;其次,Unicode 和 ASCII码不兼容,这使目前已有的大量数据和软件资源难以直接继承使用,因而成为推广这种编码体系的最大障碍。

(2)Unicode 实现方式

Unicode 的实现方式不同于编码方式。一个字符的 Unicode 编码是确定的,但是在实际传输过程中,由于不同系统平台的设计不一定一致,以及出于节省空间的目的,对 Unicode 编码的实现方式有所不同。Unicode 的实现方式称为 Unicode 转换格式(Unicode Translation Format,UTF)。

例如,一个仅包含基本 7 位 ASCII 字符的 Unicode 文件,如果每个字符都使用 2 字节的原型 Unicode 编码传输,其第一字节的 8 位始终为 0,这就造成了比较大的浪费。对于这种情况,可以使用 UTF-8 编码,这是一种变长编码,它将基本 7 位 ASCII 字符仍用 7 位编码表示,占用一个字节(首位补 0),而遇到与其他 Unicode 字符混合的情况,将按一定算法转换,每个字符使用 1~3 个字节编码,并利用首位为 0 或 1 进行识别。

如果直接使用与 Unicode 编码一致(仅限于上文提及的 BMP 字符)的 UTF-16 编码,由于 Macintosh 机和普通 PC 机上对字节顺序的理解是不一致的,这时同一字节流可能会被解释为不同内容,如编码为 U+594EH 的字符"奎"同编码为 U+4E59H 的"乙"就可能发生混淆。于是在 UTF-16 编码实现方式中使用了大尾序(big-endian)、小尾序(little-endian)的概念,以及 BOM(Byte Order Mark)解决方案。

### 3. UTF-8 编码

互联网的普及,强烈要求出现一种统一的编码方式。UTF-8 就是在互联网上使用最广的一种 Unicode 的实现方式。

在 UNIX 下使用 UCS-2(或 UCS-4)会导致非常严重的问题。用这些编码的字符串会包含一些特殊的字符,比如'\0'或'/',它们在文件名和其他 C 语言库函数参数里都有特别的含义。另外,大多数使用 ASCII 文件的 UNIX 下的应用程序,如果不进行重大修改是无法读取 16 位的字符的。基于这些原因,在文件名、文本文件、环境变量等地方,UCS-2 不适合直接作为 Unicode 的实现编码。

在 RFC 2279 里定义的 UTF-8 编码没有这些问题。它是在 UNIX 操作系统下实现 Unicode 的常用方法。

用 Unicode 字符集写的英语文本是用 ASCII 或 Latin-1 写的文本大小的两倍。UTF-8则是 Unicode 压缩版本,对于大多数常用字符集(ASCII 中 0~127 字符)它只使用单字节,而对其他常用字符(特别是朝鲜语和汉语会意文字),它使用 3 字节(参见表 2-4)。如果写的主要是英语,那么 UTF-8 可减少文件大小一半左右。反之,如果主要写汉、日、韩语,那么UTF-8 会把文件大小增大 50%。UTF-8 的一个特别的优点是它与 ISO 8859-1 完全兼容。这样,为数众多的英文文件不需任何转换,就自然符合 UTF-8,这对向英语国家推广 Unicode

有很大帮助。

表 2-4　UTF-8 的格式

| UCS-2 编码(十六进制) | UTF-8 字节流(二进制) |
|---|---|
| 0000～007F | 0xxxxxxx |
| 0080～07FF | 110xxxxx 10xxxxxx |
| 0800～FFFF | 1110xxxx 10xxxxxx 10xxxxxx |

UTF-8 有如下特性：

①UCS 字符 U+0000H 到 U+007FH(ASCII)被编码为字节 00H 到 7FH(ASCII 兼容)，这意味着只包含 7 位 ASCII 字符的文件在 ASCII 和 UTF-8 两种编码方式下是一样的。

②所有>U+007FH 的 UCS 字符被编码为一个多字节的串，每个字节都有标记位集。因此，ASCII 字节(00H～7FH)不可能作为任何其他字符的一部分。

③表示非 ASCII 字符的多字节串的第一个字节总是在 C0H 到 DFH 的范围里，并指出这个字符包含多少个字节，多字节串的其余字节都在 80H 到 BFH 范围里。这使得重新同步非常容易，并使编码超越国界，且很少受丢失字节的影响。

UTF-8 编码字符理论上可以最多到 6 字节长，然而 16 位 BMP 字符最多只用到 3 字节长。

## 2.3　计算机硬件系统与组成

计算机的各个硬件部分之间都不是孤立的，它们按照计算机的工作原理协调有序地进行工作。

### 2.3.1　冯·诺依曼计算机的概念

**1. 冯·诺依曼理论**

在研制 ENIAC 计算机的过程中，美籍匈牙利数学家冯·诺依曼(John von Neumann)提出了通用电子计算机的设计方案，方案中提出了以下 3 个基本要点：

①计算机硬件由五个基本部分组成。这五个部分分别是运算器、存储器、控制器、输入设备和输出设备。

②采用二进制。在计算机内部，不论程序和数据都采用二进制代码的形式表示，即只使用"0"和"1"两个数码。

③存储程序控制。就是将程序和处理问题所需要的数据均以二进制编码的形式事先按一定顺序存放到计算机的存储器中。程序在运行时，由控制器从内存储器中逐条取出指令，按指令要求完成特定的操作，程序的运行是由控制器和运算器共同完成的，这就是所谓的存储程序控制原理，存储程序控制实现了计算机的自动工作。

冯·诺依曼理论的上述要点奠定了现代计算机设计的基础，后来人们将采用这种设计思想的计算机称为冯·诺依曼计算机。从 1946 年第一台计算机问世至今，虽然计算机的设计和制造技术都有了极大的发展,但都没有脱离冯·诺依曼提出的存储程序控制的基本原理。

**2.计算机的工作过程**

当需要计算机完成某项任务的时候,首先要将任务分解为若干基本操作的集合,并将每一种操作转换为相应的命令,按一定的顺序组织起来,这就是程序。计算机完成的任何任务都是通过执行程序完成的。能够被计算机识别的命令称为指令,所有指令的集合称为该计算机的指令系统。指令系统的功能是否强大、指令类型是否丰富,决定了计算机的处理能力。

计算机的工作过程就是执行程序的过程,程序是由一条条指令组成的。程序通过输入设备并在操作系统的统一控制下送入内存储器,然后由微处理器按照其在内存中的存放地址,依次取出并执行,执行结束后再由输出设备送出。

## 2.3.2　硬件系统

按照冯·诺依曼理论,计算机的硬件由五个基本部分组成,分别是运算器、存储器、控制器、输入设备和输出设备,它们之间的关系如图2-16所示。图中的双线表示信息流,代表数据或指令,在计算机内用二进制的形式表示,单线表示控制流,代表控制信号,在计算机内表现为高低电平的形式,下面分别介绍各个组成部分的作用。

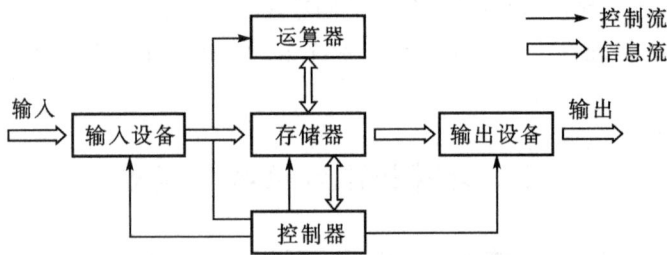

图2-16　计算机硬件组成原理图

**1.运算器**

运算器由算术逻辑单元(Arithmetic Logic Unit,ALU)、累加器和一组寄存器等主要部分构成。其中算术逻辑单元完成算术运算和逻辑运算,寄存器是临时保存数据的地方,累加器用来累加和保存数据。

算术运算包括加、减、乘、除等,逻辑运算主要为与、或、非等操作。

**2.控制器**

控制器是计算机的指挥系统,它的主要作用是从内存中读取指令并执行指令,协调并控制计算机的各个部件按事先在程序中安排好的指令序列进行指定的操作。

控制器是计算机的指挥系统,而运算器则是计算机内进行计算的核心部分,因此,常将这两部分合称为中央处理单元(Central Processing Unit,CPU)。

如果将这两部分集成到一块集成电路芯片上作为独立的器件,该器件称为微处理器(MicroProcessor,MP),这就是微型计算机中最为重要的部件。

**3.存储器**

存储器是具有记忆功能的器件,用于存放程序、需要用到的数据及运算结果。程序中的指令被送到控制器解释并执行,数据则被送到运算器中进行运算,而运算的结果可以被送回到存储器中。

对存储器的操作主要有两种:存数和取数。存数就是向存储器中写入数据,存数时,新写入的数据代替原有的数据。取数是从存储器中读出数据,取数时,原有的数据不被清除。存数和取数的操作统称为对存储器的访问。

存储器分为主存储器(也称为内存储器、内存)和辅助存储器(也称为外存储器、外存)两类,中央处理单元只能直接访问内存中的数据,外存中的数据只有先调入内存,才能被中央处理单元访问和处理。

### 4. 输入设备

输入设备用来向计算机输入命令、程序、文字、数据以及其他形式的信息,例如图形、声音等,它的主要作用是将人们可读的信息转换为计算机可以识别的二进制代码输入到计算机中。常用的输入设备有键盘、鼠标、扫描仪等。

### 5. 输出设备

输出设备的主要功能是将计算机处理后的二进制结果转换为人们能识别的形式,如文字、图形、声音等,并表现出来,例如在屏幕上显示,在打印机上打印等。常用的输出设备有显示器、打印机、绘图仪、音箱等。

## 2.3.3　微型计算机主要部件性能指标

目前普及使用的计算机全称应为微型电子数字计算机,简称微机,本节将详细介绍微机中常见硬件的性能指标。

### 1. CPU 性能指标

中央处理器 CPU 是将运算器和控制器集成在一块集成电路芯片中,也称为微处理器MPU。CPU 的主要性能指标有:

①主频:即通常所说的计算机运算速度是指计算机在每秒钟所能执行的指令数,即中央处理器在单位时间内平均"运行"的次数。主频也称为时钟频率,是决定计算机的运算速度的重要指标,主频越高,计算机的运算速度越快。主频的单位为 Hz,除此之外,还用 MHz 和 GHz来表示。主频可以达到 3.2 GHz 以上。

②字长:指计算机的内存储器或寄存器存储一个字的位数。通常微型计算机的字长为 8位、16 位或 32 位。计算机的字长直接影响着计算机的计算精确度。字长越长,用来表示数字的有效数位就越多,计算机的精确度也就越高。目前流行的 CPU 字长已经达到 64 位。

③高速缓存:匹配 CPU 和内存储器之间的速度的存储器,如 32 MB 缓存。

④内核:指在一个处理器上集成多个运算核心,从而提高计算能力。现在越来越多的计算机使用的微处理器芯片中同时具有两个或两个以上的微处理器内核,例如有双核、四核或八核等,称为多核处理器,多核处理器比单核处理器速度快,Windows XP、Windows Vista、Windows 7 等操作系统都支持多核处理器。

### 2. 内存储器性能指标

内存的主要技术指标有存储容量和存取速度。

①存储容量:表示内存中所含的内存单元数量,每个内存单元一般以字节为单位。存储容

量通常是指一台微机实际配置的存储器的量,与一根内存条的容量及内存条的数量有关。目前微机标配 8 GB。

②存取速度:可用"存取时间"和"存取周期"这两个时间参数来衡量。存取时间是从 CPU 送出存储器地址到存储器的读写操作完成所经历的时间。存取时间越短,存取速度就越快。存取周期是指连续启动两次独立的存储器操作所需的最小时间间隔,以纳秒(ns)为单位。目前大多数 SDRAM 内存芯片的存取时间为 5、6、7、8 或 10 ns。

### 3. 高速缓冲存储器

随着 CPU 主频的不断提高,对内存的存取速度更快了,而内存的响应速度达不到 CPU 的速度,这样,它们之间就存在速度上的不匹配,为了协调两者之间的速度差别,在这两者之间采用了高速缓冲存储器(Cache)技术。

Cache 存储器采用双极型静态 RAM,它的访问速度是 DRAM 的 10 倍左右,但容量相对内存要小得多,一般是 128 KB、256 KB 或 512 KB。

Cache 分为两种,在 CPU 内部的 Cache(L1 Cache)和 CPU 外部的 Cache(L2 Cache),L1 Cache 称为一级 Cache,是集成在 CPU 内部的,一般容量较小;L2 Cache 称为二级 Cache,是在系统板上的 Cache,在 Pentium 芯片中 L2 Cache 是和 CPU 封装在一起的。

### 4. 外存的主要性能指标

目前常用的外存有硬盘、光盘和可移动外存等。

(1)硬盘的性能指标

硬盘的特点是存储容量大、价格较低,而且在断电的情况下也可以长期保存数据,硬盘最主要的性能指标是容量、速度和接口类型。

硬盘的速度一般用"转速"来衡量,转速决定了硬盘内部的传输率。转速越快,盘面与磁头之间的相对速度就越大,单位时间内读写的数据就越多,因此硬盘读写速度越高。目前硬盘的转速为 7200 r/min、10 000 r/min 和 15 000r/min 等。

随着硬盘技术的发展,目前常用的硬盘容量在 80 GB~1024 GB(即 1 TB)。

硬盘的接口主要有 IDE、PATA、SATA 和 SCSI。SATA 接口即串行 ATA 接口(Serial ATA),它采用串行方式传送数据,其数据传输速度是普通 IDE 硬盘的几倍。目前主流主板都支持这种接口的硬盘。SCSI 硬盘的 CPU 占用率较低,数据传输速度快,但价格较高,一般用于服务器等高档计算机系统中。

(2)光盘的性能指标

光盘是用光学方式读写信息,光盘存储器主要包括光盘、光驱(即 CD‐ROM 驱动器)和光盘控制器。

光驱的技术指标通常有数据传输率和读取时间。在光驱中将 150 KB/s 的数据传输率称为单倍速,记为"1X",数据传输率为 300 KB/s 的 CD‐ROM 驱动器称为 2 倍速光驱,记为"2X",依次类推。常见的光驱速度有"36X""40X"和"50X"等。目前,CD‐ROM 驱动器的最大数据传输率为 52X。

读取时间是指 CD‐ROM 驱动器接收到命令后,移动光头到指定位置,并把第一个数据读入 CD‐ROM 驱动器的缓冲存储器的过程所花费的时间。目前,CD‐ROM 驱动器的读取时间一般在 200~400 ms。

光盘容量与光盘类型相适应,如单个 DVD 数字视盘(Digital Video Disk 或 Digital Versatile Disk)上能存放 4.7~17.7 GB 的数据。

(3)可移动外存性能指标

U 盘又称为闪存盘,它采用一种可读写非易失的半导体存储器——闪速存储器(Flash Memory)作为存储媒介,目前的 Flash Memory 产品可擦写次数都在 100 万次以上,数据至少可保存 10 年。

U 盘 Flash Disk 的容量有多种选择,通常在 1~32 GB 之间,可靠性也远高于磁盘,为数据安全提供了更好的保障。

当需要存储的数据量更大时,U 盘的存储容量就不能满足要求。这时可以使用另一种容量更大的可移动存储设备,这就是可移动硬盘,又称为 USB 硬盘,目前 USB 硬盘容量通常在 10~1024 GB 之间。

**5. 总线的性能指标**

在计算机中,硬件的各部件之间用来有效高速地传输各种信息的通道称为总线(BUS)。总线的主要作用就是连接各个部件和传递数据信号和控制信号。

①总线宽度。也称为总线位宽,是指总线一次操作能传输的二进制数据的位数,单位为 bit(位)。我们常说的 32 位总线、64 位总线即是指总线宽度。总线宽度越大,则每次通过总线传送的数据越多,总线带宽也越大。

②总线时钟频率。总线需要有一个基本时钟脉冲来进行操作同步,所有的其他信号都以这个时钟作为基准。这个时钟脉冲的频率(简称总线频率)描述了总线工作速度快慢,它说明了总线上单位时间(每秒)内可传送数据的次数,单位为 MHz。总线时钟频率越高,单位时间通过总线传送数据的次数越多,总线带宽也就越大。

③传输单个数据所需的时钟周期。总线传送方式的不同,使得每次数据传输所用的时钟周期数也不同。

④总线带宽。也称为总线数据传输速率。用总线上单位时间(每秒)可传送数据量的多少表示,常用单位为 MB/s。这个指标与前 3 个指标的关系是:

总线带宽＝总线宽度(字节)×总线频率×每时钟周期传输数据的次数

**6. 键盘的性能指标**

键盘是最常用也是最主要的输入设备,通过键盘,可以将英文字母、数字、标点符号等输入到计算机中,从而向计算机发出命令、输入数据等。自 IBM PC 推出以来,键盘经历了 83 键、84 键和 101/102 键,Windows95 面世后,在 101 键盘的基础上形成了 104/105 键盘,增加了两个 Windows 按键。即"开始菜单"按键■和快捷菜单按钮■,如图 2 - 17 所示。为了使人操作电脑更舒适,于是出现"人体键盘",键盘的形状非常符合两手的摆放姿势,操作起来就特别的轻松。

键盘的接口有 AT 接口、PS/2 接口和最新的 USB 接口,台式机多采用 PS/2 接口,大多数主板都提供 PS/2 键盘接口。

**7. 鼠标的性能指标**

鼠标也称为鼠标器,是目前最基本的输入设备,其上有两个按键或三个按键,大多数鼠标上还有滚动轮,通过移动鼠标可以快速定位屏幕上的对象,通过拖动鼠标可以移动屏幕上选中

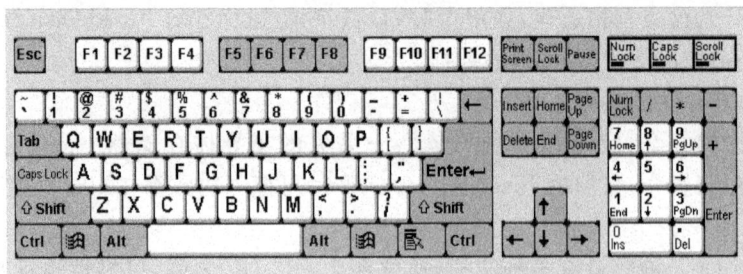

图 2-17　Windows 标准键盘图

的某个对象,从而实现执行命令、设置参数和选择菜单等操作。

　　鼠标可以通过微型机中的 RS232C 串行接口、PS/2 鼠标插口或 USB 接口与主机连接,目前,绝大多数鼠标是通过 USB 接口和主机连接的。

　　按照不同的工作原理,鼠标可以分为:机械式、光电式和光机式,机械式鼠标是最常见的鼠标,其结构简单、价格便宜、操作方便,但准确度、灵敏度都较差;光电式鼠标需要一个专用的平板与之配合使用;光机式鼠标为光学和机械混合结构,不须专用的平板。

### 8. 扫描仪的性能指标

图 2-18　台式扫描仪

　　扫描仪(见图 2-18)是用于计算机图像输入的设备,是一种光机电一体化的输入设备,可以将图片、照片以及各类文稿资料输入到计算机中,进而实现对这些图像形式的信息的处理。

　　扫描仪的主要性能指标如下:

　　①色彩:又称色彩深度或色彩位数,表示扫描仪所能捕捉和识别的颜色范围。单位是每个像素点的数据位数。

　　②灰度:灰度指扫描仪在扫描图像时,所能识别的图像亮暗的层次级别范围。灰度级越高的扫描仪,所扫描图像的层次就越丰富,图像越清晰真实,效果也就越好。大多数扫描仪的灰度级为 256 级(8 位)、1 024 级(10 位)或 4 096 级(12 位)。

　　③分辨率:分辨率是表示扫描仪对所扫描的图像细节具有的分辨能力,单位为 dpi。分辨率越高,对图像细节的表达能力就越强,同时所生成的图像文件也越大。常见的分辨率为 600×1200 dpi、1200×2400 dpi 和 2400×4800 dpi。

　　④接口:主要有 3 种类型,分别是并行接口、SCSI 接口和 USB 接口。

　　⑤扫描幅面:是指扫描仪能够扫描图像的最大面积。一般扫描仪的扫描幅面为 A4(21cm×29.7cm),某些专业扫描仪可以达到 A3(29.7cm×42cm)甚至更大。

　　⑥扫描方式:有反射和透射两种。反射方式用于扫描不透明的稿件,如一般的文件、书籍等。透射方式用于扫描透明的稿件,如照相底片、幻灯片等。

### 9. 显示器

　　显示器的作用是将主机输出的电信号经过处理后转换成光信号,并最终将文字、图形显示出来,显示器要和相应的显示电路即显示卡配合使用。显示器的主要技术指标:

　　①显示器的尺寸:是用显示屏幕的对角线来度量的,常用的有 15 英寸、17 英寸和 19 英寸等,目前也有更大尺寸的;

②像素(Pixel):是指屏幕上独立显示的点;

③点距:点距是屏幕上相邻两个像素之间的距离,点距越小,显示出来的图像越细腻,分辨率越高。目前微机显示器的点距有 0.25 mm、0.28 mm 和 0.31 mm,常用的是 0.28 mm;

④纵横比:是指屏幕长度和宽度的比例,CRT 显示器通常都是 4∶3 的,对于 LCD 显示器,以前使用 4∶3 的比较多,最近这些年来 16∶9 或 16∶10 的"宽屏"屏幕使用得越来越多;

⑤分辨率:指整个屏幕上水平方向和垂直方向上最大的像素个数,一般用水平方向像素数×垂直方向像素数来表示,例如对于 4∶3 的屏幕,其分辨率有 640×480、800×600、1024×768 和 1280×1024 等,而对于 16∶10 的屏幕,其分辨率有 960×600、1280×800 等;

⑥显示卡:又称为显示器接口,通过显示卡将显示器和主机相连,显示卡由显示控制器、显示存储器和接口电路组成,目前的许多显示卡在显示内存、分辨率和颜色种类上都有了较大的提高,有的显示卡还加上了专门处理三维图形的芯片组,用来提高三维图形的显示效果和速度。

**10. 打印机**

打印机也是计算机系统的标准输出设备之一。打印机可以通过并行接口与主机连接,而目前的打印机大部分都可以通过 USB 接口和主机连接。打印机的主要性能指标包括以下几个方面:

①分辨率:分辨率用 dpi 表示,即每英寸打印的点数,它是衡量打印质量的重要指标。不同类型的打印机其打印质量也不同,针式打印机的分辨率较低,一般为 180～360dpi,喷墨打印机分辨率一般为 300～1440dpi,激光打印机的分辨率为 300～2880dpi。

②打印速度:针式打印机的速度用每秒打印字符数 CPS 表示,针式打印机的打印速度由于受机械运动的影响,在印刷体方式下一般不超过 100 CPS,在草稿方式下可以达到 200 CPS。喷墨打印机和激光打印机都属于页式打印机,打印速度以每分钟打印页数(PPM)表示,一般在几个 PPM 到几十 PPM 之间。

③打印幅面:对针式打印机,规格有两种:80 列和 132 列,即每行可打印 80 个或 132 个字符,对非击打式打印机,幅面一般为 A4、A3 和 B4。

## 2.4　图灵机

### 2.4.1　图灵其人

阿兰·麦席森·图灵,1912 年生于英国伦敦,1954 年逝于英国的曼彻斯特,他是计算机逻辑的奠基者,许多人工智能的重要方法也源自于这位伟大的科学家。他对计算机的重要贡献在于他提出的有限状态自动机也就是图灵机的概念,对于人工智能,他提出了重要的衡量标准"图灵测试",如果有机器能够通过图灵测试,那它就是一个完全意义上的智能机,和人没有区别了。他杰出的贡献使他成为计算机界的第一人,现在人们为了纪念这位伟大的科学家将计算机界的最高奖定名为"图灵奖"。上中学时,他在科学方面的才能就已经显示出来,这种才能仅仅限于非文科的学科上,他的导师希望这位聪明的孩子也能够在历史和文学上有所成就,但是都没有太大的建树。少年图灵感兴趣的是数学等学科。在加拿大他开始了他的职业数学生涯。

　　图灵一上大学,就迷上了《数学原理》。在 1931 年,著名的"哥德尔定理"出现后(该定理认为没有一种公理系统可以导出数论中所有的真实命题,除非这种系统本身就有悖论),天才的图灵在被称为数理逻辑大本营的剑桥大学提出一个设想:能否有这样一台机器,通过某种一般的机械步骤,能在原则上一个接一个地解决所有的数学问题。在大学期间,这位学生似乎对前人现成的理论并不感兴趣,什么东西都要自己来一次。大学毕业后,他前往美国普林斯顿大学,也正是在那里,他制造出了以后称之为图灵机的东西。图灵机被公认为现代计算机的原型,这台机器可以读入一系列的 0 和 1,这些数字代表了解决某一问题所需要的步骤,按这个步骤走下去,就可以解决某一特定的问题。这种观念在当时是具有革命性意义的,因为即使在20 世纪 50 年代的时候,大部分的计算机还只能解决某一特定问题,不是通用的,而图灵机在理论上却是通用机。在图灵看来,这台机器只用保留一些最简单的指令,一个复杂的工作只用把它分解为这几个最简单的操作就可以实现了,在当时他能够具有这样的思想确实是很了不起的。他相信有一个算法可以解决大部分问题,而困难的部分则是如何确定最简单的指令集,怎么样的指令集才是最少的,而且又有效。还有一个难点是如何将复杂问题分解为这些指令的问题。

　　1936 年,图灵向伦敦权威的数学杂志投了一篇论文,题为《论数字计算在决断难题中的应用》。在这篇开创性的论文中,图灵给"可计算性"下了一个严格的数学定义,并提出著名的"图灵机"(Turing Machine)的设想。"图灵机"不是一种具体的机器,而是一种思想模型,可制造一种十分简单但运算能力极强的计算装置,用来计算所有能想象得到的可计算函数。"图灵机"与"冯·诺依曼机"齐名,被永远载入计算机的发展史中。1950 年 10 月,图灵又发表了另一篇题为《机器能思考吗》的论文,成为划时代之作。也正是这篇文章,为图灵赢得了"人工智能之父"的桂冠。

　　大学毕业后,图灵去美国普林斯顿大学攻读博士学位,还发明过一个解码器。在那里,他遇见了冯·诺依曼,后者对他的论文击节赞赏,并随后由此提出了"存储程序"概念。图灵学成后又回到他的母校任教。在短短的时间里,图灵就发表了几篇很有份量的数学论文,为他赢得了很大的声誉。

　　英国现代计算机的起步是从德国的密码电报机——Enigma(谜)开始的,而解开这个谜的不是别人,正是阿兰·图灵,一个在计算机界响当当的人物,可与美国的冯·诺依曼相媲美的电脑天才。

　　由于战争爆发了,他被派往布雷契莱庄园承担"超级机密"研究。当时的布雷契莱庄园是一所"政府密码学校",即战时的英国情报破译中心。在这座幽静的维多利亚式建筑里,表面上鸟语花香、人迹罕至,其实每天都有 12000 多名志愿者在这里夜以继日地工作,截获、整理、破译德国的军事情报,有些结果甚至直达丘吉尔首相本人手中。在这里,图灵被人们称为"教授",没有人知道他的真名。当时德国有一个名为"Enigma"(谜)的通信密码机,破译高手们绞尽脑汁也难以破解。这个难题交到了图灵手中,他率领着大约 200 多名精干人员进行密码分析,其中甚至还包括象棋冠军亚历山大。分析和计算工作非常复杂,26 个字母在"Enigma"机中能替代 8 万亿个谜文字母。如果改动接线,变化会超过 2.5 千万亿亿。最后多亏波兰同行们提供了一台真正的"Enigma",图灵才凭借着他的天才设想设计出一种破译机。这台机器主要由继电器构成,还用了 80 个电子管,由光电阅读器直接读入密码,每秒可读字符 2000 个,运行起来咔嚓咔嚓直响。它被图灵戏称为"罗宾逊",至今没人能搞懂图灵究竟如何指挥它工作。

但"罗宾逊"的确神通广大,在它的密报下,德国飞机一再落入圈套,死无葬身之地。

在他短暂的生涯中,图灵在量子力学、数理逻辑、生物学、化学方面都有深入的研究,在晚年还开创了一门新学科——非线性力学。

在剑桥,图灵可称得上是一个怪才,一举一动常常出人意料。他是个单身汉和长跑运动员。在他的同事和学生中间,这位衣着随便、不打领带的著名教授,不善言辞,有些木讷、害羞,常咬指甲,但他以自己杰出的才智赢得了人们的敬意。图灵每天骑自行车上班,因为患过敏性鼻炎,一遇到花粉就会鼻涕不止,大打喷嚏。于是,他就常常在上班途中戴防毒面具,招摇过市,这在当时成为剑桥的一大奇观。图灵的自行车经常半路掉链子,但他就是不肯去车铺修理。每次骑车时,他总是嘴里念念有词,在心里细细计算,这链条也怪,总是转到一定的圈数就滑落了,而图灵竟然能够做到在链条下滑前一刹那停车,让旁观者佩服不已,以为图灵在玩杂技。后来图灵又居然在脚踏车旁装了一个小巧的机械记数器,到圈数时就停,歇口气换换脑子,再重新运动起来。

值得一提的是"图灵(Turing)奖",它是美国计算机协会(ACM,Association for Computer Machinery)于 1966 年设立的,专门奖励那些对计算机科学研究与推动计算机技术发展有卓越贡献的杰出科学家。该奖设立的初衷是因为计算机技术的飞速发展,尤其到 20 世纪 60 年代,计算机科学已成为一个独立的有影响的学科,信息产业亦逐步形成,但在这一产业中却一直没有一项类似"诺贝尔""普利策"等的奖项来促进该学科的进一步发展,为了弥补这一缺陷,于是"图灵"奖便应运而生,它被公认为计算机界的"诺贝尔"奖。图灵奖对获奖者的要求极高,评奖程序也极严,一般每年只奖励一名计算机科学家,只有极少数年度有两名以上在同一方向上做出贡献的科学家同时获奖。目前图灵奖由 Google 公司赞助,奖金为 100 万美元。

每年,美国计算机协会将要求提名人推荐本年度的图灵奖候选人,并附加一份 200 到 500 字的文章,说明候选人为什么应获此奖。任何人都可成为提名人。美国计算机协会将组成评选委员会对候选人进行严格的评审,并最终确定当年的获奖者。

截止 2015 年,获此殊荣的华人仅有一位,他是 2000 年图灵奖得主姚期智。

### 2.4.2　图灵机模型

1936 年,阿兰·图灵提出了一种抽象的计算模型——图灵机(Turing Machine)。

**1. 什么是图灵机**

图灵的基本思想是用机器来模拟人们用纸笔进行数学运算的过程,他把这样的过程看作下列两种简单的动作:

①在纸上写上或擦除某个符号;

②把注意力从纸的一个位置移动到另一个位置。

而在运算过程中,人要决定下一步的动作,依赖于:

①此人当前所关注的纸上某个位置的符号;

②此人当前思维的状态。

为了模拟人的这种运算过程,图灵构造出一台假想的机器,该机器由以下几个部分组成:

①一条无限长的纸带(tape)。纸带被划分为一个接一个的小格子,每个格子上包含一个来自有限字母表的符号,字母表中有一个特殊的符号表示空白。纸带上的格子从左到右依此被编号为 0,1,2,…,纸带的右端可以无限伸展。

②一个读写头（head）。该读写头可以在纸带上左右移动，它能读出当前所指的格子上的符号，并能改变当前格子上的符号。

③一套控制规则（table）。它根据当前机器所处的状态以及当前读写头所指的格子上的符号来确定读写头下一步的动作，并改变状态寄存器的值，令机器进入一个新的状态。

④一个状态寄存器。它用来保存图灵机当前所处的状态。图灵机的所有可能状态的数目是有限的，并且有一个特殊的状态，称为停机状态。

注意：这个机器的每一部分都是有限的，但它有一个潜在的无限长的纸带，因此这种机器只是一个理想的设备。图灵认为这样的一台机器能模拟人类所能进行的任何计算过程。

在某些模型中，纸带移动，而未用到的纸带是"空白"的。要进行的指令（$q_4$）展示在扫描到的方格之上。

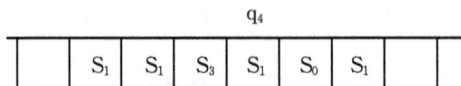

在某些模型中，读写头沿着固定的纸带移动。要进行的指令（$q_1$）展示在读写头内。在这种模型中"空白"的纸带是全部为 0 的。有阴影的方格，包括读写头扫描到的空白，标记了 1，1，B 的那些方格和读写头符号，构成了系统状态。

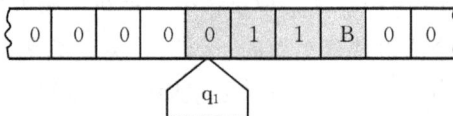

图灵机的产生一方面奠定了现代数字计算机的基础（要知道后来冯·诺依曼就是根据图灵的设想才设计出第一台计算机的）。另一方面，根据图灵机这一简洁的基本概念，我们还可以看到可计算的极限是什么。也就是说实际上计算机的本领从原则上讲是有限制的。请注意，这里说到计算机的极限并不是说硬件方面的极限，而是仅仅就信息处理这个角度，计算机也仍然存在着极限。这就是图灵机的停机问题。这个问题在图灵看来更加重要，在他当年的论文中，其实他是为了论证图灵停机问题才"顺便"提出了图灵机模型的。

**2. 模拟走直线运动的昆虫的图灵机**

假设一个小虫在地上爬，那么我们应该怎样从信息处理的角度来建立它的模型？首先，我们需要对小虫所在的环境进行建模。我们不妨就假设小虫所处的世界是一个无限长的纸带，这个纸带上被分成了若干小的方格，而每个方格都只有黑和白两种颜色。很显然，这个小虫要有眼睛或者鼻子或者耳朵等感觉器官来获得世界的信息，我们不妨把模型简化，假设它仅仅具有一个感觉器官：眼睛，而且它的视力短得可怜，也就是说它仅仅能够感受到它所处的方格的颜色。因而这个方格所在的位置的黑色或者白色的信息就是小虫的输入信息。

另外，我们当然还需要为小虫建立输出装置，也就是说它能够动起来。我们仍然考虑最简单的情况：小虫的输出动作就是往纸带上前爬一个方格或者后退一个方格。

仅仅有了输入装置以及输出装置，小虫还不能动起来，原因很简单，它并不知道该怎样在各种情况下选择它的输出动作。于是我们就需要给它指定行动的规则（或者说是程序），假设我们记小虫的输入信息集合为 $I$＝{黑色，白色}，它的输出可能行动的集合就是：$O$＝{前移，后移，涂黑，涂白}，那么规则集合就是要告诉它在给定了输入比如黑色情况下，它应该选择什么输出。因而,一个规则集合就是一个从 $I$ 集合到 $O$ 集合的映射。用列表的方式来表示规则集合,如表 2-5 所示。

表 2-5　规则集合

| 规则集合 | 输入 | 输出 |
|---|---|---|
| 规则一 | 黑色 | 前移 |
| 规则二 | 白色 | 涂黑 |

假设纸带是"黑黑白白黑……",小虫会怎样行动呢?

第一步:小虫在最左边的方格,根据规则一,读入黑色应该前移;

第二步:仍然读入黑,根据规则一,前移;

第三步:这个时候读入的是白色,根据规则二,应该把这个方格涂黑,而没有其他的动作(假设这张图上方格仍然没有涂黑,而在下一时刻才把它表示出来);

第四步:当前方格已经是黑色的,因此小虫读入黑色方格,前移;

第五步:读入白色,涂黑方格,原地不动;

第六步:当前的方格已经被涂黑,继续前移;

第七步:读入黑色,前移。

小虫的动作还会持续下去……我们看到,小虫将会不停地重复上面的动作不断往前走,并会把所有的纸带涂黑。

显然,还可以设计出其他的程序(规则)来,然而无论程序怎么复杂,也无论纸带的情况如何,小虫的行为都会要么停留在一个方格上,要么朝一个方向永远运动下去,或者就是在几个方格上来回打转。然而,无论怎样,小虫比起真实世界中的虫子来说,还有一个致命的弱点:那就是如果你给它固定的输入信息,它都会给你固定的输出信息! 因为我们知道程序是固定的,因此,每当黑色信息输入的时候,无论如何它都仅仅前移一个方格,而不会做出其他的反应。它似乎真的是机械的!

如果我们进一步更改小虫模型,那么它就会有所改进,至少在给定相同输入的情况下,小虫会有不同的输出情况。这就是加入小虫的内部状态! 我们可以作这样的一个比喻:假设黑色方格是食物,虫子可以吃掉它,而当吃到一个食物后,小虫子就会感觉到饱了。当读入的信息是白色方格的时候,虽然没有食物但它仍然吃饱了,只有当再次读入黑色时候它才会感觉到自己饥饿了。因而,我们说小虫具有两个内部状态,并把它内部状态的集合记为: $S=\{$饥饿,吃饱$\}$。这样小虫行动的时候就不仅会根据它的输入信息,而且也会根据它当前的内部状态来决定它的输出动作,并且还要更改它的内部状态。而它的这一行动仍然要用程序(规则)控制,只不过跟上面的程序比起来,现在的程序就更复杂一些了,如表 2-6 所示规则集合。

表 2-6　较复杂的规则集合

| 规则集合 | 读入 | | 操作 | |
|---|---|---|---|---|
| | 输入 | 当前内部状态 | 输出 | 下一刻内部状态 |
| 规则一 | 黑色 | 饥饿 | 涂白 | 吃饱 |
| 规则二 | 黑色 | 吃饱 | 后移 | 饥饿 |

| 规则集合 | 读入 | | 操作 | |
|---|---|---|---|---|
| | 输入 | 当前内部状态 | 输出 | 下一刻内部状态 |
| 规则三 | 白色 | 饥饿 | 涂黑 | 饥饿 |
| 规则四 | 白色 | 吃饱 | 前移 | 吃饱 |

上表的程序(规则)复杂多了,有四行,原因是不仅需要指定每一种输入情况下小虫应该采取的动作,而且还要指定在每种输入和内部状态的组合情况下小虫应该怎样行动。看看我们的虫子在读入黑白白黑白……这样的纸带的时候,会怎样?

假定它仍然从左端开始,而且开始的时候小虫处于饥饿状态。

第一步:这样读入黑色,当前饥饿状态,根据规则一,把方格涂白,并变成吃饱(这相当于把那个食物吃了,注意吃完后,小虫并没动);

第二步:当前的方格变成了白色,因而读入白色,而当前的状态是吃饱状态,那么根据规则四前移,仍然是吃饱状态;

第三步:读入白色,当前状态是吃饱,因而会重复第二步的动作;

第四步:仍然重复上次的动作;

第五步:读入黑色,当前状态是吃饱,这时候根据程序的第二行应该后移方格,并转入饥饿状态;

第六步:读入白色,当前饥饿状态,根据程序第三行应该涂黑,并保持饥饿状态(各位注意,这位小虫似乎自己吐出了食物);

第七步,读入黑色,当前饥饿,于是把方格涂白,并转入吃饱状态(呵呵,小虫把刚刚自己吐出来的东西又吃掉了);

第八步,读入白色,当前吃饱,于是前移,保持吃保状态。

这时候跟第四步的情况完全一样了,因而小虫会完全重复 5、6、7、8 步的动作,并永远循环下去。似乎最后的黑色方格是一个门槛,小虫无论如何也跨越不过去了。

小虫的行为比以前的程序复杂了一些。尽管从长期来看,它最后仍然会落入机械的循环或者无休止的重复。然而这从本质上已经与前面的程序完全不同了,因为当你输入给小虫白色信息的时候,它的反应是你不能预测的! 它有可能涂黑方格也有可能前移一个。当然前提是你不能打开小虫看到它的内部结构,也不能知道它的程序,那么你所看到的就是一个不能预测的满地乱爬的小虫。如果小虫的内部状态数再增多,那么它的行为会更加的不可预测! 好了,如果你已经彻底搞懂了我们的小虫是怎么工作的,那么你已经明白了图灵机的工作原理了! 因为从本质上讲,最后的小虫模型就是一个图灵机!

**3. 图灵机模型的形式化描述**

一台图灵机是一个七元组,$\{Q, \Sigma, \Gamma, \delta, q_0, q_{\text{accept}}, q_{\text{reject}}\}$,其中 $Q, \Sigma, \Gamma$ 都是有限集合,且满足

①$Q$ 是状态集合;

②$\Sigma$ 是输入字母表,其中不包含特殊的空白符□;

③$\Gamma$ 是带字母表,其中□$\in \Gamma$ 且 $\Sigma \in \Gamma$;

④$\delta: Q \times \Gamma \to Q \times \Gamma \times \{L, R\}$ 是转移函数,其中 $L, R$ 表示读写头是向左移还是向右移;

⑤$q_0 \in Q$ 是起始状态；

⑥$q_{accept}$ 是接受状态；

⑦$q_{reject}$ 是拒绝状态，且 $q_{reject} \neq q_{accept}$。

图灵机 $M = (Q, \Sigma, \Gamma, \delta, q_0, q_{accept}, q_{reject})$ 将以如下方式运作：

开始的时候将输入符号串从左到右依次填在纸带的第 0 号格子上，其他格子保持空白（即填以空白符）。$M$ 的读写头指向第 0 号格子，$M$ 处于状态 $q_0$。机器开始运行后，按照转移函数 $\delta$ 所描述的规则进行计算。例如，若当前机器的状态为 $q$，读写头所指的格子中的符号为 $x$，设 $\delta(q, x) = (q', x', L)$，则机器进入新状态 $q'$，将读写头所指的格子中的符号改为 $x'$，然后将读写头向左移动一个格子。若在某一时刻，读写头所指的是第 0 号格子，但根据转移函数它下一步将继续向左移，这时它停在原地不动。换句话说，读写头始终不移出纸带的左边界。若在某个时刻 $M$ 根据转移函数进入了状态 $q_{accept}$，则它立刻停机并接受输入的字符串；若在某个时刻 $M$ 根据转移函数进入了状态 $q_{reject}$，则它立刻停机并拒绝输入的字符串。

注意，转移函数 $\delta$ 是一个部分函数，换句话说，对于某些 $q$ 和 $x$ 来说，$\delta(q, x)$ 可能没有定义，如果在运行中遇到下一个操作没有定义的情况，机器将立刻停机。

### 2.4.3 案例：使用图灵机计算 2 位二进制加法

简单说这个图灵机的输入字符集是 0、1 和 +。带字符集是 0、1、+、.、= 还有空白符。

解释一下这个图灵机计算加法的过程。一开始带上内容是一个二进制加式，比如 10+10，读写头在最左边的 1 上。首先，图灵机将读写头运动到更左一个位置，写下 = 。然后运动到最右边，开始向左扫描。读到 1 或 0，通过进入不同的状态记住读到的是 1 还是 0，把已读过的字符记成已读状态。然后往左找 + ，找到后再往左找 1 或 0，还是把读过的字符标记成已读状态。找到后凭借进入不同的状态记住已读到的两个加数分别是什么。然后再往左找 =，找到后在 = 左边第一个非 0 或 1 的空位写下记住的两个加数的和（如果有进位还要加上进位），之后进入相应状态记住本次相加是否产生进位，带着这个信息往右走，重复加法过程（计算下一位）。如果某一个加数扫描完了，那么之后就相当于把另一个加数剩下的每一位与 0 加。最后两个加数都扫描完了，抹掉 = 及其右边的每一个字符。这时带上剩下的就是加式的和了。

该图灵机有 29 个状态，如表 2-7 所示。解释一下它的含义。第一行定义图灵机的"输入字符集"，每个字符用逗号隔开（逗号不能用作输入字符了，换个别的替代吧）。第二行定义图灵机的"带字符集"，这个字符集必须包含"输入字符集"的全部字符。"带字符集"默认包含空白符（空格。空格也不能用作输入字符或带字符）。

接下来，每一行定义一个图灵机的状态。每一行用"♯"分成 5 段，分别是：

①状态 id，随便一个字符串就行。当然，不能包含"♯"。

②这个状态的转移函数。

③是否是开始状态。1 是，0 不是。只能有一个状态是开始状态。

④是否是接受状态。1 是，0 不是。可以有多个状态是接受状态。

⑤是否是拒绝状态。1 是，0 不是。可以有多个状态是拒绝状态，但不能一个状态既是接受状态又是拒绝状态。

转移函数定义一个状态，读到某个带字符后，写下什么字符，向左还是右移动一个单元，然

后进入哪个状态。对每一个带字符,状态都有一个动作。所以状态的转移函数是用"|"隔开的 $n$ 段,$n$ 是带字符集的数目。每一段用":"隔开四段,分别是:

　①读到哪个带字符(没有就是空白符);

　②写下哪个带字符(没有就是空白符);

　③向左(L)还是右(R)移动一个;

　④进入哪个状态。

　例如:4# : : R : 4|a : a : R : 4|b : b : R : 4|. : . : R : 4#0#1#0 的含义是:状态 4。不是开始状态。是接受状态。不是拒绝状态。读到空白符,写下空白符,向右移动一格,图灵机进入状态 4;读到 a,写下 a,向右移,图灵机进入状态 4。

　两位加法规则集合如表 2-7 所示。

表 2-7　两位加法规则集合

```
0,1,+
0,1,+,=,.
1#0:0:L:2|1:1:L:2|+:+:L:2|=:=:L:2|.:.:L:2|::R:q#1#0#0
2#0:0:R:q|1:1:R:q|+:+:R:q|=:=:R:q|.:.:R:q|:=:R:3#0#0#0
3#0:0:R:3|1:1:R:3|+:+:R:3|=:=:R:3|.:.:R:3|::L:5#0#0#0
4#0:0:R:4|1:1:R:4|+:+:R:4|=:=:R:4|.:.:R:4|::L:f#0#0#0
5#0::L:7|1:.:L:8|+:+:L:6|=:=:R:q|.:.:L:5|::R:q#0#0#0
6#0::L:b|1:.:L:c|+:+:R:q|=:=:R:s|.:.:L:6|::R:q#0#0#0
7#0:0:L:7|1:1:L:7|+:+:L:9|=:=:R:q|.:.:R:q|::R:q#0#0#0
8#0:0:L:8|1:1:L:8|+:+:L:a|=:=:R:q|.:.:R:q|::R:q#0#0#0
9#0::L:b|1:.:L:c|+:+:R:q|=:=:L:b|.:.:L:9|::R:q#0#0#0
a#0::L:d|1:.:L:e|+:+:R:q|=:=:L:d|.:.:L:a|::R:q#0#0#0
b#0:0:L:b|1:1:L:b|+:+:R:q|=:=:L:b|.:.:R:q|:0:R:3#0#0#0
c#0:0:L:c|1:1:L:c|+:+:R:q|=:=:L:c|.:.:R:q|:1:R:3#0#0#0
d#0:0:L:d|1:1:L:d|+:+:R:q|=:=:L:d|.:.:R:q|:1:R:3#0#0#0
e#0:0:L:e|1:1:L:e|+:+:R:q|=:=:L:e|.:.:R:q|:0:R:4#0#0#0
f#0::L:h|1::L:i|+:+:L:g|=:=:R:q|.:.:L:f|:R:q#0#0#0
g#0::L:l|1:.:L:m|+:+:R:q|=:=:L:p|.:.:L:g|::R:q#0#0#0
h#0:0:L:h|1:1:L:h|+:+:L:j|=:=:R:q|.:.:R:q|::R:q#0#0#0
i#0:0:L:i|1:1:L:i|+:+:L:k|=:=:R:q|.:.:R:q|::R:q#0#0#0
j#0::L:l|1:.:L:m|+:+:R:q|=:=:L:l|.:.:L:j|::R:q#0#0#0
k#0::L:n|1:.:L:o|+:+:R:q|=:=:L:n|.:.:L:k|::R:q#0#0#0
l#0:0:L:l|1:1:L:l|+:+:R:q|=:=:L:l|.:.:R:q|:1:R:3#0#0#0
m#0:0:L:m|1:1:L:m|+:+:R:q|=:=:L:m|.:.:R:q|:0:R:4#0#0#0
n#0:0:L:n|1:1:L:n|+:+:R:q|=:=:L:n|.:.:R:q|:0:R:4#0#0#0
o#0:0:L:o|1:1:L:o|+:+:R:q|=:=:L:o|.:.:R:q|:1:R:4#0#0#0
p#0:0:L:p|1:1:L:p|+:+:R:q|=:=:R:q|.:.:R:q|:1:R:s#0#0#0
q#0:0:R:q|1:1:R:q|+:+:R:q|=:=:R:q|.:.:R:q|::R:q#0#0#1
r#0:0:R:r|1:1:R:r|+:+:R:r|=:=:R:r|.:.:R:r|::R:r#0#1#0
s#0:0:R:s|1:1:R:s|+:+:R:s|=:=:R:s|.:.:R:s|::L:t#0#0#0
t#0::L:t|1::L:t|+::L:t|=::L:r|.::L:t|::R:q#0#0#0
```

# 2.5　软硬件协同工作

## 2.5.1　概述

首先让我们从超级计算机"沃森"(Watson)在智力竞赛节目中战胜人类冠军选手的真实事件说起。

2011年2月14日到16日,在连续三天的美国智力竞赛节目《危险边缘》(Jeopardy)中,"沃森"最终击败两位最成功的人类选手詹宁斯和拉特,赢得具有100万美元奖金的比赛。《危险边缘》是一个在美国深受欢迎的电视节目,它在比赛过程中会对参赛者提出各种苛刻的挑战;它需要参与者涉猎广泛的知识、明白问题中含有的双关语、隐喻和俚语,同时还要有迅速反应、快速抢答的能力。竞赛是以现场直播方式在众目睽睽"督战"的公平环境中进行,而竞赛结果出乎人们预料,以连赢74场比赛而著名的詹宁斯在比赛结束之后不得不承认自己失败了。图2-19显示了"沃森"在竞赛现场抢答问题的场景。

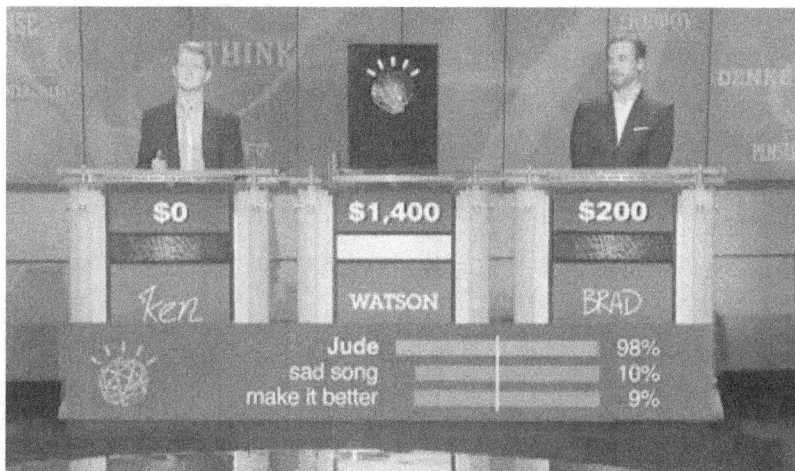

图 2-19　"沃森"在智力竞赛节目中挑战人类冠军的场景

与人类选手对决的"沃森"是具有超强存储、检索和计算能力的"电脑"。它由90台Power 7服务器组成(体积接近一个房间),每台服务器中拥有4个8核Power 7处理器,能在3秒钟之内检索数亿页的资料并给出答案;"沃森"拥有包括辞海和《世界图书百科全书》等数百万份资料的海量数据库,具有超出一般人的智慧和知识;"沃森"能够听懂、理解人类语言,它不仅能听懂不同口音的发音,还能理解包括俚语和双关语等在内的复杂表述(并能剔除其中一些口误或错误信息);"沃森"还具有自主学习的功能,能够在抢答问题过程中,根据对手答错的信息及时调整思路,继续参与问题抢答。超级电脑"沃森"在与人类比拼智力时受谁的支配和控制?显然,人类的控制中枢是"大脑",在大脑指挥、控制下,人类会理性、本能地进行思考和行动。那么,电脑的控制中枢是什么?为了竞赛的公平和公正性,电脑"沃森"在智力竞赛过程中要像人类选手一样听取(接收)主持人的提问,理解提问的问题,根据问题进行思考,在思考时要检索相关领域的知识及规则,根据汇总信息的可信度决定是否要回答问题,抢答问题时要迅速、准确地按特定按钮,所有这一切,都是在类似人类大脑的控制和指挥下完成的。如此高智商(能战胜常胜冠军)、不可思议(模拟人的思维)的"大脑"到底是什么?

神奇的"沃森"是不能仅仅依靠设计相对较为固定的计算机硬件完成这一切工作的。和硬件相比,计算机的软件,即建立在计算机硬件基础上的计算机程序更为灵活多变、功能强大。计算机必须发挥硬件和软件各自的优势,两者协同工作,方能更好地完成相应的功能。而在两者之间起到桥梁作用,也是最为基础的软件类型,就是我们本节要讲到的操作系统。

## 2.5.2 认识操作系统

超级计算机"沃森"的"大脑"就是计算机系统的操作系统。从"沃森"具有的功能看,操作系统是控制、管理计算机按预定目标进行有序工作的指挥机构,它可以控制和指挥计算机所有功能(听话、说话、抢答等)部件、程序(思考、检索、汇总、分析等)、用户(本地的、远程的)和资源(文件、存储器、外部设备等)。

本节将试图从"沃森"具有的功能分析入手,讨论操作系统的有关问题。

### 1. 操作系统

什么是操作系统呢?操作系统(Operating System,OS)是一组控制和管理计算机软、硬件资源、为用户使用计算机提供便捷的程序的集合。操作系统在整个计算机系统中具有极其重要的特殊地位,它不仅是硬件与其他软件系统的纽带,也是用户和计算机之间进行"交流"的界面(窗口)。经过长期、反复的探索,人们将指挥控制中心(大脑)的重任赋予"操作系统",确立了操作系统在计算机系统中的核心地位及作用。

更通俗地讲,从不同角度观察操作系统,可以得到不同的定义和解释。

从计算机系统层次结构上看,操作系统是在计算机硬件层面上的第一层软件,其他任何软件只有通过操作系统才能对硬件进行操作。从这个意义上讲,操作系统是"软计算机"。如图2-20所示。

从资源管理的角度上观察,操作系统是管理计算机系统资源的管家。计算机系统资源包括硬件(CPU、存储器、外部设备、物理地址等)、软件(程序、进程、文件、数据等)、用户(本地的、远程的、网络的)以及网络资源(IP地址、域名、URL、Wbe页、超链接对象等)。

图2-20 操作系统示意图

站在用户角度上观察,操作系统是计算机系统的窗口和界面。用户面对的只是一个人性化的"虚拟"计算机平台,用户通过这个平台就可以操作、使用计算机。而在计算机系统内部,操作系统面对的却是极其复杂的物理计算机。即便用户执行的是一个简单的文件复制,对操作系统而言,却要面临一系列复杂的运算和操作(要算出文件存放的地址、长度,找到文件在磁盘中的位置,执行复制操作)。从这个意义上讲,操作系统是对任何用户都非常友好的虚拟计算机平台。

例如,超级计算机"沃森"可以从语音系统平台接收并识别人类语言,"沃森"的思考系统可以在智能系统平台通过引用各种智能算法对问题进行思考、分析和判断,而"沃森"的抢答系统

则在应答处理平台接收和处理抢答的结果。"沃森"系统的管理人员则可以通过系统控制平台对"沃森"系统进行维护和监管。

### 2. 操作系统的作用

可以形象地将操作系统的作用比喻为一个乐团的指挥。作为指挥,必须熟知每一件乐器的特性、每一个乐手的专长,必须指挥、协调使所有的乐手和乐器都能按照要求发挥自己的作用去完成每一首乐曲作品的演奏。操作系统也是如此,它必须调度、分配和管理所有的硬件设备和软件系统统一协调地运行,以满足用户实际操作的需求。

操作系统的主要作用体现在以下方面。

①管理计算机。操作系统要更加合理地组织计算机的工作流程,使软件和硬件之间、用户和计算机之间、系统软件和应用软件之间的信息传输和处理流程准确畅通;更有效地管理和分配计算机系统的硬件和软件资源,使得有限的系统资源能够发挥更大的作用。

②使用计算机。操作系统通过各种不同的操作方式(字符界面方式,系统调用方式、图形窗口方式)为用户提供友好、便捷的操作环境和操作界面,以满足不同类型用户方便地使用计算机的需要。

③扩充计算机。计算机系统的功能是会随软件功能的增加而扩充的。每当在操作系统之上再覆盖一个软件后,该计算机系统的功能就得以扩充。

### 3. 操作系统与虚拟计算机

对一般用户而言,所看到的是一个整体的计算机系统。但从系统体系结构的角度看,计算机分为虚拟机和物理机两个部分,如图 2-21 所示。通常把被操作系统包装的计算机称为"虚拟机"或扩充机。在操作系统的作用下,通过不断增加软件的功能把物理机"升级"成功能更加强大和完善的虚拟机,使得计算机系统的使用和管理更加方便,计算机资源的利用效率更高,

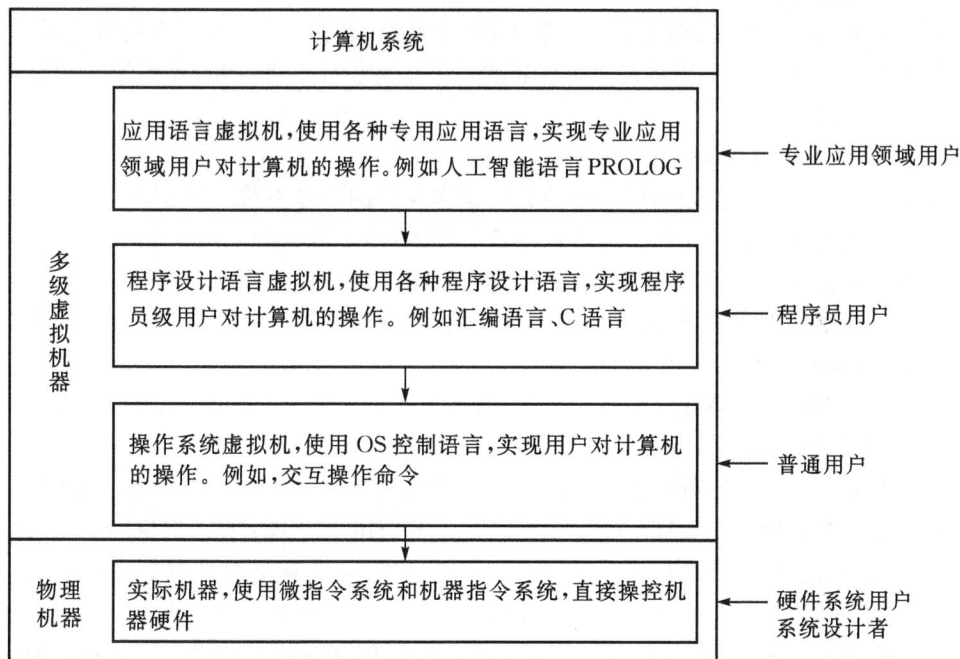

图 2-21　用户、OS 和虚拟机关系示意图

上层的应用程序可以获得比硬件提供的功能更多的支持。

由此可见,对于普通用户而言,所看到的是 OS 虚拟机,使用 OS 虚拟机的命令语言即可对计算机进行操作。至于操作过程中系统是如何访问和控制硬件设备的,用户根本不用操心,这些工作 OS 为用户代劳了。例如,超级计算机"沃森"在智力竞赛过程中,接受来自主持人的自然语言提问,经过自己的"思考"抢答问题并战胜人类选手。在这个过程中,"沃森"内部是如何实现一系列拟人思维和行为动作的,那是"沃森"研究团队要考虑和解决的问题。

### 2.5.3 基本概念

上述关于什么是操作系统的描述中,只介绍了操作系统的定义,下面将从操作系统分类、特性等方面入手,使读者对操作系统有更进一步的了解。

#### 1. 操作系统分类

像计算机系统根据不同应用领域分为多种类型一样,操作系统也分多种类型。但不管是哪一种操作系统,其基本目的只有一个,即要实现在不同环境下为不同应用目的提供不同形式和不同效率的资源管理,以满足不同用户的操作需要。

(1)按适用面分类

专用操作系统——指为特定应用目的或特定机器环境而配备的操作系统,包括一些具有操作系统特点的监控程序。例如,用于数控机床的工控机操作系统。

通用操作系统——指为通用计算机配备的、能为各种计算机用户提供服务的系统。通常提到的操作系统均是指通用操作系统。例如,UNIX、Windows XP 等。

嵌入式操作系统——指运行在嵌入式系统环境中对各种部件装置等资源进行统一调度、指挥和控制的操作系统。嵌入式操作系统除了具有通用操作系统的基本特性和功能外,还具有管理所嵌入设备和环境资源的功能。嵌入式操作系统应用范围非常广泛,在制造工业、过程控制、通信、仪器、仪表、汽车、船舶、航空、航天、军事装备、消费类产品等方面均有应用。例如,WEPOS,它是基于 Windows XP 技术而构建的一种支持各种零售应用、外围设备和服务方案的预配置服务点操作系统。

(2)按任务处理方式分类

交互式操作系统——指能为用户提供交互操作支持的操作系统。目前,一般通用操作系统都兼有交互式操作系统的功能。例如,UNIX、MS-DOS、Linux 等。

批处理式操作系统——指以成批处理用户程序为特征的操作系统。它是相对交互式操作系统而言的。在批处理方式下,用户只能在一个批次处理完毕后,方能调试程序中可能存在的问题,或获得计算的结果。

批处理方式着眼于提高计算机系统效率,而交互式则着眼于方便用户的使用。

(3)按处理器使用特点分类

分时操作系统——采用分时技术(将一个 CPU 的运行时间划分为多个细小的时间片,按时间片轮流方式分配给多个程序),使一个处理机为多个用户或多个程序提供服务。分时操作系统一般具有:多路性(多个用户或程序使用一个处理机,从宏观上看是多个用户使用一台计算机,从微观上看是各个用户轮流使用同一台计算机)、交互性(多个用户或程序都可以通过交互方式进行操作)、独占性(实际上是多用户共享系统资源,但每个用户都有自己独立的运行环境,像是在独占计算机)和及时性(由于系统实现时考虑到及时性,采用了合理的实现算法,使用户平均响应时间尽可能短,从而满足用户的交互操作需求)。

实时操作系统——指能够在期望的较短时间内即时响应用户要求并完成用户所需的操作的操作系统。实时操作系统是实时控制系统和实时处理系统的统称。实时控制系统用于过程控制,例如,控制飞行器、导弹发射、飞行过程的自动控制系统。实时处理系统主要指对信息进行及时的处理,例如,利用计算机预订飞机票、火车票等。实时操作系统除具有分时操作系统的多路性、交互性、独占性和及时性之外,还具有可靠性要求。在实时系统中,一般都要采取多级容错技术和措施(例如,关键部件采用冗余设计)来保证系统的安全性和可靠性。

(4)按用户数量分类

单用户操作系统——只能服务于单个用户的操作系统,例如 MS-DOS。

多用户操作系统——能同时为多个用户服务的操作系统,例如 UNIX。

(5)按硬件支撑环境和控制方式分类

集中式操作系统——指驻留在一台计算机上或管理一台计算机的操作系统。

分布式操作系统——指通过网络将大量计算机连接在一起,以获取极高的运算能力、广泛的数据共享以及实现分散资源管理等功能为目的的一种操作系统。分布式操作系统一般具备分布性(它集各分散结点计算机资源为一体,以较低的成本获取较高的运算性能)、可靠性(由于在整个系统中有多个 CPU 系统,因此当某一个 CPU 系统发生故障时,整个系统仍旧能够工作)、共享性(可以实现分散资源的深度共享)。

**2. 操作系统基本特征**

从前面介绍的操作系统分类中我们了解了不同类型的操作系统具有许多不同的特性,但是作为操作系统整体而言,应该具有以下共同的基本特征。

(1)并发性

是操作系统最重要的特征。它是指两个或多个事件在同一时间间隔内发生。在多道程序环境下,并发性是指在同一时刻从宏观上看有多个程序在同时运行;在单道程序系统中,每一时刻只能运行一个程序,从微观上看多个程序是以交替方式执行的。

程序的并发执行可以提高系统资源的利用率,它是现代操作必须具备的基本功能和特征,但是也增加了操作系统实现和内部管理的复杂性。

(2)共享性

既然操作系统支持并发处理,那么并发执行的多个程序就必然共享系统的软、硬件资源。由于共享资源的属性不同,则共享方式也不同。对于独享设备(例如,打印机)而言,共享方式是互斥(排它)的,即该独享设备只能在当前正在占用该设备的程序使用完后,才能被其他程序申请使用。而对于共享设备(例如,磁盘),才能实现真正意义上的共享。磁盘作为文件系统管理的存储空间,允许同时对其进行读(复制文件)、写(创建新文件)操作。

(3)虚拟性

是指通过虚拟技术把一个物理上的实体变成多个逻辑上的对应物。例如,虚拟处理机、虚拟内存、虚拟外部设备等。虚拟技术是操作系统管理系统资源的重要手段,可提高资源利用率。

在只有一个物理处理机(CPU)的系统中,通过虚拟处理机技术(分时技术),将把一个 CPU 虚拟为多个逻辑的 CPU,使多道程序可以同时执行,给用户的感觉好像是每个程序都有一个 CPU 在为其服务。同理,通过虚拟存储技术,从逻辑上扩大了存储容量,使得在有限的存储器中(例如,512 MB)运行大于存储器的程序(例如,Windows 允许运行最大 4 GB 的程序)。

(4)异步性

异步性也称不确定性,指进程的执行顺序和执行时间是不确定的。在多道程序系统中,由于资源等因素的限制,使得并发执行的多道程序因所需资源得不到满足而产生走走停停的情况。因此,每个程序何时结束、现有资源能否满足需求等都是不确定的。而这种不确定性增加了系统资源管理、调度和控制的复杂性。

**3. 操作系统功能**

操作系统的主要功能包括:处理器管理、存储器管理、文件管理、设备管理和用户接口管理。

(1)处理器管理

处理器(CPU)是计算机系统中最重要的硬件资源,任何程序只有占用了处理器才能运行。同时,由于处理器的速度远比存储器的速度和外部设备速度快,只有协调好它们之间的关系才能充分发挥处理器的作用。操作系统可以使处理器在同一段时间内并发地处理多项任务,从而使计算机系统的工作效率得到最大程度的发挥。

(2)存储器管理

当计算机在处理一个任务时,操作系统、用户程序和数据需要占用内存资源,这就需要操作系统进行统一的内存分配与管理,使它们既保持联系,又避免互相干扰。如何合理地使用与分配有限的存储空间,是操作系统对存储器管理的一项重要工作。操作系统按一定原则回收空闲的存储空间,必要时还可以使有用的内容临时覆盖掉暂时无用的内容,待需要时再把被覆盖掉的内容从外部存储器调入内存,从而相对地增加了可用的内存容量。当内存不够时,它通过调用虚拟内存来保障作业的正常处理。

(3)文件管理

在计算机中所有的信息都是以文件的形式存在,包括操作系统本身。所谓的文件就是将逻辑上具有完整意义的信息集合保存在存储设备中并给它冠以唯一的文件名。例如,一个操作系统的设备驱动程序、一批数据、一个文档、一幅图像、一首乐曲或一段视频都可以各自组成一个文件。文件是由文件系统来管理的,文件系统是一个可以实现文件"按名操作"的系统软件。文件系统可以根据用户要求实现对文件的按名操作,按名存取文件、负责对文件的组织以及对文件存取权限、打印等的控制。

(4)设备管理

随着计算机技术的发展,计算机系统中用户可选用的外部设备越来越多。管理这些系统中的外部设备是操作系统的重要功能之一。设备管理包括:控制外部设备和 CPU 之间的通信,按排队策略处理对外部设备的请求,在内存中开辟缓冲区暂时存放需要输入/输出的数据以缓解高速 CPU 和低速输入/输出设备之间的矛盾,协调管理 CPU 和外部设备之间、设备和设备之间、设备和控制器之间以及控制器和通道之间信息交换,提高设备的利用率。

(5)用户接口管理

用户操作计算机的界面称为用户接口(或用户界面),通过用户接口,用户只需进行简单操作,就能实现复杂的应用处理。用户接口有两种类型:命令接口,用户通过交互命令方式直接或间接地对计算机进行操作;程序接口,也称为应用程序编程接口(Application Programming Interface,API),用户通过 API 可以调用系统提供的例行程序,实现既定的操作。

### 2.5.4　常用操作系统

为了对操作系统有一定的感性认识,下面分别概要介绍典型的操作系统 MS-DOS、Windows、UNIX 和 Linux。

**1. MS-DOS**

MS-DOS 是磁盘操作系统(Microsoft Disk Operating System),它是美国 Microsoft 公司为 16 位字长计算机开发的单用户、单任务的个人计算机操作系统。

DOS 有 MS-DOS(微软公司产品)和 PC-DOS(IBM 公司产品)两个版本,但它们的基本结构是相同的。1981 年,IBM 公司推出第 1 台 IBM-PC 机时,购买 Microsoft 的 MS-DOS 作为其操作系统,并取名为 PC-DOS。由于 MS-DOS 采取开放策略,吸引大量第三方用户加入到 MS-DOS 应用程序的开发行列中来,使得其迅速占据了 PC 机的主要市场份额,成为 PC 机的主流操作系统。由于 MS-DOS 在设计时,遵循针对微型计算机环境的设计原则,从而保证了 MS-DOS 的实用性,也使它具有那个时代鲜明的特点。

(1)系统开销小、效率高

MS-DOS 是用汇编语言编写的,因此系统开销小,执行效率高。

(2)用户界面是字符命令行方式

MS-DOS 采用的是字符命令行方式的用户界面,用户操作计算机时是通过在键盘上键入 DOS 命令实现各种操作的。这个字符界面是由 MS-DOS 的外壳(Shell)——命令解释处理器(COMMAND. COM)建立和支持的。MS-DOS 命令分为两大类:内部命令和外部命令。内部命令的命令程序是以子程序的方式包含在命令解释处理器中(常驻内存),用户发出内部命令时系统自动调用相应的命令程序并执行;而外部命令的命令程序以文件形式(文件扩展名为".EXE"或".COM")存放在外存中,用户执行外部命令时必须指定该命令文件的路径。

(3)文件管理和设备管理是主要功能

由于 MS-DOS 是单用户和单任务的操作系统,存储管理和进程管理的功能相对弱化,从而突显了文件管理和设备管理的功能。

(4)系统结构简单、清晰

最基本的 MS-DOS 系统是由一个 BOOT 引导程序和三个系统文件组成的。这三个系统程序是文件管理程序(MSDOS. SYS)、输入输出程序(IO. SYS)及命令解释处理程序(COMMAND. COM)。BOOT 引导程序负责 MS-DOS 系统的启动。MSDOS. SYS 负责文件的管理和操作,其功能包括文件管理、目录管理、动态存储管理、日期和时间管理、字符设备 I/O 以及磁盘块的读写等。IO. SYS 负责 MS-DOS 系统基本的输入输出操作(为了避免对硬件的依赖,在设计实现输入输出操作系统时提供了两种操作方式:一种是通过命令行方式实现操作,而另一种是通过系统功能调用的方式引用固化在 ROM 中的 ROM-BIOS 微指令实现对硬件的操作)。COMMAND. COM 负责解释和处理用户键入的操作命令。

(5)启动系统时通过加载配置定制系统性能

MS-DOS 通过 CONFIG. SYS 这样一个配置文件,可以在启动系统加载、安装外设驱动程序。CONFIG. SYS 文件中通常存放的是安装、配置系统附加功能的命令行,该文件存放在系统盘的根目录中。每当 BOOT 引导程序启动时,就会在系统盘的根目录下找到并打开该文件,按文件中的命令行执行相应的特殊化设置操作,以满足不同用户个性化操作的需要。

### 2. Windows

Windows 是 Microsoft 继成功开发了 MS-DOS 之后,为高档 PC 机(32 位机)开发的又一个个人计算机操作系统,它是基于图形窗口界面的一个多任务的操作系统。Windows 操作系统一改 MS-DOS 操作系统字符命令行的操作方式,用户只需通过点击鼠标和图标即可实现对计算机的各种复杂操作。如今,Windows 操作系统(家族)已经成为微型计算机的主流操作系统。Windows 操作系统的主要特点如下。

(1)所见即所得的图形用户界面

Windows 把整个显示器屏幕作为一个"桌面",而把常用的操作程序以图标的形式摆放在桌面上。用户要操作哪个程序,只要用鼠标点击某个程序的图标即可。这种操作方式给用户提供了所见即所得的图形用户界面,使得操作变得更有趣、轻松和自如。用户可以根据自己的需要设置、摆放具有个性化的桌面。在 Windows 环境下,每个应用程序都对应一个独立的窗口,用户可以同时打开多个应用程序窗口并在各窗口之间轻松地进行切换(点击鼠标即可实现)。所有窗口都是由统一定制的控件组成,熟悉掌握了一个窗口的操作,对其他窗口的操作就可以无师自通。

(2)多用户、多任务

早期 Windows 操作系统(Win95、Win97)是单用户、多任务的操作操作,自 Windows XP 推出后,就具有了多用户、多任务的管理功能,即多个用户可以使用一台计算机做不同的工作而不会相互影响。例如,某个用户以"用户甲"的用户名登录,他一边播放音乐、一边上网浏览信息,同时将搜索到的信息在制定的文档中进行编辑;另一个用户以"用户乙"的用户名登录,他在 VC++环境下编辑并调试两个不同的程序;而用户甲和用户乙是以并发方式在互不干扰的情况下使用同一台计算机执行这些操作的。

(3)自适应性的硬件支持,与设备无关性

随着计算机技术的发展,硬件平台更趋多样化。Windows 采用自适应的硬件设备驱动程序机制(包含数百种设备驱动程序),可以更有效地支持并满足用户实现对"即插即用"硬件设备的个性化服务需求。例如,在 Windows XP 下,用户通过 1394 接口和 USB 接口可以连接各种 U 盘、移动硬盘、打印机、数码相机、鼠标(有线的、无线的)、键盘、个人数字助理(PDA)甚至摄像机等外部设备。

(4)出色的多媒体功能

Windows 操作系统最突出的特点之一就是强大的多媒体功能,也是吸引人们的一个亮点。在 Windows 中可以进行音频、视频的编辑/播放工作,支持高级的显卡、声卡使其"声色具佳"。MP3 以及 ASF、SWF 等格式的出现使电脑在多媒体方面更加出色,用户可以轻松地播放最流行的音乐或观看影片。

(5)功能强大且实用的网络功能

Windows 系统(9X 之后版本)中内置了 TCP/IP 协议,有出色的对局域网的支持,用户只需进行一些简单的设置就能上网浏览、收发电子邮件等,而且联网速度快,对脱机浏览支持好,用户可以很方便地在 Windows 中实现资源共享。Windows 操作系统(XP 之后版本)采用了内置的专利防火墙技术,能够提供更加安全的系统保护功能。

(6)众多的应用程序

在 Windows 下有众多的应用程序可以满足用户各方面的需求。

**3. UNIX**

UNIX 是通用、交互式、多用户、多任务的操作系统。UNIX 具有的强大功能和优良性能，使之成为业界公认的工业化标准的操作系统。UNIX 也是目前唯一能在各种类型计算机（从微型计算机、工作站、小型机、巨型计算机及群集、SMP、MPP）的各种硬件平台上稳定运行的全系列通用操作系统。

UNIX 是 1969 年美国 AT&T 公司的 BELL 实验室的 Ritchie 和 Thompson 在 PDP － 7 小型机上开发的。他们的原本目的是为编写程序创建一个友好的工作环境。在设计时充分考虑到编程需要交互式操作、为达到高效率要有尽可能快的响应速度等因素，同时充分吸取以往操作系统设计和实践中的各种成功经验和教训。即使是以今天的眼光来看待 UNIX，它也是一个非常成功的操作系统。从更广义的观点上讲，UNIX 不只是一种操作系统的专用名称，而是当前开放系统的代名词。UNIX 系统的特性如下。

（1）多用户、多任务

可同时支持多个甚至上百个用户通过终端同时使用一台计算机，每个用户允许同时执行多个任务。

（2）开放性

开放性意味着系统设计、开发遵循国际标准规范、彼此很好兼容、可很方便地实现互连。UNIX 是目前开放性最好的操作系统。

（3）功能强大、实现效率高，但规模小

UNIX 的内核只有 1 万多行代码，但它强大的系统功能和实现效率是业内公认的。例如，它的目录结构、磁盘空间的管理方法、I/O 重定向和管道功能、为外围设备提供简单一致的接口等。其中的不少功能和实现技术已被其他操作系统所借鉴。

（4）具有完备的网络功能

TCP/IP 协议已经成为 UNIX 系统不可分割的一部分，通过 TCP/IP 协议 UNIX 可以非常方便地实现与其他系统的联接和信息共享。

（5）支持多处理器功能

UNIX 是最早支持多处理器的操作系统，而且其技术一直领先。UNIX 在 20 世纪 90 年代即可支持 32～64 个处理器，而同期 Windows NT 只支持 1～4 个，Windows 2000 最多支持 16 个。

（6）友好的用户界面

UNIX 提供了包括用户界面、系统调用界面和 GUI 界面的多种界面。用户界面又称 Shell，它即可以交互方式使用，又可以存在于文件中作为程序来使用；系统调用为用户提供了应用程序接口 API，通过 API 可以实现硬件级服务；而 GUI 界面支持鼠标操作。由于采用文件和 I/O 设备按字节流方式统一组织的格式，以及向用户隐藏硬件的体系结构，从而使得对文件、I/O 设备以及硬件进行操作的程序便于书写。

（7）可靠的系统安全性

早期 UNIX 满足 C1 级、现代 UNIX 满足 C2 级安全标准。

（8）可移植性好

UNIX 的核心部分 90% 的系统程序是用 C 语言编写的，易读、易懂、易修改、易移植到其他计算机系统。

（9）设备独立性

UNIX 系统把所有外部设备统一作为文件来处理，只要安装了这些设备的驱动程序，使用时将它们作为文件对待并进行操作。具有设备独立性的操作系统允许连接任何种类及任何数量的设备，因此系统具有很强的适应性。

UNIX 系统产品的版本众多，从风格上可分为两大类：BSD 系列和 ATT 系列；BSD 系列主要包括 Mach 系统（卡内基梅隆大学开发，其主要分支有 DEC 公司的 Ultrix 系统、OSF/1 系统、NEXT 公司的 NEXTSTEP 系统）和 SUN 公司 SunOS 系统（Solaris 1. x）。ATT(UNIX system V)系列主要包括 Silicon Graphics 公司的 IRIX 系统、HP 公司的 HP-UX 系统、Sun 公司的 Solaris 2. x 系统和 Santa Cruz Operation 公司的 Sco UNIX 系统。而 IBM 公司的 AIX 系统与 BSD 和 ATT 系统很不一样，特别是在系统管理方面。

### 4. Linux

Linux 操作系统是 UNIX 操作系统的一种克隆系统。从 1991 年诞生至今二十多年间，Linux 逐步完善和发展（特别是在服务器、嵌入式、个人操作系统等方面获得了长足的发展），这主要得益于其开放性。

Linux 最初是由芬兰赫尔辛基大学计算机系学生 Linus Torvalds 开发的一个系统程序，Linus 的目的是想设计一个代替 Minix（是 Andrew Tannebaum 教授编写的一个操作系统示教程序）的操作系统，可用于 386、486 或奔腾处理器的个人计算机上，并且具有 UNIX 操作系统的全部功能。由于 Linux 和 UNIX 非常相似，以至于被认为是 UNIX 的复制品。Linux 的设计是为了在 Intel 微处理器上更有效地运行。它的最大特点在于它是一个源代码公开的操作系统，其内核源代码可以免费自由传播。因此吸引了越来越多的商业软件公司和 UNIX 爱好者加盟到 Linux 系统的开发行列中，使 Linux 不断快速地向高水平、高性能发展。在各种硬件平台上使用的 Linux 版本不断涌现，从而为 Linux 提供了大量优秀软件。当初，Linus 发表的 Linux 只有一万行代码，如今，Linux 已经变成一个稳定可靠、功能完善、性能卓越的操作系统，代码已经达到数百万行的规模。目前世界上许多著名的 Internet 服务提供商已把 Linux 作为主推操作系统之一。

Linux 的基本思想有两点：一是"一切都是文件"；二是"每个软件都有确定的用途"。第一条表达的是系统中的所有对象都可以归结为文件，包括命令、硬件和软件设备、操作系统、进程等（对于操作系统内核而言，都被视为拥有各自特性或类型的文件）。这一点与 UNIX 是相同的，这也就是人们认为 Linux 是基于 UNIX 的一个原因。

Linux 和 UNIX 尽管十分相似，但是毕竟是两个不同的操作系统，它们的主要差异在于：

• 最大区别是版权：Linux 是开放源代码的自由软件，而 UNIX 是对源代码实行知识产权保护的传统商业软件（授权费大约为 5 万美元）。

• UNIX 操作系统大多数是与硬件配套的，操作系统与硬件进行了绑定；而 Linux 则可运行在多种硬件平台上。

• Linux 起源于 UNIX，但是 Linux 由于吸取了其他操作系统的优点，其设计思想虽然源于 UNIX 但是要优于 UNIX。

• Linux 操作系统的内核是开放的，而 UNIX 的内核并不公开。

• 在对硬件的要求上，Linux 比 UNIX 低，在系统安装难易度上，Linux 比 UNIX 容易得多；在使用上，Linux 相对没有 UNIX 那么复杂。

Linux 操作系统的诞生、发展和成长过程始终依赖着五个重要支柱：UNIX 操作系统、Minix 操作系统、GNU 计划（创建完全开放的操作系统计划）、POSIX 标准（UNIX 可移植操作系统接口标准）和 Internet 网络。Linux 特点包括以下几点。

（1）开放性

Linux 遵循开放系统互连（OSI）国际标准，与所有按 OSI 国际标准开发的硬件和软件都能彼此兼容，可以方便地实现互连。

（2）开源、完全免费

Linux 是一款开源操作系统，用户可以通过网络或其他途径免费获得、并可以任意修改其源代码，无偿地使用，无约束地继续传播。这让 Linux 吸引了无数想实现梦想的程序员，参与 Linux 的修改、编写工作，他们可以根据自己的兴趣和灵感对其进行改变。

（3）高度的稳定性、可靠性和可扩展性

Linux 采用了一系列先进的安全技术措施（例如，操作权限控制、核心授权、审计跟踪、带保护的子系统等），使得 Linux 具有很高的安全性。还有，Linux 代码完全公开，没留秘密后门，使其内核完全透明，任何错误和隐患都能被及时发现并修改，保证了系统的内部安全。Linux 可以数月、甚至数年连续运行而无需重新启动。

（4）友好的用户界面

Linux 提供了三种界面：字符界面、系统调用界面和图形用户界面 GUI（X-Windows）。

（5）丰富的网络功能

Linux 是在 Internet 的基础上产生并发展起来的，它在通信和网络功能方面优于其他操作系统。在 Linux 中，用户可以轻松实现网页浏览、文件传输、远程登录、资源共享等网络操作功能。

（6）内核小、对硬件要求低

Linux 可以在 486DX-66、32MB 内存的机器上运行。

蓬勃兴起的 Linux 开发热潮，给国内软件企业提供了参与开发中文版 Linux 的千载难逢的机遇。目前国内研发的中文 Linux 有红旗 Linux（中科院）、中软 Linux（中软股份）、Turbo Linux（拓林思）等。

## 2.5.5　操作系统的主要功能

再回顾一下"沃森"与人类智力对决的场景。每当主持人提出一个问题的时候，"沃森"首先要能听（接收）到问题，思考、分析问题，判断并抢答问题。"沃森"在抢答问题的过程中，要完成一系列的操作，包括听、说（显示）、抢答等外部设备的操作，打开数以亿计的文件资料、检索所涉及的领域知识信息，调用各种思考、规则、分析、决策算法对资料进行汇总、抽象、联想等处理。所有这些操作都是在操作系统控制、监管下完成的。如果把这些操作分类汇总，则可分为文件管理、进程管理、存储管理、设备管理以及用户接口等五个方面功能。

### 1. 文件管理

即使没有多少计算机常识的人都知道，计算机是专门处理数据的设备。但是，如果说计算机处理的数据，包括处理数据的程序都是以文件的形式存放在计算机中，这样的事实可能就令人费解了。但实际情况就是如此。

通常，计算机中存放着成千上万的文件，这些文件保存在外存中，但是处理却是在主存中。

计算机是如何管理它们的？文件有各种类型，有系统文件、应用文件、用户文件等，如何保证文件的安全操作？用户通过文件名就可以实现对指定文件的操作，系统是如何"按名存取"文件并执行操作的？

在日常生活中，对文件资料管理的一般原则是什么呢？显然，我们希望所需要的文件唾手可得，即像图书馆那样分类编目存放、按图书编号快速查找。在计算机中，文件管理的目标也是如此，当问题处理需要指定文件时能够快速找到。

现实生活中，对文件的处理就是编目、排序、查找、打开、阅读、抄写（复制）、批注（修改）、关闭和放回原处等。在计算机中对文件的操作也是如此，包括：创建、销毁、修改、复制、保存、传递、更名等。这里包含了两个重要的概念和事实：文件组织管理和文件操作。

计算机中对文件的组织管理和操作都是由被称之为文件系统的软件完成的。文件是具有文件名的一组相关信息的集合，文件系统是指操作系统中与文件管理有关的软件和数据的集合。从用户角度看，文件系统主要实现了按名存取。当用户要求系统保存一个已命名文件时，文件系统根据一定的格式将用户的文件存放到文件存储器中适当的位置；当用户要使用文件时，系统根据用户所给的文件名能够从文件存储器中找到所要的文件。

从使用者的角度看，文件系统应该具有以下特点。

①使用简单便捷。用户在使用文件时，无需考虑所使用的文件存放在哪台存储设备、什么位置，只要给出确定的操作命令和正确的文件名（包括文件路径），文件系统就能自动实现对文件的操作。

②信息安全可靠。文件系统通过设置各种保护措施来实现对文件的安全操作；通过对文件设置各种特征信息达到对文件信息的保护，通过对使用文件的用户设置各种不同类型的操作权限（如"隐藏""只读""修改""执行"等）限制用户对文件的操作方式，达到对文件信息的保护。

③实现信息共享。文件系统通过提供文件共享机制，即通过对文件并发控制机制，使一个文件可以同时为多个用户使用。例如，教师在网站上提供一份教学大纲，可供 $N$ 个学生同时下载共享。

从操作系统管理资源的角度看，文件系统应具有以下功能。

①解决如何组织和管理文件，实现文件的"按名存取"操作机制。用户按文件名进行操作，系统则是对文件实体进行操作。由文件系统自动完成由文件名到文件实体的对应操作。

②提供文件共享功能及保护措施。实现用户要求的各种操作。包括文件的创建、修改、复制、删除等。

### 2. 进程管理

在计算机系统中，每个特定的操作实际上都对应一个命令程序。"沃森"强大的思考能力背后有成千上万的人工智能程序、模拟思维程序、算法程序等做支持。这其中的程序分为两种类型，一种是系统类程序，它们必须驻留在内存中，以便实时响应系统调用。例如，"沃森"的"听觉"系统、"神经中枢"系统、"大脑"系统等属于系统类程序。另一种是应用类程序，因为数量巨大，只能存放在外存中，需要时再调入内存。例如，各类智能专家系统、各领域知识库、各种思维算法等程序。

驻留内存的程序，需要资源分配、运行调度、相互通信、彼此协调等管理。存放在外存中的程序除了需要驻留程序类似的管理外，还需要调入、调出、启动、撤销等管理。这些管理就涉及到进程管理。

学习进程管理必须要明确程序和进程这两个概念的区别和联系。"程序"是为实现特定目的而用计算机语言编写的一组有序指令;而"进程"是执行起来的程序,是系统进行资源调度和分配的一个独立单位。

进程具有以下六个基本特性。

①动态性。进程是"活着"(运行着)的程序,它是具有生命周期的,表现在它由"创建"而产生,由"调度"而执行,因得不到资源而"暂停",最后由"撤消"而消亡。

②并发性。引入进程的目的就是为了程序的并发执行,以提高资源的利用率。

③独立性。进程是一个能独立运行的基本单位,也是进行资源分配和调度的独立单位。

④异步性。不同进程在逻辑上是相互独立的,均具有各自的运行"轨迹"。对单 CPU 系统而言,任何时刻只能有一个进程占用 CPU。进程获得所需要的资源就可以执行,得不到某种资源时就暂停执行。因此,进程具有"执行→暂停→执行"这样走走停停的活动规律。

⑤结构特征。为了管理进程,系统为每个进程创建一套数据结构,记录该进程有关的状态信息。通过数据结构中状态信息的不断改变,人们才能感知进程的存在、运行和变化。

⑥制约性。由于系统资源受限,多个进程在并发执行过程中相互制约。

进程在其生存周期内,由于受资源制约,使其执行过程是间断性的,因此进程状态也是不断变化的。一般来说,进程有三种基本状态。

①就绪状态。进程已经获得了除 CPU 之外所必需的一切资源,一旦分配到 CPU,就可以立即执行。在多道程序环境下,可能有多个处于就绪状态的进程,通常将它们排成一队,称为就绪队列。

②运行状态。进程获得了 CPU 及其他一切所需资源,正在运行。对单个 CPU 系统而言,只能有一个进程处于运行状态;在多处理机系统中,则可能有多个进程处于运行状态。

③阻塞状态。由于某种资源得不到满足,进程运行受阻,处于暂停状态,等待分配到所需资源后,再投入运行。处于等待状态的进程也可能有多个,也将它们组成排队队列。

处于就绪状态的进程,在调度程序为其分配了 CPU 后即可执行,这时它由就绪状态转变为运行状态。正在运行的进程在使用完分配的 CPU 时间片后,暂停执行,这时它又由运行状态转变为就绪状态。如果正在执行的进程因运行所需资源得不到满足,执行受阻时,就由运行状态转变为等待状态。当在等待状态的进程获得了运行所需资源时,它就又由等待状态转变为就绪状态。进程的三种基本状态之间的关系如图 2-22 所示。

综上所述,程序和进程是截然不同的两个概念。它们的主要差异如下。

①程序是"静止"的,它描述的是静态的指令集合及相关的数据结构,所以程序是无生命

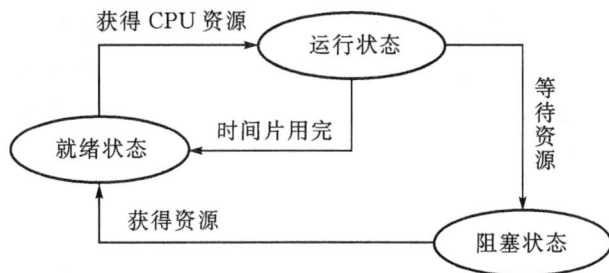

图 2-22　进程状态转换示意图

的;进程是"活动"的,它描述程序执行起来的动态行为,进程是由程序执行而产生,随执行过程结束而消亡,所以进程是有生命周期的。

②程序可以脱离机器长期保存,即使不执行的程序也是存在的。而进程是执行着的程序,当程序执行完毕,进程也就不存在了。进程的生命是暂时的。

③程序不具有并发特征,不占用CPU、存储器及输入/输出设备等系统资源,因此不会受到其他程序的制约和影响。进程具有并发性,在并发执行时,由于需要使用CPU、存储器、输入/输出设备等系统资源,因此受到其他进程的制约和影响。

④进程与程序不一一对应。一个程序多次执行,可以产生多个不同的进程;一个进程也可以对应多个程序。

**3. 存储管理**

进程管理部分指出"沃森"思考问题过程中涉及到程序的调入、调出问题,当时只是作为进程管理问题展开讨论的。但是,"沃森"每调用一个外部程序都要给该程序在内存中分配存储空间,这就涉及到存储管理的问题了。存储管理不仅要考虑给要运行的程序分配空间的问题,还必须考虑:多个程序的调入分配、大程序的存储分配和管理、程序保护、程序装入的地址空间变换等问题。

操作系统中存储管理是指对内存空间的管理。由于程序运行和数据处理都是在内存中进行,所以内存和CPU一样也是一种重要的资源。如何对内存进行有效的管理,不仅直接影响到内存资源的利用率,还影响到系统的性能。

存储器管理主要有以下几个功能:

• 存储分配,按分配策略和分配算法分配内存空间。
• 地址变换,将程序在外存空间中的逻辑地址转换为在内存空间中的物理地址。
• 存储保护,保护各类程序(系统的、用户的、应用程序的)及数据区免遭破坏。
• 存储扩充,解决在小的存储空间中运行大程序的问题,即虚拟存储问题。

(1)存储分配

存储分配主要考虑如何提高空间利用率问题。常用的存储分配方式有三种。

① 直接分配。程序员在编写程序时,在源程序中直接使用主存的物理地址。这种方式对用户要求高,使用不方便,容易出错,空间利用率不高。早期就使用这种分配方式。

② 静态分配。在程序装入前,一次性申请程序所需要的地址空间。存储空间确定后在整个程序执行过程中不再改变。要求整个程序必须一次性整体装入,若内存空间不够,则不能执行。这种方式简单,但存储空间利用率低,在多道程序系统中难于实现内存的共享。

③ 动态分配。在程序被装入主存或执行过程中,才确定其存储分配。在程序执行过程中可以根据需要对存储空间提出动态申请。不要求程序一次性整体装入,装入的程序在执行过程中,其相应位置可以发生变化。这种方式管理复杂,但存储空间利用率高,容易实现主存资源的共享。在现代多道程序系统中,主要采用动态分配方式。

(2)地址变换

在用各种程序设计语言编写的源程序中规定,必须用符号名来定义被处理的数据,将其称为符号名空间。源程序经编译后产生目标程序,它是以逻辑地址存放(不是实际运行的地址),被称为逻辑地址空间。当程序运行时要装入内存,则要将逻辑地址转换成内存中的物理地址,称其为物理地址空间。

（3）存储保护

在计算机中运行的全部程序（包括系统程序、应用程序和用户程序）都存放在内存中。为了确保各类程序在各自的存储区内独立运行，互不干扰，系统必须提供安全保护功能。作为安全保护的一种措施，就是把各类程序的实际使用区域分隔开，使得各类程序之间不发生有意或无意的损害行为。这种分割是靠硬件实现的。用户程序只能使用用户区域的存储空间，而系统程序则使用系统区域的存储空间。

（4）存储扩充

在计算机中内存空间是常数，要想处理大、多的程序，就要想方设法扩充内存空间，即如何在有限的内存空间中，处理大于内存的程序。"自动覆盖"技术、"交换技术"和"虚拟存储"技术是扩充存储空间常用的方法。

自动覆盖技术的主要思想是：将大的程序划分为在内存空间中可以容纳的独立的逻辑程序段，每次只调入其中的一个程序段运行。后面调入的程序段覆盖当前程序段弃用的内存空间，以此达到扩充内存空间的目的。

交换技术的要点是：可以根据需要将运行的程序在内、外存之间进行调入或调出的交换；即把执行了一段时间、因故暂停的进程由系统调出内存，以文件的形式存入外存，而将下一个程序装入内存运行。交换技术是对自动覆盖技术的改进，其目的是为了更加充分地利用系统的各种资源（包括内、外存储器、CPU 等）。

**4. 设备管理**

现代计算机系统中，外部设备的种类和数量越来越多。例如，超级计算机"沃森"就是由 90 台服务器组成的，这还不包括其它的外部设备。有效地管理这些设备是操作系统的重要功能之一。设备包括各种输入/输出（I/O）设备、控制器和通道等。设备管理的任务就是负责控制和操纵所有 I/O 设备，实现不同类型的 I/O 设备之间、I/O 设备与 CPU 之间、I/O 设备与通道和 I/O 设备与控制器之间的数据传输，使它们能协调地工作，为用户提供高效、便捷的 I/O 操作服务。

（1）设备管理的目的

① 方便用户操作；

② 提高设备利用率和处理效率；

③ 设备独立于用户程序。

（2）设备分类

按观察问题的不同角度，I/O 设备可以分为不同的类型。按资源分配分类，I/O 设备可分类为独享设备（指在一段时间内只允许一个用户访问的设备，如打印机）、共享设备（指在一段时间内允许多用户同时访问的设备，如磁盘）和虚拟设备（指通过虚拟技术将慢速独享设备模拟成高速共享设备，供多个用户使用）。按数据组织和存取方式分类，I/O 设备可分为字符设备和块设备；字符设备是指以字符为单位进行存取的设备，如键盘、打印机等；块设备是以数据块为单位存取的设备，如磁盘、光盘等。

（3）设备控制器

计算机的 I/O 设备一般包含机械部分和电子部分。电子部分被称为设备控制器，它负责在 CPU 和 I/O 设备之间传输数据，机械部分负责实现 I/O 的操作。

（4）通道

在现代计算机系统中，把专门负责 I/O 操作的处理机称为通道。由于引入通道，使得 CPU 和通道、通道和通道、通道和控制器之间以及通道和设备之间充分并行工作，从而使 I/O 系统形成了一个完整、独立的系统部件。通道、控制器和设备之间的关系如图 2-23 所示。

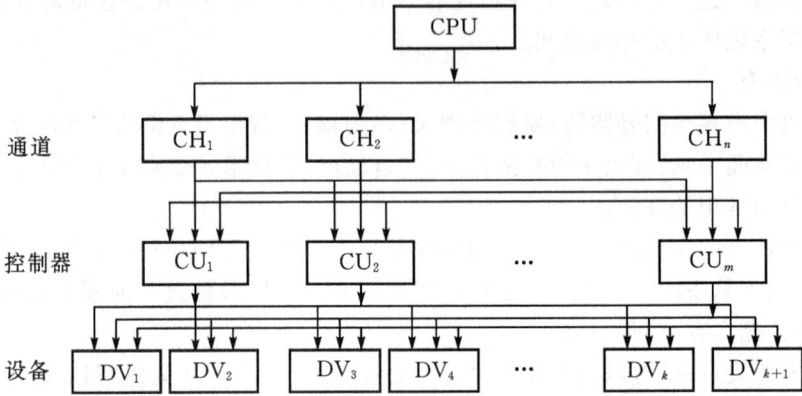

图 2-23　通道、控制器和设备关系示意图

（5）设备管理的功能

为实现设备的有效管理，设备管理程序通常具有以下功能：

· 建立设备管理数据记录。记录并管理系统中的 I/O 设备、控制器、通道的状态信息。

· 设备分配。根据用户请求按既定分配策略和算法，分配 I/O 设备、控制器、通道，同时管理 I/O 设备、控制器、通道的排队队列。

· 缓冲区管理。为缓解 CPU 处理高速度和 I/O 处理低速度的矛盾，设立缓冲区，使得 CPU 和 I/O 设备之间通过缓冲区来传送数据。缓冲区管理包括缓冲区的建立、分配与释放等。

· 实现 I/O 操作。通过调度、执行通道程序或 I/O 驱动程序，实现 I/O 设备的操作。

**5. 用户接口**

操作系统为计算机硬件和用户之间提供了交流的界面。用户通过操作系统告诉计算机执行什么操作，计算机系统为用户提供执行各种操作的服务，并按用户需要的形式返回操作结果。用户和计算机之间的这种交流构成完整的、人机一体的系统，将这个系统称为用户接口。

（1）用户接口

随着操作系统功能不断的扩充和完善，用户接口更加人性化，呈现出更加友好的特性。目前，人机之间的用户接口有两种主要类型：直接用户接口通过交互方式的用户界面进行人机对话；间接用户接口通过批作业或程序的方式完成人机交流，如图 2-24 所示。

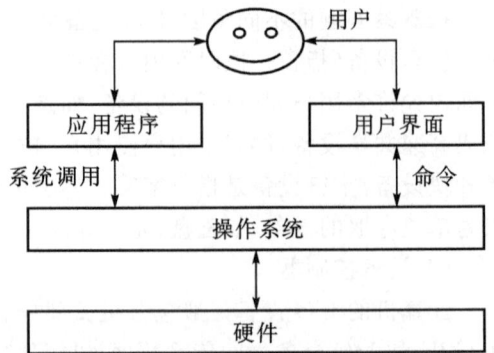

图 2-24　人机交互方式示意图

用户接口又分为命令接口、图形用户接口以及网络用户接口。

（2）系统调用

在计算机系统中，用户不能直接管理系统资源，所有资源的管理都是由操作系统统一负责的。但是，这并不是说用户就不能使用系统资源了，实际上用户可以通过系统调用的方式使用系统资源。这种在程序中实现的系统资源的使用方式被称为系统调用，或者称为应用编程接口 API。目前的操作系统都提供了功能丰富的系统调用功能。

不同操作系统所提供的系统调用功能有所不同。常见的系统调用分类有：

- 文件管理，包括对文件的打开、读写、创建、复制、删除等操作。
- 进程管理，包括进程的创建、执行、等待、调度、撤销、进程间传递消息等操作。
- 设备管理，用于请求、启动、分配、运行、释放各种设备的操作。
- 存储管理，包括存储的分配、释放、存储空间的管理等操作。

（3）用户接口分类

用户与计算机之间的进行交流的接口方式主要有五种。

①命令界面。为用户提供的是以命令行方式进行对话的界面，例如 MS-DOS。用户通过在终端上输入简短、有隐含意义的命令行，实现对计算机的操作。这种方式对熟练用户而言，操作简捷，可节省大量时间，但是对初学者来说，很难掌握。

②菜单界面。为用户提供一系列可用的选项，用户通过快捷键方式输入字母或数字选择指定项，或是通过单击鼠标的方式来选择指定的选项。这种方式操作简单易用，但对于复杂的多级列表选择可能会很费时间。

③图形用户界面（GUI）。以窗口、图标、菜单和对话框的方式为用户提供图形用户界面，例如，Apple Macintosh 系统和 Microsoft Windows 系统。用户通过点击鼠标的方式进行相关的操作，这种方式易于理解、学习和使用。然而，与命令方式相比，图形用户界面消耗了大量 CPU 时间和系统存储空间。GUI 有时也称为面向对象的界面。

④专家系统界面。专家系统界面也称语音激活界面，它可以通过识别自然语言进行操作。这种方式的关键元素包括语音识别、语音数据输入和语音信息的输出。自然语言处理需要有大内存和高速 CPU 的强大计算机系统支持。显然，专家系统界面是未来用户接口技术发展的方向。

⑤网络形式界面。网络形式界面是随 Internet 的普及应用应运而生的界面形式。它采用基于 Web 的规范格式，对于有上网浏览经历的用户来说，这种操作无需任何培训。

## 本章习题

**一、单选题（34 道）**

1. 计算机的发展经历了从电子管到超大规模集成电路等几代的变革，各代主要基于（　　）的变革。

　　A. 处理器芯片　　　　B. 操作系统　　　　C. 存储器　　　　D. 输入输出系统

2. 早期的计算机的主要应用是（　　）。

　　A. 科学计算　　　　B. 信息处理　　　　C. 实时控制　　　　D. 辅助设计

3. 汉字在计算机系统内存储使用的编码是（　　）。

　　A. 输入码　　　　B. 内码　　　　C. 点阵码　　　　D. 地址码

4. 从第一代电子计算机到第四代计算机的体系结构都是相同的,被称为( 　　 )体系结构。

　　A. 艾伦·图灵　　　　　　　　　　　　　B. 比尔·盖茨

　　C. 冯·诺依曼　　　　　　　　　　　　　D. 克劳德·香农

5. 微型计算机中普遍使用的字符编码是( 　　 )。

　　A. BCD 码　　　　　B. 拼音码　　　　　C. 补码　　　　　D. ASCII 码

6. 十进制数 511 等值的八进制数为( 　　 )。

　　A. 777　　　　　　　B. 778　　　　　　　C. 787　　　　　　D. 776

7. 64 位微型计算机系统是指( 　　 )。

　　A. 内存容量 64 MB　　　　　　　　　　B. 硬盘容量 64 GB

　　C. 计算机有 64 个接口　　　　　　　　　D. 计算机字长为 64 位

8. 十进制数 1385 转换十六进制数为( 　　 )。

　　A. 586　　　　　　　B. 569　　　　　　　C. D85　　　　　　D. D55

9. 下面几个不同进制的数中,最大的数是( 　　 )。

　　A. 二进制数 111000101　　　　　　　　B. 十六进制数 1FE

　　C. 十进制数 500　　　　　　　　　　　　D. 八进制数 725

10. 15 MB 是( 　　 )字节。

　　A. 15728000　　　　B. 15728640　　　　C. 15000000　　　　D. 15728600

11. 下列字符中,ASCII 码值最大的是( 　　 )。

　　A. k　　　　　　　　B. a　　　　　　　　C. Q　　　　　　　D. M

12. 汉字处理过程中使用多种编码形式,存放在计算机中的是( 　　 )。

　　A. 输入码　　　　　B. 国标码　　　　　C. 点阵码　　　　　D. 机内码

13. 1 KB 是( 　　 )。

　　A. 1024 字节　　　　B. 1000 字节　　　C. 1024 个二进制位　D. 1000 个二进制位

14. 将十进制数 0.90625 转化为二进制数应是( 　　 )。

　　A. 0.11101　　　　　B. 0.11111　　　　　C. 0.11011　　　　　D. 0.11110

15. 若对 56 个符号进行二进制编码,则需要( 　　 )位二进制码。

　　A. 4　　　　　　　　B. 5　　　　　　　　C. 6　　　　　　　　D. 7

16. CPU 主要由运算器与控制器组成,下列说法中正确的是( 　　 )。

　　A. 运算器主要负责分析指令,并根据指令要求作相应的运算

　　B. 运算器主要完成对数据的运算,包括算术运算和逻辑运算

　　C. 控制器主要负责分析指令,并根据指令要求作相应的运算

　　D. 控制器直接控制计算机系统的输入与输出操作

17. 下列存储器中,访问速度最慢的是( 　　 )。

　　A. Cache　　　　　　B. 硬盘　　　　　　C. ROM　　　　　　D. RAM

18. 计算机的内存储器相比外存储器( 　　 )。

　　A. 价格便宜　　　　　　　　　　　　　　B. 存储容量大

　　C. 读写速度快　　　　　　　　　　　　　D. 读写速度慢

19. 目前微型计算机中采用的逻辑元件是( 　　 )。

　　A. 小规模集成电路　　　　　　　　　　　B. 中规模集成电路

  C. 大规模和超大规模集成电路　　　　　　D. 分立元件

20. 微型计算机中,运算器的主要功能是进行(　　)。

  A. 逻辑运算　　　　　　　　　　　　　　B. 算术运算

  C. 算术运算和逻辑运算　　　　　　　　　D. 复杂方程的求解

21. 下列存储器中,存取速度最快的是(　　)。

  A. 软磁盘存储器　　　　　　　　　　　　B. 硬磁盘存储器

  C. 光盘存储器　　　　　　　　　　　　　D. 内存储器

22. 下列打印机中,打印效果最佳的一种是(　　)。

  A. 点阵打印机　　　　　　　　　　　　　B. 激光打印机

  C. 热敏打印机　　　　　　　　　　　　　D. 喷墨打印机

23. 微型计算机中,属于控制器功能的是(　　)。

  A. 存储各种控制信息　　　　　　　　　　B. 传输各种控制信号

  C. 产生各种控制信息　　　　　　　　　　D. 输出各种信息

24. 微型计算机配置高速缓冲存储器是为了解决(　　)。

  A. 主机与外设之间速度不匹配问题

  B. CPU 与辅助存储器之间速度不匹配问题

  C. 内存储器与辅助存储器之间速度不匹配问题

  D. CPU 与内存储器之间速度不匹配问题

25. 下列四条叙述中,属于 RAM 特点的是(　　)。

  A. 可随机读写数据,且断电后数据不会丢失

  B. 可随机读写数据,断电后数据将全部丢失

  C. 只能顺序读写数据,断电后数据将部分丢失

  D. 只能顺序读写数据,且断电后数据将全部丢失

26. 下列设备中,属于输入设备的是(　　)。

  A. 声音合成器　　　B. 激光打印机　　　C. 光笔　　　　　　D. 显示器

27. 下列设备中,既能向主机输入数据又能接受主机输出数据的是(　　)。

  A. 显示器　　　　　B. 扫描仪　　　　　C. 磁盘存储器　　　D. 音响设备

28. 运算器又称为(　　)。

  A. 算术运算部件　　B. 逻辑运算部件　　C. 算术逻辑部件　　D. 加法器

29. (　　)是不正确的程序描述。

  A. 程序是可执行代码的集合　　　　　　　B. 程序是求解问题逻辑步骤的描述

  C. 程序是进程的静态形式　　　　　　　　D. 程序可以使用不同语言描述

30. (　　)是应用软件。

  A. TCP/IP 系统　　B. 光盘驱动程序　　C. 图像处理软件　　　D. JAVA 编译系统

31. 下列关于操作系统性能与系统资源关系的叙述中,正确的描述是(　　)。

  A. 内存越大越好　　　　　　　　　　　　B. USB 接口越多越好

  C. CPU 越快越好　　　　　　　　　　　　D. 合理配置硬件

32. 正在执行磁盘写操作的进程,突然遇到磁盘满的情况,这时进程状态由(　　)。

  A. 运行态→就绪态　　B. 运行态→阻塞态　　C. 运行态→死机态　　D. 运行态→未知态

33. 下列关于软件安装和卸载的叙述中,正确的说法是(　　　)。
　　A. 安装软件就是把软件直接复制到硬盘中　B. 卸载软件就是将指定软件删除
　　C. 安装不同于复制,卸载不同于删除　　　B. 安装就是复制,卸载就是删除
34. 下列关于用户接口的叙述中,正确的描述是(　　　)。
　　A. 图形用户界面最好,用户操作简单易学　B. 视不同应用环境采用不同用户接口
　　C. 字符命令行方式最好,操作效率高　　　B. 程序调用方式最好,可实现特定操作

**二、判断题(12 道)**

1. 54 能用 6 位二进制数表示。　　　　　　　　　　　　　　　　　　　　　　　(　　)
2. 汉字处理过程中使用多种编码形式,存放在计算机中的是机内码。　　　　　(　　)
3. 将二进制数 0.10101 转化为八进制数应是 0.62。　　　　　　　　　　　　(　　)
4. 英文缩写 RAM 的中文含义是随机存储器。　　　　　　　　　　　　　　　(　　)
5. 微型计算机的主频是衡量计算机性能的重要指标,它指的是数据传输速度。　(　　)
6. 硬盘、U 盘和 CD－ROM 均为计算机的硬件。　　　　　　　　　　　　　　(　　)
7. 一个存储单元只能存放一个二进制位。　　　　　　　　　　　　　　　　　(　　)
8. 衡量打印机的主要技术指标是分辨率和打印速度。　　　　　　　　　　　　(　　)
9. 没有操作系统的计算机被称为"裸机"。　　　　　　　　　　　　　　　　　(　　)
10. 文件系统是可以实现对文件进行"按名操作"的系统。　　　　　　　　　　(　　)
11. 在具有 128 MB 内存的计算机中,用户只能运行小于 128 MB 的应用程序。　(　　)
12. 程序和进程是一一对应的,即一个程序只能对应一个进程。　　　　　　　　(　　)

**三、填空题(12 道)**

1. 世界上第一个通用微处理器_____在 1971 年问世,被称为第一代微处理器。
2. 首先提出在电子计算机中存储程序的概念的科学家是_____。
3. $(10010010)_2$ 和 $(221)_8$ 这两个不同进制的无符号整数,数值最小的是_____。1 KB 是_____字节。
4. ASCII 码是用_____位二进制码表示一个西文字符。
5. 没有软件的计算机称为_____。
6. 某微型机的运算速度为 2MI/S,则该微型机每秒执行_____条指令。
7. CPU 是_____的简称,由_____和_____组成。
8. 一个完整的计算机系统由_____和_____组成。
9. 在断电后其中信息会丢失的内存储器是_____。
10. 进程在其生命周期过程中有三种状态,分别是运行状态、_____和_____。
11. UNIX 是_____用户、_____任务的操作系统。
12. 可执行文件的扩展名为_____,文本文件的扩展名为_____。

**四、问答题(主要指设计题、计算题、证明题等)**

1. 计算机的发展经历了哪些阶段?
2. 最初发明计算机的目的是什么? 试举例说明,现代计算机的用途与早期的计算机的不同之处。
3. 未来计算机的发展方向是什么?
4. 请关注你所使用的键盘,看看哪些键上的符号或名称对你还是陌生的?

5. 请比较智能 ABC、搜狗、微软全拼这三种输入法的主要区别。

6. 什么是数字化？计算机中主要的数字化信息有哪几类？

7. 请说明记事本中的"ANSI"编码如何处理中英文文字编码。

8. 你所使用的计算机中，主要的信息处理工作有哪些？各自使用哪种文字或信息编码？

9. 作为图像信息、位图与矢量图，各有哪些有缺点？各自适用于哪些场合？

10. 声波义件格式与 MIDI 文件格式，从计算机声音信息的储存上，有哪些差别？各适合使用在那些场合？

11. 除了文字、声音、图像信息外，计算机还可以接受、存储、表达哪些信息数据？这些信息数据与前者有何关联？

12. Win7 的语音输入有哪些用途和特色？你认为在哪些应用或场合中可以发挥作用？

13. 假设某国家语言采用拼音文字，共有 56 个拼音符号，若采用二进制编码来表示，则需要多少位二进制码？

14. 输入汉字除了使用键盘，还有什么方法？

15. 试举出，计算机发展过程中，哪三位科学家发挥了重要作用？简述他的主要贡献。

16. 简述冯·诺依曼的"存储程序"的基本思想。

17. 简述计算机的工作原理。

18. 按读写方式可将光盘分为哪些类型？

19. 常用的外存储器有哪些，各有什么特点？

20. 衡量计算机性能的主要技术指标有哪些？

21. 计算机的主要应用有哪些方面？

22. 某个硬盘有 15 个磁头，8894 个柱面，每道 63 个扇区，每个扇区 512 字节，计算该硬盘的容量。

23. 除了键盘、鼠标、显示器外，列出其他一些常用的输入、输出设备。

24. 光驱上的性能指标"36X"表示什么意思？

25. 试对比分析字符命令接口（MS-DOS）和图形用户接口（Windows XP）的区别和特点。

26. 试简述进程和程序的区别和联系。

# 第3章　计算机网络与信息共享

计算机网络是计算机技术和通信技术相互结合形成的交叉学科,是计算机应用的一个重要的领域,也是目前发展非常迅猛的领域,特别是因特网(Internet)的迅速发展,使得计算机网络的应用已经渗透到社会生活的方方面面,并且正在影响着人们的工作方式和生活方式,本章介绍网络的基本概念、因特网的基本应用、网络信息检索和网络信息安全。

## 3.1　网络概述

目前,关于计算机网络并没有一个标准而统一的定义,一般说来,计算机网络是指利用通信设备和通信线路,将分布在不同地理位置上的、具有独立功能的多个计算机系统连接起来,在网络软件的管理下实现数据交换和资源共享的系统。这里的网络软件包括网络通信协议、信息的交换方式和网络操作系统等。

计算机网络的功能主要体现在三个方面,即信息交换、资源共享和分布式处理。

(1)信息交换

计算机网络为分布在不同位置的计算机用户提供信息交换和快速传送的手段,在不同计算机之间交换不同类型的信息,如文字、声音、图像、视频等。

(2)资源共享

这里的资源包括硬件、软件和数据等,资源共享是指在计算机网络中各计算机的资源可以被其他的计算机使用,这是网络的一个重要的功能,目的是可以提高资源的利用率。

(3)分布式处理

当网络上某台计算中心的任务过重时,可以将其部分任务转交到其他空闲的计算机上处理,从而均衡计算机的负担。

### 3.1.1　网络的产生和发展

和其他事物的发展一样,计算机网络的发展历史也经历了从简单到复杂,从低级到高级的过程。在这一过程中,计算机技术与通信技术紧密结合,相互促进,共同发展,最终产生了计算机网络。它的发展可以分为四个阶段。

**1. 以单个计算机为中心的远程联机系统**

1946 年,世界上第一台数字计算机问世,但当时计算机的数量非常少,且非常昂贵。而通信线路和通信设备的价格相对便宜,当时很多人都想去使用主机中的资源,共享主机资源和进行信息的采集及综合处理就显得特别重要了。1954 年,以单主机为中心的远程多终端互联系统诞生了,如图 3-1 所示。

这类系统中的主机和终端之间通过通信线路和通信设备连接起来,把计算机技术和通信技术结合起来,形成了计算机网络的雏形。

系统中终端用户通过终端机向主机发送一些数据运算处理
的请求,主机处理后又将结果返回给终端机,而且终端用户要存
储的数据存储在主机中,终端机不具有处理和存储能力。当时
的主机负责两方面的任务:一是负责终端用户的数据处理和存
储,还有就是负责主机与终端之间的通信。

第一代计算机网络是以单个主机为中心、面向终端设备的
网络结构。由于终端设备不能为中心计算机提供服务,因此终
端设备与中心计算机之间不提供相互的资源共享,网络功能以
数据通信为主。

图 3-1　单个计算机为中心的
　　　　远程联机系统

这一时期典型的计算机网络是 20 世纪 60 年代初美国航空公司与 IBM 公司联合开发的
飞机订票系统,它由一台主机和覆盖全美范围的 2000 多个终端组成,而终端只包含 CRT 显示
器和键盘。

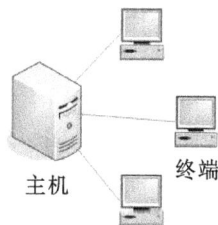

### 2. 多个主计算机通过线路互联的计算机网络

为了克服第一代计算机网络的缺点,提高网络的可靠性和可用性,人们开始研究将多台计
算机相互连接的方法。从 20 世纪 60 年代中期到 70 年代中期,随着计算机技术和通信技术的
进步,利用通信线路将多个单主机互联系统相互连接起来,形成了以多处理机为中心的第二代
网络,为终端用户提供服务。如图 3-2 所示。

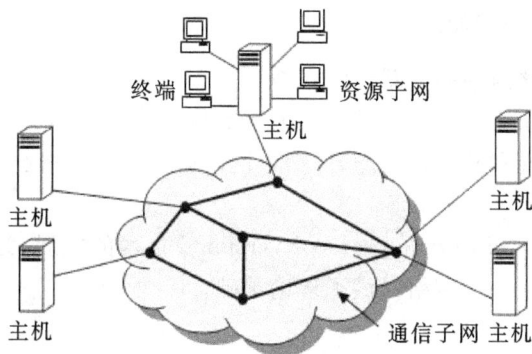

图 3-2　多主机互联系统

在第二代网络中,把计算机网络中实现网络通信功能的设备及其软件的集合称为网络的
通信子网,而把网络中实现资源共享功能的设备及其软件的集合称为资源子网。这样,可以从
逻辑功能上将计算机网络分为资源子网和通信子网两个部分。

通信子网是由用于信息交换的结点计算机和通信线路组成的独立的数据通信系统,它承
担全网的数据传输、转接、加工和变换等通信处理工作。网络结点提供双重作用:一方面作资
源子网的接口,另一方面也可作为对其他网络结点的存储转发结点。由于存储转发结点提供
了交换功能,所以数据信息可在网络中传送到目的结点。

资源子网具有提供访问的能力,资源子网由主计算机、终端控制器、终端和计算机所能提
供共享的软件资源和数据源(如数据库和应用程序)构成。主计算机通过一条高速多路复用线
或一条通信链路连接到通信子网的结点上。

第二代计算机网络与第一代计算机网络的区别主要表现在两个方面:其一,网络中的通信

双方都是具有自主处理能力的计算机,而不是终端到计算机;其二,计算机网络功能以资源共享为主,而不是以数据通信为主。

这一时期的网络又称为"面向资源子网的计算机网络",典型的代表是美国国防部高级研究计划署开发的 ARPANET,ARPANET 被认是为今天广为使用的因特网的前身,它的成功,标志着计算机网络的发展进入了一个新的阶段。

**3. 具有统一的网络体系结构、遵循国际标准化协议的计算机网络**

这一阶段主要解决计算机网络之间互联的标准化问题,要求各个计算机网络具有统一的网络体系结构,目的是实现网络与网络之间的互相联接,包括异型网络的互联。

经过 20 世纪 60 年代及 70 年代前期的发展,几个大的计算机公司制定了自己的网络技术标准,最终促成了国际标准的制定。

20 世纪 70 年代末,国际标准化组织(International Organization for Standardization,ISO)成立了专门的工作组来研究计算机网络的标准,在吸收不同厂家网络体系结构标准化经验的基础上,制定了方便异种计算机互连和组网的开放式系统互联参考模型(Open System Interconnect Reference Model,OSI/RM),这一标准促进了计算机网络技术的发展。

20 世纪 80 年代,局域网络技术十分成熟,同时,也出现了以 TCP/IP 协议为基础的全球互联网——因特网(Internet),随后,因特网在世界范围内得到了广泛的应用。

因特网是最大的国际性网络,遍布全世界的各个角落,与之相连的网络、网上运行的主机不计其数,而且还在飞快地增加。

**4. 以下一代互联网络为中心的新一代网络**

以下一代互联网为中心的新一代网络成为新的技术热点,它是全球信息基础设施的具体实现,通过采用分层、分面和开放接口的方式,为网络运营商和网络业务提供一个平台,在这个平台上提供新的业务。

目前,基于 IP 的 IPv6(Internet Protocol version6)技术的发展,为发展和构建高性能、可扩展、可管理、更安全的下一代网络提供了理论基础。

## 3.1.2 传输介质

传输介质是连接网络上各个站点的物理通道。网络中所采用的传输介质分为有线介质和无线介质两大类。

**1. 有线传输介质**

有线介质主要有同轴电缆、双绞线、光纤。

(1)同轴电缆

同轴电缆的结构如图 3-3 所示,同轴电缆可分为两种基本类型,基带同轴电缆和宽带同轴电缆。在局域网中最常使用的是基带同轴电缆,它适合于数字信号传输。基带同轴电缆又可分为细缆和粗缆两种。

同轴电缆由两个导体组成:一个空心圆柱形导体(网状)围裹着一个实心导体的结构。内部导体可以是单股的实心导线,也可以是多股导线;外部导体可以是金属箔,也可以是编制的网状线。

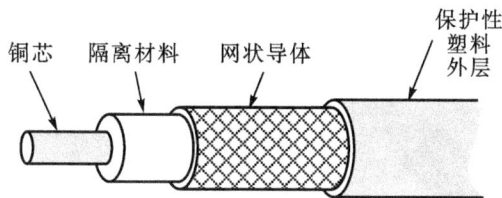

图 3-3 同轴电缆的结构

（2）双绞线

双绞线是最廉价而且使用最为广泛的传输介质,连接计算机终端的双绞线电缆通常包含 2 对或 4 对双绞线。

为了便于安装使用,双绞线电缆中的每一双绞线对都按一定的色彩标示,最常用的 4 对双绞线电缆的色彩标记方法为:①白蓝-蓝;②白橙-橙;③白绿-绿;④白棕-棕。

双绞线电缆分为屏蔽双绞线和非屏蔽双绞线两大类,非屏蔽双绞线结构如图 3-4 所示,屏蔽双绞线结构如图 3-5 所示,屏蔽双绞线具有良好的抗干扰能力和较高的传输速率。

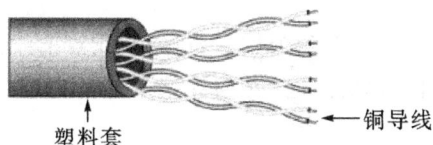

图 3-4 非屏蔽双绞线结构

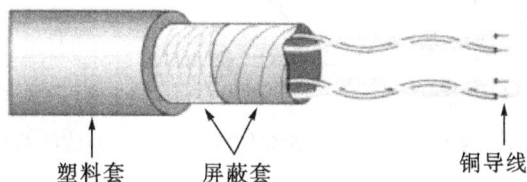

图 3-5 屏蔽双绞线结构

双绞线按传输质量分为 1 类到 5 类,局域网中常用 3 类和 5 类双绞线。3 类双绞线最大带宽为 16 Mb/s,5 类双绞线最大带宽为 155 Mb/s。

双绞线电缆主要用于星状网络拓扑结构,即以集线器或网络交换机为中心、各计算机均用一根双绞线与之连接。这种拓扑结构非常适用于结构化综合布线系统,可靠性较高。任一连线发生故障时,故障不会影响到网络中的其他计算机。

（3）光纤

在大型网络系统的主干网或多媒体网络应用系统中,几乎都采用光导纤维(简称光纤)作为网络传输介质,光纤的结构如图 3-6 所示。

相对于其他的传输介质,光纤的最主要优点是低损耗、高带宽和高抗干扰性。目前光纤的数据传输率已达 2.4 Gb/s,更高速率的 5 Gb/s、10 Gb/s 甚至 20 Gb/s 的系统也正在研制过程中。光纤的传输距离可达上百千米。

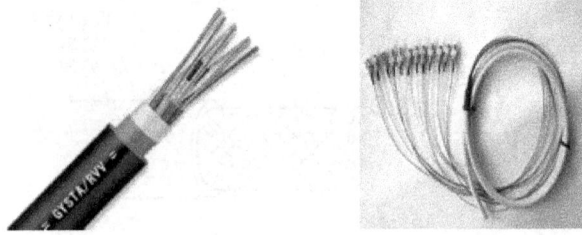

图 3-6　光纤的结构

### 2. 无线传输介质

最常用的无线介质有微波、红外线、无线电波、激光。

目前无线介质的带宽最多可以达到几十兆,如微波为 45 Mb/s。无线介质传输的主要优点是受地理环境的限制较小,以及可以远距离传输,其主要缺点是容易受到障碍物和天气的影响。

## 3.1.3　网络的拓扑结构

我们将计算机网络中的计算机等称为结点,将连接结点的线路称为链路,网络的拓扑结构就是指构成网络的结点与通信线路之间的几何连接关系,这种关系反映出了网络中各实体间的结构关系。

按连接方式的不同,网络拓扑结构一般分为星状、树状、总线状、环状、和网状等,如图3-7所示。

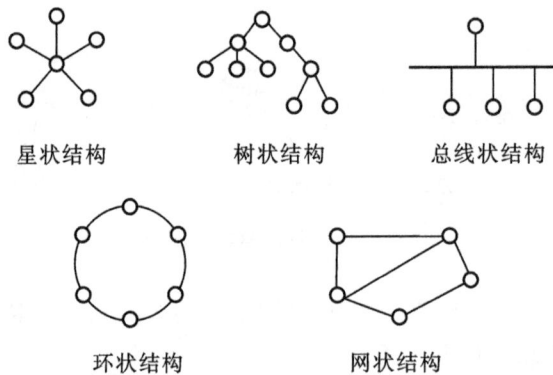

星状结构　　　　树状结构　　　　总线状结构

环状结构　　　　网状结构

图 3-7　网络的拓扑结构

### 1. 星状结构

星状结构的主要特点是集中式控制或集中式连接,每个结点通过点对点通信线路与中心结点连接,中心结点控制全网的通信,任何两个结点间的通信都要通过中心结点。星状结构的优点是建网容易,控制和维护相对简单,缺点是对中心结点依赖大。

### 2. 树状结构

在树状结构中,结点之间按照层次进行连接,信息交换主要在上下层结点之间进行。结构形状像一棵倒置的树,顶端为根,从根向下分支,每个分支又可以延伸出多个子分支,一直到树叶。

树状结构的优点是易于扩展、故障也容易分离,缺点是整个网络对根结点的依赖性太大,如果网络的根结点发生故障,整个系统就不能正常工作。

当树状结构中只有根结点和一层子结点时,就变成了星状结构,因此,可以将星状结构看作是树状结构的特例,或将树状结构看成是星状结构的扩展。

**3. 总线状结构**

总线状结构是局域网中最为常用的一种结构,在这种结构中,有一条公共的信息传输通道称为总线,所有结点都与公用总线相连接。总线状结构中没有中央控制结点,因此必须采取某种介质访问协议来控制结点对总线的访问,从而保证在一段时间内只允许一个结点传送信息以避免信息冲突。

总线状结构结构简单灵活,可扩充性好,成本低,安装使用方便,但是实时性较差,不适宜大规模的网络。

**4. 环状结构**

环状结构用通信线路将各结点连接成一个闭合的环,信息从一个结点发出后,沿着通信链路在环上按一定方向一个结点接一个结点传输。

环状网上各个结点的地位和作用是相同的,采用令牌协议进行介质访问控制,没有竞争现象,因此在负载较重时仍然能传送信息,缺点是网络上的响应时间会随着环上结点的增加而变慢,而且当环上某一结点有故障时,整个网络都会受到影响。

**5. 网状结构**

网状结构的控制功能分散在网络的各个结点上,网上的每个结点都有若干条路径与网络其他结点相连,这样即使一条线路出现故障,也能通过其他线路传输,网络仍能正常工作。这种结构可靠性高,但网络控制比较复杂。

以上的五种拓扑结构中,总线状、星状和环状在局域网中应用较多,网状和树状结构在广域网中应用较多。

## 3.1.4　计算机网络的分类

可以从不同的角度按不同的方法来对计算机网络进行分类,例如有按网络规模分类的、有按距离远近分类的、有按网络交换方式分类的,也有按网络连接方式分类的等。

**1. 按网络的规模和距离进行分类**

按照连网的计算机之间的距离和网络覆盖地域范围的不同,可以将网络分为局域网、城域网和广域网三类。

(1)局域网

局域网(Local Area Network,LAN)覆盖范围通常为方圆几米到十几千米,用于将有限的范围内,例如一个实验室、一幢建筑物、一个单位的各种计算机、终端与外部设备互连成网。提供较高数据传输率(10 Mb/s～10 Gb/s)、低误码率的高质量数据传输服务。

局域网通常是为了使一个单位、企业或一个相对独立范围内的计算机相互通信,共享某些外部设备如高容量硬盘、激光打印机、绘图机等、互相共享数据信息而建立的。

（2）广域网

广域网（Wide Area Network，WAN）覆盖范围一般为方圆几十到几千千米，跨省、跨国甚至跨洲。广域网可以将多个局域网连接起来，网络的互连形成了更大规模的互连网，可使不同网络上的用户相互通信和交换信息，实现了局域资源共享与广域资源共享相结合，其中因特网就是典型的广域网。

（3）城域网

城域网（Metropolitan Area Network，MAN）的覆盖范围介于局域网与广域网之间，基本上是一种大型的局域网，通常使用与局域网相似的技术。

**2. 按网络使用的传输介质分类**

按传输介质不同，可以将计算机网络分为有线网和无线网两大类。

（1）有线网

有线网是指采用双绞线、同轴电缆和光纤等作为传输介质的网络，目前大多数的计算机网络都采用有线方式组网。

（2）无线网

无线网是指采用微波、红外线等作为传输介质的网络，目前的无线网络技术发展非常迅速，应用也日益普及。

### 3.1.5　数据通信的技术指标

描述数据通信的基本技术指标主要有数据传输速率、带宽和误码率。

**1. 数据传输速率**

数据传输速率是指每秒钟传输的二进制比特数，用来表示网络上的传输能力，单位为比特/秒，即每秒比特，记作 b/s（bit/second）。

b/s 的倒数表示发送一比特所需要的时间。

例如，如果数据的传输速率是 1000000 b/s，那么传输 1 比特的信号所需要的时间是 0.001 ms。

除了 b/s 之外，常用的数据传输速率单位还有 Kb/s、Mb/s 和 Gb/s，它们之间的关系如下：

$$1 \text{ Kb/s} = 1024 \text{ b/s}$$
$$1 \text{ Mb/s} = 1024^2 \text{ b/s}$$
$$1 \text{ Gb/s} = 1024^3 \text{ b/s}$$

**2. 带宽**

对于传输的信号，带宽是指所传输信号的最高频率与最低频率之差，即频率的范围，其单位为 Hz、kHz、MHz、GHz。

对于传输信道，带宽则表示传输信息的能力。

由于传输信息的最大传输速率和带宽之间存在密切的关系，所以在网络技术中常用带宽来表示数据传输速率，带宽越宽，传输速率也就越高，因此，带宽与速率几乎成为同义词，例如网络的"高传输速率"可以用"大带宽"来描述，我们常说的宽带网也指的是传输速率较高的网络。

**3. 误码率**

误码率 $P_e$ 是指数据传输过程中的出错率，它在数值上等于传输出错的二进制位数 $N_e$ 与传输的总的二进制位数 $N$ 之比，即误码率采用下面的公式计算：

$$P_e = N_e / N$$

传输速率或带宽用来表示传输信息的能力，而误码率则用来表示通信系统的可靠性。

## 3.1.6　网络连接的硬件设备

网络连接的硬件设备包括局域网的组网设备和网络的互连设备。

**1. 局域网组网设备**

局域网组网设备包括网络接口卡、交换机、无线 AP 等。

（1）网络接口卡

网络接口卡简称网卡，如图 3-8 所示，用来将计算机和通信电缆连接起来，所以每台连接到局域网上的计算机都要安装一块网卡，网卡的作用是通信处理、数据转换和电信号的匹配。目前的绝大多数微机主板上都已集成了网卡的功能。

图 3-8　网络接口卡

（2）交换机

交换机是目前的局域网基本的连接设备，它的主要功能是提供多个双绞线或者其他传输介质的连接端口，每个端口和结点连接，构成物理上的星状结构，图 3-9 是使用交换机构成的局域网。

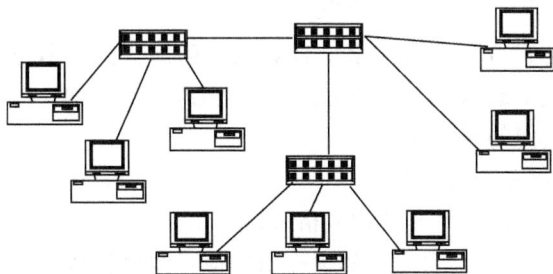

图 3-9　用交换机构成的局域网

（3）无线 AP

无线 AP 也称为无线访问点（Access Point）或无线桥接器，是有线局域网和无线局域网（Wireless LAN，WLAN）之间的桥梁，装有无线网卡的主机可以通过无线 AP 连接到有线局域网中。

具体到设备,无线 AP 可以指单纯的无线接入点,也可以指无线路由器等设备。作为单纯的接入点,它是一个无线交换机,起到无线发射的功能,它是将从双绞线传送过来的网络信号转换为无线信号进行发送,形成无线网络的覆盖。

不同型号的无线 AP 具有不同的发射功率,从而形成不同的覆盖范围,通常无线 AP 最大可以覆盖 300 m 的范围。使用无线 AP 可以在不方便架设有线局域网的地方构建无线局域网,也可以方便地构成临时的网络。

### 2. 网络的连接设备

(1)调制解调器

调制解调器(Modem)是个人计算机通过电话线接入因特网的必要设备。

在计算机内部处理的是数字信号,而在电话线上传输的是模拟信号,因此,在向网络上发送数据时,要将数字信号转换成模拟信号,这一过程称为调制;而在从网络上接收数据时,则要将模拟信号还原成数字信号,这一过程称解调,调制解调器具有调制和解调的两种功能。

调制解调器有内置和外置两种,外置调制解调器在计算机机箱之外使用,它的一端连接到计算机上,另一端连接到电话插口上,内置调制解调器是一块电路板,插到主板的插槽上。

(2)网桥

网桥用于实现类型相同的局域网之间的互联,从而达到扩大局域网的覆盖范围的目的。

(3)路由器

路由器是实现局域网和广域网互连的主要设备,它的作用是将处在不同地理位置的局域网、城域网、广域网或主机互连起来。

路由器根据所输送数据的目的地址,将数据分配到不同的路径中,如果有多条路径,则根据路径的工作状况选择合适的路径。

## 3.2　计算机网络协议和网络体系结构

计算机网络是由多个互联的相互独立的计算机组成。由于不同厂家生产的计算机类型不同,其操作系统、信息表示方法等都存在差异,它们之间的通信就需要使用共同的语言——网络协议。

网络协议(Network Protocol)是网络上计算机通信时为进行数据交换而制定的规则、标准或约定,网络协议规定了通信双方互相交换数据或者控制信息的格式、所应给出的响应和所完成的动作,以及它们之间的时序关系。

一个网络协议主要由三个要素组成:

①语法:描述数据与控制信息的结构或格式,即"怎么讲";

②语义:控制信息的含义,需要做出的动作及响应,即"讲什么";

③时序:规定了各种操作的执行顺序。

一般说来,协议的实现是由软件和硬件分别或配合完成的,有的部分由连网设备来承担。

由于计算机网络涉及不同的计算机、软件、操作系统、传输介质等,要实现相互通信是非常复杂的。为了实现复杂的网络通信,在制定网络协议时采用了分层的概念,通过分层可以将庞大而复杂的问题转化为若干个简单的问题,以便处理和解决。

采用分层结构后,网络的每一层都具有相应的同层协议,相邻层之间也有层间协议。我们将计算机网络的各层协议和层间协议的集合称为网络体系结构。

典型的网络体系结构有 OSI 和 TCP/IP。

**1. OSI 体系结构**

OSI 是国标标准化组织于 1984 年制定的计算机网络标准,称为开放系统互连参考模型(Open System Interconnect/Reference Model,OSI/RM),即 OSI 参考模型,它将计算机网络的体系结构自上而下分为七层:应用层、表示层、会话层、传输层、网络层、数据链路层和物理层,如图 3-10 所示。

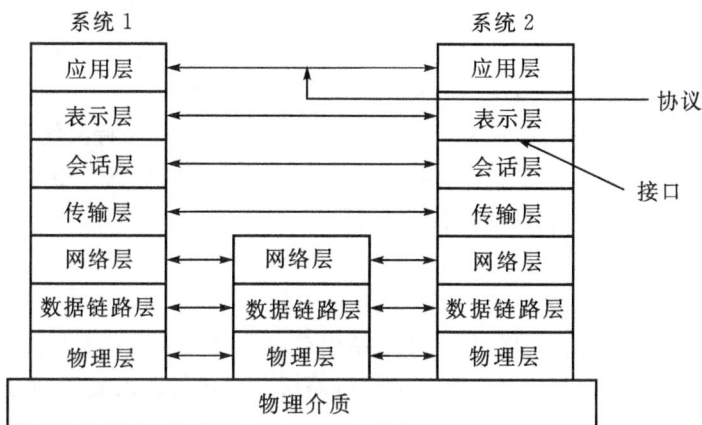

图 3-10　OSI 七层参考模型

在七层模型中,每一层都建立在下一层的基础上,利用下一层的服务来实现自身的功能,并向上一层提供服务(除了最高的第七层没有需要服务的上一层,最低的第一层没有可利用服务的下一层)。这样,两个系统进行通信时,通信是由所有对等层之间的通信一起协同完成的。层与层之间是接口,它包括下面一层要提供哪些服务和上面一层如何使用这些服务。

各层的主要功能如下:

① 应用层:在这一层上,用户只需关心正在交换的信息,不必了解信息传输的技术,因此,应用层的功能只是处理双方交换来往的信息。

② 表示层:在两个应用层上的用户所用的代码、文件格式、显示终端类型等的不一致,由表示层来处理。

③ 会话层:通信的双方需要互相识别,这叫做建立对话关系,所以需要命名约定和编址方案,地址不能重复。会话层还要保证对话按照规则有序地进行。

④传输层:对话层知道通话伙伴的地址和名字,但不需要知道对方具体在哪里,正如我们给远方的亲友写信,需要知道收信人的地址,不一定知道他具体在什么地方。传输层另一个功能是进行流量控制,使信息传输的速度不超过对方接收的能力。另外,传输层的功能还包括数据的压缩与解压。

⑤ 网络层:网络层具体负责传输的路径,包括选择最佳路径,避开拥挤的路径,即常说的路由选择。

⑥ 数据链路层:不论选择什么路径,一条路径总由若干路径段组成,信息是从这些路径段

上一段段传过去。在计算机网络中,这种路径段可以是电话线、电缆、光纤、微波等。数据链路层就负责在连接的两台计算机之间正确地传输信息,该层利用一种机制保证信息不丢失、不重复。接收方对于收到的信息予以答复,发送方经过一段时间未接到答复则重发,等等。

⑦ 物理层:物理层负责线路的连接,并把需要传送的信息转变为可以在实际线路上运送的物理信号,如电脉冲。信号电平的高低、插头插座的规格、调制解调器等都属于这一层。

模型中低三层归于通信子网范畴,高三层归于资源子网范畴,传输层起着衔接上三层和下三层的作用。

### 2. TCP/IP 体系结构

国际标准化组织为实现计算机网络互联制定了开放系统互联标准(OSI),但 OSI 缺乏足够多的产品支持,这样人们选择了 TCP/IP 作为实现异种机互联的工业标准。这是在国际标准 ISO/OSI 尚未完全被采纳时,用户和厂家共同承认的标准。

TCP/IP 协议只是众多比较完善的网络协议中的一种,它是因特网使用的网络体系结构。

TCP/IP 协议族给出了独立于厂商硬件的数据传送格式及规则。由于它独特的硬件独立性,所以迅速被众多系统使用,使用范围愈来愈广。例如 UNIX、Windows NT 和 NetWare 等均支持 TCP/IP 协议。

TCP/IP 协议模型共有四个层次:应用层、运输层、网络层和网络接口层,各层及包含的主要协议如图 3-11 所示。由于 TCP/IP 体系结构在设计时就考虑到要与具体的物理传输媒体无关,所以在 TCP/IP 的标准中并没有对数据链路层和物理层做出规定,而只是将最低一层取名为网络接口层。

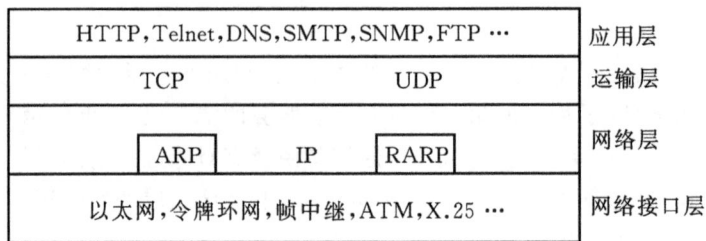

| HTTP,Telnet,DNS,SMTP,SNMP,FTP … | | | 应用层 |
|---|---|---|---|
| TCP | | UDP | 运输层 |
| | ARP　　　IP　　　RARP | | 网络层 |
| 以太网,令牌环网,帧中继,ATM,X.25 … | | | 网络接口层 |

图 3-11　TCP/IP 协议模型

各层的主要功能如下。

(1)应用层

该层是 TCP/IP 模型的最高层,应用程序通过该层使用网络,该层与 OSI 的高三层对应。在这一层包含了很多为用户服务的协议,主要的协议有下面几种:

• 简单邮件协议(Simple Message Transfer Protocol,SMTP),负责因特网中电子邮件的传递。

• 超文本传输协议(HyperText Transfer Protocol,HTTP),提供 WWW 服务。

• 远程网络协议(Telnet),实现远程登录功能,我们常用的电子公告牌系统(BBS)使用的就是这个协议。

• 文件传输协议(File Transfer Protocol,FTP),用于交互式文件传输,下载软件使用的就是这个协议。

- 网络新闻传输协议(Network News Transfer Protocol,NNTP),为用户提供新闻订阅功能,它是网上特殊的一种功能强大的新闻工具,每个用户既是读者又是作者。
- 域名服务系统(Domain Name System,DNS),负责域名到 IP 地址的转换。
- 简单网络管理协议(Simple Network Management Protocol,SNMP),负责网络管理。所有的标准网络管理程序都使用 SNMP。

上面的协议中,网络用户经常直接接触的协议有 SMTP、HTTP、Telnet、FTP、NNTP;另外,还有许多协议是最终用户不需直接了解但又必不可少的,如 DNS、HTTP、SNMP、RIP/OSPF 等。随着计算机网络技术的发展,还不断地有新的应用层协议加入。

(2)运输层

运输层提供传输控制协议 (Transmission Control Protocol,TCP)和用户数据报协议 (User Datagram Protocol,UDP),该层与 OSI 的传输层对应,该层的实体是主机,即主机到主机的协议。

- TCP 是面向连接的、可靠的传输协议。它把报文(message)分解为多个段(segment)进行传输(这里的报文是一段完整的信息,比如一段文本、一幅图像等),在目的站再重新装配这些段,必要时重新发送没有收到的段。
- UDP 是无连接协议,数据传送单位是分组(packet),分组是一个有固定长度的信息单位。由于对发送的分组不进行校验和确认,因此它是"不可靠"的,可靠性由应用层协议保证。但由于它的协议开销少,因此还是在很多场合得到应用,如 IP 电话等。

(3)网络层

本层提供无连接的传输服务(不保证送达)。本层的主要功能是寻找一条能够把数据报送到目的地的路径。它对应于 OSI 的网络层,该层用于网络的互联。

因特网层最主要的协议是无连接的因特网协议(Internet Protocol,IP)。与 IP 协议配合使用的还有:

- 因特网控制报文协议 (Internet Control Message Protocol,ICMP),提供消息传递的功能;
- 地址解析协议 (Address Resolution Protocol,ARP),为已知的 IP 地址确定在局域网中相应的 MAC 地址,即物理地址;
- 反向地址转换协议 (Reverse Address Resolution Protocol,RARP),根据 MAC 地址确定相应的 IP 地址。

(4)网络接口层

该层进行数据的格式化并将数据传输到网络电缆。

因特网采用的体系结构称为 TCP/IP 参考模型,由于在因特网上的广泛使用,使得 TCP/IP 成为事实上的工业标准。

随着因特网的普及,TCP/IP 协议模型获得了巨大的发展。

## 3.3　因特网及其应用

在全世界范围内,将多个网络连接在一起实现资源共享形成的网络称为 internet(第一个字母小写),即互联网,显然,它是网络的网络。目前使用的全球最大的互联网是在美国的

ARPANET 基础上发展而来的,称为 Internet(第一个字母大写)即因特网。

### 3.3.1　因特网概述

**1. 因特网提供的服务**

随着因特网的迅速发展,其提供的服务种类越来越多,以下是几个基本服务。

(1)电子邮件

电子邮件(E-mail)是因特网上最早提供的服务之一,只要知道了对方的电子邮件地址,通信双方就可以利用因特网收发电子邮件,用户的电子邮箱不受用户所在地理位置的限制,主要优点就是快速、方便、经济。

(2)文件传输

文件传输(File Transfer Protocol,FTP)是指在因特网上进行各种类型文件的传输,也是因特网最早提供的服务之一。简单地说,就是让用户连接到一个远程的称为 FTP 服务器的计算机上,查看远程计算机上有哪些文件,然后将需要的文件从远程计算机上复制到本地计算机上,这一过程称为下载;也可以将本地计算机中的文件送到远程计算机上,这一过程称为上传。

FTP 服务分为普通 FTP 服务和匿名 FTP 服务。普通 FTP 服务对注册用户提供文件传输服务,而匿名 FTP 服务向任何因特网用户提供特定的文件传输服务。

(3)远程登录

远程登录(Telnet)是因特网上一台主机的用户使用另一台主机的登录账号(用户名和口令)与该主机相连,作为它的一个远程终端使用该主机的资源。

(4)WWW 万维网

WWW(World Wide Web)是因特网上的多媒体信息查询工具,通过交互式浏览来查询信息。它使用超文本和超链接技术,可以按任意的次序从一个文件跳转到另一个文件,从而浏览和查阅所需的信息,这是因特网中发展最快和使用最广的服务。

(5)即时通信和网上聊天

即时通信(Instant Messaging,IM)是一个终端服务,允许两人或多人使用即时通信软件即时地传递文字信息、文档,配合耳麦和摄像头等设备还可以进行语音和视频交流。

常用的即时通信软件有 QQ、MSN、ICQ 等。

(6)电子公告牌

电子公告牌(Bulletin Board System,BBS)是英特网上的一种电子信息服务系统,它提供的电子公告牌就像平时见到的黑板一样,按不同的主题分成多个布告栏,在每个布告栏上,用户可以阅读他人关于某个主题的观点,也可以将自己的言论贴到布告栏中供其他人阅读和评论,布告栏成为大家相互交流的一个场所。

在阅读和参与的过程中,如果要与某个用户单独交流,可以将言论直接发送到这个用户的电子信箱中。

在 BBS 中,参与交流的用户打破了空间、时间的限制,在交谈时,不须考虑参与者的年龄、学历、性别、社会地址、财富、健康等,只关心自己感兴趣的话题。

(7)博客

Blog 是网络日志(Weblog)的简称,是继 BBS、QQ 之后出现的又一种网络交流方式,是指网民在个人博客网站上发表各种看法,博客(Blogger)是指写 Blog 的人。

除了以上这些,新闻组(Usenet)、文件查询(Archie)、菜单检索(Gopher)、聊天室、网络电话、网上购物、电子商务等也是因特网提供的常用服务。

随着 WWW 技术的出现和推广,以及网络上提供的服务的不断增加,因特网面向商业用户和普通用户开放,接入到因特网的国家越来越多,连接到因特网上的用户数量和网络上完成的业务量也急剧增加,这时,因特网面临的资源匮乏、传输带宽的不足等变得越来越突出。

为解决这一问题,1996 年 10 月,美国 34 所大学提出了建设下一代互联网(Next Generation Internet,NGI)的计划,即第二代因特网的研制。

第二代因特网也称为 Internet2,它的最大特征就是使用 IPv6 协议来逐渐取代目前使用的 IPv4 协议,目的是彻底解决互联网中 IP 地址资源不足的问题。

Internet2 还解决了带宽不足的问题,其初始的运行速率可以达到 10 Gb/s。这样,将使多媒体信息可以实现真正的实时交换。

**2. 因特网的工作原理**

因特网的工作原理主要包括以下三个方面的内容。

(1)统一的通信规则

因特网连接了世界上不同国家与地区不同硬件、不同操作系统与不同软件的计算机,为了保证这些计算机之间能够畅通无阻地交换信息,必须有统一的通信规则,这就是 TCP/IP 协议。

(2)分组交换

TCP/IP 协议所采用的通信方式是分组交换技术。也就是说将网络中每一台计算机所要传输的数据,划分成若干个大小相同的信息小组,每个小组称为一个数据包,TCP/IP 协议的基本传输单位是数据包。计算机网络为每台计算机轮流发送这些数据包,直到发送完毕为止。这种分割总量、轮流发送的规则就叫做分组交换。

分组交换能够使多台计算机共享通信线路,提高了通信效率。

(3)C/S 工作模式

C/S 模式即客户机/服务器(Client/Server)模式,是由客户机、服务器构成的一种网络计算环境,它把应用程序分成两部分,一部分运行在客户机上,另一部分运行在服务器上,由两者各司其职,共同完成,如图 3-12 所示。

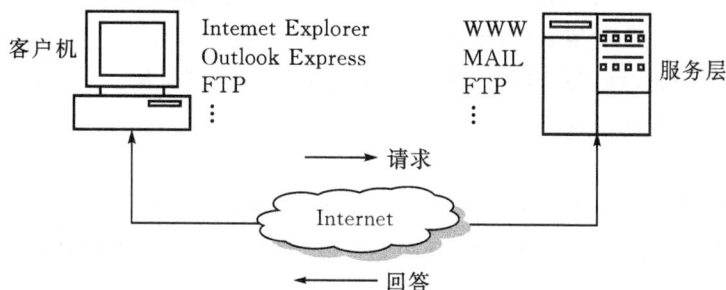

图 3-12　因特网的 C/S 模式

目前,因特网许多应用服务,如 E-mail、WWW、FTP 等都是采用这种方式,这种模式大大减少了网络数据传输量,具有较高的效率,能够充分实现网络资源共享。

C/S模式可以简化应用系统的程序设计过程,特别是可以使客户程序与服务程序之间的通信过程标准化。正因为如此,因特网上的同一种服务往往有许多种不同的客户程序和不同的服务程序,这些程序因为是按照相同的通信协议设计的,故而可以在不同的硬件环境和操作系统环境下运行并且有效地进行通信。

B/S(Browser/Server,浏览器和服务器)结构是C/S结构的一种特例。在这种结构下,用户工作界面通过万维网浏览器来实现,极少部分事务逻辑在前端使用浏览器(browser)实现,主要事务逻辑在服务器端(server)实现,这样就大大简化了客户端计算机的负荷,减轻了系统维护、升级的成本和工作量。

把客户程序和服务程序放在不同的主机上(当然也可以放在相同的主机上)运行可以实现数据的分散化存储和集中化使用。这意味着可以降低应用系统对硬件的技术要求(如内存、磁盘容量以及 CPU 速度等),使各种规模的计算机(包括最普通的微机)都可以作为因特网的主机使用。

(4)P2P 工作模式

P2P(Peer to Peer,对等网络)模型是网络应用和服务的另一种形式,又称为对等网技术。在理想情况下,P2P 技术在各节点之间直接进行资源和服务的共享,而不像 C/S 模型那样需要服务器的介入。

在 P2P 网络中,每个节点都是对等的,同时充当服务器和客户机的角色。当需要其他节点的资源时,两个节点直接创建连接,本地节点是客户端;而为其他节点提供资源时,本机又成为了服务器。

### 3.3.2　IP 地址和域名系统

**1. IP 地址**

为保证在因特网上实现准确地将数据传送到网络上指定的目标,因特网上的每一台主机、服务器或路由器都必须有一个在全球范围内唯一的地址,这个地址称为 IP 地址,由各级因特网管理组织负责分配给网络上的计算机。

根据 TCP/IP 协议标准,IP 地址由 32 位二进制数组成,例如,下面是一个 32 位二进制组成的 IP 地址:

11001010 01110101 10100101 00100100

为便于使用,将这 32 位每 8 位(即每个字节)一组分别转换为十进制整数,然后将这 4 个整数之间用圆点隔开,这种表示方法称为 IP 地址的点分十进制写法。例如,上面的 IP 地址可以写成以下的点分十进制形式:

202.117.165.36

显然,组成 IP 地址的 4 个整数中,每个整数的范围都是 0~255。

32 位的 IP 地址中包含了网络标识(地址)和主机标识(地址)两个部分,即:

IP 地址=网络标识+主机标识

处于同一个网络内的各节点,其网络标识是相同的:主机标识规定了该网络中的具体节点,网络标识和主机标识这两部分各自所占的位数由 IP 地址的类型决定。

根据网络规模和应用的不同,可以将 IP 地址分为 A~E 五类,这些类型可以通过第一个十进制数的范围来确定,具体的分类和应用见表 3-1。

表 3 - 1　IP 地址的分类

| 分类 | 第一个十进制数的范围 | 主机标识的位数 | 每个网络中主机数量 |
|---|---|---|---|
| A | 1～126 | 24 | $2^{24}-2$ |
| B | 128～191 | 16 | $2^{16}-2$,即 65534 |
| C | 192～223 | 8 | $2^{8}-2$,即 254 |
| D | 224～239 | | |
| E | 240～254 | | |

这五类地址中,主要使用的是 A、B 和 C 类,D 类地址用于多目的地址发送,E 类地址保留。

A 类地址的网络数较少,全球共有 126 个,每个网络中最多可有 $2^{24}-2$ 台主机,此类地址一般分配给具有大量主机的网络用户。

具有 B 类地址的网络,每个网络中最多可有 65534 台主机,此类地址一般用于具有中等规模主机数量的网络用户。

C 类地址的网络数量较多,每个网络中最多可以有 254 台主机,此类地址一般分配给具有小规模主机数量的网络用户,国内高校的校园网大多数使用的是 C 类地址。

图 3 - 13 显示了 A、B 和 C 类地址的组成。

图 3 - 13　A、B 和 C 类地址的组成

对于网络标识的要求如下:

①不能以十进制数 127 开头,它保留给内部诊断返回函数;

②第一个字节不能为 255,它用作广播地址;

③第一个字节不能为 0,它表示为本地主机,不能传送。

对于主机标识的要求如下:

①主机标识部分必须唯一;

②所有二进制位不能全为 1,全为 1 时为广播地址;

③所有二进制位不能全为 0。

IP 地址又分为公有和私有地址,公有地址(public address)由因特网信息中心(Internet Network Information Center,Inter NIC)负责,这些 IP 地址分配给注册并向 Inter NIC 提出申请的组织机构,通过它直接访问因特网。

私有地址(private address)属于非注册地址,专门为组织机构内部使用。

以下是留用的内部私有地址:

- A 类 10.0.0.0~10.255.255.255
- B 类 172.16.0.0~172.31.255.255
- C 类 192.168.0.0~192.168.255.255

下列的 IP 地址形式具有特殊的意义,所以不能分配给具体的某台主机。

- 每一个字节都为 0 的 IP 地址(0.0.0.0)对应于当前主机;
- IP 地址中的每一个字节都为 1 的 IP 地址(255.255.255.255)是当前子网的广播地址;
- IP 地址中凡是以"11110"开头的 E 类 IP 地址都保留用于将来和实验使用;
- IP 地址中不能以十进制"127"作为开头,该类地址中的 127.0.0.1~127.255.255.255 用于回路测试,如:127.0.0.1 可以代表本机 IP 地址,用"http://127.0.0.1"就可以测试本机中配置的 Web 服务器;
- 网络标识的第一个 8 位组不能全为"0",全"0"表示本地网络。

**2. 地址域名**

由于数字表示的 IP 地址对用户来说不便记忆,为了便于人们记忆和书写,从 1985 年起,因特网在 IP 地址的基础上开始向用户提供域名系统(Domain Name System,DNS)服务,即用名字来标识接入因特网中的计算机。

例如,西安交通大学的 Web 服务器的域名是 www.xjtu.edu.cn,它对应的 IP 地址是202.117.0.13。

域名是不区分字母大小写的,域名和 IP 地址的作用是相同的,都用来表示主机的地址,它们之间的转换通过域名服务器来完成。

为便于管理和避免重名,域名采用层次结构,整个域名由若干个不同层次的子域名构成,它们之间用圆点"."隔开,从右到左分别是顶级域名、二级域名……直到最低级的主机名,即下面的形式:

主机名.三级域名.二级域名.顶级域名

各个域名分别代表不同级别,其中级别最低的域名写在最左边,级别最高的顶级域名则写在最右边。例如,域名 mail.xjtu.edu.cn 表示西安交大的电子邮件服务器,其中 mail 为服务器名,xjtu 为西安交通大学域名,edu 为教育科研域名,最高域 cn 为国家域名。

顶级域名采用国标上通用的标准代码,代码分为两类,分别是组织机构和地理模式,组织机构是美国的组织机构名,地理模式是美国以外的其他国家和地区的名称,常用的标准代码见表 3-2。

表 3-2 常用的顶级域名标准代码

| 组织机构代码 | 组织机构名称 | 地理代码 | 名称 |
|---|---|---|---|
| com | 商业组织 | cn | 中国 |
| edu | 教育机构 | jp | 日本 |
| gov | 政府机关 | uk | 英国 |
| mil | 军事部分 | kr | 韩国 |

| 组织机构代码 | 组织机构名称 | 地理代码 | 名称 |
|---|---|---|---|
| net | 主要网络支持中心 | de | 德国 |
| org | 其他组织 | fr | 法国 |
| int | 国际组织 | hk | 香港 |

　　因特网国际组织后来又新增加了 7 个组织型顶级域名：firm（公司企业）、store（销售公司或企业）、web（突出 WWW 活动的单位）、arts（突出文化娱乐活动的单位）、rec（突出消遣娱乐活动的单位）、info（提供信息服务的单位）、nom（个人）。

　　根据《中国互联网络域名注册暂行管理办法》规定，我国的第一级域名是 cn；第二级域名也分为组织机构域名和地区域名，其中组织机构域名有 6 个，ac 表示科研院及科技管理部门，gov 表示国家政府部门，org 表示各社会团体及民间非盈利组织，net 表示互联网络、接入网络的信息和运行中心，com 表示工商和金融等企业，edu 表示教育机构；地区域名是 34 个行政区域名，例如 bj 表示北京市，sh 表示上海市，tj 表示天津市，cq 表示重庆市，zj 表示浙江省等。

　　在二级域名下又划分第三级域名，如此形成树形的多级层次结构，如图 3－14 所示。

　　例如，西安交通大学的电子邮件服务器域名 mail. xjtu. edu. cn 中，mail 为邮件服务器主机名，xjtu 为交大域名，edu 为教育科研域名，最高域 cn 为国家域名。

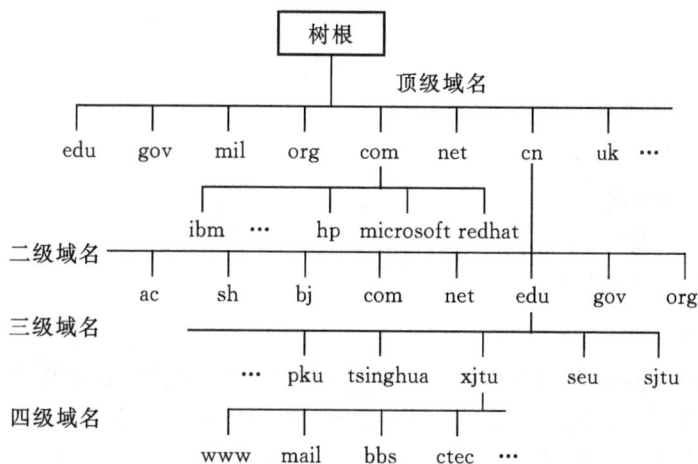

图 3－14　因特网的域名结构

### 3. 物理地址

　　物理地址即网卡地址。每一个物理网络中的主机都安装有网卡，每块网卡都有一个全球唯一的地址，它存储在网卡的 ROM 中，这个地址称为网卡地址（MAC 地址）或物理地址。

　　网卡地址一般为一组 12 位的十六进制数，其中前 6 位代表网卡的生产厂商，后 6 位是由生产厂商自行分配给网卡的唯一编号。

　　在访问因特网时，通常使用的是域名。为了将信息发送到对方的主机上，就必须先把域名映射为 IP 地址；由于大量的计算机运行在局域网中，在局域网中，只有将 IP 地址转换成为物理地址,才能继续通信,所以局域网中的通信需再把 IP 地址映射为相应的物理地址。我们称前者为域名解析,后者为地址解析。域名解析由域名服务器来完成,而地址解析则由 TCP/IP 协议集中的地址解析协议(ARP)和反向地址解析协议(RARP)来完成。

**4. IPv6**

通常所说的"IP 地址"是指 IPv4 地址,它是给每个连接在因特网上的主机分配一个在全世界范围唯一的 32 比特地址。

但是,IPv4 协议已经使用了 30 多年,在这 30 多年的应用中,IPv4 获得了巨大的成功。同时随着应用范围的扩大,它也面临着越来越不容忽视的危机,例如地址匮乏等。

IPv6 是"Internet Protocol version 6"的缩写,也被称作下一代因特网协议,它是用来替代现行的 IPv4 协议的一种新的 IP 协议,是为了解决 IPv4 所存在的一些问题和不足而提出的,同时它还在许多方面提出了改进。

采用 IPv6 的网络将比现有的网络更具扩展性、更安全,并更容易为用户提供优质的服务,几乎无限的地址容量是 IPv6 发展最直接的理由。可以使得未来交互式多媒体、家庭网络和终端对终端应用等新型业务所使用的每个设备都拥有唯一的永久 IP 地址。

### 3.3.3　因特网常用的接入方法

因特网的接入方式是指将主机连接到因特网上的各种不同的方法,通常有通过电话线的方式和通过局域网的方式等,这里先介绍 ISP 的概念。

因特网服务提供商(Internet Service Provider,ISP)是因特网的接入媒介,也是因特网服务的提供者,要想接入到因特网,就要向 ISP 提出连网的请求。

在选择 ISP 时要考虑以下几个问题:

①ISP 提供什么样的接入方式;

②收费的方式和标准;

③ISP 提供的带宽;

④ISP 提供的服务,如 WWW、FTP、E-mail 等。

**1. 电话线接入**

通过电话线接入到因为因特网对个人和小单位来说是最经济、最简单的一种方式。

使用电话线的接入方式按其发展过程,经历过普通电话拨号、ISDN 和 ADSL 等不同的接入阶段。其中普通的电话拨号方式不能兼顾上网和通话;用综合业务数字网(ISDN)接入技术,上网和通话互不耽误,但速率低;非对称数字用户线(ADSL)接入技术,其非对称性表现在上、下行速率的不同,下行高速地向用户传送视频和音频信息。

这三种方式是通过电话线接入方式的不同发展阶段采用的技术,前两种方式已无法满足速率的要求,目前普遍采用的是 ADSL 方式即非对称数字用户线路(Asymmetric Digital Subscriber Line)。

ADSL 是一种使用普通电话线提供宽带数据业务的技术,在理论上可以提供 1 Mb/s 的上行速率和 8 Mb/s 的下行速率。

**2. 局域网接入**

对于具有局域网(例如校园网)的单位和小区,用户可以通过局域网的方式接入到因特网上，这是最方便的一种方法。

通过局域网的方式接入到 Internet 时要经过网卡的安装和 TCP/IP 参数的配置。

网卡的主要作用是连接局域网中的计算机和局域网的传输介质，它是连接网络的基本部件，通常选择 10/100 Mb/s 自适应、具有双绞线接口 RJ45 的网卡。

网卡采用标准的 PCI 总线，直接将其插入到计算机主板的插槽上，然后安装网卡的驱动程序。目前也有许多的网卡是集成到主板上的。

在校园网的网络中心办理了入网手续后，网络中心会分配给用户入网所需的各个参数，这些参数包括 IP 地址、子网掩码、默认网关、DNS 服务器地址等，可以在操作系统中对这些参数进行配置。

**3. 专线接入**

专线入网是以专用线路为基础，需要专用设备，连接费用相对较高，主要适合企业与团体。在专线集团内部的个人，也可以通过内部局域网以较高的速度连接因特网，享受网络信息服务。可以选择的专线有 DDN 数据专线、Cable-Modem、光纤等。

**4. 有线电视线路接入**

在传统的有线电视网络中，一个有线电视广播站通过分布式的同轴电缆和放大器将有线电视信号传到各家各户。光纤可以连接到各住宅小区，然后再用闭路电缆接到各住户。

也可以通过有线电视线路接入因特网，这种方法称为混合光纤同轴线缆（Hybrid Fiber Coaxial Cable，HFC）接入。

有线电视线路接入时需要一种特殊的称为线缆调制解调器（cable modem）的设备来支持网络接入。

**5. 无线接入**

随着手机、掌上电脑、笔记本电脑的普及，人们对无线上网的需求越来越大。

无线接入网络使用无线电波连接移动式端系统和基站，端系统包括便携式计算机和带解调器的 PDA 等，再从基站接入路由器。在无线信号覆盖区域内，从固定地点到时速 100～260 km/s 的各种无线移动数据终端，均可通过该移动数据通信平台，进入各种数据通信网络，实现各类数据的通信。

无线接入网络主要有以下三种实现方式：

①无线局域网（wireless LAN）：无线用户与几十米半径内的基站（无线接入点）之间传输/接收分组，基站与有线的因特网连接，为无线用户提供连接到有线网络的服务。

②移动卫星通信系统：这种方式可以真正实现任何时间、任何地点、任何人的移动通信。卫星接入系统可以为全球用户提供大跨度、大范围、远距离的漫游和机动灵活的移动通信服务，是陆地移动通信系统的扩展和延伸，在边远的地区、山区、海岛、受灾区、远洋船只、远航飞机等通信方面更具有独特的优越性。

③2G、3G 和 4G 网络：可以将手机和计算机接入因特网，目前已经成为无线广域通信网络应用广泛的上网介质。目前我国有中国移动的 TD - SCDMA 和中国电信的 CDMA2000 以及中国联通的 WCDMA 三种网络制式，2G 网络的速率为 9.05～171.2 Kb/s，3G 网络的理论接入速度为 2.2～14.4 Mb/s，4G 网络比家里的 Wi-Fi 速度还快，在户外最快能到 80 Mb/s。

后两种方式属于广域网接入技术，使得终端真正实现任何时间、任何地点都能接入因特网。

### 3.3.4　万维网

万维网（World Wide Web，WWW），也称为 Web、3W 等，它是因特网应用中发展最为迅速的一个方面。

**1. 万维网的概念**

万维网是建立在因特网上的全球性的、交互的、超文本超媒体的信息查询系统。

万维网由三部分组成：浏览器、Web 服务器和超文本传送协议（HTTP），其中浏览器是客户端的应用程序，Windows 中的 Internet Explorer 就是其中之一。它的工作过程如下：

①浏览器向 Web 服务器发出请求。

②Web 服务器向浏览器返回其所要的万维网文档。

③浏览器解释该文档并按照一定的格式将其显示在屏幕上。

浏览器与 Web 服务器之间使用 HTTP 协议进行互相通信。

（1）网页和超文本标记语言

网页又称为 Web 页，各个 WWW 网站的所有信息都以网页的形式保存。每个网页都是采用超文本标记语言（Hyper Text Markup Language，HTML）编写的，HTML 的代码文件是一个纯文本文件（即 ASCII 码文件），通常以 .html 或 .htm 为文件后缀。

制作网页主要有两种方法：一是使用文本编辑软件，例如记事本，直接编写 HTML 源代码；另一个方法是使用网页制作软件，常用的网页制作工具软件有 FrontPage、Dreamweaver 等，它们是可视化的网页设计和网站管理工具，支持最新的 Web 技术。

网站上所有的网页通过链接的形式联系起来，一个网站上的第一个网页称为主页，它是网站的门户和入口。

（2）统一资源定位器

统一资源定位器（Uniform Resource Locator，URL）是因特网中用来确定资源地址的方法。这里的"资源"是指在因特网中可以被访问的任何对象，包括文件、文件目录、文档、图像、声音、视频等，当然，也包括网页文件。

URL 通常由四部分组成：协议、主机、端口、文件路径和文件名，一般格式如下：

$$<协议>://<主机>:[<端口>]/<路径>$$

其中：

- 协议是指不同服务方式，例如超文本传输协议 HTTP、文件传输协议 FTP、流媒体协议 MMS 等。
- 主机是指存放该资源的主机，主机可以使用 IP 地址标识，也可以使用域名来标识。
- 端口是 TCP/IP 协议中定义的服务号，对于常用服务端口可以省略，常见的标准服务端口号有 WWW-80、FTP-21、Telnet-23。
- 路径是文件在主机中的具体位置，通常由一系列的文件夹名称构成。

例如，西安交通大学主页的超文本传输协议的 URL 表示如下：

http://www.xjtu.edu.cn/index.html

意思是使用 HTTP 协议访问主机 www.xjtu.edu.cn 上的网页文件 index.html。

（3）超文本和超链接

超文本是指万维网的网页中不仅含有文本，还包含有声音、图像和视频等多媒体信息，同时,还包含了作为超链接的文本、图像和图标等。这些超链接通过颜色和字体的改变与普通文本区别开来,它含有指向其他因特网信息的 URL 地址。将鼠标移到超链接上,鼠标指针变成手形,单击该链接,Web 就根据超链接所指向的 URL 地址跳到不同站点、不同文件,在因特网中,各种信息通过超链接的方法联系起来。

**2. IE 浏览器的使用**

浏览器是安装在客户端的一个软件,该程序是浏览万维网信息的工具,它可以将用户对信息的请求转换成网络上的计算机可以识别的命令,同时把从服务器上传过来的用 HTML 标记的网页转换成便于理解的形式。

实际使用的浏览器有很多种,目前常用的有 Microsoft 公司的 Internet Explorer(简称 IE),这是 Windows 操作系统中的一个应用程序,2013 年发布的最新版本是 IE11.0,此外,还有 Firefox、Opera、Maxthon、世界之窗、QQ 浏览器、猎豹浏览器、百度浏览器等。

(1)IE 窗口的组成

启动 IE 浏览器可以使用以下 3 种方法之一:

- 双击桌面上的 IE 浏览器图标;
- 单击快速启动栏中的浏览器图标 ；
- 打开“开始菜单”,在“所有程序”的级联菜单中执行“Internet Explorer”命令。

启动 IE 后,就可以访问各个网站了,例如要访问西安交通大学的网站,可以直接在地址栏输入“www. xjtu. edu. cn”,这时,IE 窗口中显示西安交通大学的主页,如图 3-15 所示。

图 3-15　IE 浏览器窗口和显示的页面

IE 的窗口组成中,大部分与其他应用程序窗口一样。

(2)浏览网页

浏览网页时可以使用下面的不同方法。

①使用地址栏。单击地址栏,直接在框中输入要访问网页的 URL 地址,然后按回车键或单击地址栏上的“转到”按钮,就可以进入某个网站或浏览某个网页。进入某个网站实际上是访问该网站的主页。

使用下面的方法可以不必输入完整的 URL 地址而访问网页：

- 如果协议类型是 HTTP，输入时可以省略，IE 会自动加上；
- 第一次输入了某个 URL 地址后，IE 会自动记忆该地址，这样，如果在地址栏输入某个 URL 地址的前几个字符时，IE 会将保存过的地址中前几个字符与输入的字符相同的地址罗列出来，用户可以直接在列表中进行选择；
- 单击地址栏右侧的下拉箭头，在下拉列表框中会显示曾经访问过的网页的地址，单击某个地址可以访问相应的网页。

②链接到其他网页。每个网页上都有许多的链接，用于链接到不同的网页，如果将鼠标移到具有链接的文字或图形时，光标形状会变成手形 🖑 ，单击该链接就可以转到另外一个页面，同样，如果再单击新网页中的超链接又可以转到其他的页面。

（3）保存网页上的信息

在浏览网页的同时，可以保存整个网页，也可以保存网页的一部分，例如某些文本或某幅图形。

①保存正在浏览的某个网页，执行"文件"菜单中的"另存为"命令，在打开的"保存网页"对话框中选择用于保存网页的文件夹并输入保存该网页的文件名，然后单击"保存"按钮即可。

②保存网页中的某幅图形，右键单击网页上要保存的图形，在弹出的快捷菜单中执行"图片另存为"命令，在打开的对话框中选择文件夹并输入文件名，然后单击"保存"按钮即可。

③保存当前页中的部分文本要借助于剪贴板，方法是先在当前页中选择要保存的文本，然后执行"编辑"菜单的"复制"命令，接下来启动一个文字处理程序例如 Word，在该程序中执行"编辑"菜单的"粘贴"命令将选择的文本复制到该程序中，最后，对该文档进行保存。

④保存超链接指向的资源，超链接指向的资源可以是一个 Web 页面、音频文件、视频文件、Word 文档等，下载保存这些资源的方法是：右单击超链接，在弹出菜单中选择"目标另存为"命令，打开"另存为"对话框，在对话框中选择保存的路径、文件名称后单击"保存"按钮即可。

（4）因特网的选项设置

执行"工具"菜单的"Internet 选项"命令，可以打开"Internet 选项"对话框，如图 3-16 所示。

对话框中包含七个选项卡，可以对 IE 的使用进行多种设置，其中"常规"选项卡中，常用的有设置主页和历史记录。

①设置主页：在"主页"选项的"地址"文本框中输入某个网址，例如：www.cctv.cn，然后单击确定按钮，则以后每次启动 IE 时，系统会自动链接到中央电视台的主页上。

②历史记录：如果要删除历史记录，可以单击"浏览历史记录"区域中的"删除"按钮，如果要设置历史记录天数，先单击"浏览历史记录"区域的"设置"按钮，可以打开"Internet 临时文件和历史记录设置"对话框，如图 3-17 所示，在对话框的"网页保存在历史记录中的天数"数值框中可以输入天数，默认的天数是 20 天。

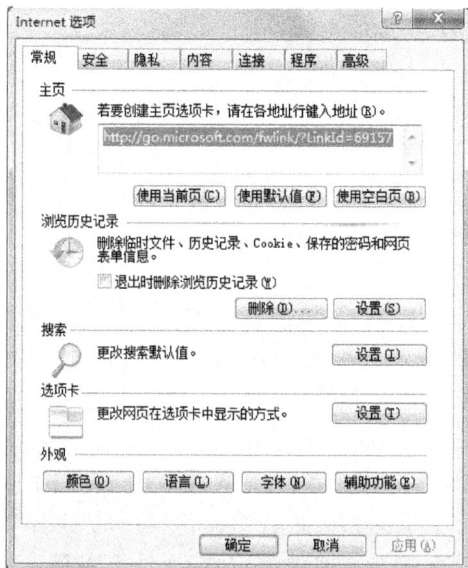

图 3-16　"Internet 选项"对话框

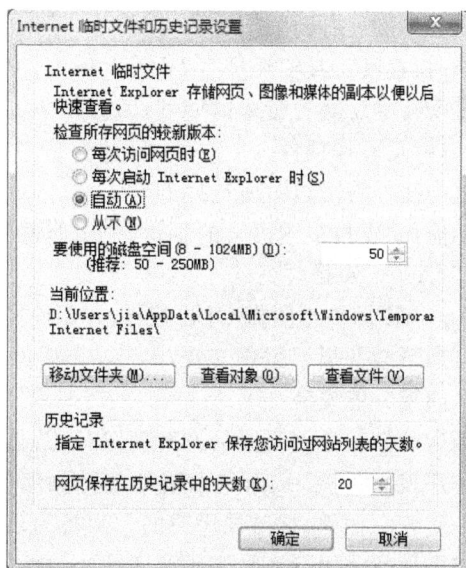

图 3-17　"Internet 临时文件和历史记录设置"

③设置临时文件夹：在默认情况下，访问过的网页被作为临时文件保存在本地计算机的特定的文件夹中，例如，对于名为"jia"的用户，其默认的文件夹可能如下：

D:\Users\jia\AppData\Local\Microsoft\Windows\Temporary Internet Files

放在默认文件夹下的网页，可以方便用户再次浏览或在断开网络的情况下进行脱机浏览，这个文件夹的位置和存放临时文件所占用的磁盘空间都是可以重新设置的。

在"Internet 临时文件和历史记录设置"对话框中，单击"移动文件夹"按钮，可以设置这个临时文件夹的位置。

**3. IE 插件**

插件是一类程序，主要用来扩展软件功能。很多软件都有插件，有些插件由软件公司自己开发，有些则是第三方或软件用户个人开发。IE 插件安装后就成为浏览器的一部分，浏览器一般能够直接调用插件程序。这些插件安装后不仅可以大大提高浏览器的工作效率，同时增强了浏览器处理不同 Web 文件的能力。

IE 浏览器常见的几个插件如下。

(1)Flash 插件

随着网络速度与品质的提升，越来越多的网站使用 Flash 来表达网站的内容，以 Flash 强大的动画与矢量图效果来弥补一般动画与 HTML 指令的不足。

下载并安装完 Flash 插件后，就可以正常浏览带有 Flash 的网页了。

(2)RealPlayer 插件

RealPlayer 插件支持播放更多更全的在线媒体视频，包 MEPG、FLV、MOV 等格式，几乎囊括了所有主流播放格式。它是一个集成的多媒体播放器，可以让你在 Web 上享受更广泛的多媒体体验，它显示和播放多媒体内容，包括交互性的游戏、实况音乐会和广播等。

(3)百度工具栏插件

百度工具栏是一款免费的浏览器工具栏插件，安装后无需登录百度网站即可体验百度搜索的强大功能,搜网页、搜歌曲、搜图片、搜新闻、搜视频,无所不能。

同时,百度工具栏还拥有 IE 首页保护、广告拦截、上网伴侣等多种功能,访问任何网页时均可享受百度工具栏带来的便利,为你带来完美的上网体验。

(4)网页翻译插件

这类插件将可以对所选择的单词、段落或网页进行翻译。Google 工具栏新增了高级网页翻译功能,并支持多国语言的翻译,使用非常方便。

(5)ActiveX 插件

ActiveX 插件也叫做 OLE 控件,ActiveX 插件是当用户浏览到特定的网页时,IE 浏览器即可自动下载并提示用户安装,ActiveX 插件安装前提示必须先下载,然后经过认证,最终用户确认同意方能安装。

因为插件程序由不同的发行商发行,其技术水平也良莠不齐,插件程序很可能与其他运行中的程序发生冲突,从而导致诸如各种页面错误、运行时间错误等现象,影响了正常的浏览。还有一些恶意插件,它监视用户的上网行为,并把所记录的数据报告给插件程序的创建者,以达到盗取游戏或银行账号密码等的非法目的。所以下载安装插件时,一定要选择可信度高的软件公司和一些著名的网站。

### 3.3.5　文件传输

文件传输是指在因特网上进行各种类型文件的传输,也是因特网最早提供的服务之一,简单地说,就是让用户连接到一个远程的称为 FTP 服务器的计算机上,查看远程计算机上的文件,然后将需要的文件从远程计算机上复制到本地计算机上,这一过程称为下载(download),也可以将本地计算机中的文件送到远程计算机上,这一过程称为上传(upload)。文件转输采用文件传送协议(File Transfer Protocol,FTP)。

FTP 的主要作用是使用户连接到某个远程计算机上,该远程计算机已经运行了 FTP 服务器程序,因此称为 FTP 服务器,而用户的机器则称为客户机。

FTP 服务分为普通 FTP 服务和匿名 FTP 服务,普通 FTP 服务对注册用户提供文件传输服务,而匿名 FTP 服务向任何因特网用户提供特定的文件传输服务。

**1. FTP 的访问控制**

使用 FTP 时,首先要知道 FTP 服务器的地址,其一般格式如下:

ftp://用户名:密码@FTP 服务器的 IP 地址或域名/路径/文件名

在上面的格式中,必须输入的是前面的 FTP(服务类型)和域名与 IP 地址之一,其他各部分都可以省略。

用户名和密码是在 FTP 服务器中创建的允许访问该服务器的用户的账号信息,例如,如果某个 FTP 服务器的域名为 abc.com,其中一个用户名为 xyz,密码是 123456,则 FTP 地址如下:

ftp://xyz:123456@abc.com

FTP 服务器使用用户账号来控制用户对服务器中指定文件夹的访问,对于一些公共的信息和文件,访问时不一定都要用户名和密码,这时可以使用匿名 FTP 服务,即不需要账号的访问。

为了保护 FTP 服务器的安全,通常使用匿名 FTP 访问时,只允许用户下载文件而不能上传文件,就算是允许上传,也只能上传到某个指定的文件夹。

**2. FTP 的使用**

在客户端使用 FTP 可通过三种形式,分别是传统的 FTP 命令行、浏览器和 FTP 下载工具。

(1)FTP 命令行方式

使用传统的 FTP 命令行方式,要先将系统切换到"命令提示符"方式,然后在提示符后直接输入 FTP 的命令,例如:ftp 是进行 FTP 会话的命令,quit 或 bye 是结束 FTP 会话的命令,get 是下载命令,put 是上传命令等,在 FTP 提示符后输入 help 命令,则可以显示出 FTP 的各条命令,如图 3-18 所示。

FTP 命令行约有 40 条命令,显然,要记住这些命令及命令中的参数并不容易,因此较少使用。

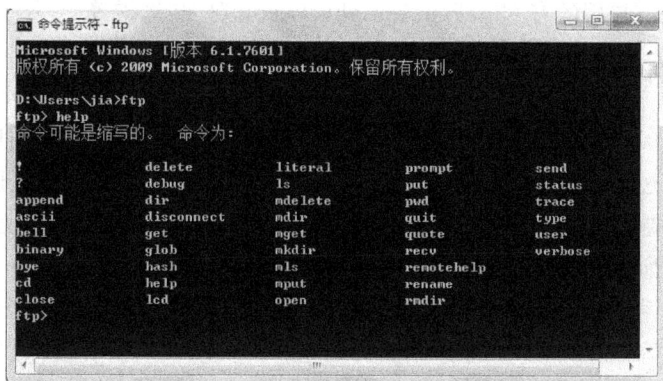

图 3-18　FTP 常用的命令

(2)浏览器方式

使用浏览器进行 FTP 操作时,直接在浏览器的地址栏中输入 FTP 地址即可,如果输入地址时省略了用户名和密码,则输入地址后打开一个对话框,提示用户输入用户名和密码。

例如,假定要访问的 FTP 服务器 IP 地址是 202.117.207.198,则在 IE 的地址栏输入以下的地址:

ftp://202.117.207.198/

这时打开"登录身份"对话框,如图 3-19 所示。

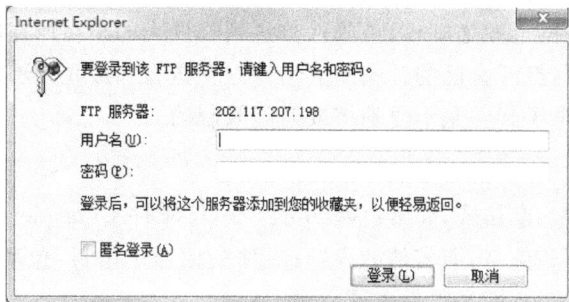

图 3-19　"登录身份"对话框

在对话框中输入用户名和密码,然后单击"登录"按钮,如果输入正确,登录成功后在浏览器中显示该FTP站点中的文件夹和文件。

在指定的FTP文件夹中右键单击要下载的文件夹或文件,弹出快捷菜单,在快捷菜单中选择"复制到文件夹"命令,指定保存路径后单击"确定"按钮,就可以将文件夹或文件下载到本地硬盘的指定文件夹中。

在许多网页中也包含了FTP的链接,如果在这些网页中直接单击链接,也可以使用FTP服务,但这时只能下载文件而不能上传文件。

(3)FTP下载工具

使用FTP命令行或浏览器下载文件时,在没有完成下载(例如还剩下 5%)时,如果网络连接突然中断,在网络恢复连接之后,已经下载的 95% 将前功尽弃,下载操作只能重新开始,如果希望在网络恢复连接之后只下载剩余部分(断点续传),这时,就要使用专门的 FTP 下载工具,这类工具较多,常用的有 CuteFtp、Getight、LeapFTP 和迅雷等。

### 3.3.6　电子邮件

电子邮件(E-mail)是因特网上最基本、使用最多的服务之一。每一个使用过因特网的用户都或多或少使用过电子邮件。电子邮件不仅使用方便,而且还具有传递迅速和费用低廉的优点。现在的电子邮件不仅可以传送文字信息,而且可以传输声音、图像、视频等内容,用户的电子邮箱不受用户所在地理位置的限制。

一个电子邮件系统主要由 3 个部分组成:用户代理、邮件服务器和电子邮件使用的协议,其中的用户代理是客户端的程序,邮件服务器是电子邮件系统的核心构件,其功能是发送和接收邮件,同时还要向发信人报告邮件传送的情况。

#### 1. 电子邮箱简介

使用因特网的电子邮件系统的每个用户要有一个电子邮箱,每个电子邮箱有一个唯一的可以识别的地址,这就是电子邮箱地址(E-mail 地址)。电子邮件地址格式为:

用户名@用户邮箱所在主机的域名

由于一个主机的域名在因特网中是唯一的,而每一个邮箱名(用户名)在该主机中也是唯一的,因此在因特网上每个人的电子邮件地址都是唯一的。

任何一个用户可以将电子邮件发送到某个电子邮箱中,而只有电子邮箱的拥有者才有权限打开信箱,然后阅读和处理信箱中的信件。

发信人可以随时在网上发送邮件,该邮件被送到收件人的邮箱所在的邮件服务器,收件人也可以随时连接因特网,打开自己的邮箱阅读信件。发送方和接收方不需要同时打开计算机,因此,在因特网上收发电子邮件是不受地域或时间限制的。

#### 2. 电子邮件的格式

邮件的结构是一种标准格式,通常由两部分组成,即邮件头(header)和邮件体(body)。邮件体就是实际传送的原始信息,即信件的内容;邮件头相当于信封,包括的内容主要是邮件的发件人地址、收件人地址、日期和邮件主题。

电子邮件一般都包含这几项,它们的含义如下:

- 发件人:表示发送邮件用户的邮件地址。

- 收件人：显示的是接收邮件人的邮件地址。
- 抄送：表示同时可接收到该信件的其他人的电子邮箱地址。
- 日期：显示的是邮件发送的日期和时间。
- 主题：邮件的主题是对邮件内容的一个简短的描述。如果每个邮件都能写一个主题来概括其内容，那么，当收件人浏览邮件目录时，就可以很快知道每个邮件的大概内容，便于选择处理，节约时间。

在这几项中，收件人地址、抄送和主题要求发信人填写，发件人地址和日期通常是由程序自动填写的。

除了邮件头和邮件体外，目前的邮件中还有一个重要的组成部分，就是附件。附件是一个或多个独立的文件，可以是程序、音频、图形、文本等不同类型的信息。

**3. 用户代理**

用户代理是用户和电子邮件系统的接口，大多数的代理都使用图形窗口界面来发送和接收邮件。这类软件有很多，例如 WindowsXP 及以前版本中的 Outlook Express（简称 OE）就是最为常用的用户代理程序，除此之外，还有 DreamMail、Microsoft Office Outlook，等等。

用户代理程序应具有以下的基本功能：

- 撰写信件：给用户提供方便编辑邮件的环境。
- 显示信件：能很方便地在计算机屏幕上显示出来信以及来信附件中的文件。
- 处理信件：包括发送和接收邮件，以及能根据情况按照不同方式对来信进行处理，如删除、存盘、打印、转发、过滤等。

## 3.4　网络信息安全

计算机网络的应用越来越广泛，人们的日常生活、工作、学习等各个方面几乎都会应用到计算机网络。尤其是在电子商务、电子政务以及企事业单位的管理等领域，对计算机网络的安全要求也越来越高。一些恶意者，利用各种手段对计算机网络的安全造成严重威胁。因此，计算机网络的安全越来越受到人们的关注。

### 3.4.1　计算机网络安全威胁和计算机网络安全体系

**1. 网络安全威胁**

计算机网络的主要功能是通信，信息在网络流动过程中有可能受到中断、截取、修改或捏造等形式的安全攻击。信息在网络中正常流动和受到安全攻击的示意如图 3-20 所示。

- 中断：是指破坏者采取物理或逻辑方法中断通信双方的正常通信，如切断通信线路、禁用文件管理系统等。
- 截取：截取是指未授权者非法获得访问权，截获通信双方的通信内容。
- 修改：修改是指未授权者非法截获通信双方的通信内容后，进行恶意篡改。
- 捏造：捏造是指未授权者向系统中插入伪造的对象，传输欺骗性消息。

国际标准化组织对开放系统互联 OSI 环境中计算机网络进行深入研究以后，进一步定义了以下 11 种威胁：

- 伪装：威胁源成功地假扮成另一个实体，随后滥用这个实体的权利。
- 非法连接：威胁源以非法的手段形成合法的身份，在网络实体与网络资源之间建立非法连接。
- 非授权访问：威胁源成功地破坏访问控制服务，如修改访问控制文件的内容，实现了越权访问。
- 拒绝服务：阻止合法的网络用户或其他合法权限的执行者使用某项服务。
- 抵赖：网络用户虚假地否认递交过信息或接收到信息。
- 信息泄露：未经授权的实体获取传输中或存放着的信息，造成泄密。
- 通信量分析：威胁源观察通信协议中的控制信息，或对传输过程中信息的长度、频率、源及目的进行分析。
- 无效的信息流：对正确的通信信息序列进行非法修改、删除或重复，使之变成无效信息。
- 篡改或破坏数据：对传输的信息或存放的数据进行有意的非法修改或删除。
- 推断或演绎信息：由于统计数据信息中包含原始的信息踪迹，非法用户利用公布的统计数据，推导出信息源的来源。

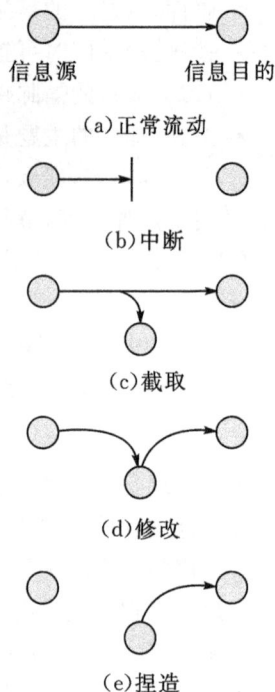

图 3-20　网络攻击示意图

- 非法篡改程序：威胁源破坏操作系统、通信软件或应用程序。

以上所描述的种种威胁大多由人为造成，威胁源可以是用户，也可以是程序。除此之外，还有其他一些潜在的威胁，如电磁辐射引起的信息失密、无效的网络管理等。研究网络安全的目的就是尽可能地消除这些威胁。

**2. 网络安全体系**

针对网络上的安全威胁，ISO 提供了以下 5 种可供选择的安全服务。

①身份认证，身份认证是访问控制的基础，是针对主动攻击的重要防御措施。身份认证必须做到准确无误地将对方辨别出来，同时还应该提供双向认证，即互相证明自己的身份。网络环境下的身份认证更加复杂，因为验证身份一般通过网络进行而非直接交互，常规验证身份的方式（如指纹）在网络上并不常用；再有，大量黑客随时随地都可能尝试向网络渗透，截获合法用户口令，并冒名顶替以合法身份入网，所以需要采用高强度的密码技术来进行身份认证。

②访问控制，访问控制的目的是控制不同用户对信息资源的访问权限，是针对越权使用资源的防御措施。

③数据保密，数据保密是针对信息泄露的防御措施。数据加密是常用的保证通信安全的手段，但由于计算机技术的发展，使得传统的加密算法不断地被破译，不得不研究更高强度的加密算法，如目前的 DES 算法、公开密钥算法等。

④数据完整性，数据完整性是针对非法篡改信息、文件及业务流而设置的防范措施。即要防止网上所传输的数据被修改、删除、插入、替换或重发，从而保护合法用户接收和使用该数据的真实性。

⑤防止否认，接收方要求发送方保证不能否认接收方收到的信息是发送方发出的，而非他人冒名、篡改过的信息；发送方也要求接收方不能否认已经收到的信息。防止否认是针对对方进行否认的防范措施，用来证实已经发生过的操作。

### 3.4.2　网络安全服务层次模型和技术

物理层要保证通信线路的可靠；数据链路层通过加密技术保证通信链路的安全；网络层通过增加防火墙等措施保护内部的局域网不被非法访问；传输层保证端到端传输的可靠性；高层可通过权限、密码等设置，保证数据传输的完整性、一致性及可靠性。表 3-3 列出了网络安全服务层次模型的具体内容。

表 3-3　网络安全服务层次模型内容

| OSI 模型的层 | 对应的安全服务模型的内容 |
|---|---|
| 应用层 | 身份认证、访问控制、数据保密、数据完整 |
| 表示层 | |
| 会话层 | |
| 传输层 | 端到端的数据加密 |
| 网络层 | 防火墙、IP 安全 |
| 数据链路层 | 相邻节点的数据加密 |
| 物理层 | 安全物理信道 |

**1. 数据加密技术**

数据加密技术由来已久，随着数字技术、信息技术、网络技术的发展，数据加密技术也不断发展。比较传统的数据加密方法有以下几种。

(1)凯撒(Caesar)密码加密

凯撒密码又称移位代换密码，其加密方法是：将英文 26 的字母 a、b、c、d、e、…、w、x、y、z 分别用 D、E、F、G、H、…、Z、A、B、C 代换，换句话说，将英文 26 个字母中的每个字母用其后第 3 个字母进行循环替换。假设明文为 university，则对应的密文为 XQLYHUVLWB。

密文转换为明文是加密的逆过程，很容易进行转换。注意此时的密钥为 3。显然凯撒密码仅有 26 个可能的密钥，其中密钥为 1 很容易被破译。

事实上，凯撒密码非常不安全，应该增加密钥的复杂度。如果允许字母表中的字母用任意字母进行替换，也就是说密文能够用 26 个字母的任意排列去替换，则有 26! 种可能的密钥。这样一来，密钥就较难破译。

(2)维吉尼亚(Vigenère)密码加密

维吉尼亚密码是由法国的密码学者在 16 世纪提出的，它属于多表代换密码中的一种。该方法是把英文字母表循环移位 0,1,2,…,25 后得到的密文字母表，作为 Vigenere 方阵。如表 3-4 所示。

表 3-4　英文字母与模 26 剩余之间的对应关系表

| A | B | C | D | E | F | G | H | I | J | K | L | M | N | O | P | Q | R | S | T | U | V | W | X | Y | Z |
|---|---|---|---|---|---|---|---|---|---|---|---|---|---|---|---|---|---|---|---|---|---|---|---|---|---|
| 0 | 1 | 2 | 3 | 4 | 5 | 6 | 7 | 8 | 9 | 10 | 11 | 12 | 13 | 14 | 15 | 16 | 17 | 18 | 19 | 20 | 21 | 22 | 23 | 24 | 25 |

【例 3.1】　对于明文字符串"THEY WILL ARRIVE TOMORROW",采用密钥"k = MONDAY"进行加密处理。加密的过程如下:

第一步:将密钥与明文转化为数字串。根据表 3-4 将密钥与明文转化为以下数字串:

k = (12,14,13,3,0,24)

m = (19,7,4,24,22,8,11,11,0,17,17,8,21,4,19,14,12,14,17,17,14,22)

第二步:对转化得到的数字串进行相应处理。将转化得到的明文数字串根据密钥长度分段,并逐一与密钥数字串相加,对结果求模取余(模 26),得到以下密文数字串:

$$\begin{array}{r} 19\ \ 7\ \ 4\ \ 24\ \ 22\ \ 8 \\ +)\ 12\ \ 14\ \ 13\ \ 3\ \ 0\ \ 24 \\ \hline 5\ \ 21\ \ 17\ \ 1\ \ 22\ \ 6 \end{array} \qquad \begin{array}{r} 11\ \ 11\ \ 0\ \ 17\ \ 17\ \ 8 \\ +)\ 12\ \ 14\ \ 13\ \ 3\ \ 0\ \ 24 \\ \hline 23\ \ 25\ \ 13\ \ 20\ \ 17\ \ 6 \end{array}$$

$$\begin{array}{r} 21\ \ 4\ \ 19\ \ 14\ \ 12\ \ 14 \\ +)\ 12\ \ 14\ \ 13\ \ 3\ \ 0\ \ 24 \\ \hline 7\ \ 18\ \ 6\ \ 17\ \ 12\ \ 12 \end{array} \qquad \begin{array}{r} 17\ \ 17\ \ 14\ \ 22 \\ +)\ 12\ \ 14\ \ 13\ \ 3 \\ \hline 3\ \ 5\ \ 1\ \ 25 \end{array}$$

C= (5,21,17,1,22,6,23,25,13,20,17,6,7,18,6,17,12,12,3,5,1,25)

第三步:再将密文数字串转化成密文字符串。根据表 3-4 经转换得到以下密文字符串:

C= FVRBWG XZNURG HSGRMM DFBZ

解密过程与加密过程类似,不同的是采用的是模 26 减法运算。

(3)插入式加密法

插入式加密法是将明文插入到密文中,既可以把明文字母插入密文单词中,也可以把明文单词插入到密文的句子中。

【例 3.2】　将下列明文单词插入到密文的句子中,形成密文。

明文:THE Game is up. LANDON Has told All For your life.

密文:THE supply of Game For London is Going Steadily up. Head-Keeper LANDON we Deliver;Has Been Now told To Receive All orders,AND For preservation of your hen pleasant life.

解密时,取间隔两个单词的那些单词,还原明文。

在近现代数据加密领域,主要有对称加密和非对称加密手段,并产生了一些标准,最为著名和被广泛应用的包括:

(1)数据加密标准(Data Encryption Standard,DES)

DES 是由 IBM 公司于 20 世纪 70 年代初开发的,于 1977 年被美国政府采用,作为商业和非保密信息的加密标准被广泛采用。

尽管该算法较复杂,但易于实现。它只对小的分组进行简单的逻辑运算,用硬件和软件实现起来都比较容易,尤其是用硬件实现使该算法的速度快。

DES 算法的加密和解密使用相同的密钥,属于一种对称加密技术,通信双方进行通信前必须事先约定一个密钥,这种约定密钥的过程称为密钥的分发或交换。关键是如何进行密钥的分发才能在分发的过程中对密钥保密,如果在分发过程中密钥被窃取,再长的密钥也无济于事。

(2)RSA 算法

该算法是由 R. Rivest,A. Shamir 和 L. Adleman 于 1977 年提出的。RSA 的取名就来于这 3 位发明者姓氏的第一个字母。后来,他们在 1982 年创办了以 RSA 命名的公司 RSA Data Security Inc. 和 RSA 实验室,该公司和实验室在公开密钥密码系统的研究和商业应用推广方面具有举足轻重的地位。

公开密钥加密算法展现了密码应用中的一种崭新的思想。公开密钥加密算法采用非对称加密算法,即加密密钥和解密密钥不同。因此在采用加密技术进行通信的过程中,不仅加密算法本身可以公开,甚至加密用的密钥也可以公开(为此加密密钥也被称为公钥),而解密密钥由接收方自己保管(为此解密密钥也被称为私钥),增加了保密性。

目前,RSA 被广泛应用于各种安全和认证领域,如 Web 服务器和浏览器信息安全、E-mail 的安全和认证、对远程登录的安全保证和各种电子信用卡系统等。

密钥长度越大,安全性也就越高,但相应的计算速度也就越慢。由于高速计算机的出现,以前认为已经很具安全性的 512 位密钥长度已经不再满足人们的需要。1997 年,RSA 组织公布当时密钥长度的标准是个人使用 768 位密钥,公司使用 1024 位密钥,而一些非常重要的机构使用 2048 位密钥。

对称数据加密技术和非对称数据加密技术的区别如表 3-5 所示。

表 3-5　对称数据加密技术和非对称数据加密技术的比较

| | 对称数据加密技术 | 非对称数据加密技术 |
|---|---|---|
| 密钥个数 | 1 个 | 2 个 |
| 算法速度 | 较快 | 较慢 |
| 算法对称性 | 对称,解密密钥可以从加密密钥中推算出来 | 不对称,解密密钥不能从加密密钥中推算出来 |
| 主要应用领域 | 数据的加密和解密 | 对数据进行数字签名、确认、鉴定、密钥管理和数字封装等 |
| 典型算法实例 | DES 等 | RSA 等 |

**2. 网络防火墙技术**

随着因特网的广泛应用以及企业内部网的发展,防火墙(Firewall)成了人们讨论的热门话题。虽然网络安全可以在网络模型的多个层次上实现(如物理层、数据链路层、网络层、应用层),但防火墙技术以其独特的魅力在实现网络安全方面独占鳌头。

防火墙是加强因特网与内联网(Intranet)或内联网与外联网之间安全防范的一个或一组系统。具体来说是指设置在不同网络(如可信任的企业内部网和不可信的公共网)或网络安全域之间的一系列部件的组合。它可通过监测、限制、更改跨越防火墙的数据流,尽可能地对外部屏蔽网络内部的信息、结构和运行状况,以此来实现网络的安全保护。

在逻辑上,防火墙是分析器、分离器和限制器,有效地监控了它所隔离的网络之间的活动,保证了所保护网络的安全。

防火墙是在两个网络之间执行控制策略的系统,可以是软件,也可以是硬件,或两者的结合。

防火墙的功能主要有:

①过滤不安全服务和非法用户。

②控制对特殊站点的访问。

③提供监视因特网安全和预警端点。

根据防火墙作用的不同,可将防火墙的安全控制模型分为以下两种。

①禁止没有被列为允许的访问。在防火墙看来,允许访问的站点是安全的,开放这些服务并封锁没有被列入的服务。这种模型安全性较高,但较保守,即提供的能穿越防火墙的服务数量和类型均受到很大限制。

②允许没有被列为禁止的访问。在防火墙看来,只有被列为禁止的站点才是不安全的,其他站点均可以安全地访问。这种模型比较灵活,但风险较大,特别是网络规模扩大时,监控比较困难。

**3. 防病毒技术**

计算机网络的防病毒技术同样是网络安全的一个重要方面。由于病毒种类繁多并且发展迅速,在计算机网络中应用的防病毒技术绝大多数是应用软件的方法。

计算机病毒具有传染性、破坏性、隐蔽性和潜伏性的特性。

计算机病毒按其感染性质和文件特点主要分为 4 种:系统引导病毒,文件型病毒,复合型病毒,宏病毒。

对计算机病毒的预防可以从管理和技术两方面进行,在一定的程度上,这两方面是相辅相成的,将这两方面结合对防止病毒的传染更有效。

①管理上的预防,是指用管理手段预防计算机病毒的传染。管理人员应充分认识计算机病毒对计算机系统的危害性,制定完善的使用计算机的管理制度。如设置自动升级系统和应用软件,养成备份数据的习惯,注意在使用 U 盘过程中,对其进行病毒扫描和查杀。

②用技术手段预防,是指采用一定的技术措施预防计算机病毒,如使用杀毒软件、防火墙软件,一旦发现病毒及时向用户发出警报等。

目前几乎所有的计算机都会连接网络,而通过网络传播的病毒破坏力越来越强,几乎所有的软、硬件和网络故障都可能与病毒有关,所以当发现计算机有异常情况时,首先应怀疑的就是病毒在作怪,而最佳的解决办法就是用安全管理和杀毒软件对计算机进行一次全面的清查。目前我国网络安全管理已经成熟,出现了一些具有世界领先水平的杀毒软件,如瑞星杀毒软件、360 杀毒软件、金山毒霸等。

## 3.5　网络信息检索

在因特网这个巨大的信息库中如何查找自己需要的信息是上网时经常遇到的问题,因为我们不可能也没有必要知道某类信息所在的所有网站的具体地址,这时,可以采用信息搜索的方法来查找信息,使用的工具是网络搜索引擎。

### 3.5.1　搜索引擎

搜索引擎(Search Engine)是因特网上具有查询功能的网页的统称,随着网络技术的飞速发展,搜索技术的日臻完善,中外搜索引擎已广为人们熟知和使用。任何搜索引擎的设计,均有其特定的数据库索引范围、独特的功能和使用方法,以及预期的用户群指向。它是一些网络服务商为网络用户提供的检索站点,收集了网上的各种资源,然后根据一种固定的规律进行分类,提供给用户进行检索。

一般说来,搜索引擎由搜索软件、索引软件和检索软件三部分组成。

搜索引擎工作时,要按照一定的规律和方式运行特定的网络信息搜索软件,定期或不定期地搜索因特网各个站点,并将收集到的网络信息资源送回搜索引擎的临时数据库;然后利用索引软件对这些收集到的信息进行自动标引,形成规范的索引,加入集中管理的索引数据库;在网络的客户端提供特定的检索界面,供用户以一定的方式输入检索提问式并提交给系统,系统通过特定的检索软件检索其索引数据库,并将从中获得的与用户检索提问相匹配的查询结果再返回客户端供用户浏览。

这三部分的工作过程可简单描述为:

①搜索软件用来在网络上收集信息,执行的是数据采集机制;

②索引软件对收集到的网络信息进行自动标引处理并建立索引数据库,执行的是数据组织机制;

③检索软件通过索引数据库为用户提供网络检索服务,执行的是搜索引擎的用户检索机制。

### 3.5.2　搜索方式

常见的搜索方式有以下几种。

①简单搜索(Simple Search):指输入一个单词(关键词),提交搜索引擎查询,这是最基本的搜索方式。

②词组搜索(Phrase Search):指输入两个单词以上的词组(短语),提交搜索引擎查询,也叫短语搜索,现有搜索引擎一般都约定把词组或短语放在引号""内表示。

③语句搜索(Sentence Search):指输入一个多词的任意语句,提交搜索引擎查询,这种方式也叫任意查询。不同搜索引擎对语句中词与词之间的关系的处理方式不同。

④目录搜索(Catalog Search):指按搜索引擎提供的分类目录逐级查询,用户一般不需要输入查询词,而是按照查询系统所给的几种分类项目,选择类别进行搜索,也叫分类搜索(Classified Search)。

⑤高级搜索(Advanced Search):指用布尔逻辑组配方式查询。

以上的方式中,前三种搜索方式可以合称为语词搜索(Word Search),与高级搜索和目录搜索一道构成三类常见搜索方式。

搜索时,可以使用逻辑运算符 and(和)、or(或)、not(非)进行关键词组合,扩大或缩小检索范围,提高检索效率。对 A、B 两词而言,A and B 是指取 A 和 B 的公共部分(交集),检索结果必须含有所有用"and"连接起来的提问词;A or B 是指取 A 和 B 的全部(并集),检索结果必须至少含有一个用"or"连接起来的提问词;A not B 是指取 A 中排除 B 的部分,检索结果只含有

"not"前面的提问词,而不能含有"not"后面的提问词。B 本身为多词时,可以用括号()分别括起来作为一个逻辑单位。

在所有搜索方式中,还可使用通配符,就像 DOS 文件系统用 * 作为通配符一样,通配符用于指代一串字符,不过每个搜索引擎所用的通配符不完全相同,大多用 * 或?,少数用 $。不少搜索引擎还支持加(＋)、减(－)词操作。

搜索引擎的出现大大方便了用户搜索网络资源信息,但因其本身所固有的差别使不熟悉的用户在检索时难以获得满意的检索效果,为提高检索效率,使用搜索引擎时应注意下面几个问题。

(1)注意阅读搜索引擎的帮助信息

许多搜索引擎在帮助信息中提供了本引擎的操作方法、使用规则及运算符说明,这些信息是用户进行网络信息资源查询所必须具备的知识,是我们检索的指南。

(2)选择适当的搜索引擎

这点非常重要,不同的搜索引擎特点不同,只有选择合适的搜索引擎才能获得满意的查询结果。用户应根据所需信息资料的特点、类型、专业深度等,选择适当的搜索引擎。

(3)检索关键词要恰当

查找相同的信息,不同的用户使用相同的搜索引擎,会得出不同的结果。造成这种差异的原因就是关键词选择不同。选择搜索用关键词要做到"精"和"准",同时还要具"有代表性"。"精"、"准"才能保证搜索到的所需信息,"有代表性"才能保证搜索的信息有用。选择关键词时应注意:不要输入错别字。专业搜索引擎都要求关键词一字不差;注意关键词的拼写形式,如过去式、现在式、单复数、大小写、空格、半全角等;不要使用过于频繁出现的词,否则会搜索出大量的无用结果甚至导致错误;不要输入多义关键词,搜索引擎是不能辨别多义词的,比如,输入"Java",它不知道要搜索的是太平洋上的一个岛,一种著名的咖啡,还是一种计算机语言。

### 3.5.3 常用的搜索引擎

#### 1. 使用 IE 的搜索功能

IE 中提供了信息搜索工具,单击工具栏上的"搜索"按钮,IE 窗口左边显示出搜索栏,在搜索栏的文本框内输入查找的关键字,例如"计算机等级考试""英语四六级考试",然后单击"搜索"按钮,开始检索,检索到的相关网址显示在"搜索"窗口中,单击其中的某一个,就可以在右边的窗口中显示该页的内容。

#### 2. 使用搜索引擎

国内外有很多的网站提供了搜索引擎的功能,在使用搜索引擎搜索信息时,可以使用其提供的高级搜索功能,目的是为了缩小检索范围,提高检索速度。国内的如新浪(www.sina.com)、搜狐(www.sohu.com)、百度(www.baidu.com)等,国外的有 www.yahoo.com、www.excite.com 等。

百度是全球最大的中文搜索引擎、最大的中文网站,2000 年 1 月创立于北京中关村。

百度提供的互联网搜索产品及服务,包括以网络搜索为主的功能性搜索,以贴吧为主的社区搜索,针对各区域、行业所需的垂直搜索,mp3 搜索,以及门户频道、IM 等,全面覆盖了中文网络世界所有的搜索需求。

百度旗下的主要产品及服务如下。

①搜索服务：包括百度网页搜索、百度视频、百度音乐、百度地图、百度新闻、百度图片、百度翻译。

②导航服务：包括 HAO123、网站导航、百度口碑。

③社区服务：包括百度百科、百度空间、百度文库、百度知道、百度贴吧、百度经验、百度旅游。

④游戏娱乐：包括百度游戏、百度应用、百度爱玩。

⑤移动服务：包括掌上百度、百度手机输入法、百度快搜、百度开放服务平台、百度手机地图、百度手机浏览器、百度魔图、百度音乐 APP。

⑥软件工具：包括百度浏览器、百度影音、百度 Hi、百度输入法、百度卫士、百度杀毒。

在使用搜索引擎搜索信息时，可以使用其提供的高级搜索功能，目的是为了缩小检索范围，提高检索速度。

图 3-21 是百度搜索引擎的首页，向文本框中输入关键词后，单击“百度一下”按钮就可进行搜索了。

图 3-21　“百度”搜索引擎主页

下面通过搜索有关“四级英语学习”的内容，说明搜索引擎的使用方法。

在百度主页中间的文本框中输入检索的关键字“英语学习”，然后单击“百度一下”按钮，这时，屏幕显示某一次搜索的结果如图 3-22 所示，从图中可以看出，搜索到的与“英语学习”有关的网页数量是非常多的。浏览器窗口下方显示“百度为您找到相关结果约 100,000,000 个”。

为缩小搜索结果的范围，可以将搜索的关键字再具体一些，这次输入“英语学习四级”，然后单击“百度一下”，这时，屏幕显示搜索的结果如图 3-23 所示。

与刚才搜索的结果相比，这一次搜索结果的范围大大的缩小了，窗口下方提示“百度为您找到相关结果约 13,400,000 个”。

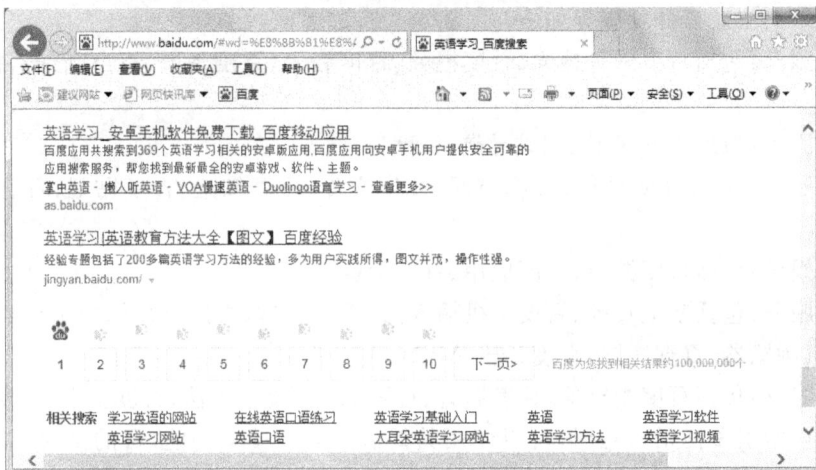

图 3-22　在百度中搜索"英语学习"的结果

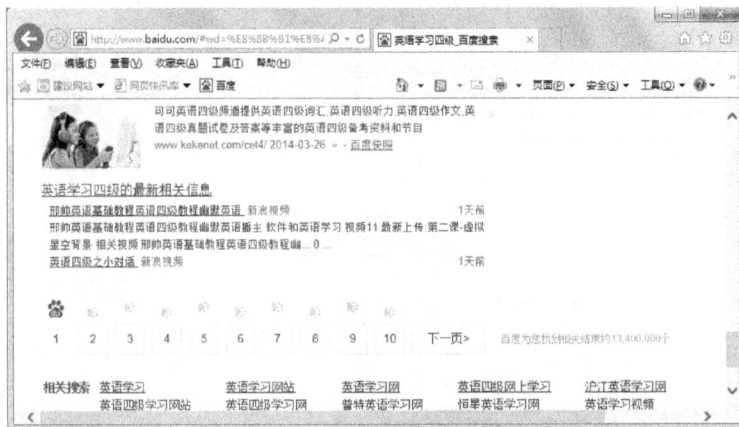

图 3-23　另一次搜索的结果

# 3.6　应用案例

### 3.6.1　使用 DOS 命令查看网络状态

在命令提示符窗口下,分别执行 Ping、nbtstat、netstat 命令,可以查看网络状态,这几个命令的主要功能如下:

**1. Ping**

Ping 命令是用来检查网络是否通畅或者网络连接速度的命令。因为互联网上的机器都有唯一确定的 IP 地址,我们给目标 IP 地址发送一个数据包,对方就要返回一个同样大小的数据包,根据返回的数据包可以确定目标主机是否存在,该命令的常用参数如下:

①在命令提示符窗口中键入:Ping /? 回车,可以显示出全部的参数。

②参数-t:表示将不间断向目标 IP 发送数据包,直到强迫停止发送。

③参数-l:定义发送数据包的大小,默认为 32 字节,最大定义到 65500 字节。

④参数-n:定义向目标 IP 发送数据包的次数,默认为 3 次。

Ping 命令中的目标主机可以是 IP 地址,也可以是主机域名。

**2. nbtstat**

nbtstat 命令可以得到远程主机的 NetBIOS 信息,比如用户名、所属的工作组、网卡的 MAC 地址等,该命令的常用参数如下:

①参数-a:使用这个参数时,只要知道了远程主机的机器名称,就可以得到它的 NetBIOS 信息。

②参数-A:这个参数也可以得到远程主机的 NetBIOS 信息,但需要知道它的 IP。

③参数-n:列出本地机器的 NetBIOS 信息。

**3. netstat**

这是一个用来查看网络状态的命令,该命令的常用参数如下:

①-a 查看本地机器的所有开放端口,可以知道机器所开的服务等信息。

②-r 列出当前的路由信息,告诉我们本地机器的网关、子网掩码等信息。

使用 DOS 命令查看网络状态的操作过程如下:

①执行"开始"→"所有程序"→"附件"→"命令提示符"菜单命令,打开命令提示符窗口如图 3-24 所示。

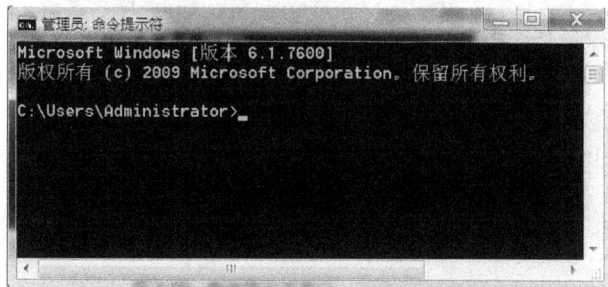

图 3-24　命令提示符窗口

②在命令提示符窗口中键入:Ping 202.117.207.198-n 3,回车后显示内容如图 3-25 所示,显示结果表明目标主机 202.117.207.198 是存在的。

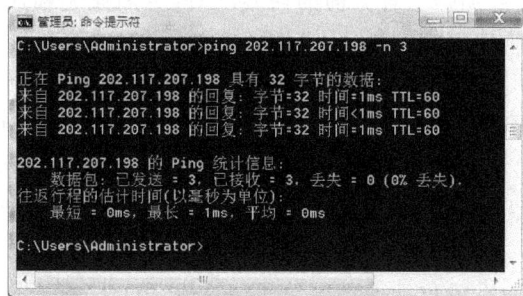

图 3-25　Ping 命令窗口

③在命令提示符窗口中键入:nbtstat-A 202.117.35.153,回车后显示如图 3-26 所示,这

个结果可以确定目标主机 202.117.35.153 的用户名、所属的工作组、网卡的 MAC 地址。

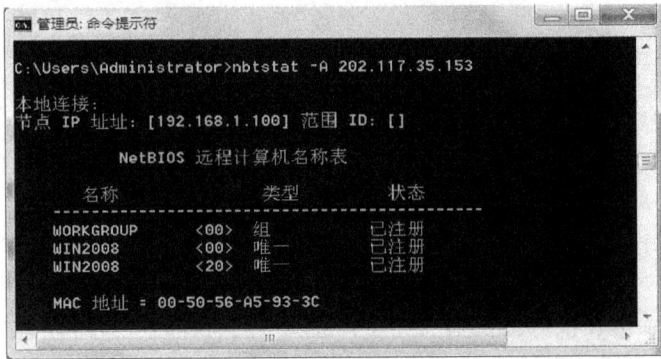

图 3-26　nbtstat 命令窗口

④在命令提示符窗口中键入：netstat-r，回车后显示内容如图 3-27 所示，结果显示本地机器的网关、子网掩码等信息。

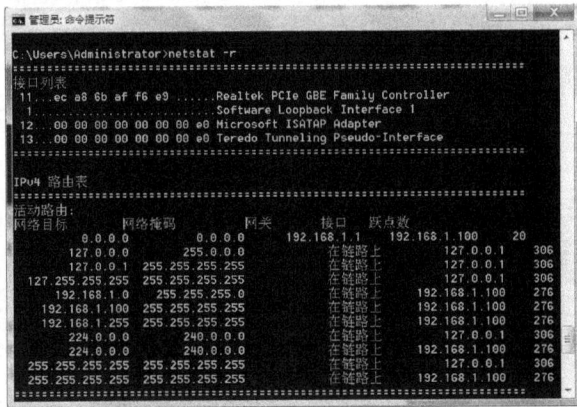

图 3-27　netstat 命令窗口

### 3.6.2　检测和了解计算机的网络状态

Process-X 是一款功能强大的进程管理工具，其前身为"Windows 进程管理器"。作为全新升级版，Process-X 改善并加强了各方面的功能，变得更加强大和成熟。该软件具有进程管理及信息查询、系统服务管理配置及优化、启动项管理、网络连接管理及流量监控及系统信息实时监视等多种功能。

用户可以从官方网站进行下载，软件无需安装，下载解压后，双击可执行文件即可运行，运行后的窗口界面如图 3-28 所示。

Process-X 窗口左侧为一排功能菜单按钮，可以显示或隐藏功能按钮；右侧为软件主窗口，用以显示进程的详细信息；界面上方还有一个搜索框，内置了百度、谷歌及雅虎三种搜索引擎，可以让用户通过互联网查找相关进程更加详细的信息；下方的功能按钮可以结束一个进程或刷新列表。

使用这个软件，可以在用户启动网络应用程序之前，了解计算机操作系统内有多少与网络相关的进程在与网络交换数据，并且了解这些这些进程的性质：是常规应用软件（例如 flash

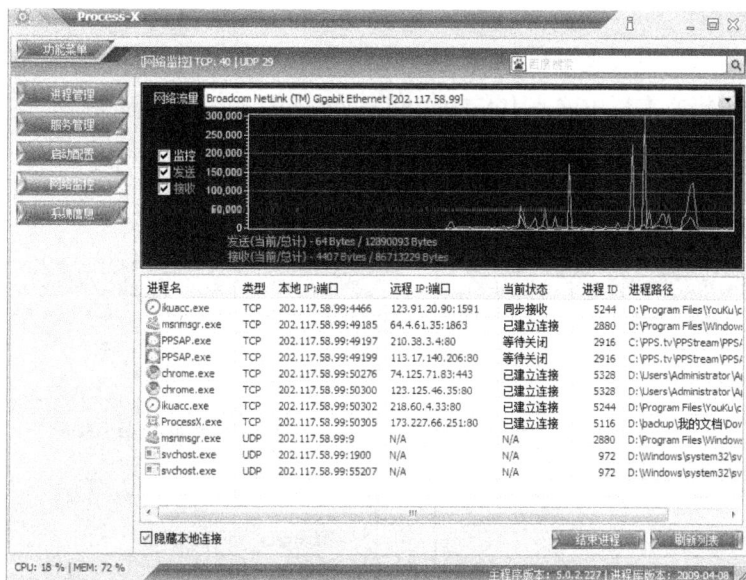

图 3 - 28　使用 process-x 检测主机的网络状态

player)、杀毒软件(例如 360 安全卫士)、操作系统本身上网更新还是恶意的进程。

### 3.6.3　用 CuteFTP 上传和下载文件

用浏览器从 FTP 服务器下载文件时,如果在下载过程中网络连接意外中断,下载文件操作将前功尽弃。FTP 下载工具解决了这个问题,通过断点续传功能可以继续剩余部分的传输。目前常用的 FTP 下载工具主要有:CuteFTP,leapFTP,WS_FTP 等。使用 CuteFTP 软件,可以设置多个帐户,也可以方便地上传文件夹树。

假定已经安装了 CuteFPT,或下载了不用安装的绿色 CuteFTP,建立和清华大学服务器的连接,操作过程如下。

①CuteFTP 软件启动后如图 3 - 29 所示。

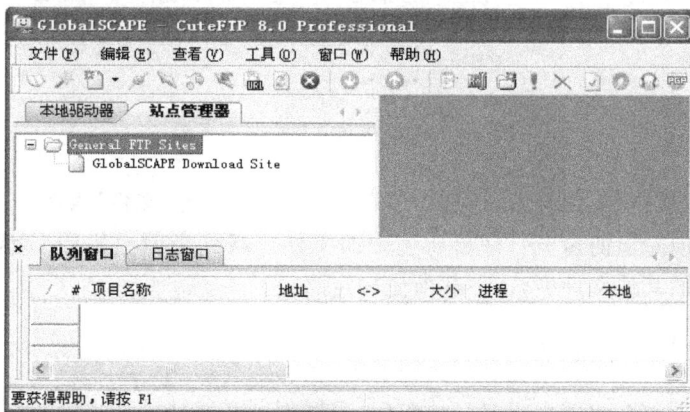

图 3 - 29　CuteFTP 窗口

②单击工具栏上的新建按钮"<img>",弹出站点属性对话框。

③在对话框中：

- 在标签文本框中输入"清华大学"；
- 在地址主机文本框中输入 ftp. tsinghua. edu. cn；
- 在登录方式中选中"匿名"。

设置后的对话框如图 3-30 所示，单击"确定"按钮完成连接的建立，建立的连接如图 3-31 所示。

图 3-30　设置匿名登录服务器

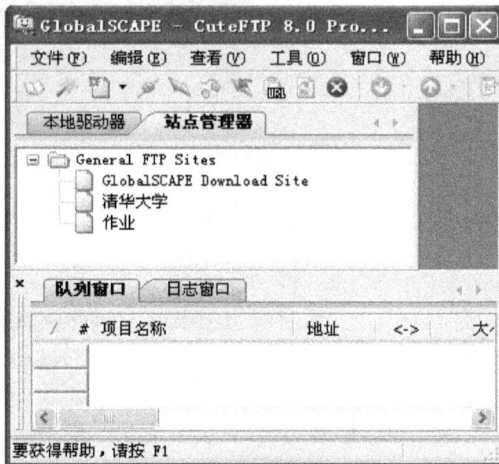

图 3-31　新建的连接

④单击图 3-31 中的"清华大学"连接，在 CuteFTP 软件窗口的右边将显示当前的连接状态，左边显示当前主机的本地驱动器，如图 3-32 所示。

图 3-32　连接到清华大学服务器

⑤双击"相应法规"文件夹后，再选中要下载的文件，单击"文件"菜单中下载命令（或用鼠标左键将文件拖向左边的窗口），即可将选中的文件下载到当前主机的 C 盘根目下。如果要下载至当前主机的其他文件夹，在下载前先确定路径。

### 3.6.4　防火墙的配置

Windows 7 下的防火墙可以打开或关闭、配置规则和选择网络类型，操作过程如下：

①执行"开始"→"控制面板"→"Windows 防火墙"→"打开和关闭 Windows 防火墙"命令打开防火墙窗口，如图 3-33 所示。

从图中可以看出，家庭网络和公用网络的配置是完全分开的，在"启用 Windows 防火墙"

下还有两个选项：

- "阻止所有传入连接，包括位于允许程序列表中的程序"，这个默认即可，否则可能会影响允许程序列表里的一些程序使用。
- "Windows 防火墙阻止新程序时通知我"这一项对于个人日常使用是肯定需要选中的，方便随时作出判断。

如果需要关闭，只需要选择对应网络类型里的"关闭 Windows 防火墙（不推荐）"这一项，然后单击"确定"即可。

图 3 - 33　Windows 防火墙自定义窗口

②执行"开始"→"控制面板"→"Windows 防火墙"菜单命令打开防火墙窗口如图 3 - 34 所示。如果自己的防火墙配置的有点混乱，可以使用图中左侧的"还原默认设置"一项。还原时，Windows 7 会删除所有的网络防火墙配置项目，恢复到初始状态，比如，如果关闭了防火墙则会自动开启，如果设置了允许程序列表，则会将添加的规则全部删除。

图 3 - 34　Windows 防火墙窗口

③允许程序规则配置。单击图 3 - 34 左侧的"允许程序或功能通过 Windows 防火墙"，打

开允许的程序窗口,如图 3-35 所示。

图 3-35　允许的程序窗口

应用程序的许可规则可以区分网络类型,并支持独立配置,互不影响。从图 3-35 中可以看到允许 FTP 服务器的访问。

如果要添加自己的应用程序许可规则,可以通过"允许运行另一程序"按钮进行添加,方法跟早期防火墙设置类似,点击后如图 3-36 所示。

图 3-36　添加程序

选择将要添加的程序名称(如果列表里没有就点击"浏览"按钮找到该应用程序,再点击打开),添加后如果需要删除(比如原程序已经卸载了等),则只需要在图 3-36 中点选对应的程序项,再点击下面的"删除"按钮即可,当然系统的服务项目是无法删除的,只能禁用。

如果还想对增加的允许规则进行详细定制,比如端口、协议、安全连接及作用域等,则需要在高级设置里进行。

④自定义网络类型。在 Windows 7 中,防火墙默认将你的网络划分为家庭或工作网络和公共网络类型。在不同的网络情况下,我们可以轻松方便地切换配置文件,选择不同级别的网

络保护措施。如当我们处于家庭网络中,其他的计算机和设备都是我们所熟悉的,那么这时的配置文件就允许传入连接,可以方便地互相共享图片、音乐、视频和文档库,也可以共享硬件设备,如打印机等;而如果你携带笔记本到了机场、咖啡吧等公共场所,那么在无线连接这样的公共网络中则必须更加重视连接安全,可能需要中断一些传入连接,现在通过 Windows 防火墙我们可以方便地将网络位置切换为"公用网络",以获得更有保障的安全防护。

在控制面板中依次选择"网络和 Internet""网络和共享中心",然后点击界面上的网络类型区域,在弹出的"设置网络位置"窗口中选择即可。

## 本章小结

本章主要介绍了网络基础知识、网络中的基本概念,因特网的基本概念和因特网中的最基本的应用,即 WWW 服务、电子邮件、FTP。

在此基础上,还可以进一步的学习因特网上的其他应用,例如网络通信工具 QQ 的使用、信息的检索与查询、BBS 等应用,熟练地掌握这些应用,使得计算机网络特别是因特网成为我们在工作、学习、娱乐中强有力的工具,也使我们倘徉在因特网的世界中,充分享受网络带给我们的快乐,最大限度地利用全球范围内的巨大网络资源为我们的工作学习服务。

## 本章习题

**一、单选题**

1. 按通信距离划分,计算机网络可以分为局域网、城域网和广域网,下列网络中属于局域网的是(　　)。

　　A. Internet　　　　　B. CERNET　　　　　C. Novell　　　　　D. CHINANET

2. 下列各邮件信息中,属于邮件服务系统在发送邮件时自动加上的是(　　)。

　　A. 收件人的 E-mail 地址　　　　　　　　B. 邮件体内容

　　C. 附件　　　　　　　　　　　　　　　　D. 邮件发送日期和时间

3. 关于电子邮件,下列说法中错误的是(　　)。

　　A. 发送电子邮件需要 E-mail 软件支持

　　B. 发件人必须有自己的 E-mail 账号

　　C. 收件人必须有自己的邮政编码

　　D. 必须知道收件人的 E-mail 地址

4. 目前,一台计算机要连入因特网,必须安装的硬件是(　　)。

　　A. 调制解调器或网卡　　　　　　　　　　B. 网络操作系统

　　C. 网络查询工具　　　　　　　　　　　　D. WWW 浏览器

5. 在网络上信息传输速率的单位是(　　)。

　　A. 帧/s　　　　　　　B. 文件/s　　　　　　C. b/s　　　　　　D. m/s

6. 下列各项中,不能作为 IP 地址的是(　　)。

　　A. 202.96.0.1　　　　　　　　　　　　　B. 202.110.7.12

　　C. 112.256.23.8　　　　　　　　　　　　D. 159.226.1.18

7. 网上的站点通过点到点的链路与中心站点相连,具有这种拓扑结构的网络称为(　　)。

　　A. 因特网　　　　　　B. 星状网　　　　　　C. 环状网　　　　　D. 总线状网

8.因特网中的 IP 地址规定用四组十进制数表示,每组数字的取值范围是(　　　)。

A.0～127　　　　　　B.0～128　　　　　　C.0～255　　　　　　D.0～256

9.接入因特网的每一台主机都有一个唯一的可识别地址,称做(　　　)。

A.URL　　　　　　B.TCP 地址　　　　　　C.IP 地址　　　　　　D.域名

10.调制解调器(Modem)是电话拨号上网的主要硬件设备,它的作用是(　　　)。

A.将计算机输出的数字信号调制成模拟信号,以便发送

B.将输入的模拟信号调制成计算机的数字信号,以便发送

C.将数字信号和模拟信号进行调制和解调,以便计算机发送和接收

D.为了拨号上网时上网和接收电话两不误

11.目前世界上最为流行的网络应用模式为(　　　)。

A.FTP　　　　　　B.电子邮件　　　　　　C.WWW　　　　　　D.社交网络

12.Microsoft 的 IE 是一种(　　　)。

A.网上的搜索软件　　　　　　　　　　B.电子邮件发送程序

C.网上传输协议　　　　　　　　　　　D.网上浏览器

13.下列各指标中,(　　　)是数据通信系统的主要技术指标之一。

A.重码率　　　　　　B.传输速率　　　　　　C.分辨率　　　　　　D.时钟主频

14.计算机网络中常用的有线传输介质有(　　　)。

A.双绞线、红外线、同轴电缆　　　　　　B.同轴电缆、激光、光纤

C.双绞线、同轴电缆、光纤　　　　　　　D.微波、双绞线、同轴电缆

15.连接到万维网页面的协议是(　　　)。

A.HTML　　　　　　B.TCP/IP　　　　　　C.HTTP　　　　　　D.SMTP

16.通过因特网发送或接收电子邮件的首要条件是应该有一个电子邮件地址,它的正确形式是(　　　)。

A.用户名@域名　　B.用户名♯域名　　　C.用户名/域名　　　D.用户名.域名

17.以下各项中,不属于网络协议主要组成要素的是(　　　)。

A.语法　　　　　　B.语义　　　　　　C.优先级　　　　　　D.时序

18.关于客户/服务器应用模式,以下说法正确的是(　　　)。

A.由服务器和客户机协同完成一件任务

B.将应用程序下载到本地执行

C.在服务器端,每次只能为一个客户服务

D.许多终端共享主机资源的多用户系统

19.第二代计算机网络的主要特点是(　　　)。

A.计算机-计算机网络　　　　　　　　B.以单机为中心的联机系统

C.国际网络体系结构标准化　　　　　　D.各计算机制造厂商网络结构标准化

20.为了建立计算机网络通信的结构化模型,国际标准化组织制定了开放互连系统模型,其英文缩写为(　　　),它把通信服务分成(　　　)个标准组,每个组称为一层。

A.OSI/RM,七　　　　　　　　　　　B.OSI/EM,七

C.OSI/RM,五　　　　　　　　　　　D.OSI/EM,五

21.关于 OSI 参考模型,以下陈述正确的是(　　　)。

　　A. 每层之间相互直接通信

　　B. 物理层直接传输数据

　　C. 数据总是由物理层传输到应用层

　　D. 真正传输的数据很大,而控制头小

22. 域名服务器上存放有因特网主机的(　　　)。

　　A. 域名　　　　　　　　　　　　　　B. IP 地址

　　C. 域名和 IP 地址　　　　　　　　　D. E-mail 地址

23. HTML 编写的文档叫(　　　),其后缀名为(　　　)。

　　A. 纯文本文件,.txt　　　　　　　　B. 超文本文件,.html 或 .htm

　　C. Word 文档,.doc　　　　　　　　D. Excel 文档,.xls

24. 形式为 202.117.35.170 的 IP 地址属于(　　　)IP 地址。

　　A. A 类　　　　　B. B 类　　　　　C. C 类　　　　　D. D 类

25. 以下几个网址中,可能属于香港某一教育机构的网址是(　　　)。

　　A. www.xjtu.edu.cn　　　　　　　　B. www.whitehouse.gov

　　C. www.sinA.com.cn　　　　　　　　D. www.cityu.edu.hk

26. IP 地址 192.1.1.2 属于(　　　)地址。

　　A. B 类　　　　　B. A 类　　　　　C. C 类　　　　　D. D 类

27. 以下 URL 写法正确的是(　　　)。

　　A. http://www.xjtu.edu.cn\index.htm

　　B. http:\\www.xjtu.edu.cn\index.htm

　　C. http//www.xjtu.edu.cn/index.htm

　　D. http://www.xjtu.edu.cn/index.htm

28. 以下那个不是万维网的组成部分(　　　)

　　A. 因特网　　　　B. Web 服务器　　　C. 浏览器　　　　D. HTTP 协议

29. 在万维网上,网页是采用(　　　)语言制作的?

　　A. C++　　　　　B. PASICAL　　　　C. HTML　　　　D. HTTP

**二、填空题**

　　1. 因特网服务提供商的英文缩写是_____。

　　2. Telnet 是 Windows 提供的支持因特网的实用程序,称为_____。

　　3. 与 Web 站点和 Web 页面密切相关的一个概念称"统一资源定位器",它的英文缩写是_____。

　　4. 因特网用_____协议实现各网络之间的互联。

　　5. 在计算机网络中,表示数据传输可靠性的指标是_____。

　　6. Internet Explorer 是 Windows 提供的支持因特网的实用程序,称为_____。

　　7. OSI 参考模型中,_____起着衔接上三层和下三层的作用。

　　8. 中国教育和科研计算机网的简称是_____。

　　9. 按拓扑结构分类,计算机网络可以分为树状网、网状网、环状图、星状网和_____网。

　　10. 电子邮件是由邮件头部和_____两部分组成。

　　11. ISO 的开放系统互联参考模型将计算机网络的体系结构分成_____层。

12. World Wide Web 的中文简称是_____。

13. 局域网简称为_____、广域网简称为_____。

14. 计算机网络中常用的有线传输介质包括_____、_____和_____。

15. 万维网的三个组成部分是_____、_____和_____。

16. IPv4 的 IP 地址是一个_____位的二进制数。

17. 计算机网络是_____技术和_____技术相结合的产物。

18. 计算机网络按照其规模大小和延伸距离远近划分为_____、_____和_____。

19. 网络协议主要由三个要素组成,它们是_____、_____和_____。

20. TCP/IP 模型由低到高分别为_____层、_____层、_____层、_____层。

## 三、简答题

1. 什么是计算机网络? 计算机网络的发展经历了哪几个阶段? 计算机网络在逻辑上可以分为哪几部分?

2. 按网络覆盖的范围,计算机网络可以分为哪几类? 它们各自的特点是什么? 校园网一般属于哪类网络?

3. 什么是网络协议? 网络协议的基本要素有哪些? 什么是网络体系结构? 网络分层设计的目的是什么?

4. TCP/IP 协议模型分为哪几层? 属于应用层的协议有哪些? TCP/IP 协议主要应用于哪种网络中?

5. 什么是因特网的物理结构? 简述因特网的工作模式。

6. 计算机网络中使用的传输介质有哪些?

7. 什么是 IP 地址? 简述 IP 地址的分类特点。

8. 什么是 DNS? 因特网的顶级域名分成哪几类?

9. 什么是 MAC 地址? 测试本地计算机上的 MAC 地址。

10. 什么是 ISP? 作为 ISP 应具备哪些条件?

11. 接入因特网的基本方式有哪几种?

12. 什么是搜索引擎? 常用的搜索引擎有哪些?

# 第 4 章　设计网页与创建网站

## 4.1　SharePoint Designer 2007 的使用

SharePoint Designer 2007 是 Office 2007 的组件之一,是网页制作和 Web 管理程序,它是 FrontPage 2003 的升级版本,该软件通过友好的图形界面和多种工具,可以方便地进行网页的制作和网站的创建,也可以将制作的网页发布到指定的站点上,并且在发布之后还可以随时更新站点的内容。

### 4.1.1　SharePoint Designer **2007 简介**

执行"开始"→"所有程序"→"Microsoft Office"→"Microsoft Office SharePoint Designer 2007"命令,可以启动 SharePoint Designer 2007,启动后的窗口如图 4－1 所示。

图 4－1　SharePoint Designer 2007 的窗口

**1. SharePoint Designer 2007 的工作界面**

该窗口主要由标题栏、菜单栏、工具栏、任务窗格、网页编辑区和状态栏组成。

(1)标题栏

标题栏位于窗口的最上方,用来显示当前文档的名称和应用程序的名称,右边有 3 个按钮,分别是"最小化"、"最大化/向下还原"和"关闭"按钮。

(2)菜单栏

菜单栏在标题栏的下方,SharePoint Designer 2007 的菜单栏有"文件""编辑""视图""插入""格式""工具""表格""网站""数据视图""任务窗格""窗口"和"帮助"共 12 个菜单项。

（3）工具栏

工具栏在菜单栏的下方，工具栏中包含了一些常用命令的按钮，将鼠标停留在某个按钮上时，系统会自动显示出该按钮的功能说明，单击这些按钮可以方便地执行相应的命令。

SharePoint Designer 2007 中提供了多种工具栏，例如"常用""格式""表格""代码视图"等，图 4-1 显示的是其中的"通用"工具栏。

执行"视图"→"工具栏"命令，在级联菜单（图 4-2）中列出了 12 个命令，对应 12 个工具栏，命令前面有"✔"符号表示该工具栏已在窗口中显示，单击某个命令可以显示或隐藏相应的工具栏，也可以执行菜单最下面的"自定义命令"，来定义工具栏。右键单击工具栏，在弹出的快捷菜单中也可以显示或隐藏相应的工具栏。

执行级联菜单中的最后一条"自定义"命令，可以打开"自定义"对话框（图 4-3），在对话框中，单击"新建"按钮可以定义新的工具栏，然后可以向新的工具栏中添加新的命令按钮。

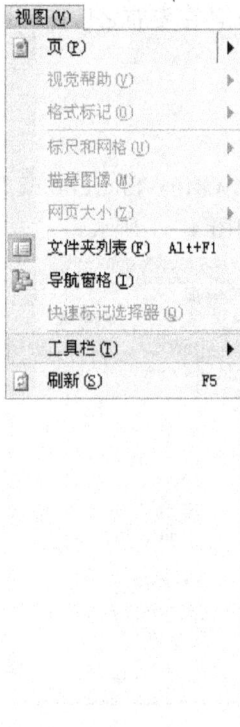

图 4-2 "工具栏"级联菜单          图 4-3 "自定义"对话框

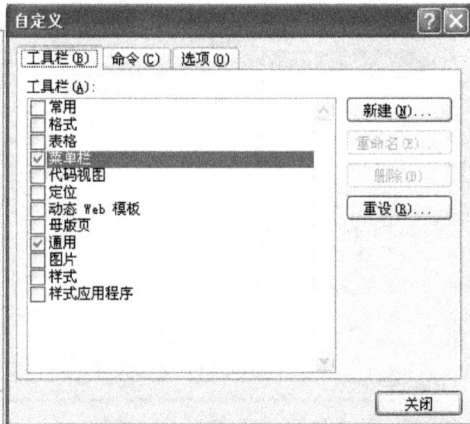

（4）任务窗格

任务窗格中由一些相关功能的命令组成，在 SharePoint Designer 2007 中共有 6 大类 24 个不同的任务窗格。

启动 SharePoint Designer 2007 后，在主界面的左右两侧自动显示部分任务窗格，其中左边默认显示文件夹列表和标记属性任务窗格，右边默认显示的是工具箱和应用样式任务窗格，单击"任务窗格"菜单，菜单中列出了可以使用的任务窗格，在此菜单中可以单击选择需要打开的任务窗格。

将鼠标放在任务窗格的标题栏上，拖动鼠标可以移动任务窗格的位置。任务窗格的右上角有两个按钮，分别是最大化和关闭，最大化时任务窗格占据该任务窗格区的最大区域。

（5）网页编辑区

编辑区是 SharePoint Designer 2007 的工作区域，用来显示或编辑网页与网站。

（6）状态栏

状态栏在窗口的底部，用来显示 SharePoint Designer 2007 的工作状态。

## 2. 网站编辑区的视图方式

SharePoint Designer 2007 编辑网站或网页都可以有不同的视图方式，这些方式可以方便地进行切换。

在 SharePoint Designer 2007 的工作窗口中，单击工作区的"网站"选项卡，可以打开网站视图，该视图的下方出现了 5 个按钮（图 4 - 4），用来在网站编辑区的 5 种方式之间进行转换，这 5 个视图方式的作用如下。

图 4 - 4　视图方式切换按钮

①文件夹视图，该视图方式下可以查看当前打开的网站的文件夹列表。

②远程网站视图，该视图方式下可以查看本地网站与远程网站的同步状态，通过此窗口进行网站发布以及对远程网站进行设置。设置远程网站时，单击"远程网站属性"按钮，在打开的"远程网站属性"对话框（图 4 - 5）中进行设置。

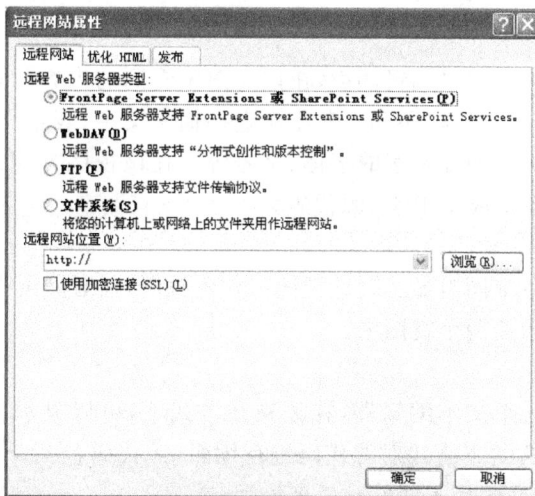

图 4 - 5　"远程网站属性"对话框

③报表视图，该视图在"网站摘要"中列出了当前打开的网站中的各种报表，如图 4 - 6 所示，可以在"网站摘要"中找到要查看的某个报表。

④导航视图，该视图中可以显示当前打开的网站的整体框架，用来设计网站的导航栏和链接栏结构。导航视图中，采用树形结构显示网页之间的关系，将网站中的每个网页显示成一个矩形框，这些矩形框作为树形结构中的一个节点。

⑤超链接视图，该视图用来查看从任何网页链入以及链出到任何网页的超链接。

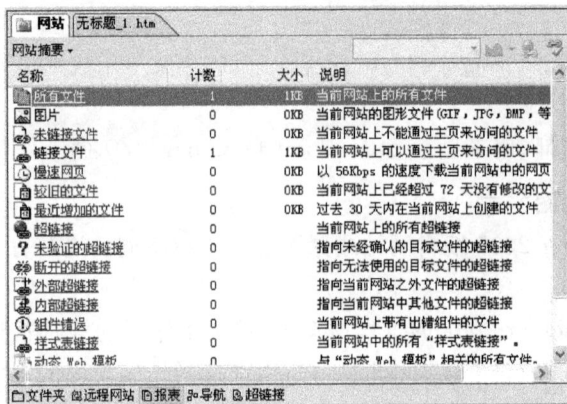

图 4-6　网站摘要

### 3. 网页编辑区的视图方式

在 SharePoint Designer 2007 的工作窗口中，单击工作区的"网页"选项卡，可以打开网页视图，该视图的下方出现了 3 个按钮(图 4-7)，用来在网页编辑区的 3 种视图方式之间进行切换。

图 4-7　网页编辑区视图方式切换按钮

(1)设计视图

该视图是一个可视化的网页编辑环境，在该视图中看到的内容就是在浏览器中浏览网页时看到的内容一样，操作时就像在 Word 中那样直接输入文字、表格、插入图像等各种网页元素，也可以为元素设置属性，例如文字的字体、字号等。在该视图方式下编辑的网页由 Share-Point Designer 2007 自动生成 HTML 源代码。

(2)拆分视图

该方式是在一个窗口中同时显示设计视图和代码视图，在对网页进行编辑时，网页代码和网页浏览的结果同步显示在两个视图中。

(3)代码视图

这种方式实际上是一个文本编辑器，在该视图方式下，可以显示、查看网页的 HTML 源代码，也可以在 HTML 方式下直接对源代码进行编辑，源代码包括 HTML、各种脚本语言和服务器语言，不同类型的代码用不同的颜色来显示。

在编辑网页时，可以随时在这三种视图中进行切换，这几种视图方式只是改变了网页的显示方式，对网页的内容没有任何影响。

### 4. SharePoint Designer 2007 的帮助功能

和其他许多软件一样，SharePoint Designer 2007 也提供了帮助功能，在程序的主界面中执行"帮助"→"Microsoft Office SharePoint Desinger 帮助"命令或直接按 F1 键，可以打开帮助窗口，如图 4-8 所示。

该窗口的"浏览 SharePoint Designer 帮助"列表区域中列出了多个超链接，例如创建网站、母版页等，单击某个超链接可以打开相应的帮助内容。

也可以在窗口的"搜索"文本框中输入要得到帮助信息的关键字例如"网站"，然后单击"搜索"按钮,这时列表区将显示搜索到的与"网站"有关的链接。

　　单击帮助窗口中的"显示目录"按钮 ,在窗口的左侧显示目录列表,如图 4-9 所示,单击某个目录条目,窗口的右侧会显示出该条目的具体内容。

图 4-8　帮助窗口

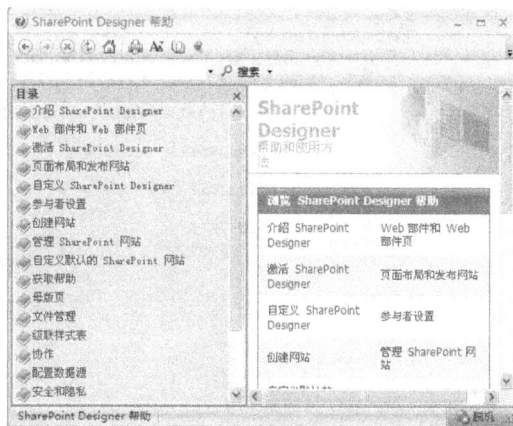

图 4-9　目录列表

### 4.1.2　创建本地站点

　　SharePoint Designer 2007 不仅可以制作网页,也可以制作功能强大的网站,在 Share-Point Designer 2007 窗口中,执行"文件"→"新建"→"网站"命令,可以打开"新建"对话框,如图 4-10 所示。

　　对话框显示,使用 SharePoint Designer 2007 创建本地站点主要有三种方法,分别是创建只有一个网页的网站、新建空白网站和使用"网站导入向导"创建网站。

　　这三种方法都是先在"新建"对话框中选择"常规"子选项后进行选择,然后在"指定新网站的位置"下拉列表框中选择新建网站在本地的存放位置,对于前两种方法,选择后单击"确定"按钮,系统会自动创建一个新的网站,对于第 3 种方法,系统会打开一个"导入网站向导一欢

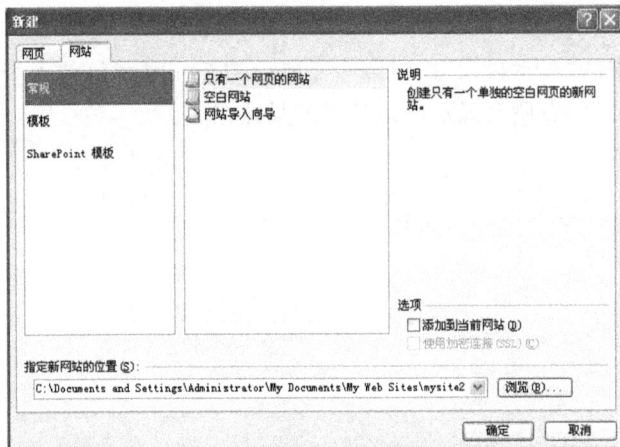

图 4-10 "新建"对话框

迎"对话框,如图 4-11 所示。该向导中,可以从现有网站中导入文件夹,也可以从计算机或网络上的文件夹中导入文件,按向导提示的步骤进行操作即可。

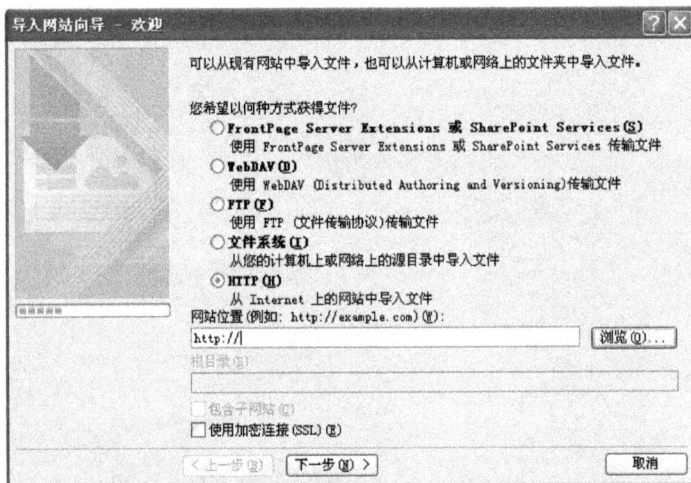

图 4-11 "导入网站向导-欢迎"对话框

### 4.1.3 创建网页

**1. 创建空白网页**

在 SharePoint Designer 2007 窗口中,执行"文件"→"新建"→"网页"命令,可以打开"新建"对话框,如图 4-12 所示。

在对话框的"常规"子选项中选择"HTML",然后单击"确定"按钮,即可创建一个空白的HTML 网页。

创建了一个空白的网页后,就可以向该网页中添加各种不同的元素,例如文本、图形、表格、表单、超链接等,也可以对添加的元素进行格式的设置,例如文本的字体、字号、表格的宽度和高度等。

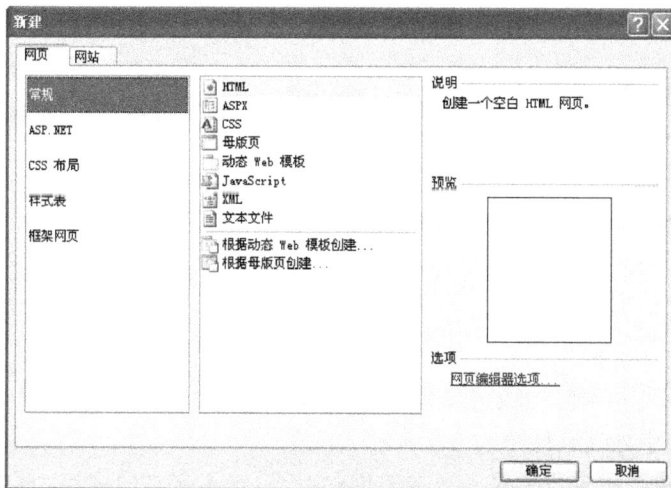

图 4-12　"新建"对话框

## 2. 网页文档的基本操作

对于网页文档,可以进行的操作有新建、打开、保存、关闭等基本操作。

(1)保存网页

保存网页有三种方式,"保存""另存为"和"全部保存"。

执行"文件"→"保存"命令,如果当前网页是首次保存,系统会弹出"另存为"对话框,在对话框中可以设置文档的保存位置和文件名,设置后单击"保存"按钮即可,如果不是首次保存,则将当前正在编辑的网页内容保存到文件中。

在向网页添加元素或编辑网页的过程中,随时可以单击"保存"按钮将所做的修改保存。

(2)打开网页

要打开一个已经存在的网页,可以执行"文件"→"打开"命令,系统会弹出"打开文件"对话框,在该对话框中选择要打开的网页,然后单击"打开"按钮即可。

如果要打开的是最近使用过的网页,可以执行"文件"→"最近使用过的文件"命令,在其子命令中选择要打开的某个文件名。

(3)关闭网页或网站

执行"文件"→"关闭"命令,可以关闭当前正在编辑的网页,执行"文件"→"关闭网站"命令,可以关闭当前打开的网站以及该网站子目录下的所有网页文件。

(4)预览网页

通常在设计视图中看到的网页效果和在浏览器中的效果是相同的,但在实际使用时有时会有一些差别,使用网页预览功能可以方便地查看网页在浏览器中的实际效果。

在实际预览时,可以指定用于预览的浏览器和浏览器的分辨率。

执行"文件"→"在浏览器中预览"命令,级联菜单中列出了已设置的浏览器和默认的浏览器以及不同的分辨率,直接在级联菜单中进行选择即可。

不同的屏幕分辨率下预览的效果也会不同,所以应在不同的分辨率下都进行预览才能得到较好的效果。

　　如果要使用系统默认的浏览器进行预览，也可以直接按 F12 键。

　　执行级联菜单中的"在多个浏览器中预览"命令时，系统会自动打开已安装的所有浏览器分别进行网页的预览。

　　执行级联菜单中的"编辑浏览器列表"命令，可以在打开的"编辑浏览器列表"对话框（图 4-13）中添加其他的浏览器并且指定窗口的大小（即分辨率）。

**3. 网页中的文本编辑**

　　文本是网页中最基本的组成元素，在网页中输入文本和在其他的文字处理软件中输入文本的方法是一样的，首先在编辑窗口中定位要输入文本的位置，然后输入文本的内容，对输入的文本也可以进行各种编辑操作，例如查找、替换等。

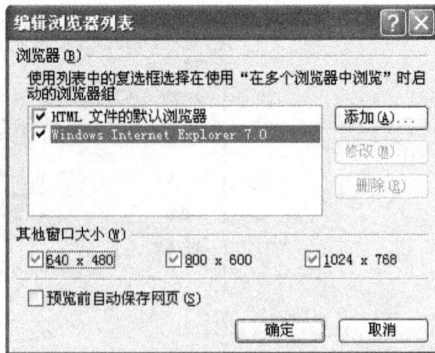

图 4-13　"编辑浏览器列表"对话框

　　（1）查找和替换

　　执行"编辑"→"查找"命令，或"编辑"→"替换"命令，都可以打开"查找和替换"对话框，该对话框中有三个选项卡。

　　第一个选项卡是"查找"（图 4-14），向"查找内容"文本框中输入要查找的内容，然后设置查找的参数，例如"查找范围""方向""高级"，接下来单击"查找下一个"按钮，如果查找到文本，则光标停留在匹配的文本处，如果单击"查找全部"按钮，则在编辑区的下方显示"查找 1"任务窗格（图 4-15），在该窗格中显示出所有符合要求的文本，包括文本所在的网页和网页中的位置。图 4-15 中显示网页"default.htm"中文本"width"出现了 3 次。

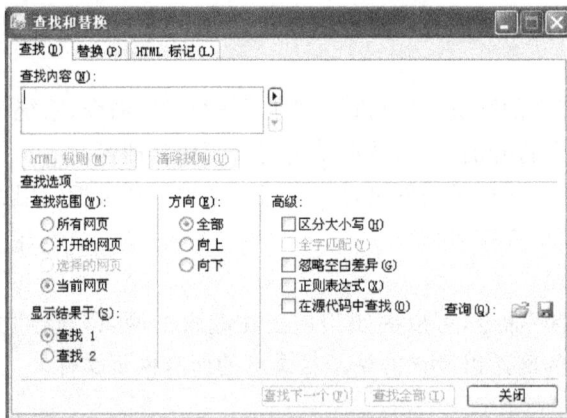

图 4-14　"查找"选项卡

　　第二个选项卡是"替换"（图 4-16），该选项卡中多了一个"替换为"文本框，向"查找内容"文本框中输入要查找的内容，向"替换为"文本框中输入替换后的内容，然后设置查找的参数，设置后可以单击"全部替换""替换"或"查找下一个"按钮进行不同的替换，如果单击"查找全部"按钮，则在编辑区的下方显示"查找 1"任务窗格，在该窗格中显示出所有符合要求的文本。

　　对话框中的第三个选项卡是"HTML 标记"（图 4-17），该对话中的参数与"替换"选项卡

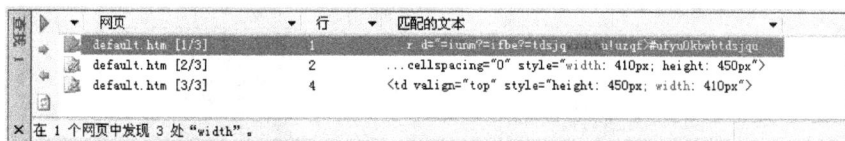

图 4—15　"查找 1"任务窗格

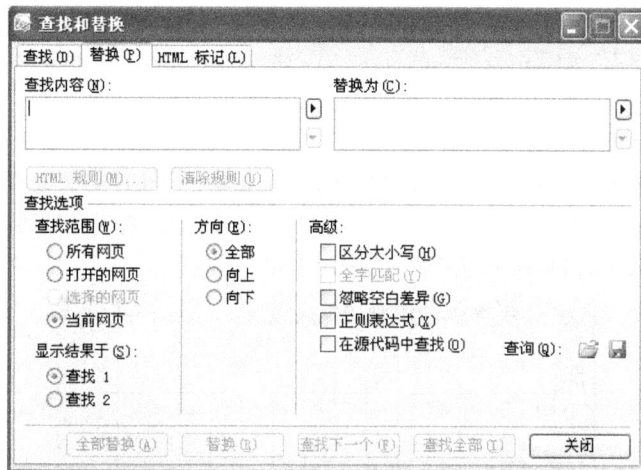

图 4－16　"替换"选项卡

中的参数是一样的,只是"查找内容"和"替换为"两个文本框变成了"查找标记"和"替换操作",这是编辑网页时特有的操作,其中"查找标记"(图 4－18)的下拉列表框中显示了要查找的标记命令,例如"address""applet"等,"替换操作"的下拉列表框中显示了要对查找到的标记命令进行的操作,例如"替换标记和内容"、"删除标记"等。

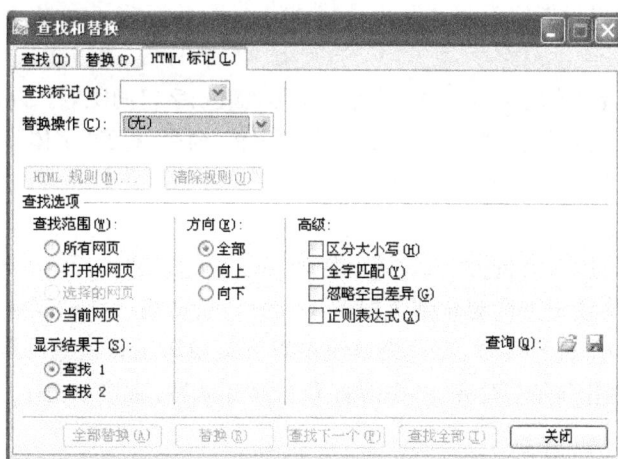

图 4－17　"HTML 标记"选项卡

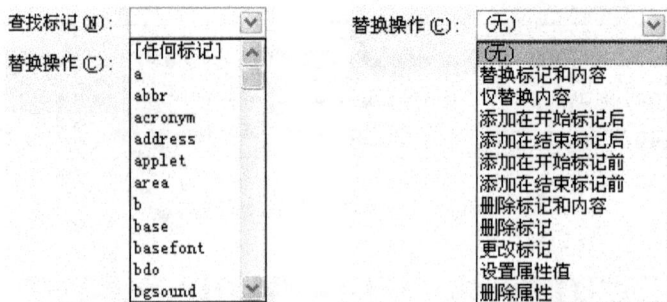

图 4 - 18　　HTML 标记

（2）插入特殊符号

特殊符号是指不能用键盘直接输入的符号，首先要将网页切换到"设计"视图，并将光标定位到要输入符号的位置，然后执行"插入"→"符号"命令，打开"符号"对话框（图 4 - 19），在对话框中选择要输入的字符，最后单击"插入"按钮即可。

图 4 - 19　"符号"对话框

### 4. 设置网页中文本的格式

网页中的文本可以设置字符格式和段落格式。

（1）文本格式

文本格式包括设置文本的字体、字号（大小）、字形、颜色、字符间距等。设置时在网页的"设计"视图中，选择要设置格式的文本，然后执行"格式"→"字体"命令，打开"字体"对话框（图 4 - 20），在对话框中进行设置，设置后单击"确定"按钮。

（2）段落格式

段落格式有对齐方式、缩进方式、段落间距增加段落标志和换行等。设置某个段落的段落格式时，先选择该段落或将光标定位到该段落中，然后执行"格式"→"段落"命令，在打开的"段落"对话框（图 4 - 21）中进行设置，有些设置也可以直接使用工具栏上的按钮。

段落对齐方式常用的有左对齐、居中对齐和右对齐 3 种，直接单击工具栏上相应的对齐按钮即可。

调整段落的缩进量可以通过工具栏上的"增加缩进量"和"减少缩进量"按钮来完成。

（3）边框和底纹

为文本添加边框或底纹，可以对文本进行美化和强调，先选定文本，然后执行"格式"→"边框和底纹"命令，打开"边框和底纹"对话框（图 4 - 22），对话框中有两个选项卡，分别用来设置

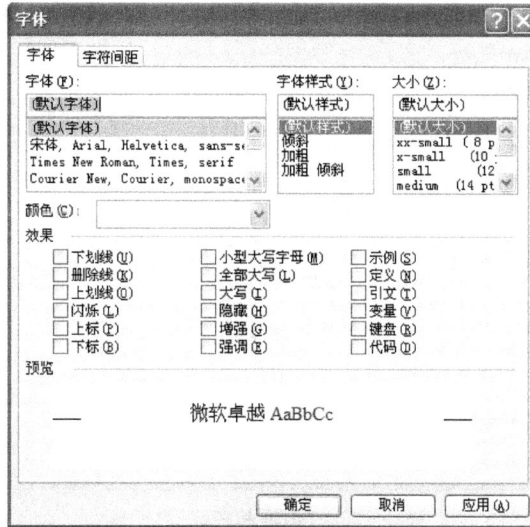

图 4 - 20　"字体"对话框

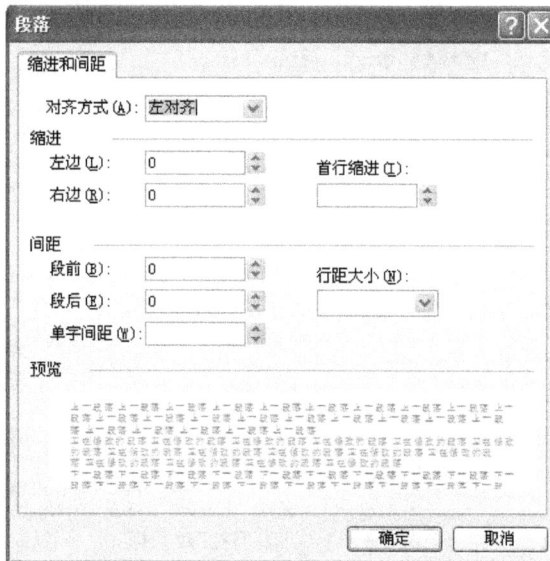

图 4 - 21　"段落"对话框

边框和底纹,设置完成后单击"确定"按钮。

（4）项目符号和编号

网页的文本中一些相关的项目称为列表,包括项目符号列表和编号列表。使用列表可以方便地组织和管理有关的条目,适当地运用列表,可以使网页的内容简洁、层次分明。

项目符号列表中的每一项前面都有一个项目符号列表的图标,而编号列表中每一项则按顺序进行编号。

建立项目符号列表和编号列表的方法是一样的,操作过程如下:

① 输入每个项目的具体内容,每个条目单独成为一段;

② 选择要设置成列表的段落;

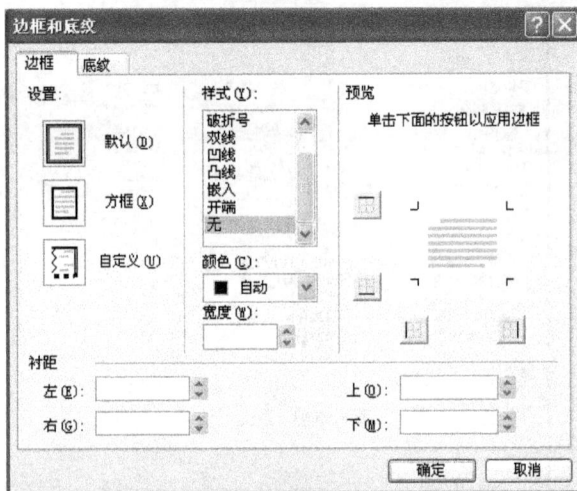

图 4-22 "边框和底纹"对话框

③ 执行"格式"→"项目符号和列表"命令,打开"列表属性"对话框,如图 4-23 所示;

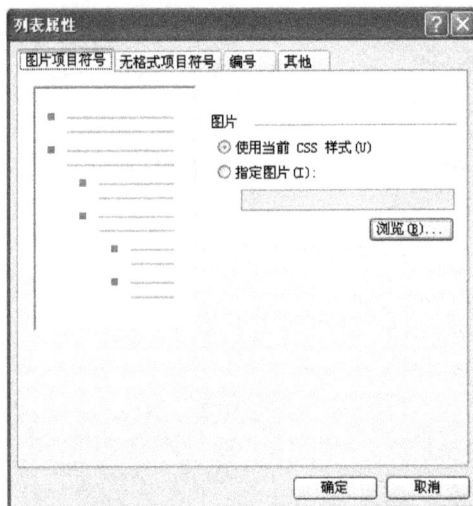

图 4-23 "列表属性"对话框

④ 对话框中有 4 个选项卡,如果要建立项目符号列表,可以选择"图片项目符号"或"无格式项目符号"两个选项卡,在选项卡中选择一种项目符号后,单击"确定"按钮。

如果要建立编号列表,则选择第 3 个选项卡"编号",在选项卡中选择所要的编号方式,然后单击"确定"按钮。

第 4 个选项卡用来设置列表的样式。

**5.设置网页的属性**

网页的属性包括网页的标题、网页中文本和背景的颜色、页边距和编码方式等。

执行"文件"→"属性"命令,打开"网页属性"对话框,对话框中有 6 个选项卡,分别用来设置网页不同的属性。

"常规"选项卡(图 4-24)可以设置网页的标题、说明、背景音乐的位置等。

"格式"选项卡(图 4-25)中可以设置网页的背景图片、文本的颜色、背景的颜色和不同状态的超链接的颜色。

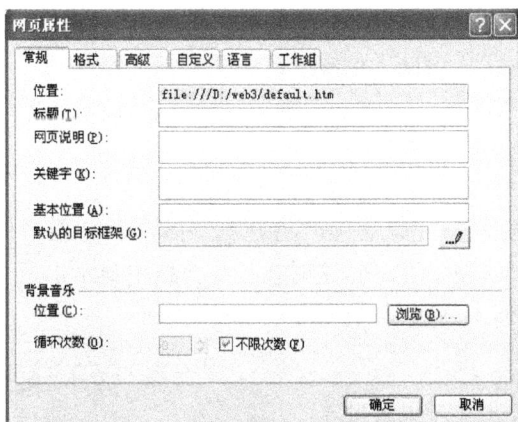

图 4-24　"常规"选项卡　　　　　　　　图 4-25　"格式"选项卡

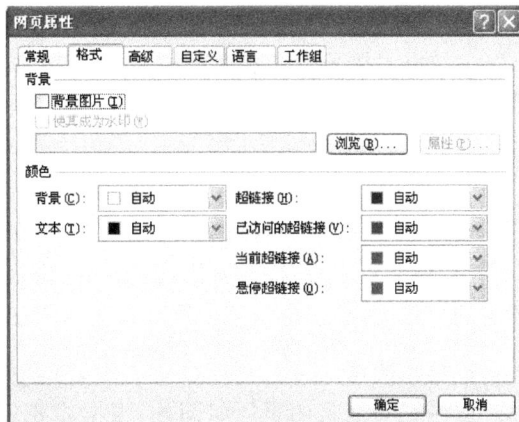

"高级"选项卡用来设置网页的上边距、下边距、左边距和右边距,边距设置使用的单位是像素(px)。

"自定义"选项卡用来设置系统变量和用户变量。

"语言"选项卡用来设置网页语言,例如"中文(中国)"等,设置 HTML 编码使用的字符集,例如"Unicode""GB18030""GB2312"等。

"工作组"选项卡用于设置网页的可用类别等信息。

### 4.1.4　网页中的图片

图片也是网页中重要的元素之一,向网页中插入的图片文件通常有 3 种格式,分别是 JPEG、GIF 和 PNG 格式,这 3 类文件的共同特点是压缩率较高,文件的尺寸较小,相应的下载速度较快。

#### 1. 向网页中插入图片

SharePoint Designer 2007 中向网页中插入的图片可以来自图片文件、来自扫描仪或照相机和来自剪贴画,执行"插入"→"图片"命令,其级联菜单(图 4-26)中显示了这三种方式。

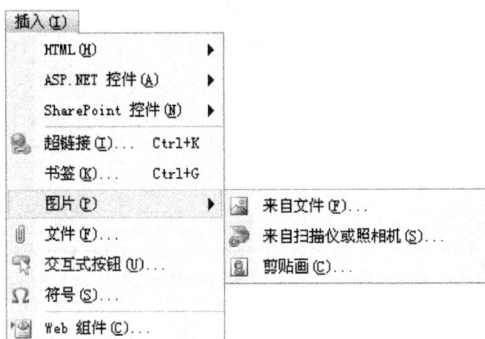

图 4-26　"图片"级联菜单

　　来自文件的图片可以是操作系统自带的,也可以是使用其他图形编辑软件创建的,向网页中插入图片的操作过程如下:

　　① 将插入点定位到要插入图片的位置;

　　② 执行"插入"→"图片"→"来自文件"命令,打开"图片"对话框;

　　③ 在对话框中选择图片文件所在的位置和文件名,然后单击"插入"按钮,这时,选中的图片被插入到网页中。

　　将扫描仪或照相机和计算机连接后,也可以将该设备中的图片插入到网页中。

　　剪贴画是 Office 自带的一系列图片,执行"插入"→"图片"→"剪贴画"命令后,在窗口的右侧会显示"剪贴板"任务窗格,单击任务窗格中的"搜索"按钮,这时在任务窗格中显示出所有类型的剪贴画,直接单击某个图片即可将该图片插入到网页中。

### 2. 编辑图片

图 4 - 27　图片控点

　　向网页中插入的是原始图片,根据需要还要进行一些编辑才能符合要求,包括调整图片的大小、位置、色彩和分辨率等。

　　在编辑图片之前要先在设计视图中选中图片,被选中的图片右边线的中间、下边线的中间和右下角出现 3 个控制点,如图 4 - 27所示。

　　将鼠标停在控制点上,鼠标形状变成双箭头,左右拖动右边的控点可以改变图片的宽度,上下拖动下边的控点可以改变图片的高度,拖动右下角的控点则可以同时改变图片的宽度和高度。

　　在设计视图中可以直接拖动图片到网页上需要的位置,如果要精确地指定图片大小和位置,可以在"定位"对话框中进行设置,方法是执行"格式"→"定位"命令,打开"定位"对话框(图 4 - 28),单击对话框中"定位样式"中的"绝对"或"相对"后就可以设置位置和大小了。

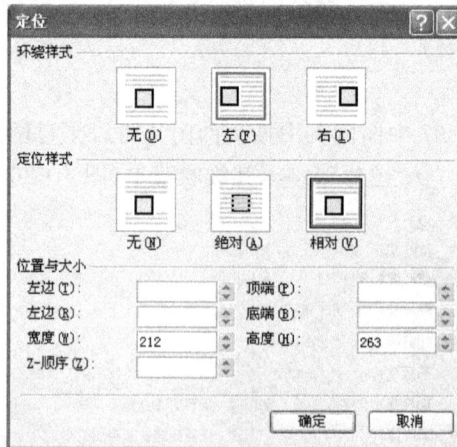

图 4 - 28　"定位"对话框

　　SharePoint Designer 2007 提供了图片类型转换功能,可以更改网页中的图片文件类型,方法是右键单击要更改类型的图片,然后执行快捷菜单中的"更改图片文件类型"命令,打开"图片文件类型"对话框,如图 4 - 29 所示,对话框中列出了几种常用图片格式的特点,单击选择要转换的类型,然后单击"确定"按钮。

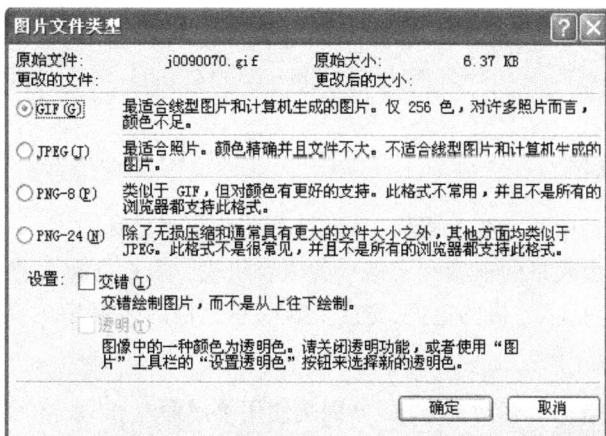

图 4 - 29　"图片文件类型"对话框

也可以对图片添加边框,设置方法与对文本添加边框是一样的,都是执行"格式"→"边框和底纹"命令,在打开的对话框中设置框线的线型、宽度和颜色。

在网页中也可以设置图片与周围文本之间的位置关系,包括环绕方式和图片边距,即图片与周围元素之间的距离,方法是右键单击图片,然后执行快捷菜单中的"图片属性"命令,打开"图片属性"对话框,在该对话框中的第 2 个选项卡"外观"(图 4 - 30)中可以设置环绕方式的图片边距。

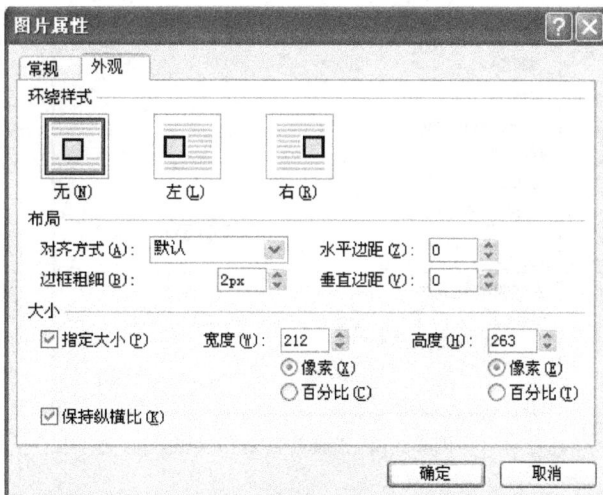

图 4 - 30　"图片属性"对话框

如果还要对图片进行其他的编辑操作,例如旋转、翻转、改变对比度、改变亮度、裁剪等,可以使用"图片"工具栏上的按钮。要使用该工具栏,先右键单击图片,在快捷菜单中执行"显示图片工具栏"命令;或执行"视图"→"工具"→"图片"命令,这时窗口中显示"图片"工具栏,如图4 - 31 所示。

图 4-31　"图片"工具栏

### 4.1.5　编辑表格

表格同样也是网页中的重要元素,它是网页布局的重要工具。

一个完整的表格由表格的框架和表格中的内容组成。表格框架由若干行若干列的单元格组成,表格的格式中包括单元格的高度、宽度、边框、单元格的间距等。

**1. 插入表格**

向网页中插入表格主要有两种方法,分别是使用菜单命令和"表格"工具栏。

在设计视图中,将光标定位在网页中要插入表格的位置,然后执行"表格"→"插入表格"命令,打开"插入表格"对话框,如图 4-32 所示。

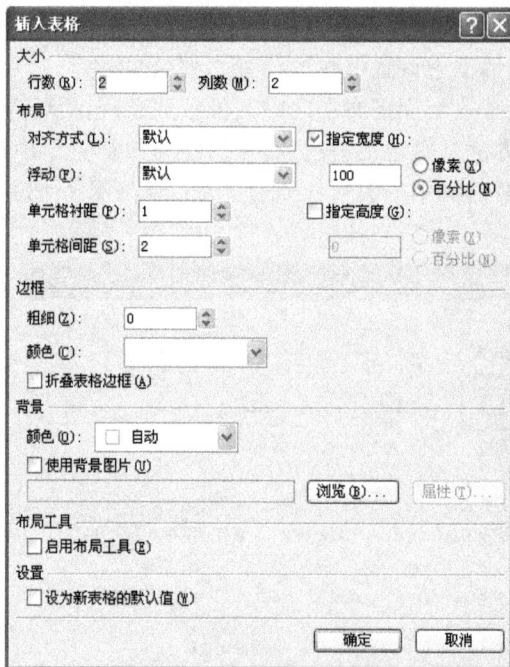

图 4-32　"插入表格"对话框

在该对话框中,可以对要插入的表格的各种属性进行设置,例如大小、布局、边框、背景,其中最基本是大小属性中的行数和列数,设置后单击"确定"按钮即可。

使用工具栏可以手工绘制表格,执行"视图"→"工具"→"表格"命令,在窗口显示"表格"工具栏,如图 4-33 所示。

使用工具栏中的"绘制布局表格"按钮 和"绘制布局单元格"按钮 可以手工绘制布局表格,表格绘制完成后,还可以使用"表格自动套用格式"按钮 对表格进行设置格式。

图 4-33　"表格"工具栏

**2. 输入单元格内容**

向表格的单元格中输入的可以是文本、图片、Flash 动画等各种网页元素,输入方法与向网页中输入的方法是一样的,例如执行"插入"→"图片"→"来自文件"命令,可以向单元格中输入图片,在输入元素时先定位要输入内容的单元格。

**3. 编辑表格**

对完成的表格可以根据需要进行各种编辑操作,主要包括行、列、单元格的插入和删除,单元格的合并与拆分。

插入操作有插入行、插入列和插入单元格。先选择单元格,然后单击右键,在快捷菜单中"插入"命令的级联菜单(图 4-34)中选择相应的命令。

删除操作同样有删除行、删除列和删除单元格。先选择单元格,然后单击右键,在快捷菜单中"删除"命令的级联菜单(图 4-35)中选择相应的命令,级联菜单中的第 1 条命令是删除整个表格。

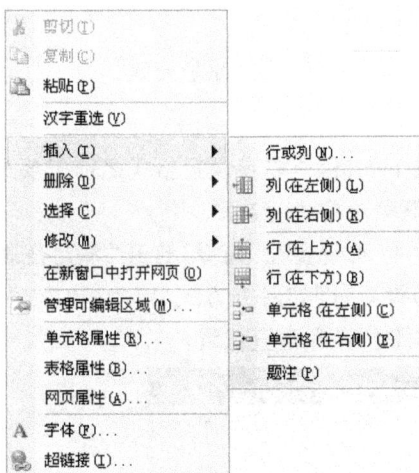

图 4-34　"插入"级联菜单

图 4-35　"删除"级联菜单

合并单元格是将多个相邻的单元格合并成为一个单元格,合并时,先选定要合并的多个单元格,然后在选定区域单击右键,在快捷菜单(图 4-36)中执行"修改"→"合并单元格"命令即可。如果合并前各个单元格中已有内容,则合并后每行单元格的内容按从左到右,各行按从上到下的顺序也合并到一个单元格中。

拆分一个单元格时,右键单击该单元格,然后执行"修改"→"拆分单元格"命令,这时打开"拆分单元格"对话框,如图 4-37 所示。

在对话框中可以选择将单元格拆分成列或拆分成行,然后设置拆分后的列数或行数,最后单击"确定"按钮即可。

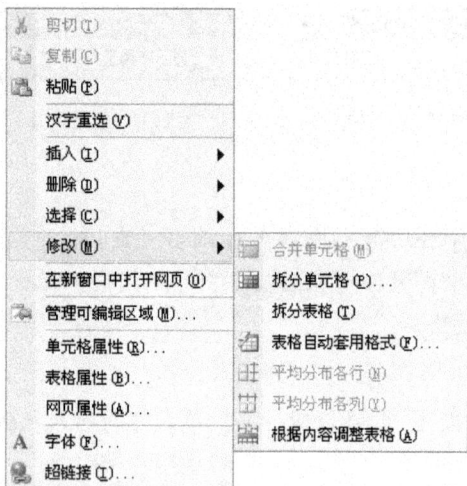

图 4-36 "修改"级联菜单

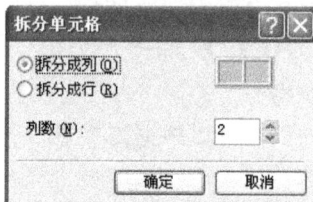

图 4-37 "拆分单元格"对话框

**4. 设置表格格式(属性)**

对于表格,可以设置的格式有表格大小、行高、列宽、对齐方式、背景等,这些操作可以在"表格属性"对话框中完成。右键单击表格,在快捷菜单中执行"表格属性"命令,即可打开"表格属性"对话框,该对话框的内容与"插入表格"对话框是一样的。

对于表格大小、行高、列宽的设置,也可以简单地通过拖动鼠标来完成。

**5. 设置单元格格式(属性)**

设置单元格格式可以针对单元格、行、列或整个表格,所以在设置格式之前先要进行选择,右键单击单元格,在快捷菜单的"选择"命令的级联菜单中进行选择。

选择单元格后单击右键,在快捷菜单中执行"单元格属性"命令,打开"单元格属性"对话框,如图 4-38 所示,对话框中包含了表格属性的设置,例如对齐方式、跨距、边框、背景等,其中对齐方式是指单元格中的内容在单元格中的水平位置和垂直位置。

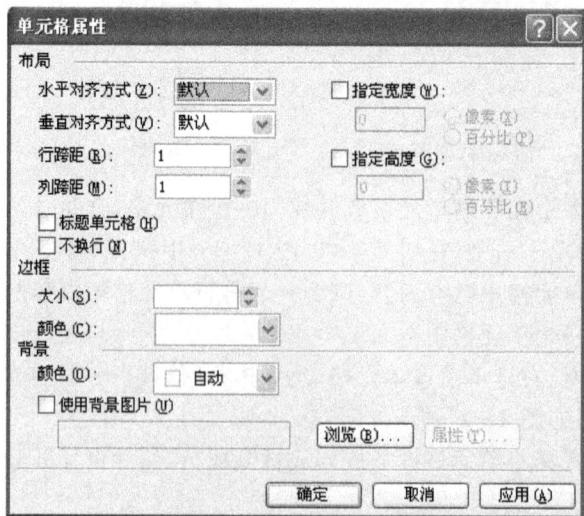

图 4-38 "单元格属性"对话框

## 4.1.6　超链接

使用超链接可以在一个网页中方便地跳转到指定的目标,这个目标可以是其他的站点、网页、同一网页中的不同位置、一个图片、一个应用程序、某个电子邮箱的地址等。

用来创建链接的对象可以是一段文本,也可以是一个图片,将鼠标移动到有超链接的位置时,该对象会显示出手的形状,单击该对象时可以跳转到该链接的目标对象。

### 1.创建超链接

虽然链接的目标有很多,但创建超链接的主要过程是一样的:

① 在网页中选中作为超链接的文本或图片;

② 执行"插入"→"超链接"命令,打开"插入超链接"对话框,如图 4-39 所示;

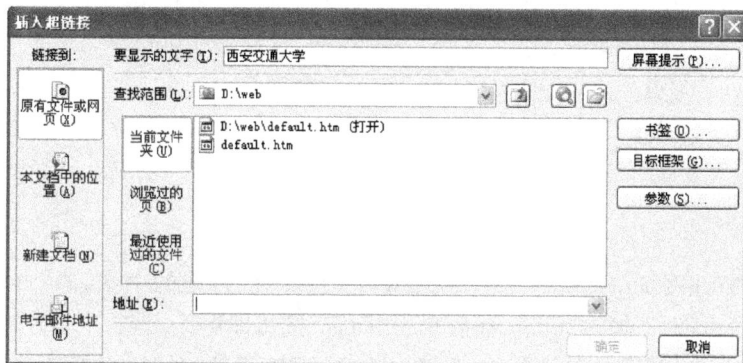

图 4-39　"插入超链接"对话框

③ 在对话框中选择链接的目标,例如相关的网页或文件,或向地址栏中输入 URL 地址,然后,单击"确定"按钮。

如果是对文本创建了超链接,则插入了超链接后的文本变成带有下划线的蓝色文本。

在设计视图中,将鼠标停留在创建了超链接的地方,会出现提示框,框内显示"请用 Ctrl+Click 跟踪超链接",如果这时按下 Ctrl 键并单击鼠标,则会跳转到链接的目标。

下面解释链接到一些特殊目标的操作方法。

(1)链接到一个邮件地址

在"插入超链接"对话框中单击"电子邮件地址"按钮,这时"插入超链接"对话框变成图 4-40 所示的内容,在该对话框中输入电子邮件的地址,然后单击"确定"按钮。

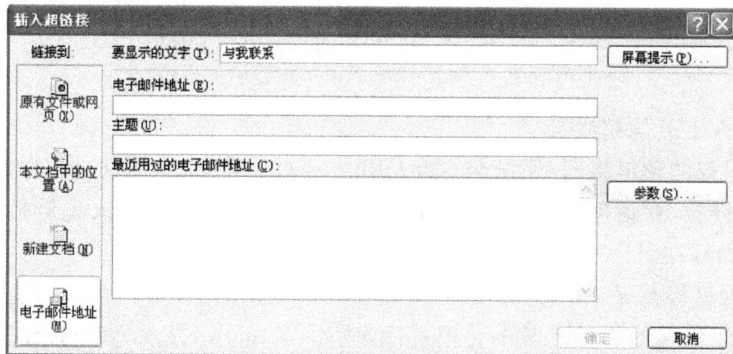

图 4-40　链接到电子邮件

链接到邮件地址后,在网页中单击该链接时,将会打开邮件编辑器,向设置的电子邮件地址发送编辑的邮件。

(2)链接到书签

书签是对网页中某个位置所作的标记,要链接到某个文件中的某个具体位置时,可以将该位置的标记作为链接的目标,所以要创建链接到书签,先要在网页中创建书签。

创建书签的方法是先定位要创建书签的位置,然后执行"插入"→"书签"命令,打开"书签"对话框,如图 4 - 41 所示。

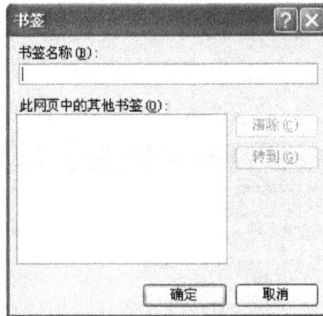

图 4 - 41　"书签"对话框

对话框中的"此网页中的其他书签"列表框中会显示已创建的书签,向"书签名称"文本框中输入书签的名称,例如输入"abc",然后单击"确定"按钮即可。

在"插入超链接"对话框中单击"本文档中的位置"按钮,这时"插入超链接"对话框变成图 4 - 42 所示的内容,该对话框"请选择文档中的位置"列表框中列出了文档中已创建的标签,选择要链接的标签,然后单击"确定"按钮。

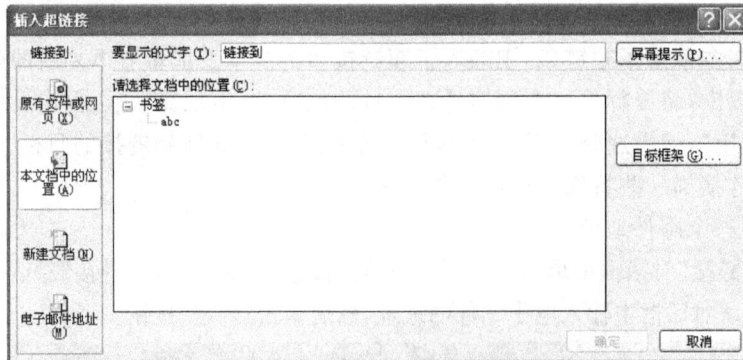

图 4 - 42　链接到书签

(3)创建用来下载的超链接

单击用来下载的超链接时,系统会自动打开下载页面,用来下载文档。

在"插入超链接"对话框中单击"原有文档或网页"按钮,这时"插入超链接"对话框变成图 4 - 43 所示的内容,在对话框中选择了某个文件后,单击"确定"按钮。

如果链接的目标是某个文档文件,例如 Word、Excel、PDF 等,则在浏览器中直接显示该文件的内容,如果链接的目标是某个应用程序,例如 Windows 中的计算器程序"calc. exe",则会弹出"文件下载"对话框,如图 4 - 44 所示,可根据需要选择"运行"或"保存"。

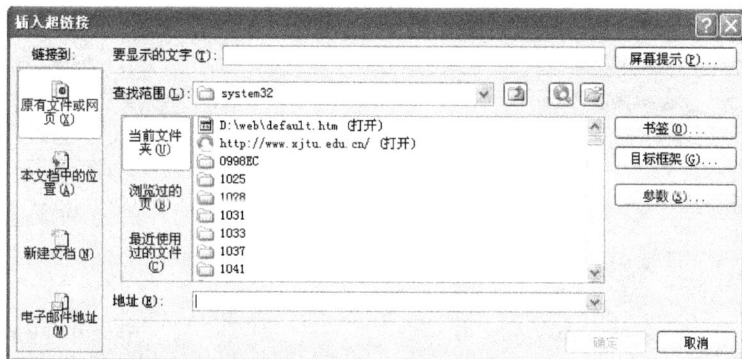

图 4 - 43  链接到文件

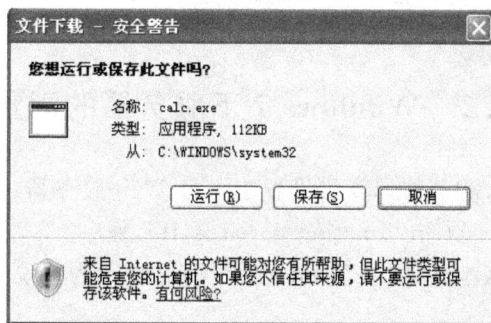

图 4 - 44  "文件下载"对话框

（4）创建图片内的热点超链接

图片内的热点超链接，是指将一幅图片划分为若干个区域，每个区域都可以创建独立的超链接，这若干区域称为图片的热点。显示网页时，用鼠标单击不同的热点，可以链接到不同的目标。

创建热点超链接的过程如下：

① 选择需要创建热点超链接的图片。

② 在"图片"工具栏中根据热点的形状确定单击长方形热点按钮□、圆形热点按钮○或多边形热点按钮☒。

③ 在图片区域用鼠标画出具体的形状，释放鼠标后，屏幕出现"插入超链接"对话框。

④ 在对话框中设置链接的目标，然后单击"确定"按钮。

⑤ 重复②～④步，创建其他的热点超链接。

**2. 编辑超链接**

选择已经创建的超链接，执行"插入"→"超链接"命令，或单击右键，在快捷菜单中执行"超链接"命令，都可以打开"编辑超链接"对话框，如图 4 - 45 所示。该对话框的内容与"插入超链接"的对话框非常相似，只是在右下角多了一个"删除链接"按钮。

在此对话框中可以修改链接的目标，也可以单击"删除链接"按钮取消已创建的链接。

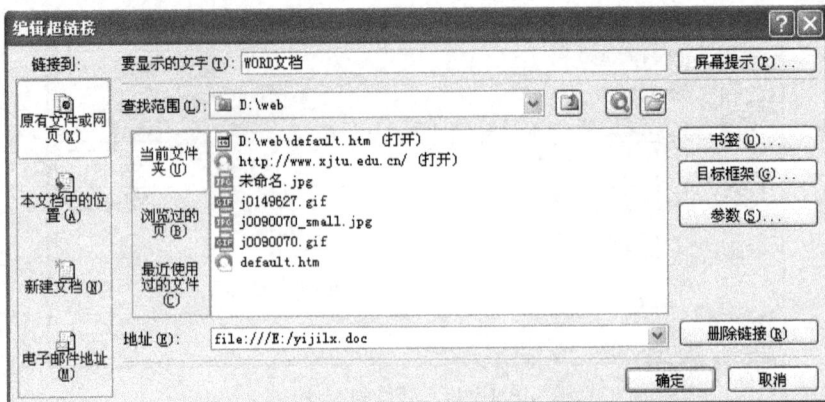

图 4-45　"编辑超链接"对话框

# 4.2　Windows 7 下服务器的配置

为了测试网站的发布,需要将计算机设置为一台 Web 服务器,为此,需要安装 Microsoft 的 Internet 信息服务(Internet Information Services,IIS)程序。

IIS 程序也有不同的版本,下面以 Windows 7 下的 IIS 7 为例说明 IIS 的安装、配置以及网页的发布。

### 1. 安装 IIS 7

①打开控制面板,如图 4-46 所示。

图 4-46　"控制面板"窗口

②在控制面板中单击"程序"按钮,控制面板的显示如图 4-47 所示。

③在控制面板中单击"打开或关闭 Windows 功能"按钮,这时打开"Windows 功能"窗口,如图 4-48 所示。

④在"Windows 功能"窗口中选择"Internet 信息服务",选择其中的"万维网服务",并在其

图 4－47　"控制面板"窗口

下的"安全性"中选择"Windows 身份验证"、"基本身份验证"等,然后在"应用程序开发功能"中选中"ASP. NET",如图 4－49 所示。

图 4－48　"Windows 功能"窗口

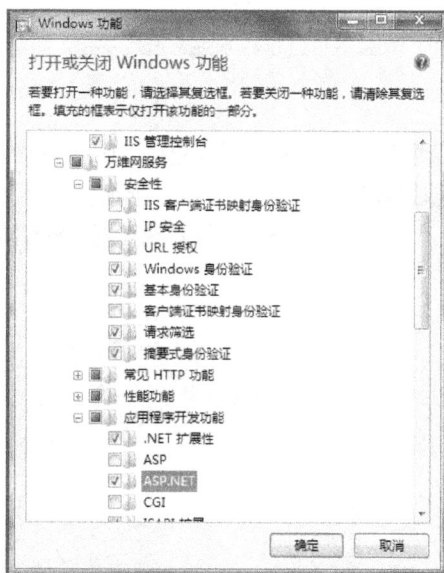

图 4－49　设置 IIS 选项

⑤设置后单击窗口中的"确定"按钮,系统进行安装,这时显示如图 4－50 所示的对话框,安装要经过一段时间。

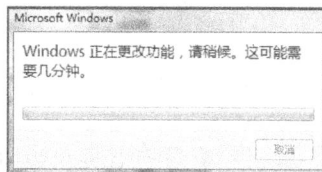

图 4－50　安装提示

**2. 设置网站路径**

IIS 安装后,系统默认的 web 网站在系统盘上,其路径是 inetpub\wwwroot,将创建的网站文件夹移动到该路径下就可以进行网页的发布了。

也可以在其他路径上设置网站,这里假定网站在 E:\myweb 下,设置方法如下:

①在控制面板中打开"管理工具"窗口,如图 4-51 所示。

图 4-51　"管理工具"窗口

②在管理工具窗口中,单击"Internet 信息服务(IIS)管理器",打开"Internet 信息服务(IIS)管理器"窗口,如图 4-52 所示。

图 4-52　"Internet 信息服务(IIS)管理器"窗口

③在"Internet 信息服务(IIS)管理器"窗口中右键单击"网站",在弹出的快捷菜单中执行"添加网站"命令,这时打开"添加网站"对话框,如图 4-53 所示。

④在对话框中:

• 输入网站名称,例如"我的个人网站";

• 指定物理路径,这里指定"E:\myweb"。

设置后单击"确定"按钮,这时网站创建完成。

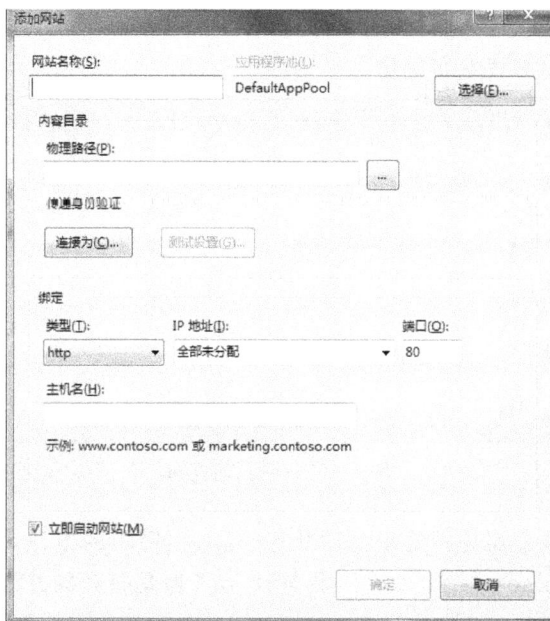

图 4-53　"添加网站"对话框

　　默认情况下,重新启动计算机时将自动启动站点,右键单击新设置的站点,在快捷菜单的"管理网站"级联菜单(图 4-54)中可以对网站进行"启动""重新启动"或"停止"等操作。

　　停止站点将停止 Internet 服务,并从计算机内存中卸载 Internet 服务;启动站点将重新启动或恢复 Internet 服务。

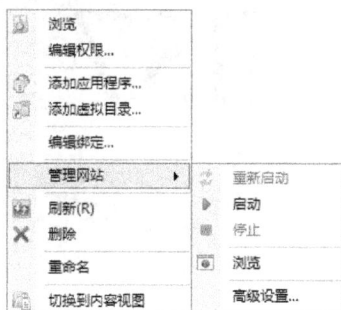

图 4-54　"管理网站"级联菜单

### 3. 测试发布网页

①在"E:\myweb"下创建一个最简易的网页,如图 4-55 所示。

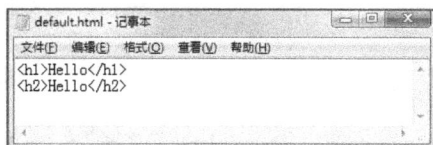

图 4-55　简易网页

②将该网页命名为"default. html"。

③打开浏览器,在地址栏输入:http://localhost/default.html,这时,浏览器中显示的内容如图 4-56 所示,表明网页发布成功。

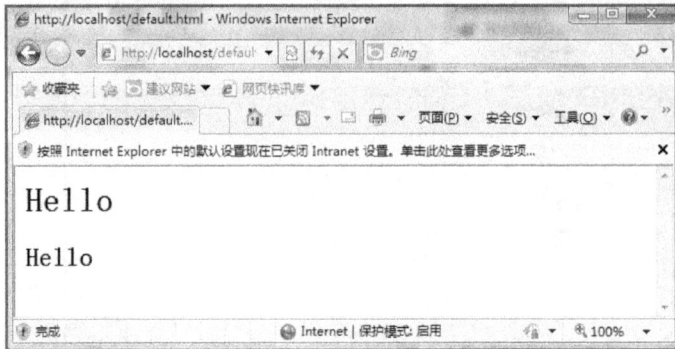

图 4-56　网页的发布

验证设置的 Web 服务器是否处于活动状态,还有更简单的方法,就是启动浏览器后,在地址栏键入 http://localhost/并回车。如果 Web 服务器是打开的并处于运行状态,会看到如图 4-57 所示的页面。

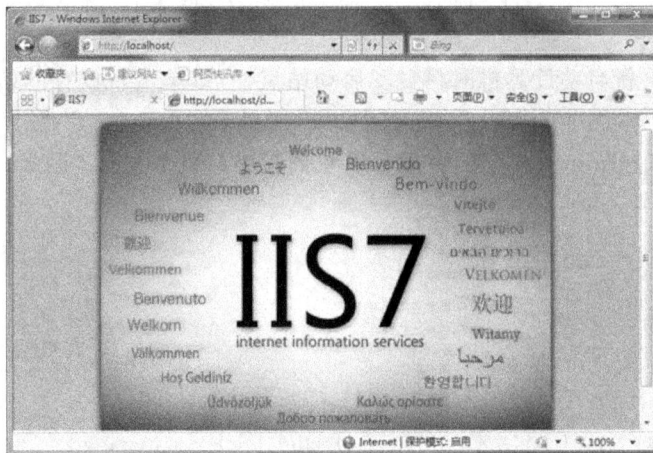

图 4-57　网站的测试

### 4. 建立 FTP 服务器

①在本地计算机上创建一个用户,这个用户用来登录到 FTP。

右键单击桌面上的图标"计算机"→"管理"→"本地用户和组"→右击"用户"→"新用户"→输入用户名和密码,再点"创建"按钮。

②在 D 盘新建文件夹"FTP 上传"和"FTP 下载"两个文件夹,然后在每个文件夹里放不同的文件。

下面配置 FTP 服务器,创建上传和下载服务器。

③在图 4-52 所示的"Internet 信息服务(IIS)管理器"窗口下,右键单击网站,在弹出快捷菜单(图 4-58)中单击"添加 FTP 站点",打开第 1 个对话框,如图 4-59 所示。

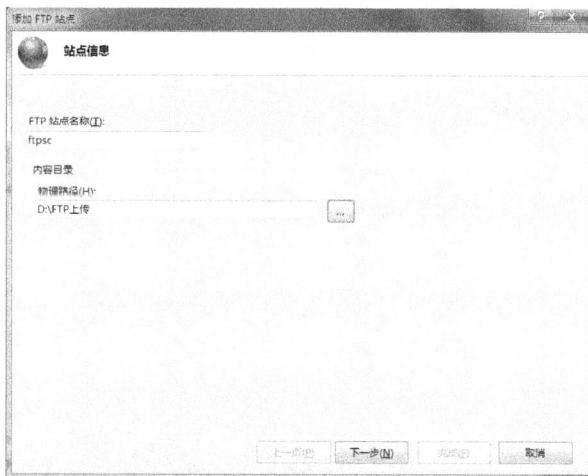

图 4-58　快捷菜单　　　　　　　　图 4-59　添加 FTP 站点窗口——站点信息

④在对话框中描述站点信息,描述可以根据自己的需要填写,"物理路径"选择"D:\FTP上传",然后单击"下一步"按钮,打开第 2 个对话框,如图 4-60 所示。

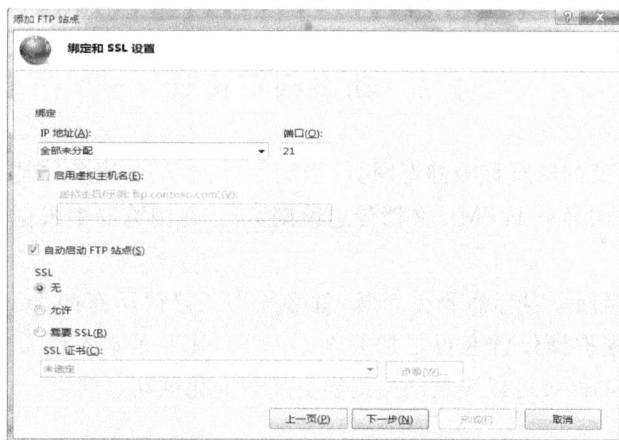

图 4-60　添加 FTP 站点窗口——绑定和 SSL 设置

⑤在对话框中输入自己的 IP 地址,端口默认使用 21,然后单击"下一步"按钮,打开第 3 个对话框,如图 4-61 所示。

⑥在对话框中的"权限"选项中选中"读取"和"写入",然后单击"完成"按钮,上传服务创建完毕。

⑦创建下载服务,方法与创建上传服务一样,设置如下:

• 因为 21 号端口已经被占用,所以用 2121 端口;

• 物理路径指向"D:\FTP下载";

• 只有读取权限。

(8)测试建立的 ftp 服务器:

测试上传:在浏览器中输入以下地址 ftp://127.0.0.1(或本机 IP)可以打开具有上传功能的 FTP 页面;

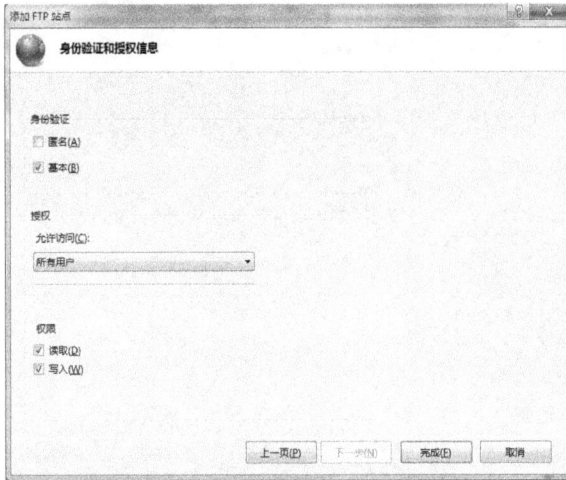

图 4-61　添加 FTP 站点——身份验证和授权信息

测试下载:输入 ftp://127.0.0.1:2121 可以打开只有下载功能的页面。

登录之前还需要输入开始建立的用户账号及密码。

## 4.3　动态网页设计

网页内容保持不变的网页称为静态网页,当浏览器向 Web 服务器请求提供网页内容时,服务器将原来设计好的静态 HTML 文档传送给浏览器,在浏览器中根据 HTML 命令将网页显示出来。

对于动态网页,当网页内容需要更新时,就必须手工修改所有的 HTML 文档,对于内容频繁更新的网页,其维护操作就变得更加复杂。ASP.NET 是动态网页开发技术之一,使用 ASP.NET 技术开发的网页可以满足网站内容更新与变化的动态问题。

### 4.3.1　动态网页和 ASP.NET 技术

ASP.NET 本身不是语言,是创建动态页面的技术,是 ASP 的升级平台,它允许人们用功能完善的编程语言在自己的面页上定义代码段。

ASP.NET 页面的扩展名是.aspx,通常使用 VB.NET 语言或 C♯语言编写。当浏览器请求 ASP.NET 文件时,ASP.NET 引擎读取该文件,编译并执行文件中的脚本,然后以纯 HTML 向浏览器返回结果。

.aspx 文件只有在第一次被访问的时候进行编译,编译后的结果在以后的请求中被重复使用。

ASP.NET 提供了 3 种编程模型 Web Pages、Web Forms 和 MVC(Model,View,Controller),本章要介绍的 Web Pages 用于创建 ASP.NET 网站和 Web 应用程序。

Web Pages 是最简单的 ASP.NET 网页开发编程模型,因为 ASP.NET 代码在服务器上执行,所以无法在浏览器中查看代码,只能看到输出的纯 HTML。

Web 应用程序和一般的 Windows 应用程序之间的最大的差别在于,Web 应用程序将大部分代码保存在 Web 服务器上,由 Web 服务器负责执行该程序,并把结果返回给浏览器。这种处理方式的好处是:代码保存在同一地方,便于更新;终端用户只需要安装浏览器程序。

Microsoft Visual Studio 2008 和以后的更高版本也提供了开发 Web 应用程序的环境。

本节所有的例题都保存在 Web 服务器默认的主目录上,即系统盘的"\Inetpub\wwwroot"。

所有的 ASP. NET 页面以. aspx 为扩展名。. aspx 是确认一个页面是否为 ASP. NET 页面的唯一标志。

编写 ASP. NET 代码有两种方法,一种是直接将代码写到 ASP. NET 页面中,这种方法使用记事本程序就可以完成,另一种方法是将页面和代码分开写保存在不同的文件中,可以在 Visual Studio 开发环境中完成,本节使用前一种方法。

下面通过例题说明在 Web 页中插入 ASP. NET 代码的方法。

【例 4.1】　HTML 和 ASP. NET 页面的比较。

①打开记事本程序,在该程序中输入如下的内容:

<h1>Hello，Web Page</h1>

<h2>Hello，Web Page</h2>

<h3>Hello，Web Page</h3>

②输入后,将该文件以"webpage1. html"文件名保存到服务器网站的默认路径"C:\Inetpub\wwwroot"中。

③打开浏览器,在地址栏输入 http://localhost/webpage1. html,这时浏览器中显示的内容如图 4-62 所示。

图 4-62　显示的网页

④复制该文档将新文档命名为"webpage1. aspx",同样保存到服务器网站的默认路径中,在浏览器的地址栏输入 http://localhost/webpage1. aspx,这时浏览器中显示的内容与图 4-62是一样的。

这里创建的"webpage1. aspx"就是一个最简单的 Web 页面,只是不包含脚本语言,即不包含 ASP. NET 的代码。

如果要将 ASP. NET 代码插入到自己的 Web 页源代码中,需要对其进行标注,以便服务器能将它确认为服务器端代码,使它与 HTML 代码有所区别。

区分 ASP. NET 代码与 HTML 代码的最好方法是使用<script>标识符,并将其 runat 属性设成 server。该设置表明处理代码的目标主机是 Web 服务器。如果不设置 server 属性,脚本默认在客户端执行,所以 runat 属性必须设置。

同时,使用"<%"和"%>"标记,标明服务器端代码的开始和结束。

通常在 ASP. NET 页面中,对过程的声明放在<script>标记中,对页面处理过程中需要使用的语句使用"<%"和"%>"两个标记。

【例 4.2】 含有 VB. NET 脚本语言的 ASP. NET 页面。

①在记事本中输入如图 4-63 所示的页面内容,然后以"webpage2. aspx"为名保存到默认路径"C:\Inetpub\wwwroot"中。

```
<script language="VB" runat="server">
sub mytest(x as integer)
  response.write(x & " ")
end sub
</script>
<%
dim i as integer
for i=1 to 5
call mytest(i)
next
%>
```

图 4-63　含有 VB 代码的页面

该代码中,在<script>标记中定义了一个名为"mytest"的过程,其功能是输出该过程参数 x 的值,页面处理过程中在循环语句中调用该过程并将循环变量的值传递给"mytest"过程。

程序中的 Response 是 ASP. NET 的内建对象,用来控制 Web 页面的内容。本例中,Response. Write 方法用来将 HTML 字符串返回给客户浏览器。

②启动浏览器,在浏览器的在地址栏输入 http://localhost/webpage2. aspx,这时浏览器中显示的内容如图 4-64 所示。

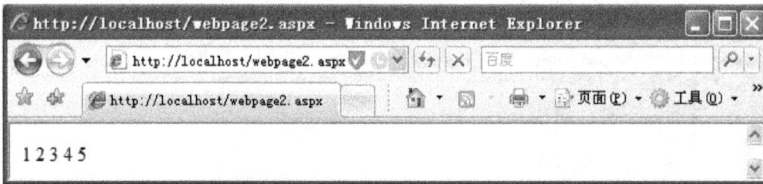

```
1 2 3 4 5
```

图 4-64　显示的网页

在浏览器中,执行"页面"→"查看源文件"命令,这时显示的 HTML 代码如图 4-65 所示,就是 VB. NET 代码执行的结果。可以看出,从浏览器端是看不到原来的 ASP. NET 代码的。

```
1 2 3 4 5
```

图 4-65　执行 VB 代码后的结果

编写 ASP. NET 代码可以使用 VB. NET 或 C#语言,因此,在 ASP. NET 中编写代码使用的语言要通过 Page 指令来定义,如果要使用 VB. NET 语言,可以将 Page 指令包括在文件的顶部,并使用如下的格式:

<% @page language="VB" %>

如果要使用 C#语言,可以使用如下的格式:

<% @ page language="C# %>

```
<script language="C#" runat="server">
    C#的代码…
</script>
```

由于 VB.NET 是默认的编程语言,这样在 ＜script＞代码中的 language 属性是可选择的。

page 指令还可以指定其他的选项,例如使用 CodePage 属性可以指定处理后生成的 HTML代码使用的字符集。

下面的例子指定使用简体中文字符集,其中代码 936 表示简体中文(GB 2132)。

```
<%@page language = "VB" CodePage = "936" %>
```

【例 4.3】　创建服务器端动态变化的网页。

①在记事本中输入如图 4-66 所示的页面内容,然后以"webpage3.aspx"为名保存到默认路径"C:\Inetpub\wwwroot"中。

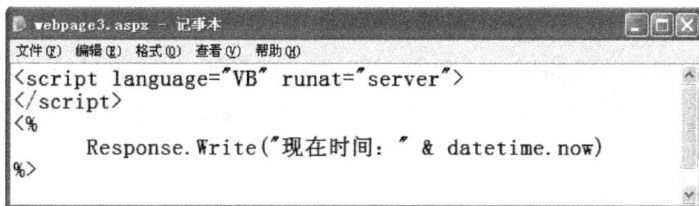

图 4-66　页面的内容

②启动浏览器,在浏览器的在地址栏输入 http://localhost/webpage3.aspx,这时浏览器中显示的内容如图 4-67 所示。

③反复地单击浏览器的刷新按钮,可以看到页面中显示的时间发生了变化。这是因为服务器动态地生成了现在实际时间的代码。

图 4-67　显示的网页

通过以上的几个例题可以说明 ASP.NET 程序的执行过程,首先是浏览器向 Web 服务器请求 ASP.NET 文件;接着 Web 服务器读取调用的 ASP.NET 文件,将程序代码在服务器端编译执行;然后将执行后的结果(即 Web 页)返回到浏览器程序中显示。执行过程如图 4-68 所示。

为了加快网页的浏览率,只有在第一次请求 ASP.NET 程序时才会进行编译,以后的请求会直接返回执行的结果。

ASP.NET 的运行方式是:执行文件中所有的脚本命令,并将脚本命令执行后的结果传递给浏览器,最后在浏览器中显示 Web 页的结果。

图 4 - 68　ASP. NET 程序执行过程

### 4.3.2　VB. NET 简介

VB. NET 是 ASP. NET 动态网页默认的编程语言,配合 ASP. NET 的内建对象和 ADO. NET,用户很快就能掌握访问数据库的 ASP. NET 动态网页开发技术。

**1. VB. NET 的基本成分**

VB. NET 的基本成分包括数据类型、常量、变量运算符和表达式。

(1)数据类型

数据类型决定着计算机如何存储数据,占用的内存空间、能够表示的数据范围和处理数据的方式。VB. NET 提供了丰富的基本数据类型,并允许用户定义新的数据类型,其基本数据类型如表 4 - 1 所示。

表 4 - 1　VB. NET 基本数据类型

| 数据类型 | 示例 | 存储分配 | 取值范围 |
|---|---|---|---|
| Boolean | True | 2 个字节 | True 或 False |
| Byte | 122 | 1 个字节 | 0 到 255(无符号) |
| Char | C | 2 个字节 | 0 到 65535(无符号) |
| Date | 04/23/1972<br>02:00PM | 8 个字节 | 0001 年 1 月 1 日 0:00:00 到 9999 年 12 月 21 日 23:59:59。 |
| Decimal | 3.1415926<br>34567888 | 16 个字节 | 0 到 ±79228162514264337593543950335 之间不带小数点的数;<br>0 到 ±7.9228162514264337593543950335 之间带 28 位小数的数;最小非零数为<br>±0.0000000000000000000000000001(±1E−28) |
| Double<br>(双精度浮点型) | 22.34E22 | 8 个字节 | 负数取值范围为−1.79769313486231E+308 到−4.94065645841247E−324;<br>正值取值范围为 4.94065645841247E−324 到 1.79769313486231E+308 |
| Integer | 1234567 | 4 个字节 | −2147483648 到 2147483647 |
| Long(长整型) | 1234567890 | 8 个字节 | −9223372036854775808 到 9223372036854775807 |
| Object | | 4 个字节 | 任何类型都可以存储在 Object 类型的变量中 |
| Short | 23456 | 2 个字节 | −32768 到 32767 |

续表 4 - 1

| 数据类型 | 示例 | 存储分配 | 取值范围 |
|---|---|---|---|
| Single(单精度浮点型) | 423E12 | 4 个字节 | 负值取值范围为－3.402823E+38 到 －1.401298E－45；正值取值范围为 1.401298E－45 到 3.402823E+38 |
| String(变长) | Hello | 取决于实现平台 | 0 到大约 20 亿个 Unicode 字符。 |
| 用户定义的类型(结构) | | 取决于实现平台 | 结构中的每个成员都有由自身数据类型决定的取值范围,并与其他成员的取值范围无关。 |

（2）变量

变量是用来存储信息的"容器",在脚本中,变量的值是可以改变的。在 VB. NET 中,所有的变量都与类型相关,可存储不同类型的数据。

在对变量命名时要遵守下面的规则：

- 以字母或汉字开头；
- 其他字符可以是字母、汉字、数字或下划线,不允许是空格、句号或其他标点符号；
- 长度不超过 255 个字符；
- 变量名在变量的作用范围内必须唯一；
- 不能使用 VB. NET 中的保留字,例如：End、Sub。

可以使用以下的格式定义变量

Dim 变量名 As 类型

格式中的类型可以是表 4－1 中的数据类型或用户自定义的类型名例如：

Dim strMyName As String

Dim Sum　As Integer

Dim A, B as Double

声明后的变量就可以进行赋值等操作了,赋值操作的格式如下

变量名＝表达式

格式中的"＝"称为赋值运算符,变量名在运算符的左侧,要赋的值在运算符的右侧例如下面的赋值语句：

name = "DataBase"

i = 300 * 40

（3）数组

如果需要向一个单一的变量赋给多个值,那么可以创建一个可包含一系列值的变量,这种变量被称为数组变量,每一个值称为一个数组元素。

数组变量声明时在变量名后跟一个括号(),例如下面的例子声明了一个含有 10 个字符串元素的数组 a

dim a(9)as string

数组的下标从 0 开始,括号中的数字是 9,所以此数组包含 10 个元素。接下来可以为每个元素分别进行赋值

a(0) = "Computer"

a(1) = "storage"

a(2) = "keyboard"

数据中的每个元素可以单独地使用,使用格式是:

数组名(下标)

例如,下面是将数组 a 的第 3 个元素赋给变量 str:

Str = a(3)

上面使用的数组只有一个下标,称为一维数组,VB. NET 的一个数组中可以使用多达 60 个维数,声明多维数组的方法是在括号中用逗号来分隔数字。

例如,下面的语句声明了一个包含 4 行 6 列的二维数组:

dim table(3,5)

(4)常量

常量是在程序运行中不变的量。声明常量的语法如下:

Const 常量名 as 类型名 = 表达式

例如:

Const PIas single = 3.14159

Const Myage as integer = 19

Const MyString as string = "这是一个字符串"

(5)运算符和表达式

VB. NET 的运算符分为算术运算符、连接运算符、关系运算符和逻辑运算符等,如表 4 - 2 所示。

表 4 - 2　VB. NET 的运算符

| 算术运算符 | | 关系运算符 | | 逻辑运算符 | |
|---|---|---|---|---|---|
| ˆ | 乘方 | = | 等于 | Not | 取反 |
| — | 负号 | > | 大于 | And | 与 |
| * | 乘 | >= | 大于等于 | Or | 或 |
| / | 除 | < | 小于 | Xor | 异或 |
| \ | 整除 | <= | 小于等于 | 连接运算符 | |
| Mod | 取模 | <> | 不等于 | & | 字符串连接 |
| + | 加 | Like | 字符串匹配 | | |
| — | 减 | | | | |

表达式由变量、常量、运算符和圆括号按一定的规则组成。表达式通过运算后得到一个结果,运算结果的类型由数据和运算符共同决定。

关于表 4 - 2 中的运算符有以下的说明:

整除运算符"\"计算两个数相除之后的整数部分,例如,8\3 的运算结果是 2。

取模运算符"Mod"是计算两个整数相除以后的余数,例如 10 Mod 3 的结果是 1。

关系运算符的作用是将两个表达式进行比较,若关系成立,则返回 True,否则返回 False。表达式可以是数值型、字符型,例如 5>10 的结果是 False。

逻辑运算符中的与和或的作用是将表达式进行逻辑运算,结果是逻辑值 True 或 False。

连接运算符"&"作用是将两个字符串连接起来,例如,表达式 "Hello " & "world" 的运算结果为"Hello world"。

**2. 条件语句**

编写代码时,经常需要根据不同的条件执行不同操作,可以使用条件语句,条件语句有 if 语句和 select case 语句。

(1)if 语句

使用 if 语句有以下三种不同的格式:

①if　then;

②if　then　else;

③if　then　elseif。

if then 格式,当条件满足时执行某些语句,反之则不执行、其格式如下:

```
if <条件表达式> then
    语句块
end If
```

if then 语句中条件表达式的值为 Boolean 型,语句块可以是一条语句,也可以是多条语句。该语句的作用是只有当条件表达式的值为 True 时,程序才执行 then 后面的语句块。

例如,下面的程序段,当 $i$ 的值为 10 时弹出对话框,框中显示"Hello"。

```
if i = 10 then
    msgbox "Hello"
    i = i + 1
end if
```

if then else 格式的格式如下:

```
if  <条件表达式> then
  <语句块 1>
else
  <语句块 2>
end if
```

该格式的作用是当条件表达式的值为 True 时,程序执行语句块 1,当条件表达式的值为 False 时,程序将执行语句块 2。

例如,下面的代码段将变量 $A$ 和变量 $B$ 中较大的一个数存入到变量 $C$ 中。

```
if A > B then
    C = A
else
    C = B
end if
```

第 3 种格式用于多分支的情况,例如下面的代码段构成了 4 个分支:

```
if score> = 90 then
   Msg = "优秀"
elseif score> = 80 then
   Msg = "良"
elseif score> = 70 then
    Msg = "中"
elseif score> = 60 then
   Msg = "及格"
else
   Msg = "不及格"
end if
```

(2)select case 语句

使用 select 语句也可以构成多分支的结构。例如,上面的 4 分支结构也可以写成下面的形式:

```
select case score
case "A"
   Msg = ">90"
case  "B"
   Msg = "80~89"
case "C"
    Msg = "70~79"
case "D"
   Msg = "60~69"
case "E"
   Msg = "<60"
end select
```

**3. 循环语句**

如果希望将一段代码执行若干次,可以在代码中使用循环语句来实现,被重复执行的部分称为循环体,VB. NET 中可以使用以下的循环语句。

(1)For　Next 语句

如果已经确定需要重复执行代码的次数,那么可以使用 For　Next 语句来运行这段代码,该语句的格式如下:

```
For 循环变量 = 初值 To 终值 [ Step 步长 ]
   [语句块即循环体 ]
Next [循环变量 ]
```

其中循环变量的类型通常是整数。步长是每次循环后变量的增量,其默认值为 1。

**【例 4.4】** 计算 1~100 之间所有奇数之和并显示计算后的结果。代码如下:

```
<script language = "VB" runat = "server">
</script>
```

```
<%
dim s,i as integer
s = 0
for i = 1 to 100 step 2
  s = s + i
next
response.write("1～100 之间的奇数和:" & s & "<br />")
%>
```

代码的运行结果如下:

1～100 之间的奇数和:2500

(2)For Each　Next 语句

该语句针对集合中的每个项目或者数组中的每个元素来运行某段语句。

【例 4.5】　使用 For Each 语句显示数组中的每个元素。

代码如下:

```
<script language = "VB" runat = "server">
</script>
<%
dim fruits(2)as string
dim x as string
fruits(0) = "apple"
fruits(1) = "grape"
fruits(2) = "banana"
for each x in fruits
  response.write(x & "<br />")
next
%>
```

代码的运行结果如下:

apple

grape

banana

(3)Do　Loop 语句

Do　Loop 语句:运行循环,当条件为 true 或者直到条件为 true 时。

该语句的格式如下:

```
Do while <条件表达式>
  [语句块即循环体]
Loop
```

【例 4.6】　使用 Do Loop 语句计算 1～100 的整数之和。

代码如下:

```
<script language = "VB" runat = "server">
```

```
</script>
<%
dim i,s as integer
i = 1
s = 0
do while i < = 100
    s = s + i
    i = i + 1
loop
response.write(s)
%>
```

**4. 过程**

有时,程序的不同部分可能要执行一段相同的程序代码,那么可以将这一段代码抽出来,建立一个独立的过程,供程序调用。

VB.NET 中的过程分为两类,分别是 Sub 过程和 Function 过程。

(1)Sub 过程

Sub 过程也称为子程序,是包含在 Sub 和 End Sub 语句之间的一组语句。定义过程的格式如下:

Sub 过程名([参数表])

　　语句序列

End　Sub

一个过程可执行某些操作,但不会返回值。

过程名后面的圆括号中是过程的参数表,参数表指定在调用该过程时应该传递的参数的个数。参数表中可以包含多个参数项,相邻的两个参数项之间用逗号隔开。如果没有参数,必须带有空的圆括号。

例如,下面定义了一个名为 mySub 的过程,该过程没有参数。

```
sub mySub()
    document.write("这是一段子程序。")
end sub
```

一个过程被调用才能执行,调用过程有如下两种格式:

格式 1:Call 过程名(参数表)

格式 2:过程名 参数表

其中格式 2 中的参数不需要放在圆括号中。

【例 4.7】 Sub 过程的定义和调用。

以下代码中将过程 mySub 调用了 5 次。

```
<script language = "VB" runat = "server">
sub mySub()
    response.write("这是一段子程序。")
end sub
```

```
</script>
<%
dim i as integer
for i = 1 to 5
  call mySub()
  response.write("<br>")
next
%>
```

运行的结果是将字符串"这是一段子程序。"输出了 5 遍。

(2)Function 过程

Function 过程要返回一个值,该过程也称为函数,是包含在 Function 和 End Function 之间的一系列的语句。Function 过程的定义格式如下:

Function 过程名([参数表])[As 类型名]

　　语句序列

End Function

Function 过程的调用方式是以表达式或表达式的一部分的形式出现。

【例 4.8】 Function 过程的定义和调用。

```
<script language = "VB" runat = "server">
function myMax(x as integer,y as integer)
if x>y then
  myMax = x
else
  myMax = y
end if
end function
</script>
<%
dim a,b as integer
a = 4
b = 6
response.write("两个数的最大值是:" & myMax(a,b))
%>
```

程序中的 myMax 过程中有两个参数,过程的功能是找出这两个参数中的最大值并返回,代码的执行结果如下:

两个数的最大值是:6

### 4.3.3 ASP.NET 的内建对象

对象是面向对象程序设计的基础,是数据和包含数据处理的函数(或称为方法)的结合体。使用类可以定义对象,ASP.NET 内部定义了很多的类对象,例如例 4.2 中用到的 response 就是其中之一。

ASP. NET 提供了内置对象有 page、request、response、application、session、server、mail 和 cookies。这些对象使用户更容易收集通过浏览器请求发送的信息、响应浏览器以及存储用户信息，以实现其他特定的状态管理和页面信息的传递。

本节介绍 ASP. NET 体系提供的一些主要对象以及在 ASP. NET 中使用这些对象的方法。

**1. Response 对象**

Response 对象要的主要作用是输出数据到客户端，该对象是 HttpResponse 类的一个实例，它用来管理服务器返回给客户的响应。

该对象其他的一些常用属性和方法是：

- Write 将变量的内容或其他 HTML 代码返回给客户端；
- End 结束当前的响应；
- ReDirect 向浏览器发送另一个页面；
- IsClientConnected 检查用户的连接情况；
- Cookies 访问客户机上的 Cookie；
- Cache 控制对页面内容的缓存。

其中第 1 个方法 Write 最为常见，见以上的各个例题。

(1)ReDirect 方法

Response. ReDirect 方法告诉浏览器请求另一个页面，例如：

```
< %
if session("CustomerID") = 0 then
    Response.ReDirect "homepage.aspx"
end if
% >
```

代码中，检查 CustomerID 是否为 0，如果是则将其重定向到主页 homepage. aspx。CustomerID 是客户 ID，如果某个用户是从主页进入应用程序，则应有客户 ID，否则表示不是从主页进入的，应返回到主页。

Response. redirect 方法只有在没有其他 HTML 内容被发送回浏览器的情况下才能使用。如果文件包含 HTML 内容，或者在 redirect 语句之前出现了一个对 response. write 方法的调用，就会发生错误。

(2)IsClientConnected 属性

属性 IsClientConnected 检查一个用户是否连接到即将生成的 Response 对象。一个典型的请求响应过程只需花费几秒钟的时间，对于长时间的响应，我们希望在用户已经结束的情况下停止响应，例如：

```
< %
Call LongProcessNumberOne()
If Not Response.IsClientConnected Then
    Response.End
End If
```

```
Call LongProcessNumberTwo()
Response.Write("Done")
%>
```

上面的代码中,假定每个函数调用都花费了较长的时间。通过检查 IsClientConnected 属性的值,可以避免在用户已经放弃等待相应的情况下进行额外的处理工作。

(3)Cookie 方法

Cookie 用于在客户端上存储少量经常更改的信息,这些信息与请求一起发送到服务器。可以从 ASP.NET 代码中访问这些 Cookie。例如下面的代码段向用户返回一个 UserID 的 Cookie:

```
Dim ckUserID As New HttpCookie("UserID")
ckUserID.Value = "John"
ckUserID.Expires = DateTime.Now.AddDays(30)
Response.Cookies.Add(ckUserID)
```

用户在下次访问该站点时,UserID Cookie 就会发送给服务器,Cookie 的 Expires 属性指示浏览器在 30 天之后使该 Cookie 失效。

使用 Cookie 具有以下的优点:

- 不需要任何服务器资源。Cookie 存储在客户端并在发送后由服务器读取。
- 可配置到期时间。Cookie 可以在浏览器会话结束时到期,或者可以在客户端计算机上无限期存在,这取决于客户端的到期规则。

使用 Cookie 的缺点是:

- 大小受到限制。大多数浏览器对 Cookie 的大小有 4096 字节的限制,尽管目前越来越多的新版浏览器和客户端设备都支持 8192 字节的 Cookie 大小,但限制仍然存在。
- 用户可以配置浏览器拒绝接受 Cookie。用户可以禁用浏览器或客户端设备接收 Cookie 的能力,因此限制了这一功能。
- 安全性。Cookie 可能会受到篡改。用户可能会操纵其计算机上的 Cookie,这意味着安全性会受到影响或者导致依赖于 Cookie 的应用程序失败。

**2. Session 对象**

使用 Session 对象可以存储特定的用户会话所需要的信息,当用户在应用程序的网页之间跳转时,保存在 Session 对象中的变量不会清除。发生以下情况之一时,该变量会消失:

- 用户关闭浏览器。
- 会话时间超过了 Session.Timeout 属性中指定的时间(以分钟为单位)。
- 代码调用 Session.Abandon 方法结束会话。

该变量称为会话变量,ASP.NET 使用会话变量记录数据,会话变量是针对用户的,其生存期限是当前的 ASP.NET 会话。这些变量存储在 Web 服务器上,可以在服务器端的代码中访问。

Session 对象的使用格式如下:

```
Session("变量名") = 变量值
```

或

```
Session.Add ("变量名",变量值)
```

例如

```
Session("StuID ") = "20130100 "
Session("StuName") = "张三"
Session("StuAge") = 20
```

或使用下面的代码：

```
Session.Add ("StuID ", "20130100 ")
Session.Add ("StuName", "张三")
Session.Add ("StuAge", 20)
```

　　这两种方法都设置了 3 个会话变量，在已经创建了会话变量后，Web 服务器将维护变量的值，直到用户的会话结束。

　　Session 对象变量常用于保存用户状态，例如在用户登录的页面中，可以将用户登录网页成功与否的状态保存到一个变量中，然后在其他的页面中就可以加入根据这个变量来判断是否登录成功的代码，成功时可以访问该网页，否则拒绝访问。

　　在会话结束后，任何会话变量的内容都将被删除。因此会话变量适合于存储那些不希望在客户端长久保持的临时信息。

### 3. Request 对象

　　Request 对象主要用来在服务器端获取客户端浏览器中的一些数据，获取方法有以下 3 种格式：

- Request.Form
- Request.QueryString
- Request

第 3 种格式是前两种格式的缩写。

　　该对象可以取代正在接收的 Web 页面请求中所包含的信息。最常用的信息是提交的表单内容和 Cookie，取出的信息在 VB 代码中使用。

　　(1)获取查询字符串数据

　　Web 页面的 URL 中可以在地址后面包含一些参数，它们通常跟在一个问号之后。例如下面的 URL 地址：

http://dean.xjtu.edu.cn/Index.aspx? page＝1&mod＝0&article＝0

　　这个 URL 地址指向的页面是 Index.aspx，同时由客户端向服务器传递了三个参数，这三个参数分别是 page、mod 和 article，参数的值分别是 1、0 和 0，各参数和值之间用 & 号隔开。可以使用 Request.QueryString 集合中的名字来访问这些值。

　　例如，使用下面的代码段取出 URL 中的值，并把它保存到变量中。

```
Dim npage As Integer
Dim nmod As Integer
Dim narticle As Integer
npage = Request.QueryString("page")
nmod = Request.QueryString("mod")
narticle = Request.QueryString("article")
```

（2）从 HTML 表单获取参数

通常在 HTML 文档中建立表单，将参数传递给 aspx 文件进行处理，在 HTML 中，表单由<Form>的字段定义。在 HTML 文件中，主要的语句格式如下：

< Form Action = aspx 文件名 Method = 提交方式>

例如下面的语句：

< Form Action = "CheckLogin.aspx" Method = "Post">

语句中的 Action="CheckLogin.aspx"表示该表单提交到服务器后，将由 CheckLogin. aspx 文件来处理。

在向服务器提交表单时有两种方式，分别是 Post 方式和 Get 方式，Post 方式提交的数据采用 Request.Form 读取，而 Get 方式提交的数据采用 Request.QuerySting 读取，语句中 Method="Post"表示使用 Post 方式。

代码中通过"Name ="属性将数据传递到 aspx 文件中，例如 Name = "TxtName"。

当表单被提交到 Web 服务器上时，各个字段的值可以通过 Request.Form 集合得到。

在 aspx 文件中，从 HTML 表单获取参数的格式如下：

Request.Form("参数名")

例如 Request.Form("txtName")可以获取 HTML 文件中的参数，即字段"txtName"的值。

（3）得到 Cookie 的值

使用 Response 对象可以将 Cookie 对象发送给用户，使用 Request 对象则可以使客户端获取 Cookie，例如，下面的代码获取 Cookie 对象中 UserID 的值：

```
Dim User As String
If Not IsNothing(Request.Cookies("UserID"))Then
    User = Request.Cookies("UserID").Value
End if
```

**4. 其他对象**

下面对 ASP.NET 的其他几个对象作简要的说明。

（1）Application 对象

Application 可以在多个请求、连接之间共享公用信息，也可以在各个请求连接之间充当信息传递的管道。使用 Application 对象来保存希望传递的变量。

在整个应用程序生存周期中，Application 对象都是有效的，所以在不同的页面中都可以对它进行存取，就像使用全局变量一样方便。

（2）Server 对象

Server 对象提供对服务器上的方法和属性的访问。其中大多数方法和属性是作为实用程序服务的。Server 对象也是 Page 对象的成员之一，主要提供一些处理页面请求时所需的功能。

（3）Cookie 对象

Cookie 是一小块由浏览器存储在客户端系统的硬盘上的文本，是一种标记。由 Web 服务器嵌入用户浏览器中，以便标识用户，且随同每次用户请求发往 Web 服务器。

（4）Mail 对象

这是 ASP.NET 中的新的对象，用来发送 E-mail，名为 SmtpMail。实际上 Mail 对象由 System.Web.Mail 类库来实现（Class Library）。这个类库由 MailMessage 对象、SmtpMail 对象、MailFormat 对象和 MailAttachment 对象组成，它们相互合作，完成 E-mail 的发送。

### 4.3.4 ASP.NET 的控件

ASP.NET 控件又称为 Web 控件，最大的优点是在 VS 2008 中设计时可以使用可视化的方法来设计调用，直接从工具箱中拖动即可，减少了开发的工作量。

**1. Label 控件**

该控件的主要功能是显示用户不能直接编辑的文本，或为其他控件提供提示信息。

**2. TextBox 控件**

TextBox 控件用来显示输入的文本，该文本也可以在程序运行时进行编辑，例如登录系统时输入的用户名和密码等。

**3. ListBox 控件**

ListBox 控件允许用户从列表中进行选择。

**4. Button 控件**

Button 控件是非常重要的控件，主要作用是接受用户引发的 Click 事件，并执行相应的事件代码，完成程序的处理。

Button 控件主要有以下三种：

- Button：标准的表单控件。
- ImageButton：显示图像的表单控件。
- LinkButton：显示作为超链接的按钮。

**5. CheckBox 和 CheckBoxList 控件**

CheckBox 控件显示一个复选框，用户可以通过单击决定选择或取消选择；CheckBoxList 控件用来创建的是一组复选框的集合。

**6. Image 和 ImageButton 控件**

Image 的作用是显示一幅图片；ImageButton 控件的作用是执行某个任务，只是按钮上显示的是图片而不是文本。

**7. Calendar 控件**

Calendar 控件的作用是显示日历，可以选择日期的范围，也可以设置不同风格的日历。

### 4.3.5 用 ASP.NET 访问数据库

动态网页中有很多数据在不断地更新和修改，例如每天变化的新闻信息、气象信息等，这些数据通常是保存在数据库中的，ASP.NET 程序从数据库中读取这些数据并显示在网页中，或是将新的数据保存到数据库中，这都是网页对数据库的访问。关于数据库的应用和操作详见第 6 章。

现代的数据库通常采用服务器/客户端的模式运行。数据以及对这些数据的管理软件在一台被称为服务器的计算机上,而数据的访问者则是网络中的另一台计算机,通常称为数据库的客户端。一个数据库常常同时被多个客户端访问。服务器和客户端也可以安装在一台计算机上。因此,当一个客户端需要从数据库中得到数据的时候,先要创建与数据库的连接,然后就可以继续执行其他的操作了。

此外,虽然不同厂商设计的数据库不完全相同,但是所有数据库的基本操作是一样的。对数据库的基本操作有数据的查询、删除、添加、排序等。同样的操作,不同厂商的数据库使用的命令格式是不一样的,但是现在大多数的数据库都支持 SQL 语言。因此在数据库的程序开发中,通常提供一层抽象。开发者使用同一种方式对数据库进行操作,而不用在意具体的数据库类型。在程序实际运行中,这些数据库命令被翻译成实际数据库的命令。

**1. ADO. NET 简介**

ASP. NET 对数据库访问的基础是 ADO. NET,在开发程序时,使用的是 ADO. NET 中的主要对象和这些对象的主要成员。ADO. NET 的工作原理如图 4-69 所示。

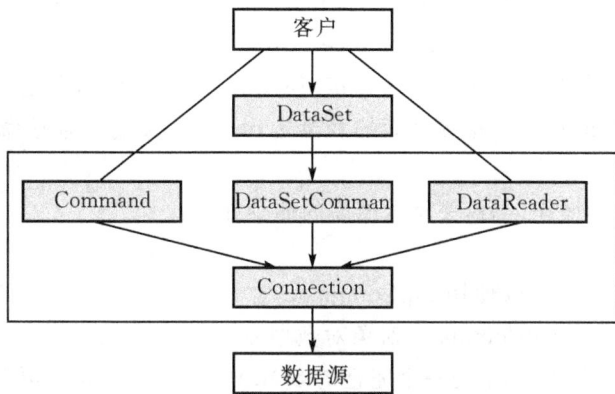

图 4-69　ADO. NET 的工作原理

图中的阴影框表示各个对象,ADO. NET 保存数据的基本对象是 DataSet。DataSet 是 . NET类 System. Data. DatSet 的一个实例,它是数据库中用户所感兴趣的部分在内存中的备份。

DataSet 不是一个单独的表,而是一组包含了表结构数据(如主关键字)的表,同时它还包括表之间的所有关系,甚至还可以代表整个数据库。DataSet 中包含了一个丰富的对象模型,该对象模型允许用户访问其中的表、行、列和关系。

通常在进行数据操作时,用户需要使用 Dataset,先通过数据库将其填充,然后再对其进行操作。当用户更改了数据并准备将更改结果发送回数据库时,可以一次性完成发送操作。

使用 ADO. NET 访问数据库要经过以下的步骤:

①创建一个数据库连接。

②请求一个记录的集合。

③将记录集合暂存到 DataSet 中。

④如果需要,重复②请求其他的集合,DataSet 中可以容纳多个数据集合。

⑤关闭数据库连接。

⑥在 DataSet 上运行所需要的操作。

DataSet 是 ADO. NET 的一个重要概念,它是不依赖数据库的独立的数据集合,这里的独立指的是即使断开数据库链路或关闭数据库,DataSet 仍然是可用的。

**2. 使用 VB 代码访问数据库**

使用代码访问数据库时,也要经过上面的几个步骤。

当需要从 VB 程序中访问数据库时首先需要连接到数据库,在连接之前首先要定义一个连接字符串,该字符串的每一项以分号隔开,分别表示数据库服务器的计算机名、用户名、密码等信息。

例如,如果要访问 Access 的数据库"教学管理. accdb",该数据库保存在文件夹"C:\Inet-pub\wwwroot"中,则访问该数据库的连接字符串如下:

Provider = Microsoft. ACE. OLEDB. 12. 0;Data Source = C:\Inetpub\wwwroot\教学管理.accdb

如果要访问的是 SQLServer 的数据库"CANDY",则连接字符串如下:

strInfo = "data source = CANDY;initial catalog = pubs; user id = sa;password = sacsn;_workstation id = CANDY;packet size = 4096"

在对数据库进行操作之前,应先打开连接,使用完后应立即关闭,这两个操作由 Open 和 Close 方法来完成,例如,如果连接数据库的变量是 objconn,则打开连接命令如下:

objconn.Open()

完成了对数据库的操作以后,关闭数据库的命令如下:

objconn.Close()

实际对数据库的操作可以使用 SqlCommand 对象来完成。假定定义的 SqlCommand 对象名为 objcomm,要使用 SqlCommand 对象对数据库进行操作,先设置它的 CommandText 属性,该属性是一个字符串,实际就是一个完整的 SQL 语句。关于 SQL 语句的内容见第 6 章。

例如,要查询数据库中"学生"表中的所有记录,则操作命令如下:

objcomm.CommandText = "select * from 学生"

设置好 CommandText 属性后就可以执行如下的查询命令:

objda.SelectCommand = objcomm

命令中的 objda 是一个 DataAdapter(数据适配器)的对象,表示一组 SQL 命令和一个数据库连接。DataAdapter 对象用于从 DataSet 向数据库传出或传入记录,即填充 DataSet 和更新数据源。

DataAdapter 是数据源(数据库)和 DataSet 之间的桥梁。DataAdapter 类有一些属性代表单个的命令,例如 SelectCommand、UpdateCommand 和 InsertCommand 分别是查询、更新和插入。在将数据通过 DataAdapter 传递时,使用这些命令和数据库交换记录。

在 ADO. NET 中,可以将数据库的数据一次性地从数据库中取出来,存放在本地。随后的操作都在本地进行,如对数据的修改,插入或删除等。最后,在必要的时候,将修改后的数据全部写回到数据库中。

如果定义的 DataSet 对象名为 ds,则将从数据库获取的数据填充到 ds 使用如下的命令:

objda.Fill(ds,"stu_information")

将数据库中的数据传输到本地后,ADO. NET 提供了 DataSet 对象来存储数据,DataSet 中的数据实际与数据库是断开的,可以独立于数据库来操作数据。在 DataSet 对象里可以通过添加、更新和删除记录来对数据进行操作。

将以上的过程按顺序组合到一起，就是对数据库的访问，在实际使用时，为了使用 ADO. NET 的对象，应该使用 Import 指令导入两个名字空间，这两个名字空间分别是 system. data 和 system. data. ADO，格式如下：

＜％ Import namespace = "system. data" ％＞

＜％ @Import namespace = "system. data. ADO" ％＞

# 4.4 应用案例

## 4.4.1 使用 Request 获取表单数据

设计一个简单的用户登录系统，假定用户名是"student"，密码是"ctec"。当用户名不对时显示"用户名不正确！"；用户名正确但密码不正确时，显示"密码不正确！"；两者都正确时，显示"欢迎使用！"。

先在 HTML 文档中建立表单。在 HTML 中，表单由＜Form＞的字段所定义。当表单被提交到 Web 服务器上时，各个域的值可以通过 Request. Form 集合得到。

**1. 操作过程**

①创建一个带有表单的 HTML 文件，将它命名为 login. html，并保存到 Web 系统文件夹"C:\Inetpub\wwwroot\login"中，网页的内容如图 4 - 70 所示。

```
<Html>
<Title>Form Action Test Page </Title>
<Body>
<Center> <H1>登录站点</H1></Center>
<Hr>
<Form Action="CheckLogin. aspx" Method="Post">
用户名：<Input Type = "Text" Name = "TxtName" Size =30 ><Br>
<Br>
密码： <Input Type = "Password" Name = "TxtPassWord" Size =32><Br>
<Br>
<Input Type = "Submit" Value = "登录">
</Form>
</Body>
```

图 4 - 70 HTML 文档

②在同一文件夹中创建表单的处理程序 CheckLogin. aspx。该程序代码如图 4 - 71 所示。

```
<%
If Request. Form("txtName"). ToLower <> "student" Then
        Response. Write("用户名不正确！")
ElseIf Request. Form("txtPassWord"). ToLower <> "ctec" then
        Response. Write("密码不正确！")
Else
        Response. Write("欢迎使用！")
End If
%>
```

图 4 - 71 ASPX 文档

③打开浏览器,输入地址 http://localhost/login/login. html,显示如图 4 - 72 所示的 Web 表单。

图 4 - 72　显示的表单

④如果输入正确的用户名"student",但口令不正确,则 CheckLogin. aspx 执行结果如图 4 -73所示。

图 4 - 73　aspx 的执行结果之一

**2. 代码分析**

(1)HTML 文件

在 login. html 文件中,主要的语句是:

< Form Action="CheckLogin.aspx" Method="Post">

语句中的 Action="CheckLogin. aspx"表示该表单提交到服务器后,将由 CheckLogin. aspx 来处理。

语句中的 Method="Post"表示使用 Post 方式提交表单。

代码中的 Name = "TxtName"和 Name = "TxtPassWord"等号后面就是表单中的两个参数,提交到服务器时这两个参数将传递到服务器,实际上就是将数据传递到文件 CheckLogin. aspx 中。

(2)ASPX 文档

在 CheckLogin. aspx 文件中,Request. Form("txtName")和 Request. Form("txtPassWord")获取的就是 login. htm 文件中两个参数"txtName"和"txtPassWord"的值。

## 4.4.2　使用 ASPX 代码访问数据库

使用代码访问数据库"教学管理. accdb",在页面中使用 grid 控件显示数据库中"学生"表和"课程"表中的所有记录。

### 1. 操作过程

①创建数据库“教学管理.accdb”，在该数据库中创建两张表，分别是“学生”表和“课程”表，表的具体记录见图 4-74，然后将数据库“教学管理.accdb”复制到文件夹“C:\Inetpub\wwwroot”中。

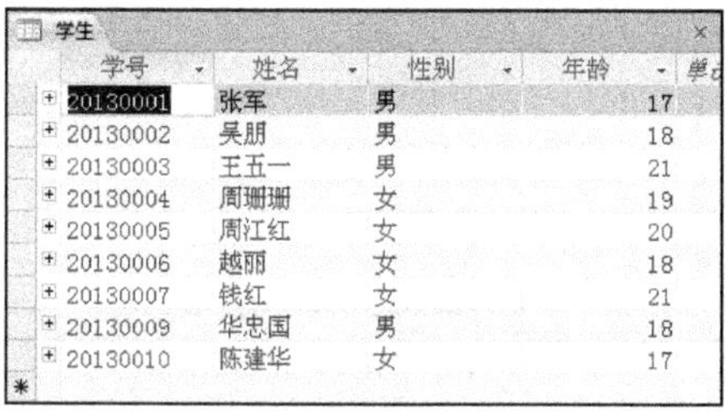

学生

| 学号 | 姓名 | 性别 | 年龄 |
|---|---|---|---|
| 20130001 | 张军 | 男 | 17 |
| 20130002 | 吴朋 | 男 | 18 |
| 20130003 | 王五一 | 男 | 21 |
| 20130004 | 周珊珊 | 女 | 19 |
| 20130005 | 周江红 | 女 | 20 |
| 20130006 | 越丽 | 女 | 18 |
| 20130007 | 钱红 | 女 | 21 |
| 20130009 | 华忠国 | 男 | 18 |
| 20130010 | 陈建华 | 女 | 17 |

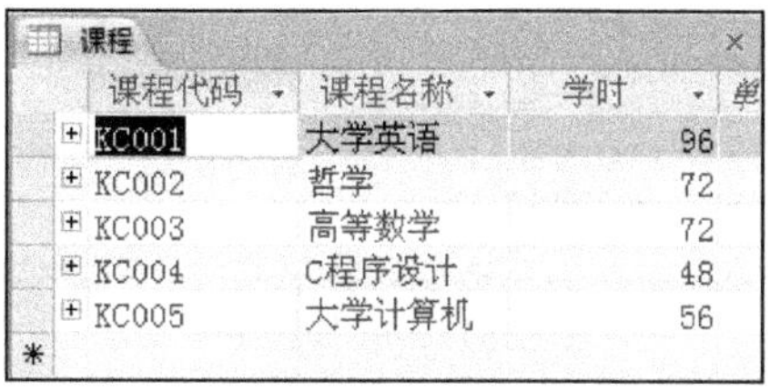

课程

| 课程代码 | 课程名称 | 学时 |
|---|---|---|
| KC001 | 大学英语 | 96 |
| KC002 | 哲学 | 72 |
| KC003 | 高等数学 | 72 |
| KC004 | C程序设计 | 48 |
| KC005 | 大学计算机 | 56 |

图 4-74　“学生”表和“课程”表的记录

②在记事本中输入如图 4-75 所示的代码。

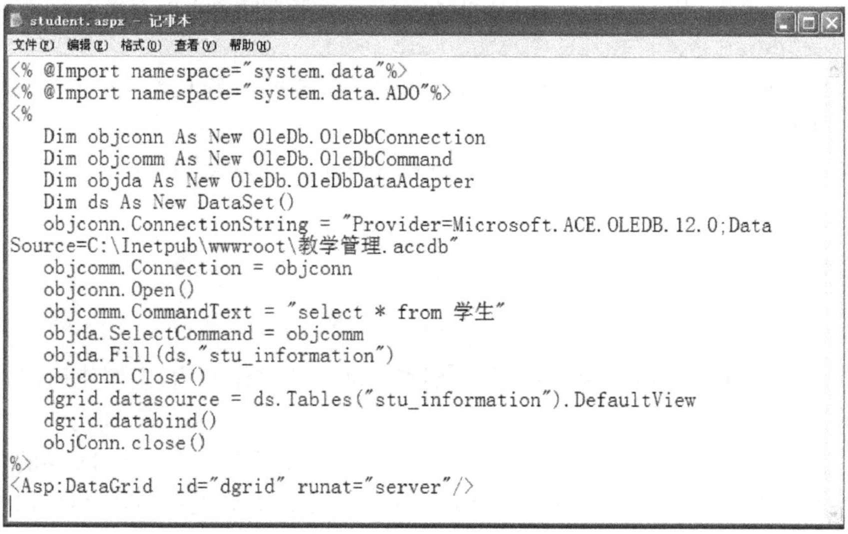



```
<% @Import namespace="system.data"%>
<% @Import namespace="system.data.ADO"%>
<%
   Dim objconn As New OleDb.OleDbConnection
   Dim objcomm As New OleDb.OleDbCommand
   Dim objda As New OleDb.OleDbDataAdapter
   Dim ds As New DataSet()
   objconn.ConnectionString = "Provider=Microsoft.ACE.OLEDB.12.0;Data
Source=C:\Inetpub\wwwroot\教学管理.accdb"
   objcomm.Connection = objconn
   objconn.Open()
   objcomm.CommandText = "select * from 学生"
   objda.SelectCommand = objcomm
   objda.Fill(ds,"stu_information")
   objconn.Close()
   dgrid.datasource = ds.Tables("stu_information").DefaultView
   dgrid.databind()
   objConn.close()
%>
<Asp:DataGrid  id="dgrid" runat="server"/>
```

图 4-75　ASPX 代码

③将该文件以“student.aspx”为名保存到默认路径“C:\Inetpub\wwwroot”中。

④启动浏览器，在浏览器的在地址栏输入 http://localhost/student.aspx，这时浏览器中显示的内容如图 4-76 所示。

运行结果在浏览器中显示了“学生”表中的所有记录。

⑤将程序中的 SQL 命令改成如下形式，其他部分不变：

```
select * from 课程
```

则浏览器输出内容如图 4-77 所示，显示的是“课程”表中的所有记录。显然，本程序是一个通用的显示表的程序，它与表的字段个数和记录个数都无关。

图 4-76　运行结果 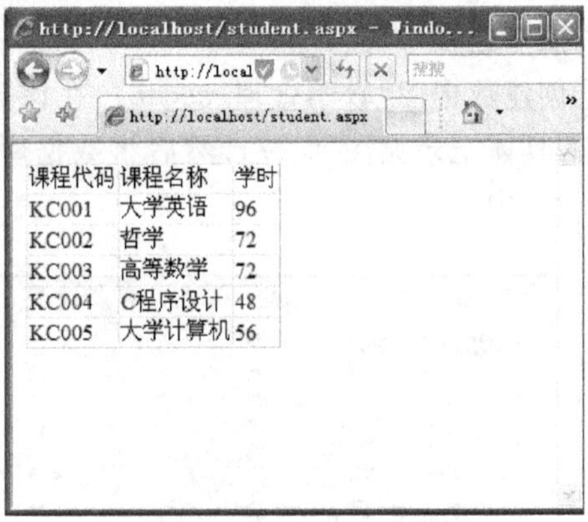　　　　　　　　图 4-77　运行结果

### 2.代码分析

程序中的最后一行

```
<Asp:DataGrid  id = "dgrid" runat = "server"/>
```

使用了 ASP. NET 中的一个控件 DataGrid,这是显示 DataSet 内容最常用的控件。代码中的属性 id="dgrid"定义该控件的名称为"dgrid"。

定义了 DataGrid 控件后,通常使用 DefaultView 将该控件与 DataSet 进行绑定。下面两条语句完成绑定

```
dgrid.datasource = ds.Tables("stu_information").DefaultView
dgrid.databind()
```

## 本章习题

### 一、单选题

1. 在 SharePoint Designer 2007 中,如果要查看网站的整体架构,应该使用网站的(　　　)视图模式。

　　A. 文件夹　　　　　　B. 远程网站　　　　　　C. 报表　　　　　　D. 导航

2. 在编辑网页时,如果要在编辑网页代码的同时直观地看到设计的效果,可以使用网页的(　　)视图模式。

　　A. 设计　　　　　　B. 拆分　　　　　　C. 代码　　　　　　D. 以上 3 种均可

3. Web 网站存放在(　　)。

　　A. 客户端　　　　　　　　　　　　　B. 因特网上的某个机构

　　C. 不固定　　　　　　　　　　　　　D. 服务器

4. 在进行网页内容查找时,下列(　　)不是系统提供的搜索方式。

　　A. 全部　　　　　　B. 向上　　　　　　C. 向下　　　　　　D. 局部

5. 网页中元素的位置会随着网页中插入行或列发生相应的移动和变化,这样的位置称为(　　)。

　　A. 绝对位置　　　　　　B. 偏移位置　　　　　　C. 固定位置　　　　　　D. 相对位置

6. 元素的环绕方式不包括(　　)环绕。

　　A. 上　　　　　　B. 左　　　　　　C. 右　　　　　　D. 无

7. 图片热点的形状不包括( )。

    A. 长方形            B. 圆形            C. 多边形           D. 三角形

8. 网页中超链接的目标不包括( )。

    A. 文件            B. 对象            C. 可执行文件     D. 图片

9. 创建文本超链接和图片超链接的操作方法( )。

    A. 相同            B. 相似            C. 不同            D. 无关

10. 以下各项中,不属于表格属性对齐方式的是( )。

    A. 上对齐         B. 左对齐         C. 右对齐         D. 居中对齐

11. ASP. NET 运行在( )。

    A. 客户机         B. 服务器         C. 中间件         D. 客户机或服务器

12. 下列( )软件可以建立 Web 服务器。

    A. Internet Explorer            B. IIS

    C. SharePoint Designer 2007         D. Dreamweaver

## 二、简答题

1. 说明客户机获得网页的过程。

2. 网页的格式化有哪几个方面的内容?

3. 说明"查找和替换"对话框中各个选项的功能。

4. 网页中元素的相对位置和绝对位置有什么区别?

5. 什么是书签?有什么作用?

6. 网页中超链接的目标有哪些?

7. 说明网页中表格、行、列、单元格之间的关系。

8. 简要说明 ASP. NET 常用内建对象的作用。

9. 简要说明 ASP. NET 常用控件的作用。

10. 说明用 ASP. NET 访问数据库的基本方法。

## 三、编程题

1. 创建一个 ASPX 程序,用 DataGrid 控件显示"借阅管理. mdb"数据库中"读者"表中所有的男生记录。

2. 创建 ASPX 程序,计算 1~100 之间所有能被 3 整除的数之和。

3. 创建 ASPX 程序,在程序中定义 Function 过程,过程的功能是计算某个数的阶乘,然后调用该过程计算 1~10 每个数的阶乘并输出。

## 四、操作题

在 SharePoint Designer 2007 中完成以下的操作:

1. 创建网站。

在 D 盘上创建一个名为"MyWeb"的网站,然后观察网站编辑使用的各种视图。

2. 创建网页及格式化。

在网上搜索自己感兴趣的信息,例如计算机等级考试、英语四六级等,以搜索的信息为基础创建一个网页 test. html,要求网页中文本有不同的显示级别,对不同级别的文本设置不同的格式,文本至少要有 4 段。

3. 在网页中插入图片。

从网上下载一幅图,将其插入到 test. html 中,并设置环绕方式为左环绕。

4.在网页中插入表格。

向网页中插入如下格式的表格:

| 学号 | 图书号 | 借期 |
|---|---|---|
| 06010001 | AK01 | 79 |
| 06010001 | AK02 | 15 |
| 06010001 | AK03 | 56 |
| 06010002 | AK01 | 12 |
| 06010003 | AK01 | 65 |
| 06010003 | AK02 | 100 |

5.插入超链接。

在网页中创建以下几个链接:

· 链接到西安交通大学的网站 www. xjtu. edu. cn。

· 链接到百度上。

· 分别链接到本网页中的每一段文本。

# 第 5 章　多媒体技术基础

## 本章教学目标

1. 了解多媒体技术的概念和特点、发展和应用；
2. 掌握各种媒体的数字化表示和存储的知识；
3. 了解数据冗余和压缩的简单原理；
4. 掌握声音处理、图形图像处理、数字视频处理基本技能。

## 本章教学设问

1. 模拟信号和数字信号有何区别？
2. 模拟信号和数字信号可以相互转换吗？如何转换？
3. 为什么说多媒体技术中，数据压缩是必要的？
4. 为什么说数据压缩是可能的？
5. 数据经过压缩后，精度会损失吗？
6. 有损压缩主要通过损失哪些方面的精度来提高压缩比的？
7. 图像放大或缩小时，常会加重"锯齿"现象，是什么原因？
8. 从互联网上获得的视频如何正确播放？
9. 如何将 BMP 格式的文件转换为 JPG 格式？
10. 有些视频格式无法导入到 Premiere 中，如何解决？

多媒体技术是一项正在迅速发展的综合性电子信息技术，给人们的学习、工作和生活带来了深刻的变革。多媒体计算机的出现，使计算机具有了综合处理文字、图形、图像、动画、视频的能力。它以友好的界面，方便的交互性，加速了计算机进入家庭和社会各个方面的进程，甚至可代替目前的各种家用电器，集计算机、电视机、录音机、录像机、DVD 机、电话机、传真机等各种电器为一体，使计算机的应用产生了巨大的变化。

## 5.1　多媒体技术概述

多媒体技术形成于 20 世纪 80 年代，它的研究涉及计算机硬件、计算机软件、计算机网络、人工智能、电子出版等，是计算机、广播电视和通信这三大领域相互渗透、相互融合，进而迅速发展的一门新兴技术。多媒体技术的一个例子就是多媒体计算机，它一出现，很快在世界范围内的家庭教育和娱乐方面得到了广泛的应用，并由此引发了小型激光视盘（VCD 和 DVD）的诞生，促进了数字电视和高清晰度电视（HDTV）的迅速发展。

### 5.1.1　媒体

"媒体(medium)",在计算机领域有两个含义:一是指存储信息的实体,如磁盘、光盘、磁带、半导体存储器等;二是指传递信息的载体,如数字、文字、图形和图像等。而多媒体技术中的"媒体"则指后者。根据信息被人们感觉、表示、呈现、存储或传送的方式的不同,"媒体"可分为五类:

①感觉媒体(perception medium):能直接作用于人的感觉器官,从而使人们产生直接感觉的媒体,如声音、图像和文本等。

②表示媒体(representation medium):为传送感觉媒体而人为研究出的用于交换的信息表示方法,如语音编码、图像编码、文本 ASCII 编码和乐谱等。

③表现媒体(presentation medium):用于通信的电信号和感觉媒体之间起转换作用的媒体,是信息表示的工具,如键盘、摄像机、光笔、话筒、显示器、音箱、打印机等。

④存储媒体(storage medium):表示媒体(感觉媒体数字化后的代码)的存储载体,如纸张、硬盘、软盘、磁带及光盘等。

⑤传输媒体(transmission medium):用来将媒体从一处传送到另一处的物理载体,是信息传输的介质,如双绞线、同轴电缆、光纤等。

一般认为,"多媒体"(Multimedia)是指能够同时获取、处理、编辑、存储和展示两个以上不同类型信息媒体(如文字、声音、图像、动画、视频等)的技术。需要注意的是,"多媒体"不是单指多种媒体本身,而是包含处理和应用它的一整套技术。

### 5.1.2　多媒体计算机系统的组成

多媒体计算机系统是一个能综合处理多种媒体信息的计算机系统,由多媒体硬件系统和多媒体软件系统组成。多媒体硬件系统的核心是一台高性能的计算机系统,外部设备主要由音频、视频处理设备和存储设备组成。多媒体软件系统包括多媒体操作系统和应用系统。

#### 1. 多媒体计算机的硬件系统

多媒体计算机的硬件系统可以看成是在传统计算机的基础上,增加一些具有多媒体处理功能的硬件而构成的。但实际上,多媒体计算机对 CPU 的吞吐率、内存的大小以及各种外设也会提出更高的要求。早期的微型机,如80286 等是无法构成多媒体计算机的。而如今的任何一款 CPU 都能满足多媒体数据处理的需求。除传统计算机中的一些外设之外,CRT 显示必须是彩色的 VGA,打印机可配置彩色打印机。另外,最能体现多媒体特征的是增加视频接口、音频接口和光盘驱动器。

音频接口通常又称为音频卡或声卡。它可以将话筒输入的音频模拟信号数字化,并送入计算机中存储或传送,也可以把从存储器或光盘读入的音频数字信号转换成模拟信号送到扬声器。音频信号可以是单通道信号,也可以是双通道的立体声信号。现在,声卡已成为微机的基本配置,通常集成在主板上,并不需要考虑。如果需要使用电脑录制声音,就需要有声音播放设备或拾音器(话筒)。音源可以是自然语音、环境音响、磁带中的录音、其他模拟设备中的声音。如果需要输出声音,就需要有音箱或耳机等。

视频接口又称为视频卡,它能将来自摄像机的视频信号变换为数字信号并对数字化的图像信号进行压缩处理,而后进行存储、输出或传送。对视频的采集,还需要摄像机、录像机、

VCD/DVD 播放器、电视机或电视卡等视频采集和播放设备。处理好的视频可以存储在计算机的硬盘中,但由于视频文件一般比较大,所以不宜在硬盘上长期存放,可以刻录到 VCD 或 DVD 光盘上,输出到磁带上或由专门的视频服务器在网上发布,相应地需要 VCD/DVD 刻录机,磁带录像机等大容量存储设备。

多媒体信息及其应用系统数据量很大,将它们长期保存在硬盘中是不现实的,而且多媒体软件的发行也需要一种高容量、移动方便的存储介质,那就是光盘。读取光盘中的信息需用光盘驱动器,在光盘上记录信息需要光盘刻录机。

**2. 多媒体计算机软件系统**

多媒体计算机软件系统主要包括:多媒体操作系统、多媒体应用软件的开发工具和多媒体应用软件。

软件要运行于操作系统平台上,而具有多媒体设备、信息和软件管理能力的操作系统是多媒体系统的核心,它能实现多媒体环境下多任务调度,保证音频、视频同步控制及信息处理的实时性,提供多媒体信息的各种基本操作和管理,具有对设备的相对独立性和可操作性。现在流行的操作系统如 Windows XP、Windows 7 等都具备多媒体功能。

为了开发多媒体应用软件,很多厂家为用户提供了多种功能强大的应用软件开发工具。这些工具包括媒体制作工具和多媒体应用系统编辑制作的环境。媒体制作工具包括音频编辑软件(Adobe Audition、Sound Forge、GoldWave)、图像处理软件(Windows 画图、Photoshop、CorelDraw、Macromedia Fireworks)、动画制作软件(GIF Animator、Cool 3D、Flash、3Ds Max)和视频处理软件(Adobe Premiere、Director)等。常用的多媒体应用系统编辑制作的环境有 Authorware、Director 等。多媒体硬件系统、多媒体操作系统和多媒体应用软件开发工具构成了多媒体应用软件的开发平台。在这个平台上,用户可以比较方便地开发各种多媒体应用软件。

多媒体应用软件包括面向最终应用的多媒体软件,如多媒体教学软件、游戏软件、工具软件和各种电子图书等。

## 5.1.3　多媒体技术的特点

多媒体技术有以下几个特性。

**1. 集成性**

多媒体技术是多种媒体和多种技术的综合应用。多媒体的集成性一方面表现在把单一的、零散的媒体有效地综合在一起,即信息载体的集成,使信息资源得到有效利用;另一方面也表现在媒体处理设备的集成。多媒体系统将信息采集设备、处理设备、存储设备、传输设备、表现设备等不同功能、不同种类的设备集成在一起,使其共同完成信息处理工作。

**2. 交互性**

人们可以与计算机系统按一定的方式交流"思想",按照自己的思维习惯,按照自己的意愿主动地选择和接受信息,拟定观看内容的路径。

**3. 实时性**

多媒体系统中多种媒体间无论在时间上还是在空间上都存在着紧密的联系,是具有同步性和协调性的群体。如音频、视频和动画,甚至是实况信息媒体,它们要求连续处理和播放。

多媒体系统在处理信息时需要有严格的时序和很高的处理速度。

多媒体系统要能实时地综合处理声、文、图等多种媒体信息,这就需要采用与处理文本信息不同的技术。

### 5.1.4　多媒体技术的应用

多媒体技术是当今信息技术领域发展最快、最活跃的技术,是新一代电子技术发展和竞争的焦点。多媒体技术融计算机、声音、文本、图像、动画、视频和通信等多种功能于一体,借助日益普及的高速信息网,可实现计算机的全球联网和信息资源共享,因此被广泛应用在各行各业,并正潜移默化地改变着我们生活的方方面面。

**1. 教育**

以多媒体计算机为核心的现代教育技术使教学手段丰富多彩,使计算机辅助教学(CAI)如虎添翼。实践已证明多媒体教学系统有如下效果:①学习效果好;②说服力强;③教学信息的集成使教学内容丰富,信息量大;④感官整体交互,学习效率高;⑤各种媒体与计算机结合可以使人类的感官与想象力相互配合,产生前所未有的思维空间与创造能力。

**2. 办公自动化**

许多应用程序都是为提高工作人员的工作效率而设计的,从而产生了许多新型的办公自动化系统。采用先进的数字影像和多媒体计算机技术,把文件扫描仪、图文传真机、文件资料微缩系统和通信网络等现代化办公设备综合管理起来,将构成全新的办公自动化系统,成为新的发展方向。

**3. 电子出版物**

电子出版物,是指以数字代码方式将图、文、声、像等信息存储在磁、光、电介质上,通过计算机或类似设备阅读使用,并可复制发行的大众传播媒体。其特点是集成性和交互性,即使用媒体种类多,表现力强,信息的检索和使用方式更加灵活方便。

**4. 通信**

当前计算机网络已在人类社会进步中发挥着重大作用,如电子邮件已被普遍使用。计算机网络不仅改变了信息传递的方式,带来通信技术的大变革,同时计算机的交互性,通信的分布性和多媒体的现实性相结合,将构成一个全新的通信系统,向社会提供全新的信息服务。

**5. 商业广告**

商业广告、公共招贴广告、大型显示屏广告、平面印刷广告等也广泛应用多媒体技术。

**6. 影视娱乐**

电视/电影/卡通混编特技、MTV 特技制作、三维成像模拟特技、仿真游戏、网络游戏也离不开多媒体技术。

**7. 医疗**

网络远程诊断、网络远程操作(手术)也是基于多媒体技术开展的。

**8. 旅游**

景点介绍、风光重现、风土人情介绍等服务项目也可利用多媒体技术来完成。

## 5.2　多媒体信息数字化

平时工作、学习中用得最多的媒体是图像、声音和视频,它们是模拟信号,用计算机存储、编辑、传输。表现这些媒体必需首先数字化。

### 5.2.1　声音数字化

当物体在空气中振动时,便会发出一种连续的波,叫声波(Sound Wave)。而这些声波到达人耳的鼓膜时,人会感到压力的变化,这就产生了声音(Sound)。

声波的两个基本参数是频率和振幅。声波的振幅指音量,它是声波波形的高低幅度,表示声音信号的强弱。频率指声音信号每秒钟变化的次数,单位为 Hz(赫兹)。声音的强弱体现在振幅上,声调的高低体现在声波的频率上。人们通常听到的声音并不是单一频率的声音,而是多个频率的声音的复合,声音信号的频率范围称为带宽(Band Width),如高保真声音的频率范围为 10～20000 Hz,它的带宽约为 20 kHz。人们对声音的感知不仅与声音的幅度有关,还与声音的频率有关。中频或高频中可感知的相同的音量在处于低频时需要更高的能量来传递。例如,大气压的变化周期很长,以小时或天数计算,一般人不容易感觉到这种气压信号的变化,更听不到这种变化。对于频率为几赫兹到 20 赫兹的空气压力信号,人们也听不到。人们把频率小于 20 Hz 的信号称为亚音信号,或称为次音信号(Subsonic);高于 20 kHz 的信号称为超音频信号(Supersonic),或称超声波(Ultrasonic)信号;频率范围为 20 Hz～20 kHz 的信号称为音频信号(Audio);人说话的声音信号频率通常为 300～3000 Hz,人们把在这种频率范围的信号称为话音信号(Speech)。在多媒体技术中处理的信号主要是音频信号,它包括音乐、话音、风声、雨声、鸟叫声、机器声等。

声音质量的一种评价方法是用声音的频率范围来衡量。声源的频带越宽,表现力越好,层次越丰富。等级由高到低有 DAT(Digital Audio Tape)、CD(Compact Disc)、FM(Frequency Modulation)、AM(Amplitude Modulation)和数字电话,它们的频带范围分别为:20 Hz～20 kHz、20 Hz～20 kHz、20 Hz～15 kHz、50 Hz～7 kHz 和 200 Hz～3.4 kHz。

声波可以通过话筒等转化装置变成相应的电信号,这种电信号在时间和幅度上都是连续的,称为模拟信号。模拟信号不能被计算机直接处理,需要通过声卡将模拟信号转换成数字信号(模数转换 A/D),这个过程称为声音的数字化。数字化后的声音信号可以用计算机进行各种处理,经过处理后的数据经过声卡中的数字信号还原成模拟信号(数模转换 D/A),经过放大后输出到音箱或耳机还原成人耳能够听到的声音。

声音信号的数字化通过对声音信号进行采样、量化和编码来实现(图 5-1)。

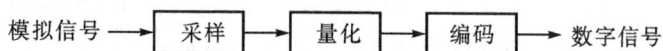

模拟信号 ⟶ 采样 ⟶ 量化 ⟶ 编码 ⟶ 数字信号

图 5-1　声音的数字化过程

采样(Sampling)是指每隔一段时间间隔读取一次声音波形的幅度。这些特定时刻取得的样本值构成的信号称为离散时间信号,它们在时间上有有限个点。

量化(Measuring)过程将采样得到的信号限定在指定的有限个数值范围内。假设输入电压的范围是 0.0～1.5 V，量化可以将它的取值限定在 0,0.1,0.2,…,1.4,1.5 V 上共 16 个值。如果采样得到的幅度值是 0.123 V，则近似取值为 0.1 V；如果采样得到的幅度值是 1.271 V，它的取值就近似为 1.3 V。

编码(Coding)过程将量化后的有限个幅度值用合适的二进制代码表示。如将上面所限定的 16 个电压值按顺序分别用二进制 0000、0001、0010、0011、0100、0101、0110、0111、1000、1001、1010、1011、1100、1101、1110 和 1111 表示，这时模拟信号就转化为数字信号。这种基本的数字化过程也称为脉冲编码调制 PCM(Pulse Code Modulation)，也叫 PCM 编码。

## 5.2.2　图像数字化

自然界多姿多彩的景物通过人们的视觉器官在大脑中留下印象，这就是图像。

### 1.图像的颜色模型

人之所以能看到五彩缤纷、变幻无穷的彩色景象，是因为有光的照射。光是一种电磁波，也称光波。人的视觉系统可以感觉到光的强度（即亮度），也可以感觉出光的颜色（即色彩）。人能感觉到的光的波长范围为 380～780 nm，这个波长范围的光称为可见光。

人对亮度和色彩的感觉过程是一个物理、生理和心理共同作用的复杂过程。在自然界中，人们看到的大多数光不是单一波长的光，而是由多种不同波长的光组合而成的。生理学研究表明，人的视网膜有两类视觉细胞：一类是对微弱光敏感的杆状体细胞；另一类是对红色、绿色和蓝色敏感的 3 种锥体细胞。因此，从这个意义上来说，颜色只存在于人的眼睛和大脑中。对于客观的光而言，颜色就是不同波长的电磁波。光的波长与人感觉到的颜色之间的关系，如表 5-1 所示。

表 5-1　光的波长与颜色的关系

| 颜色 | 红 | 橙 | 黄 | 绿 | 青 | 蓝 | 紫 |
|---|---|---|---|---|---|---|---|
| 波长/nm | 700 | 620 | 580 | 546 | 480 | 436 | 380 |

通常人眼对颜色的感知可以用色调、饱和度和亮度来度量，它们共同决定了视觉的总体效果。

• 色调。色调表示光的颜色，它决定于光的波长。某一物体的色调是指该物体在日光照射下所反射的光谱成分作用到人眼的综合效果，如红色、蓝色等。自然界中的七色光就分别对应着不同的色调，而每种色调又分别对应着不同的波长。

• 饱和度。饱和度也称为纯度或彩度，它是指颜色的深浅或鲜艳程度，通常指颜色中白光含量的多少。纯光谱色与白光混合，可以产生各种混合色光，其中纯光谱色所占的百分比，就是该色光的饱和度。黑、白、灰色的饱和度最低（0%），而纯光谱色的饱和度最高（100%）。

• 亮度。亮度用来表示某种颜色在人眼视觉上引起的明暗程度，它直接与光的强度有关。光的强度越大，物体就越亮；光的强度越小，物体就会越暗。

在计算机中，把在屏幕上显示或打印图像时表示颜色的数字方法叫色彩模式。在不同的应用领域，人们使用的色彩模式往往不同。如计算机显示器采用 RGB 模式，打印、印刷图像使用 CMYK 模式，彩色电视系统使用 YUV/YIQ 模式。

（1）RGB 模式

计算机显示器使用的阴极射线管（Cathode Ray Tube,CRT）是一个有源物体。它使用三个电子枪分别产生红色、绿色和蓝色三种波长的光,它们以不同的强度混合起来产生不同的颜色。组合这三种光以产生特定颜色的方法称为 RGB 相加混色模式,简称 RGB 模式。理论上,任何一种颜色都可用红、绿、蓝三种基本颜色按不同的比例混合得到（图 5-2）。

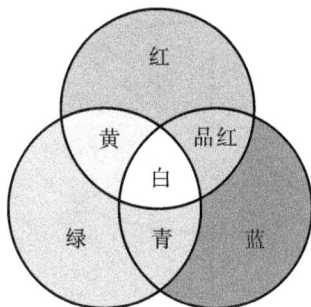

图 5-2  RGB 相加混色模式

（2）CMYK 相减混色模型

一个不发光的物体称为无源物体。无源物体的色彩不是直接由来自光线的颜色产生的,而是由颜料上反射回来的光线所决定的,这种产生颜色的方法称为 CMY 相减混色模式,简称 CMY 模式。

理论上,任何一种颜色都可以用青色（Cyan）、品红（Magenta）和黄色（Yellow）三种基本颜料按一定比例混合得到。当三种基本颜色等量相减时得到黑色,等量黄色和品红相减而青色为 0 时,得到红色;等量青色和品红相减而黄色为 0 时,得到蓝色;等量黄色和青色相减而品红为 0 时,得到绿色（图 5-3）。

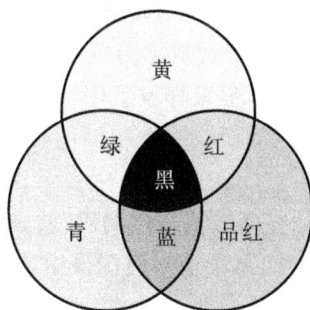

图 5-3  CMYK 相减混色模式

彩色打印机应用的就是这种原理,印刷彩色图片也是应用这种原理。由于彩色墨水和颜料的化学特性,用等量的三种基本颜色得到的黑色不是真正的黑色,因此在印刷术中常加一种真正的黑色（Black ink）,所以 CMY 模式又称为 CMYK 模式。

（3）HSB 颜色模型

与相加混色的 RGB 模型和相减混色的 CMY 模型不同,HSB 颜色模型着重描述光线的强弱关系,它使用颜色的三个特性来区分颜色,这三个特性分别是色调（Hue）、饱和度（Saturation)和明度(Brightness)。

HSB 模型的示意图见图 5-4,其中沿圆周方向表示的是色调。

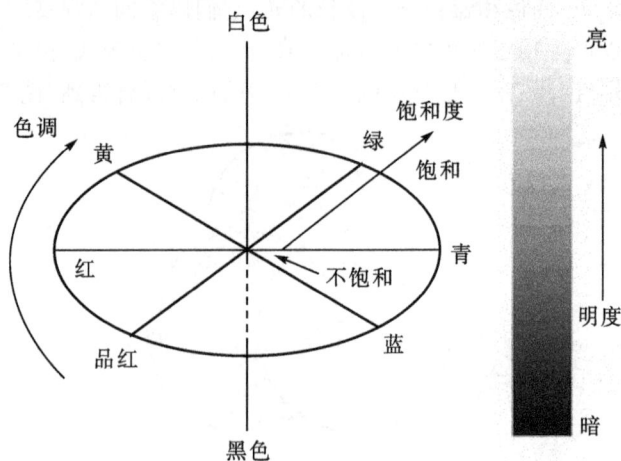

图 5-4　HSB 色彩模式

### 2. 图像的数字化

图像是现场景物以不同的光谱和不同的强度在一定物质上的反映和记录,它可以用函数

$$g=f(x,y)$$

描述,其中 $x,y$ 表示二维空间中的点的坐标,$g$ 就是该点的颜色。函数描述的图像是 $x$ 和 $y$ 的连续函数,因此也是模拟信号。要在计算机中进行处理,就必须将它数字化。图像的数字化也需要采样、量化和编码三个步骤。

(1)图像数字化过程

把一幅连续的图像在二维方向上分成 $m\times n$ 个网格,每个网格用一个亮度值表示,这样一幅图像就可用 $m\times n$ 个亮度值表示,这个过程称为采样。

采样使连续图像在空间上离散化,但采样点上图像的亮度值还是某个幅度区间内的连续分布。把亮度分成 $k$ 个区间,一个区间对应一个相同的亮度值,这样就有 $k$ 个不同的亮度值,这个过程称为量化。

量化后的 $m\times n$ 个取值有限的亮度数值经过编码,就成为数字图像。$m\times n$ 个取值有限的亮度值组成一个矩阵,称为图像矩阵,每个值对应图像中的一个点,称为像素。

(2)数字图像的性能指标

①图像分辨率。图像分辨率是指数字图像的尺寸,即图像的水平和垂直方向的像素点数。如分辨率为 1024×768 表示图像由 768 行组成,每行有 1024 个点。图像分辨率越高,像素就越多,图像所需要的存储空间也就越大。

采样时,每英寸长度上取得的像素点数也反映了数字图像对原连续图像的分辨能力,称为扫描分辨率,用 DPI(Dot Per Inch)表示,在不引起混淆的情况下,也简称为分辨率。如果用 100 DPI 的分辨率对一幅 4 in×3 in(1 in=2.54 cm)的图像进行采样,得到的图像分辨率为 400×300。

如果将图像打印在纸上,单位尺寸上打印的点数反映打印图像的分辨能力,称为打印分辨率,也用 DPI 表示。如果将图像分辨率是 1152×1024 的图像用 300 DPI 的打印分辨率打印在纸上,得到的图像尺寸为 3.84 in×3.41 in。

②颜色深度。颜色深度指记录每个像素所使用的二进制位数。对于彩色图像来说,颜色深度决定了该图像可以使用的最多颜色数目;对于灰度图像来说,颜色深度决定了该图像可以使用的亮度级别数目。颜色深度值越大,显示的图像色彩越丰富,画面越自然、逼真,但数据量也随之激增。实际应用中,彩色图像常用的颜色深度有 4 位、8 位、16 位、24 位和 32 位等,对应的图像的颜色数目为 16 色、256 色、65536 色、$2^{24}$ 色和 $2^{32}$ 色。后两种颜色深度的图像也称为真彩色图像。灰度图像一般用到 256 级灰度,即颜色深度为 8 位。黑白图像的颜色深度只有 1 位。

知道了图像的分辨率和颜色深度,就可以计算出图像的文件大小。

文件大小(KB)=图像横向点数×图像纵向点数×颜色深度/8/1024

如一幅分辨率为 1024×768 的 16 位图像的文件大小为

$$1024×768×16/8/1024=1536 \text{ KB}≈1.5 \text{ MB}$$

在制作多媒体应用软件时,需要考虑图像文件的大小,选择适当的图像分辨率和颜色深度。如果对图像文件进行压缩处理,可以大大减少图像所占用的存储空间。

### 5.2.3　视频数字化

人的眼睛有一种视觉暂留的生物现象,即人们观察的物体消失后,物体的影像在眼睛的视网膜上会保留一个非常短暂的时间(大约 0.1 秒)。利用这一现象,将一系列物体位置或形状变化很小的图像以足够快的速度连续播放,人眼就会感觉画面变成了连续活动的场景。

连续地随时间变化的一组图像就称为视频。有时将视频称为活动图像或运动图像。在视频中,一幅幅单独的图像称为帧(frame)。每秒钟连续播放的帧数称为帧率,单位是帧/秒(f/s)。典型的帧率是 25 帧/秒和 30 帧/秒。伴随视频图像还可以有一个或多个音频轨道,以产生音乐效果。常见的视频信号有电影和电视。

视频数字化是将视频信号经过视频采集卡转换成数字视频文件存储在硬盘中。在使用时,将数字视频文件从硬盘中读出,再还原成电视图像加以输出。视频采集卡可以接收来自视频输入端(录像机、摄像机和其他视频信号源)的模拟视频信号,对该信号进行采集、量化,然后压缩编码成数字视频文件。大多数视频采集卡都具备硬件压缩的功能,在采集视频信号时首先在卡上对视频信号进行压缩,然后通过接口把压缩的视频数据传送到主机上。一般的视频采集卡采用帧内压缩的算法把数字化的视频存储成 AVI 格式文件,高档一些的视频采集卡还能直接把采集到的数字视频数据实时压缩成 MPEG 格式的文件。需要指出的一点是,视频数字化的概念是建立在模拟视频占主角的时代,现在通过数字摄像机摄录的信号本身已是数字信号。

## 5.3　数据压缩

由于数字化的声音、图像等多媒体信息的原始数据量非常大,而且视频、音频信号还要求快速地处理和传输,在一般计算机产品特别是个人计算机系列上开展多媒体应用难以实现。例如,一分钟未压缩的高保真立体声的数字声音的数据量大约是 5.04 MB;一幅 1024×768

（中等分辨率）的真彩色图像的数据约 2.25 MB；1 秒视频 PAL 制式的数字视频（720×576）约 29.66 MB，一张 600 MB 的光盘只能存储 20 秒这样的视频节目。因此，视频、图像、音频数字信号的编码和压缩算法成为一个重要的研究课题。

数据压缩是一种对原始数据进行重新编码、去除原始数据中的冗余，以较小的数据量来表示原始数据的技术，它是实现在计算机上处理音频和视频等多媒体信息的前提。

数字化的多媒体数据中有很大冗余，如视频图像帧内邻近像素之间空间相关性和帧与帧之间的时间相关性都很大。我们平常遇到的图像，大致可以分为两类：一类是单张的画面，如照片、图片，是静止图像；另一类是连续活动播放的视频图像。以一张风景图片为例，蓝色的天空、绿色的森林，画面中的背景很多部分都用同一种颜色，我们可以用少量的数据来表示这些空间相关的数据。而一段动画或影视图像，除了具有上述空间相关的特性外，相邻的两帧图像之间的变化往往很小。这些相关性产生大量的数据冗余，这些冗余的数据就是可以进行压缩的对象。

在数字化时还存在一种信息熵冗余。信息熵是一组数据所携带的信息量，而信息熵冗余是由于在信源的符号表示过程中，未遵循信息论意义下最优编码而造成的冗余，这种冗余可以通过熵编码来进行压缩，经常使用的有哈夫曼（Huffman）编码。

由于人类的视觉、听觉器官具有某种不敏感性，如人的眼睛对图像的边缘急剧变化不敏感以及对亮度信息敏感而对颜色分辨力不敏感；人的耳朵很难分辨出强音中的弱音。利用这些特性，可减少数据量而使声音和图像保持满意的质量。

数据压缩可分为无损压缩和有损压缩。无损压缩又称为可逆压缩，其原理是减小数据冗余度，而不损失任何信息。解压缩可以完全恢复成原来的数据，典型的无损压缩编码技术有哈夫曼编码、算术编码和行程编码。无损压缩由于不会产生失真，在多媒体技术中常用于文本和数值的压缩，它能保证完全恢复原始数值，但压缩比低，一般在 2~5 倍。有损压缩又称为不可逆压缩，这种压缩会减少信息量而不能完整地恢复原始的数据。在语音和图像中，由于存在视觉冗余和听觉冗余，减少这种信息并不影响人们的视觉效果和听觉效果，因此有损压缩经常应用于图像、声音和动态视频的数据压缩。有损压缩比比较高，可达到几十倍甚至上百倍。

### 5.3.1　声音的压缩及文件格式

**1. 声音的压缩**

影响音质的技术指标有如下几个。

①采样频率。采样频率又称取样频率，它是指将模拟声音波形转换为数字音频时，每秒钟所抽取声波幅度样本的次数。采样频率越高，则经过离散数字化的声波越接近于其原始的波形，也就意味着声音的保真度越高，声音的质量越好，当然信息存储量也越多。常用的电话质量、AM 广播质量、FM 广播质量和 CD 质量的数字化声音的采样频率分别为 8000 Hz、11.025 kHz、22.05 kHz 和 44.1 kHz。

采样频率的选择应遵循奈奎斯特（Harry Nyquist）采样理论，即只要采样频率高于输入信号最高频率的两倍，就能从采样信号序列重构原始信号。

②量化位数。量化位数又称取样大小，它是每个采样点能够表示的数据范围，用二进制的位数表示。量化位数的大小决定了声音的动态范围，即被记录和重放的声音最高与最低之间的差值。量化位数越高，声音还原的层次就越丰富，表现力越强，音质越好，但数据量也越大。

例如,16 位量化位数有 65536 个不同的量化值。常用的量化位数为 8 位、16 位和 32 位。

③声道数。声道数是指所使用的声音通道的个数。单声道声音只产生一个波形,双声道(即立体声)声音记录两个波形。立体声声音丰满优美,但需要两倍于单声道声音的存储空间。

如果确定了数字化音频的采样频率、量化位数和声道数,就可以计算出声音的数据率,即每秒钟声音的数据量。如果知道了声音的时间长度,就可以计算该音频文件的大小。

$$数据率(B/s) = 采样频率(Hz) × 量化位数(bit) × 声道数/8$$
$$数据文件大小(B) = 数据率(B/s) × 时间(s)$$

例如,如果数字化某声音的采样频率为 44.1 kHz,量化位数为 16 位,立体声,则其数据率为:

$$44.1 \text{ kHz} × 1000 × 16(\text{bit}) × 2(\text{Channels})/8 = 176400 \text{ B/s} ≈ 172.27 \text{ KB/s}$$

如果该音频的时间长度为 4 分钟,则其相应的文件大小为:

$$176400 \text{ B/s} × 4(\text{m}) × 60(\text{s/m}) = 42336000 \text{ B} ≈ 41343.75 \text{ KB} ≈ 40.37 \text{ MB}$$

对于不同类型的音频信号而言,其信号带宽是不同的,由于对音频信号音质要求的不同,数字化后的数据量也随之增加,因此音频信号的压缩在多媒体应用中是非常重要的。

音频信号的编码主要有 PCM 编码、ADPCM 编码、MP3 等。脉冲编码调制 PCM(Pulse Code Modulation)编码是一种最通用的无压缩编码,特点是保真度高,解码速度快,但编码后数据量大,CD 就采用这种编码方式。自适应差分脉冲调制 ADPCM(Adaptive Pulse Code Modulation)是一种有损压缩编码,它丢掉了部分信息。由于人耳对声音的不敏感性,适当的有损压缩对视听播放效果影响不大。ADPCM 记录的量化值不是每个采样点的幅值,而是该点的幅值与前一个采样点幅值之差。这样,每个采样点的量化位数就不需要 16 位,由此可减少信号的容量。MP3 是以 MPEG 标准压缩编码的一种音频文件格式。这是一种有损压缩编码,压缩比可达 10∶1 甚至 12∶1,一般人耳基本不能分辨出失真。不同的编码方法会影响文件的大小或声音回放时的听觉效果。如果某种编码方法产生的数据量比 PCM 编码产生的数据量小,则该编码就是压缩编码。实际上编码和压缩是同义词,压缩的过程就是使用了某种编码方法使变化后的数据量变小。

**2. 数字音频文件格式**

数字音频以文件的形式保存在计算机中。数字音频的文件格式主要有以下几种。

(1)WAVE 文件

WAVE 文件是 Microsoft 为 Windows 提供的保存数字音频的标准格式,文件后缀名为.WAV。

标准的 WAVE 文件包含 PCM 编码数据,是对声波信号数字化的直接表示形式,所以 WAVE 文件也称为波形文件,主要用于自然声音的保存与重放。其特点是:声音层次丰富、还原性好、表现力强,如果使用足够高的采样频率,可以获得非常好的音质。几乎所有的播放器都能播放 WAVE 格式的音频文件,在电子幻灯片、各种算法语言、多媒体工具软件中都能直接使用,主要的缺点是文件占用的空间较大。

需要注意的是,WAVE 文件也可以存放压缩音频,但它本身的结构更适合存放未经压缩的音频数据以便用作进一步的处理。

(2)MP3 文件

MP3(MPEG Audio Layer 3)文件是按 MPEG(Moving Picture Experts Group,运动图像

专家组)标准的音频压缩技术制作的数字音频文件,文件扩展名为.MP3。它利用了知觉音频编码技术,也就是利用了人耳的特性,削减音乐中人耳听不到的成分,同时尝试尽可能地维持原来的声音质量。MP3 可以实现 10∶1 的压缩比例。一张可存储 15 首歌曲的普通 CD 光盘,如果采用 MP3 文件格式,可存储超过 160 首 CD 音质的歌曲。

MF3 Pro 是 MP3 编码的改进算法,它采用变压缩比的方式,即对声音中的低频成分采用较高压缩率,对高频成分采用低压缩率。MP3 Pro 的出现,改变了传统 MP3 文件高音损耗严重的缺陷,在提高压缩比、减少文件存储空间的同时,还提升了音质,并且保证了与 MP3 编码格式的兼容性。

(3)WMA 文件

WMA 是 Windows Media Audio 的缩写。WMA 文件是 Windows Media 格式中的一个子集。Windows Media 格式包括音频、视频和脚本数据文件,可用于创作、存储、编辑、分发流式处理或播放基于时间线的内容。WMA 文件可以在保证只有 MP3 文件一半大小的前提下,保持相当的音质。现在,大多数 MP3 播放器也都支持 WMA 文件。

(4)MIDI 文件

MIDI 是 Musical Instrument Digital Interface 的缩写,意为乐器数字化接口。它规定了电子乐器和计算机之间进行连接的硬件及数据通信协议,并采用数字方式对乐器演奏出来的声音进行记录,在播放时对这些记录进行合成,也就是说,文件中记录的是一系列指令而不是数字化后的波形数据,因此占用的存储空间比音波文件小得多,这种格式的文件后缀名为.MID。

(5)RM/RA 格式

RM/RA 是 RealNetworks 公司制定的声音文件格式,文件扩展名为.rm 或.ra,有较高的压缩比,可以采用流媒体的方式在网络上实时播放,主要使用 RealNetworks 公司的播放器播放。

### 5.3.2　图像的压缩及文件格式

**1.图像的压缩**

图像压缩是数据压缩技术在数字图像上的应用,它的目的是减少图像数据中的冗余信息,从而更加高效地存储和传输数据。

对于绘制的技术图、图表或者漫画优先使用无损压缩,这是因为有损压缩方法将会带来压缩失真。如医疗图像或者用于存档的扫描图像等这些有价值的内容的压缩也尽量选择无损压缩方法。有损方法非常适合于自然的图像,例如一些应用中图像的微小损失是可以接受的(有时是无法感知的)。数据压缩的目的是为了便于存储和传输,而为了对数据进行还原,还必须进行解压缩。根据数据冗余的类型不同,人们提出了各种不同的数据编码和解码方法,从算法的运算复杂度角度看,编码和解码方法有些是对称的,有些是不对称的,但一般来讲,解码的运算复杂度要低于编码。

图像数据之所以能被压缩,就是因为数据中存在着冗余。图像数据的冗余主要表现为:图像中相邻像素间的相关性引起的空间冗余;不同彩色平面或频谱带的相关性引起的频谱冗余。数据压缩的目的就是通过去除这些数据冗余来减少表示数据所需的比特数。由于图像数据量的庞大,在存储、传输、处理时非常困难,因此图像数据的压缩就显得非常重要。下面的例子说明了不压缩时,图像数据存储所需要的空间。

**【例 5.1】**　计算存储一幅 $352 \times 288$ 的静态真彩色图像需要的存储空间。

**解:**存储时,要记录每一个像素点的 RGB 值,对真彩色来讲,每一个像素用 3 个字节来记录,因此该图像需要的存储空间为:

$$352 \times 288 \times 3B = 297 \text{ KB}$$

**【例 5.2】**　计算 1 分钟视频所需的存储空间。分辨率为 $352 \times 288$,每秒 25 帧。不含音频数据。

**解:**由例 5.1,此视频所占有的存储空间为:

$$297KB \times 25 \times 60 = 456195KB = 435.1 \text{ MB}$$

由此可见,就储存容量来看,数据不压缩是不行的。此外,即便我们存储了如上题的未压缩的视频数据,在实际播放时,要求在 1 分钟内从光盘或者硬盘读出这 435.1 MB 数据,才能保证播放,在目前的技术下,这几乎是无法做到的,在网络传输的环境下更是不可能的。

下面给出无损压缩的行程编码(压缩)的例子。

现实中有许多这样的图像,在一幅图像中具有许多颜色相同的像素,连续许多行上都具有相同的颜色,或者在一行上有许多连续的像素都具有相同的颜色值。在这种情况下就不需要存储每一个像素的颜色值,而仅仅存储一个像素的颜色值,以及具有相同颜色的像素数目就可以,或者存储一个像素的颜色值,以及具有相同颜色值的行数。这种压缩编码称为行程编码(RunLength Encoding,RLE)。

假设有一幅图像,在第 $n$ 行上的像素值如图 5-5 所示。

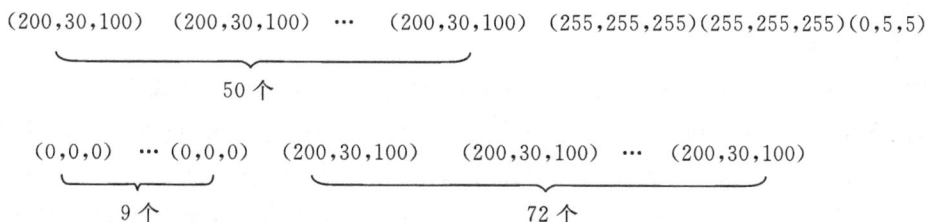

(200,30,100)　(200,30,100)　…　(200,30,100)　(255,255,255)(255,255,255)(0,5,5)

50 个

(0,0,0)　…　(0,0,0)　　(200,30,100)　　(200,30,100)　…　(200,30,100)

9 个　　　　　　　　　　　　72 个

图 5-5　RLE 编码的一个例子

RLE 编码后得到的代码为:**50**(200,30,100)**2**(255,255,255)(0,5,5)**9**(0,0,0)**72**(200,30,100)。代码中用黑体表示的数字是行程长度,黑体字后面的数字代表像素的颜色值。例如,黑体字 50 代表有连续 50 个像素具有相同的颜色值,它的颜色值是(200,30,100)。这样,原来所需的存储空间为

$$50 \times 3B + 2 \times 3B + 1 \times 3B + 9 \times 3B + 72 \times 3B = 402 \text{ B}$$

编码后需要的存储空间为(假设行程的长度值用 2 个字节来存储)

$$2B + 3B + 2B + 3B + 3B + 2B + 3B + 2B + 3B = 23 \text{ B}$$

编码前后的数据量之比大约为 17.5：1。

## 2.图像文件格式

数字化的图像以文件的方式存储在计算中。对于不同的应用需要可以选用不同的文件格式。常见的图像文件格式有以下几种。

(1)BMP 格式

BMP 是指位图文件(Bitmap File),其文件后缀名是. bmp,是微软公司为其 Windows 环境设置的标准图像格式,随着 Windows 的不断普及,BMP 文件格式事实上也是 PC 机上的流行图像文件格式,一般的图像处理软件都能打开该类文件。

一个 BMP 文件只能存放一幅图像,图像数据可以采用压缩或非压缩的方式存放,其中非压缩格式是 BMP 图像文件所采用的一种通用格式。

BMP 图像文件格式可以存储单色、16 色、256 色以及真彩色四种图像数据,即分别用 1 位、4 位、8 位和 24 位表示颜色,该格式对图像的描述非常详尽,但文件数据量较大,因此,占用的存储空间也较大。

(2)GIF 格式

GIF(Graphics Interchange Format)即图形交换格式,该格式文件的后缀名为. gif,可以用 1~8 位表示颜色,因此最多为 256 色。

GIF 格式文件采用无损压缩存储,在不影响图像质量的情况下,可以生成很小的文件。文件的结构取决于它属于哪一个版本,目前的两种版本分别是 GIF 87a 和 GIF 89a,前者较简单。无论是哪个版本,它都以一个长 13 字节的文件头开始,文件头中包含判定此文件是 GIF 文件的标记、版本号和其他的一些信息。

由于 256 种颜色的图像可以满足网页图形的需要,加上该格式生成的文件比较小,因此,非常适合网络的传输,它是一种常用的跨平台的位图文件格式。

一个 GIF 文件中可以有多幅图像,而且这多幅图像可以按一定的时间间隔显示,形成简单的动画。

(3)JPEG 格式

JPEG 是 Joint Photographic Experts Group 的缩写,意思是联合影像专家小组,这是一个由国际标准化组织(ISO)和国际电工委员会(IEC)联合组成的专家组,负责制定静态的数字图像数据压缩编码标准,这个专家组开发的算法称为 JPEG 算法,并且成为国际上通用的标准,因此又称为 JPEG 标准,相应的文件后缀为. JPG。JPEG 标准是一个静态图像数据压缩标准,既可用于灰度图像又可用于彩色图像。

JPEG 文件格式为了存储深度位像素,使用了有损压缩算法,因此,它是以牺牲一部分图像数据来达到较高的压缩比。但是一定分辨率下视觉感受并不明显,所以这种损失很小。

JPEG 文件在压缩时可以调节图像的压缩比,调节范围是 2∶1~40∶1,可以有较高的压缩比,它可以将 1 MB 的 BMP 图像压缩到 120 KB 的大小,因此,JPEG 格式的文件比较适合存储大幅面或色彩丰富的图片,同时也是因特网上的主流图像格式。

(4)PCX 格式

PCX 格式的图像由 Zsoft 公司设计,是微机上使用较多的图像格式之一,由扫描仪扫描得到的图像几乎都可以保存成 PCX 格式,该格式支持 256 色。

(5)TIF 格式

TIF 是 Tagged Image Format 的缩写,意为标志图像文件,这是一种多变的最复杂的图像文件格式标准,支持的颜色从单色到真彩色,图像文件可以是压缩的和非压缩的,其中压缩的文件中,压缩的方法很多,而且还可以扩充,有很大的选择余地,由于其灵活性,这种格式是众多图像处理软件支持的格式之一,大部分的 OCR 软件也采用这种格式。

　　除了以上这些,还有 TGA 格式、PCD 格式、EPS 格式、3DS 格式、DRW 格式和 WMF 格式等,也是常用的图像文件格式。

　　可以看出,在图像处理中要用到多种格式的图像,不同的图像处理软件所支持的图像格式也不同,因此,需要有一种软件可以浏览常见格式的图像文件,图像浏览软件 ACDSee 可以做到,用它可以浏览多种常见格式的图像文件。它主要包含了两个相互独立又相关的软件:ACDSee Browser 和 ACDSee Viewer。

### 5.3.3　视频的压缩及文件格式

#### 1. 视频的压缩

　　数字视频标准主要由 MPEG(Moving Picture Expert Group)即运动图像联合专家组制定,这是由国际标准化组织(ISO)和国际电工委员会(IEC)联合成立的专家组,负责制定关于运动图像在不同速率的传输介质上传输的一系列压缩标准,目前,已出台的标准有 MPEG－1、MPEG－2、MPEG－4、MPEG－7 等。

　　MPEG 采用的编码算法简称为 MPEG 算法,用该算法压缩的数据称为 MPEG 数据,由该数据产生的文件称 MPEG 文件,它以. MPG 为文件后缀。

　　MPEG－1 是 MPEG 专家组 1991 年制定的标准,其正式名称为"动态图像和伴音的编码",用于大约 1.5 Mb/s 的数字存储媒体的运动图像及其伴音编码,最大压缩比约为 200∶1。处理的是标准图像交换格式(Standard Interchange format,SIF)或者称为源输入格式(Source Input Format,SIF)的电视信号,NTSC 制式为 352 像素/行×240 行/帧×30 帧/秒,PAL 制式为 352 像素/行×288 行/帧×25 帧/秒,压缩后的输出速率在 1.5 Mb/s 以下。这个标准主要是针对当时具有这种数据传输率的 CD－ROM 和网络而开发的,其目标是要把目前的广播视频信号压缩到能够记录在 CD 光盘上并能够用单速的光盘驱动器来播放,同时具有 VHS 的显示质量和高保真立体伴音效果。其音频压缩支持 32 kHz、44.1 kHz、48 kHz 采样,支持单声道(Mono)、双声道(Dual)和高保真立体声(Stereo)模式,音频压缩算法可以单独使用。

　　MPEG－2 标准于 1994 年发布,是一个直接与数字电视广播有关的高质量图像和声音编码标准。MPEG－2 适合 4～15 Mb/s 的介质传输,支持 NTSC 制式的 720×480、1920×1080 帧分辨率、PAL 制式的 720×576、1920×1152 帧分辨率,画面质量达到广播级,适用于高清晰度电视(High Definition TV)信号的传送与播放,可以根据需要调节压缩比,在图像质量、数据量和带宽之间权衡。在数字广播电视、DVD、VOD(Video-On-Demand)、交互电视等方面有广泛应用。

　　MPEG－4 是一个多媒体应用标准,制定该标准的目标有 3 个,即数字电视、交互式图形应用和交互式多媒体应用。MPEG－4 的传输速率在 4.8～64 kb/s 之间,可以应用在移动通信和公用电话交换网上,并支持可视电话、电视邮件、电子报纸和其他低数据传输速率场合。

#### 2. 视频文件格式

　　常用的视频文件格式有以下几种。

　　(1)AVI 格式

　　AVI(Audio Video Interleave)是一种音频和视频交叉记录的数字视频文件格式。1992 年初 Microsoft 公司推出了 AVI 技术及其应用软件 VFW(Video For Windows)。在 AVI 文

件中,运动图像和伴音数据是以交织的方式存储,并独立于硬件设备。按交替方式组织音频和视频数据可使得读取视频数据流时能更有效地从存储媒介得到连续的信息。

构成一个 AVI 文件的主要参数包括视频参数、伴音参数和压缩参数等。

①帧分辨率:根据不同的应用要求,AVI 的帧分辨率可按 4∶3 的比例或随意调整,大到 $640 \times 480$,小到 $160 \times 120$ 甚至更低。分辨率越高,视频文件的数据量越大。

②帧速:帧速也可以调整,不同的帧速会产生不同的画面连续效果。

③视频与伴音的交错参数:AVI 格式中每 $X$ 帧交织存储的音频信号,也即伴音和视频交替的频率 $X$ 是可调参数,$X$ 的最小值是一帧,即每个视频帧与音频数据交错组织,这是 CD - ROM 上使用的默认值。

④压缩参数:在采集原始模拟视频时可以用不压缩的方式,这样可以获得最优秀的图像质量。编辑后应根据应用环境选择合适的压缩参数。

(2)RM 格式

RM(Real Media)格式是 RealNetworks 公司开发的一种流媒体视频文件格式,可以根据网络数据传输的不同速率制定不同的压缩比率,从而实现在低速率的因特网上进行视频文件的实时传送和播放。RM 主要包含 RealAudio、RealVideo 和 RealFlash 三部分。

①RealAudio 简称 RA,用来传输接近 CD 音质的音频数据,达到音频的流式播放。

②RealVideo 主要用来连续传输视频数据,它除了能够以普通的视频文件形式播放之外,还可以与 RealServer 相配合。首先由 RealEncoder 负责将已有的视频文件实时转换成 Real-Media 格式,再由 RealServer 负责广播 RealMedia 视频文件,在数据传输过程中可以边下载边播放,而不必完全下载后再播放。

③RealFlash 是 RealNetworks 公司和 Macromedia 公司联合推出的一种高压缩比的动画视频格式,它的主要工作原理基本上和 RealVideo 相同。

(3)ASF 格式

ASF(Advanced Streaming Format)格式是由 Microsoft 公司推出的一种高级流媒体格式,也是一个可以在因特网上实现实时播放的标准,使用 MPEG - 4 的压缩算法。ASF 应用的主要部件是服务器和 NetShow 播放器,由独立的编码器将媒体信息编译成 ASF 流,然后发送到 NetShow 服务器,再由 NetShow 服务器将 ASF 流发送给网络上的所有 NetShow 播放器,从而实现单路广播多路播放的特性。ASF 的主要优点包括:本地或者网络回放、可扩充的媒体类型、邮件下载,以及良好的可扩展性。

(4)DV 格式

DV(Digital Video)是一种国际通用的数字视频标准,由索尼(Sony)和松下(Panasonic)等 10 余家公司共同开发,可以在一盘 1/4 英寸的金属蒸镀带(MiniDV 格式)上记录高质量的数字视音频信号。

经采样及量化后的视频信号数据量很大,为了降低记录成本,可以根据图像本身存在的冗余进行压缩。DV 格式采用压缩方法,算法的压缩比为 5∶1,压缩后视频码流为 25 Mb/s。

DV 格式对声音可以采用 48 kHz、16bit、双声道高保真立体声记录(质量同 DAT),或 32 kHz、12bit、4 声道立体声记录(质量高于 FM 广播),音频编码方法为 PCM 编码。

# 5.4　多媒体信息基本操作

多媒体信息为我们的学习、工作、交流带来了方便,尤其是在互联网上,声音、图像和视频是大家喜闻乐见的媒体形式。通过声音,人们能感知不同类型的事物,能感知物体的方位,能感知动物的情绪,能感知天气的变化,声音是人们传递信息、交流情感、了解世界的重要途径;通过图像,人们能感知自然界中多姿多彩的景物和生物,一幅图胜过千言万语;通过视频,人们能够看到事件发生发展的全过程。要更好地应用这些媒体,发挥其易于被理解、容易被接受的优势,就必须掌握对它们的基本操作。

## 5.4.1　音频信息基本操作

音频信息基本操作是指用计算机完成声音的录制、格式转换、编辑、音效处理等。用 Windows 中的录音机软件可以完成如下操作。

**1.录音**

(1)准备麦克风

麦克风的种类很多,我们常见的就是话筒和头戴式麦克风,一般我们在电脑上录音使用头戴式麦克风较为方便。当然,如果要录制出较好的效果,就必须使用专业的录音麦克风或者高档的头戴式麦克风。

(2)连接声卡(重要步骤)

将麦克风的一个插头插入 Line Out 插孔,这里供耳机使用,一个插头插入 MicroPhone 插孔中,这个插孔一般都是红色,供麦克风使用。

(3)启动 Windows 中的录音机

打开"开始"菜单,选择"程序"|"附件"|"娱乐"|"录音机"菜单命令,打开 Windows 中自带的录音机程序。如果没有这一项,可以通过控制面板中的"添加\删除程序"来安装录音程序。

(4)设置 WAV 录音文件的格式

在录音程序"文件"菜单中选择"属性",进行录音文件的格式设置。先在"录音位置"栏中选择"录音格式",再单击"开始转换"按钮。在弹出窗口中的"选择声音"栏中选择"CD 质量"即可(注意 CD 质量的 WAV 格式文件将占用大量的空间)。如果有特殊需要,可以按自己的要求选择其他的格式。注意,为了避免将 WAV 格式压缩转换为 MP3 出现麻烦,尽量选择 16 位声音格式。

(5)设置录音质量

在录音程序"编辑"菜单中选择"音频属性",在"录音"栏中选择高级属性,然后在弹出的窗口中调节"采样率转换质量",一般情况下都可以选择"好",当然录制高质量的声音需要调节到"最好"。

(6)开始录音

单点击录音机程序界面中的录音按钮,然后对着麦克风讲话,录音程序即开始录制。注意,Windows 中的录音机只能录制 60 秒内的声音(录制完 60 秒后,可以将录制的声音保存,然后再接着录制),因此用它来录制歌曲等意义不大,只能来录制自己的一些短小的嘱咐话语。可以选择其他录音程序或者声卡自带录音程序来录音,这些录音软件的音源选择方法和我们这里讲的一样,有些则更为简单。

(7)保存

声音录制好后,录制的 WAV 格式的声音数据是保存在内存中的,这时选择菜单"保存"或者"另存为"将声音数据保存为 WAV 格式的声音文件。注意,如果选择"另存为",则可以设置保存文件的声音质量和编码格式。录制的声音,我们也可以在录音机程序中回放,听一听效果,如果效果不是很满意,可以重新录制或者进行优化。

**2. 编辑声音**

(1)更改声音文件的音量

单击"文件"菜单上的"打开"。

在"打开"对话框中双击想要修改的声音文件。

在"效果"菜单上单击"加大音量(按 25%)"或者"降低音量"。

(2) 更改声音文件的速度

单击"文件"菜单上的"打开"。

在"打开"对话框中双击想要修改的声音文件。

在"效果"菜单上单击"加速(按 100%)"或者"减速"。

(3)撤消对声音文件的更改

在"文件"菜单上单击"还原"。

单击"是"确认还原。

(4) 混合声音文件

单击"文件"菜单上的"打开"。

在"打开"对话框中双击想要修改的声音文件。

将滑块移动到文件中要混入声音文件的地方。(或用左、右方向键可以分别向前、向后移动 0.1 秒;用 Ctrl 与左、右方向键组合可以向前、向后移动 0.01 秒)

在"编辑"菜单上,单击"与文件混音"。

双击要混合的文件名称。

(5) 将声音文件插入到另一个声音文件中

单击"文件"菜单上的"打开"。

在"打开"对话框中双击想要修改的声音文件。

将滑块移动到要插入声音文件的位置。

在"编辑"菜单上,单击"插入文件"。

双击待插入的文件。

(6)删除部分声音文件

单击"文件"菜单上的"打开"。

在"打开"对话框中双击想要修改的声音文件。

将滑块移到文件中要剪切的位置。

在"编辑"菜单上单击"删除当前位置以前的内容"或"删除当前位置以后的内容"。

(7) 反向播放声音文件

单击"文件"菜单上的"打开"。

在"打开"对话框中双击想要修改的声音文件。

在"效果"菜单上单击"反转",然后单击"播放"

(8) 在声音文件中添加回音

单击"文件"菜单上的"打开"。

在"打开"对话框中双击想要修改的声音文件。

在"效果"菜单上单击"添加回音"。

(9)格式转换(WAV→MP3)

单击"文件"菜单上的"打开"。

在"打开"对话框中双击想要格式转换的声音文件(. WAV)。

在"文件"菜单上单击"属性",然后单击"立即转换"。

在"格式"中选择"MPEG layer - 3",在"属性"中选择一合适速率,单击确定。

在"文件"菜单上单击"另存为",将文件扩展名改为". MP3",然后单击"保存"。

**3.其他音频处理软件**

用于声音处理的软件还有如下几个。

(1)GoldWave

GoldWave 是一个专业级的数字音频处理软件。它可以以不同的采样频率录制声音,声源可以是通过 CD - ROM 播放的激光音乐盘,也可以是通过音频电缆传送过来的录音机信号,还可以通过麦克风直接进行现场录音。GoldWave 是标准的绿色软件,不需要安装且体积小巧(压缩后只有 4～5 M),将压缩包的几个文件释放到硬盘下的任意目录里,直接点击GoldWave. exe 就开始运行了。选择文件菜单的打开命令,指定一个将要进行编辑的文件,然后按回车,马上显示出这个文件的波形状态和软件运行主界面(如图 5-6 所示)。

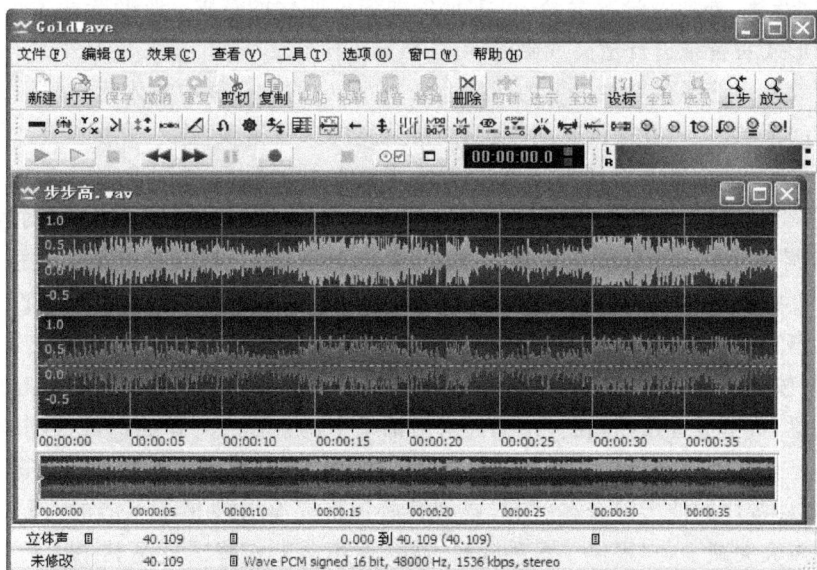

图 5-6　GoldWave 主窗口

①选择音频。要对文件进行各种音频处理之前,必须先从中选择一段出来。GoldWave的选择方法很简单,充分利用鼠标的左右键配合进行,在某一位置上左击鼠标就确定了选择部分的起始点,在另一位置上右击鼠标就确定了选择部分的终止点,这样选择的音频事件就将以

高亮度显示,所有操作都只会对这个高亮度区域进行,其他的阴影部分不会受到影响。如果选择位置有误或者更换选择区域可以使用编辑菜单下的选择全部命令(或使用快捷键 Ctrl＋W),然后再重新进行音频的选择。

②剪切、复制、粘贴、删除。音频编辑与 Windows 其他应用软件一样,其操作中也大量使用剪切、复制、粘贴、删除等基础操作命令,因此牢固掌握这些命令更有助于我们快速入门。GoldWave 的这些常用操作命令实现起来十分容易,除了使用编辑菜单下的命令选项外,快捷键也和其他 Windows 应用软件差不多。要进行一段音频事件的剪切,首先要对剪切的部分进行选择,然后按 Ctrl＋X 即可,用 Ctrl＋V 就能将刚才剪掉的部分还原出来,用 Ctrl＋C 进行复制,用 Del 进行删除。如果在删除或其他操作中出现了失误,用 Ctrl＋Z 就能够进行恢复。

③时间标尺和显示缩放。打开一个音频文件之后,会立即在标尺下方显示出音频文件的格式及时长,这就给我们提供了准确的时间量化参数,根据这个时长来进行各种音频处理,往往会减少很多不必要的操作过程。有时为了准确选择一段音频,可将时间标尺进行缩放,用查看菜单下的放大、缩小命令就可以完成,更方便的是用快捷键 Shift＋↑ 放大和用 Shift＋↓ 缩小。如果想更详细地观测波形振幅的变化,那么就可以加大纵向的显示比例,用查看菜单下的垂直放大、垂直缩小或使用 Ctrl＋↑、Ctrl＋↓ 即可。

④声道选择。对于立体声音频文件来说,在 GoldWave 中的显示是以平行的水平形式分别进行的。有时在编辑中只想对其中一个声道进行处理,另一个声道要保持原样不变化,使用编辑菜单的声道命令,直接选择将要进行编辑的声道就行了(上方表示左声道,下方表示右声道)。

⑤音量效果。GoldWave 的音量效果子菜单中包含了改变所选部分音量大小、淡出淡入效果、最佳化音量、外形音量等命令,可满足各种音量变化的需求。改变音量大小命令是直接以百分比的形式对音量进行增高或降低的。

⑥回声效果。选择效果菜单下的回声命令,在弹出的对话框中输入延迟时间、音量大小即可。延迟时间值越大,声音持续时间越长,回声反复的次数越多,效果就越明显,而音量控制的是回声音量大小,这个值不宜过大,否则回声效果就显得不真实了。

⑦时间调整。制作多媒体作品时,有时为了和画面同步,需要改变声音的时间长度,这就要进行时间调整。打开需要调整的声音文件,单击时间扭曲按钮,在弹出的对话框中完成调整。时间长度的改变,将影响声音的频率,若缩短时间,频率升高;反之,频率降低。

⑧合成声音。合成声音是指将两个声音合成为一个声音。先打开第一个声音文件并选择,单击复制按钮,将其保存在剪贴板中。再打开第二个声音文件,鼠标左键单击波形表,确定合成开始位置,单击混音按钮,在弹出的混音对话框中调整合成声音的音量,单击确定按钮。

⑨降噪。在一个嘈杂环境下录制的声音一定含有噪声,去掉声音中的噪声是一件很困难的事,因为各种各样的波形混合在一起,要把某些波形完全去掉是不可能的,但 GoldWave 软件却能将噪声大大减少,它提供了多种降噪方法,使用剪贴板降噪就是其中比较容易理解的、效果较好的一种,即从环境中取出噪声样本,然后根据样本消噪。

打开有噪声的文件,选取噪声样本后点击播放试听一下,确认后选择菜单命令"编辑→复制",这次复制可不是要粘贴到什么地方,只是"取样"。再全部选中整个文件的波形,然后选择菜单命令"效果→滤波器→降噪",打开降噪面板,在这个面板中,选择"使用剪贴板"项,再单击"确定"按钮。因为复制到剪贴板中这一段是以当前环境噪声作为样本,按照该样本消除录音文件中噪声,当然更符合实际。

(2)Sound Forge

Sound Forge 是 Sonic Foundry 公司的产品,软件名称是"声音熔炉"的意思。其主要功能有:声音的任意剪辑、声音文件格式转换、各种采样率和采样精度转换、直接绘制声波或对声波进行直接修改、声音振幅的放大缩小、淡入淡出、左右平衡、频率均衡、混响(Reverb)、回声(Echo)、延迟(Delay)、合唱(Chorus)、动态门限处理、失真(Distortion)处理、降低噪声、升降调、时间拉伸处理等。

(3)Cool Edit

Cool Edit 2000 是美国 Synttrillium 公司的数字音频编辑软件。它不仅能高质量地完成录音、编辑和合成等多种任务,还能对声音进行降噪、扩音、均衡、淡入淡出等特殊处理。音频文件除可以保存为 WAV、VOC 等格式外,还可以直接压缩为 MP3、RM 等文件格式,发布到因特网上。

### 5.4.2 图像信息基本操作

#### 1. 图像处理分支

图像信息基本操作就是将图像转换为一个数字矩阵存放在计算机中,并采用一定的算法对其进行处理。目前图像处理技术已在许多领域中得到应用,并取得了显著成就。根据应用领域的不同要求,图像处理技术有许多分支。

(1)图像的增强与复原

图像的增强的主要目的是增强图像中的有用信息,削弱干扰和噪声,使图像清晰或将其转换为更适合人或机器分析的形式。图像增强并不要求精确地反映原始图像,而图像复原则要求尽量消除或减少在获取图像过程中产生的某些退化,使图像能够反映原始图像的真实面貌。许多图像处理软件中的大部分功能属于这一类,也是对图像进行进一步处理的基础。

(2)图像编码

在满足一定保真度的条件下,对图像信息进行编码,可以压缩图像的信息量,简化图像的表示,从而大大减少描述图像的数据量,以便存储和传输。

(3)图像分割与特征提取

图像分割是将图像划分为一些互不重叠的区域,通过特征的识别,将图像中的某些对象从背景中分离出来。图像的特征包括形状、纹理和颜色等。

(4)图像分析

对图像中的不同对象进行分割、分类、识别、描述和解释。

(5)图像隐藏

指媒体信息的相互隐藏,将一幅图像融入另一幅图像中而不被发觉。常见的有数字水印和图像的信息伪装等。

图像处理的内容是相互联系的,一个图像的处理过程需要综合应用几种图像处理技术才能得到满意的效果。图像处理是人类视觉延伸的重要手段。借助伽马相机和 X 光机,人们可以看到红外和超声图像;借助 CT 人们可以看到物体内部的断层结构。几十年前,美国宇航员在太空探索中拍回了大量月球照片,但由于种种环境因素的影响,这些照片非常不清晰,还是通过数字图像处理技术,才使照片中的重要信息得以清晰再现。

**2. 常用图像处理软件**

常用的图像处理软件有以下几种。

(1)Micorsoft 的"画图"

Micorsoft 的"画图"程序是 Windows 操作系统附带的一个图像处理软件,使用"开始\程序\附件\画图"命令启动。该软件简单、操作方便,虽比不上其他专业软件功能强大,但其非常小巧,做一些图形的绘制、擦除、裁剪非常方便。如果不是要对图像做很多艺术上的加工,"画图"是个很好的软件。

使用工具箱中的"直线"、"矩形"、"椭圆"等工具可以绘制相应的图形;"铅笔"工具用来逐点描绘;有的工具可以选择笔画的粗细,在工具箱下方笔画栏中选取。

"选定"工具用来选择编辑区域,按 Del 键删除选区,按下鼠标左键拖动可以移动选区,同时按下 Ctrl 键拖动可以复制选区。

一般情况下,粘贴的图像将覆盖下面的图像,单击工具箱下方的"透明处理"框或去掉"图像"菜单"不透明处理"前面的"√"符号,粘贴的图像就变成透明的,不会覆盖下面的图形,这项功能对在原图上加标注非常方便,也可以做简单的图像合成。

"橡皮擦"用来擦除图像;取色工具可以从绘图区中选择绘图的颜色,也可以用鼠标从颜料盒中选取颜色;放大镜可将指定区域放大,以便清楚、细致地描绘其中的像素点。

"文字"工具用来书写文字,可以指定文字的颜色、大小、字体、字型。

"图像"菜单的"翻转/旋转"、"拉伸/扭曲"用来对图像选区作简单的变形处理;"反色"产生底片的效果。

"图像/属性"命令用来修改图像基本参数,如尺寸(图像的分辨率)、颜色模式。使用"文件"菜单的"另存为"命令可以将图像保存为不同的格式,如单色位图、16 色位图、256 色位图、24 位位图、jpg 图像、gif 图像等。

(2)Abobe Photoshop

Photoshop 是美国 Adobe 公司的图像处理软件。Photoshop 可以对图像的各种属性,如色彩的明暗、浓度、色调、透明度等进行细致的调整。使用变形功能可以对图像进行任意角度的旋转、拉伸、倾斜等变形操作;使用滤镜可以产生特殊效果,如浮雕效果、动感效果、模糊效果、马赛克效果等;图层、蒙板和通道处理功能提供了丰富的图像合成效果。借助集成的 Web 工具应用程序 AdobeImageReady,Photoshop 为专业设计和图形制作营造了一个功能广泛的工作环境,使人们可以创作出既适于印刷亦可用于 Web 或其他介质的精美图像。

①Photoshop 的界面。Photoshop 启动成功后,通过文件菜单打开 Ducky. tif 图像后的界面如图 5-7 所示,它包含了整个图像编辑窗口、菜单栏、工具栏、工具属性栏以及参数设置面板等各个组成部分。

②菜单栏。菜单栏包括所有软件功能,共有 9 个菜单。文件菜单包括文件的创建、打开、保存、格式转换、打印预览和打印输出等命令;编辑菜单包括剪切、复制、粘贴、自由变换、定义画笔等命令;图像菜单包括图像颜色模式的转换、亮度、对比度、色调调节、图像大小设置等命令;图层菜单包括对图层的增加、编辑、加蒙板、合并图层等命令;选择菜单包括对选区进行反转、羽化、修改等命令;滤镜菜单包括各种特技效果设置等命令;视图菜单包括放大、缩小、关闭/显示标尺、关闭/显示网格等命令;窗口菜单包括关闭/显示各种参数设置面板,如颜色选取、历史记录面板、图层面板、通道面板等。

　　③工具栏。工具栏中包括了各种选择、绘图、编辑、填充、文字等工具。用鼠标单击工具按钮,可以在图像编辑窗口中进行绘图、选择等相应的操作。有些工具共用一个按钮,工具图标右下角有一个小三角形,用鼠标按住并保持,则可以弹出一个下拉按钮菜单,能进一步选择其他工具。每种工具有不同的调节参数,可以在工具选项栏中进行调节。

图 5 - 7　Photoshop 主窗口

- 选框工具 ▦ :可制作出矩形、椭圆、单行和单列等选区。
- 移动工具 ▸⊕ :可移动选区、图层和参考线。
- 套索工具 ◗ :可制作手绘、多边形(直边)和磁性 (紧贴)选区。
- 魔棒工具 ◥ :可选择着色相近的区域。
- 裁剪工具 ◳ :可裁剪图像,裁切后可旋转,按回车后确定。
- 切片工具 ◢ :可创建切片,将一个大的图像切割成多幅图像,便于在 WEB 上下载。
- 切片选择工具 ◥ :可选择切片。
- 修复画笔工具 ▱ :利用样本或图案来绘画,以修补图像中不理想的部分。
- 修补工具 ◎ :可利用样本或图案来修补所选图像区域中不理想的部分。
- 画笔工具 ◿ :可绘制画笔描边。
- 铅笔工具 ◿ :绘制硬边描边。
- 仿制图章工具 ♨ :用图像的样本来绘画。

- 图案图章工具 ：用图像的一部分作为图案来绘画。
- 历史记录画笔工具 ：将所选状态或快照复制到当前图像窗口中。
- 橡皮擦工具 ：抹除像素。如果正在背景中或在透明被锁定的图层中工作,使用橡皮擦后像素将更改为背景色,否则像素将被抹成透明。
- 背景橡皮擦工具 ：通过拖移将区域抹为透明区域。
- 魔术橡皮擦工具 ：该工具会自动擦抹所有相似的像素。如果是在背景中或是在锁定的透明图层中工作,像素会更改为背景色,否则像素会被抹为透明。
- 油漆桶工具 ：用前景色填充着色相近的区域。
- 渐变工具 ：创建直线、辐射、角度、反射和菱形的颜色混合效果。
- 模糊工具 ：对图像内的硬边进行模糊处理。
- 锐化工具 ：锐化图像内的柔边。
- 涂抹工具 ：涂抹图像内的数据。
- 减淡工具 ：使图像内的区域变亮。
- 加深工具 ：使图像内的区域变暗。
- 海棉工具 ：更改某个区域的颜色饱和度。
- 文字工具 T ：在图像上创建文字。
- 路径选择工具 ：选择显示锚点、方向线和方向点的形状或段选区。
- 钢笔工具 ：可以绘制边缘平滑的路径。
- 自定义形状工具 ：从自定形状列表中选择自定形状。
- 注释工具 ：创建可附在图像上的文字和语音注释。
- 吸管工具 ：提取图像颜色的色样。
- 测量工具 ：测量距离、位置和角度。
- 抓手工具 ：在图像窗口内移动图像。
- 缩放工具 ：放大和缩小图像的视图。

④工具属性栏。大部分工具的属性显示在工具属性栏内。属性会随所选工具的不同而变化。属性栏内的一些设置(例如,绘画模式和不透明度)对于许多工具都是通用的,但是有些设置则专门用于某个工具。您可以将属性栏移动到工作区域中的任何地方,并将它停放在屏幕的顶部或底部。

⑤图像编辑窗口。图像编辑窗口即图像显示的区域,在这里我们可以编辑和修改图像,对图像窗口我们也可以进行放大、缩小和移动等操作。

⑥参数设置面板。窗口右侧的小窗口称为参数设置面板,我们可以使用它们配合图像编辑操作和 Photoshop 的各种功能设置帮助用户监视和修改图像。面板的右上角有一个小三角图标,单击该图标打开一个弹出式菜单,可以执行与该面板相关的操作或参数设置,执行"窗口"菜单中的一些命令,可打开或者关闭各种参数设置面板。

⑦状态栏。在图像编辑窗口底部的横条称为状态栏,它能够提供一些当前操作的帮助信息。

（3）PhotoImpact

PhotoImpact 是 Ulead 公司的位图处理软件,其功能包括网页影像设计、影像特效制作、3D 字型效果、立体对象制作、拟真笔触彩绘、GIF 动画制作及多媒体档案管理等。

（4）Fireworks

Fireworks 是 Macromedia 公司开发的,用于绘制图形、加工图像、制作动画和制作网页的软件,它与中文 Dreamweaver 和 Flash 有网页梦幻组合之称,越来越受到多媒体和网页制作专业人员以及电脑爱好者的宠爱。

Fireworks 是一个将矢量图形处理和位图图像处理合二为一的专业化的 Web 图像设计软件,使 Web 作图发生了革命性的变化。它可以导入各种图像文件,可以直接在点阵图像状态和矢量图形状态之间进行切换,编辑后生成 PNG 图像文件,也可以生成其他格式的文件。

Fireworks 不同于 FreeHand 和 Photoshop,它并不只限于创建矢量图或处理位图,而是综合了它们双方的某些特性。Fireworks 是一个可以同时编辑位图和矢量图形的软件,而其他图形图像软件总是偏重于某一方面。所以,Fireworks 拥有两种图形编辑模式:位图编辑模式和矢量图编辑模式。在 Fireworks 中,可以非常方便地在矢量图编辑模式和位图编辑模式之间进行切换。

### 5.4.3　视频信息基本操作

**1. 视频编辑初步**

视频编辑是一个综合性的多媒体信息处理过程,其中包括音频和图像处理,是多媒体信息的综合应用形式。

（1）基本编辑方法

视频的基本编辑方法与声音类似,主要是片段的取舍。先确定片段的起点(mark in)和终点(mark out),然后将其去掉或保留。将保留的片段按时间顺序排列起来,从头到尾连续播放,就成了完整的视频节目。编辑软件中用于排列这些片段的工作空间常称为时间线或时间轴。

视频编辑中也有淡入和淡出。淡入(fade in)是画面由无逐渐显示直到正常;淡出(fade out)是画面慢慢变暗直至消失。它们常用于节目的开始和结束以及场景的转换中。

（2）过渡特技

视频是一组画面的连续播放。但剪辑时如果画面与画面的连接不当,会造成跳动的感觉,如正在讲话的人物突然移动了一下位置。多个类似的镜头连接会使人感到拖沓、冗长,例如连续放 5 张照片,间隔 3 秒。过渡特技可以解决这一问题,使镜头连接自然流畅。

过渡(Tansition)是镜头与镜头之间的组接方式。如前一个镜头的画面逐渐消失的同时,后一个镜头的画面逐渐显示直到正常,称为溶解(Dissolve);前一个镜头的画面按一定的方向移出屏幕的同时,后一个镜头的画面按相同的方向紧跟前一个镜头移入屏幕,称为滑像(Slide)。

（3）视频特技

视频特技指对片段本身所做的处理,如透明(Transparence)处理、运动(Motion)处理、速度(Speed)处理和色彩(Color)处理等。

透明效果可以将两个片段的画面内容叠加在一起,常用在表示回忆的场景中;运动处理可以使静止的画面移动,如文字的出现方式,可以使画面的出现更丰富多彩;速度的改变能够创建快镜头和慢镜头效果;色彩调整与图像的色彩调整类似,但它改变的是一段视频的色调,如黑白效果、红色的热烈气氛、淡绿的清凉感觉、落日昏黄的色调等。

(4)字幕

视频上可以叠加文字,称为字幕(Title)。图像中的文字是静态的,视频中的文字是动态的。视频中出现的文字要持续一定的时间,文字不变,画面改变。用文字说明一段视频,不同的画面内容需要不同的文字说明;文字的出现方式不同,如溶解、移入、放大、缩小等,产生不同的视觉效果。另外,在节目的开头要有标题,对整个节目说明,结尾应有落款,说明节目的组织方式。

(5)配音

虽然无声电影时代给人留下了深刻的印象,至今看来都让人依依不舍,但加入声音会使视频节目产生更大的感染力。一般在录制节目时要同时录下当时的环境声音,称为同期声,编辑时可以单独处理,进行剪辑或添加效果,也可以为语音解说配上音乐,但要注意声音和画面的同步,如人说话的口型要和听到的声音一致。

**2. 视频处理常用软件**

常用的视频处理软件有:

(1)Movie Maker 简介

Windows Movie Maker(简称 WMM),是 Windows XP 的一个标准组件,其功能是将用户自己录制的视频素材进行剪辑、配音等编辑加工,制作成富有艺术魅力的个人视频。它也可以将大量照片进行巧妙的编排,如配上背景音乐、还可以加上自己录制的解说词和一些精巧特技,加工制作成视频式的电子相册。而 Windows Movie Maker 最大的特点就是操作简单,使用方便,并且用它制作的电影体积小巧。

在开始制作视频前,首先要准备好制作视频的素材,即制作视频用的照片、视频片断、背景音乐和解说词等。可以先将通过扫描仪、数码相机、数码摄像头得到的照片,保存成 JPEG、BMP 或 GIF 格式的图像文件。另外还要对这些照片进行修剪,长宽比应为 4∶3,否则播放时画面会出现黑边。

(2)Premiere 简介

Premiere 是 Adobe 公司的专业非线性编辑软件。Premiere 提供与线性编辑机一致的操作方式,可以组接多种格式的视频和图像,提供多种镜头切换方式、视频叠加方式;可对图像的色调和亮度等色彩参数进行调整,方便在视频图像上添加字幕或徽标;也可以进行音频的编辑和合成,为图像配音或为语音添加背景音乐提供方便;支持多种视频格式的导入和导出,如AVI 格式、MPGE 格式、MOV 格式、WMV 格式、FLV 格式等。

①Premiere 的界面。Premiere 启动成功后的界面如图 5-8 所示,可以看出这个软件由多个窗口组成(白线隔开的部分),实际上有些部分又有多个子窗口。

②菜单栏。菜单栏包括所有软件功能,共有 9 个菜单。文件菜单包括新建项目、字幕、采集、导入导出视频等命令;编辑菜单包括剪切、复制、粘贴、波纹删除等命令;项目菜单包括项目设置和项目管理等命令;素材菜单包括源设置、采集设置、视频选项、音频选项、移除效果等命

图 5-8　Premiere Pro 主窗口

令;序列菜单包括序列设置、时间线的放大缩小、添加轨道、删除轨道等命令;标记菜单包括设置素材标记、跳转素材标记、删除素材标记等命令;字幕菜单包括新建字幕、字体、大小、模板等命令;窗口菜单包括工作区的重新设置和选择各种窗口等命令。

③项目窗口。项目是一个包含了序列和相关素材的文件,与其中的素材之间存在链接关系,其中储存了序列和素材的一些相关信息。这些素材包括视频、音频和图像文件,在项目窗口中双击就能打开一个导入对话框,导入所需的素材。

④时间线窗口。时间线窗口是 Premiere 中最为重要的一个窗口,大部分编辑工作都在这里进行。窗口中有多个视频和音频轨道,用鼠标可直接拖动项目窗口中的素材放置在这些轨道中,当然是按视频节目中出现的先后顺序来排列的。

⑤监视窗口。监视窗口主要用来播放和编辑时间线窗口中的视频节目和预览节目等。监视窗口的底部是控制器,用来播放和编辑文件。

⑥工具窗口。素材被添加到时间线窗口后,根据需要进行编辑,以达到完善的效果。Premiere Pro 提供了强大的编辑工具,可以在时间线调板中对素材片段进行复杂编辑。

• 使用选择工具![icon]点击素材片段,可以将其选中,如果要选择多个素材片段,按住 Shift 键,使用选择工具逐个点击欲选择的素材片段,或使用选择工具拖拽出一个区域,可以将区域范围内的素材片段选中。

• 使用轨道选择工具![icon],点击轨道上某一素材片段,可以选择此素材片段及同一轨道上其后的所有素材片段,按住 Shift 键,使用轨道选择工具点击不同轨道上的素材片段,可以选择多个轨道上所需的素材片段。

• 使用剃刀工具████，点击素材片段上欲进行分割的点，可以从此点将素材片段一分为二。按住 Shift 键，点击素材片段上某一点，可以以此点将所有未锁定轨道上的素材片段进行分割。

• 使用速率伸缩工具████，对素材片段的入点或出点进行拖拽，可以更改素材片段的播放速率和持续时间。对于同一个素材片段，其播放速率越快，持续时间越短，反之亦然。

• 使用波纹编辑工具████，对素材片段的入点或出点进行拖拽，可以更改素材片段的播放持续时间。

⑦效果窗口。在效果窗口可以设置音频特效、音频过渡、视频特效、视频切换。方法是展开这些文件夹，选择一种效果，拖向时间线窗口中的视频或音频素材。

⑧特效窗口。在特效窗口可以设置素材的运动、透明度、速度、音量等效果。

(3)Ulead Video Studio(绘声绘影)

Ulead Video Studio 是一套针对家庭娱乐、个人纪录片制作的简便型视频编辑软件，非常适合家庭、个人使用。

Ulead Video Studio 的制作步骤分为：开始、捕获、故事板、效果、合成、字幕、配音等。它提供 12 类 114 种专场效果，提供字幕、旁白编辑、动画功能，可将作品输出为 AVI、FLC 动画、MPEG 视频等格式，还可以将完成的视频嵌入电子贺卡，制作成可执行的 .exe 文件。可以将制作好的视频随电子邮件发送或发布为网页。

(4)VideoPack 简介

VideoPack 是一个数字视频光盘制作软件。使用它可以制作 VCD、SVCD 和 DVD 视频光盘，可以制作播放菜单，还可以设计打印光标签。当然，要完成刻录工作，还需要光盘刻录机。

其他的光盘刻录软件还有：Nero Burnner、Easy CD 等。

# 5.5　应用案例

## 5.5.1　音频文件的噪声处理

**1.提出问题**

当在一个嘈杂的环境下录音时，录制的数字音频文件中一定会有噪声，它将影响收听效果。

**2.案例目标**

通过专业软件(如：Goldwave)进行处理，降低噪声。

**3.参考样张**

噪声也是一些不同振幅和不同频率的声波，只要能够在音频文件中准确选择这些噪声波形并存于剪贴板，Goldwave 音频处理软件就能将其有效去除。图 5-9 给出了选择噪声的方法。噪声声波一般比正常声波的振幅小，只有当放大音频波形窗口的时间标尺后才容易找到。

**4.实现方法步骤**

操作如下：

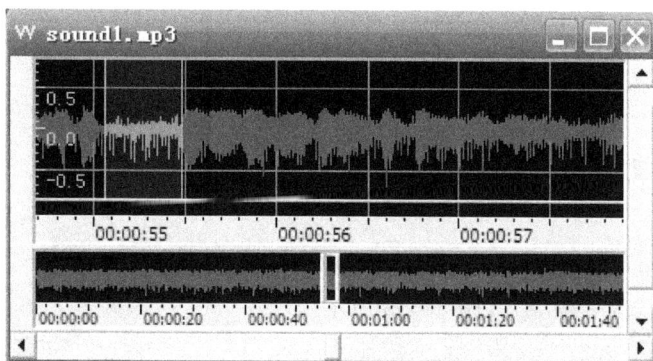

图 5-9　选择噪声

（1）启动 Goldwave

Goldwave 音频处理软件是一个绿色免费软件，不需要安装，双击 Goldwave.exe 文件即可启动。在编辑窗口中，通过"文件|打开"菜单命令打开一个有噪声的音频文件。

（2）放大音频波形窗口的时间标尺

多次按下 Shift＋↑组合键，并观察波形变化，找到一段噪声波形并将其选中，如图 5-9所示。按黄色播放键试听，确认为噪声后按 Ctrl＋C 完成复制。

（3）还原音频波形窗口的时间标尺

多次按下 Shift＋↓组合键，并观察波形变化，确认已回到初始打开状态，按下 Ctrl＋A组合键全选。

（4）"使用剪贴板"降噪

通过"效果/滤波器/降噪"菜单命令，打开降噪窗口如图 5-10 所示，选择"使用剪贴板"单选按钮，单击"确定"完成降噪。

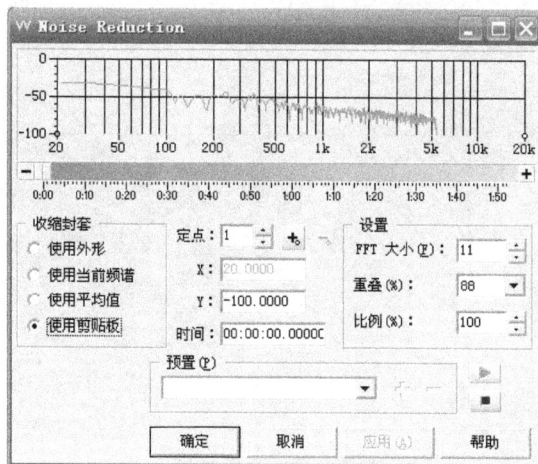

图 5-10　"使用剪切板"降噪

（5）保存为一个新的音频文件

通过"文件/另存为"菜单命令，打开保存声音对话框，指定保存位置、文件名、文件类型后单击"保存"按钮。

## 5.5.2　图像合成

**1. 提出问题**

完成两幅图像的合成。

**2. 案例目标**

使用 Photoshop 软件,利用图层蒙板,将校园林荫大道照片(图 5-11 所示)和青海湖照片(图 5-12 所示)合成为一幅照片(图 5-13 所示)。

图 5-11　校园林荫大道照片

图 5-12　青海湖照片

**3. 参考样张**

图 5-13　合成照片

**4. 实现方法步骤**

操作如下:

① 启动 Photoshop,打开两张已准备好的照片。

② 通过"图像/图像大小"命令调整两幅图的大小和分辨率。

③选取"青海湖"照片后按 Ctrl＋A 命令全选,再按 Ctrl＋C 命令复制。再选中"校园林荫大道"照片后按 Ctrl＋V 命令粘帖,这时在"校园林荫大道"照片的上面增加了一个图层,显示青海湖照片。单击图层浮动面板下面的"增加图层蒙板"按钮并选取这个图层蒙板,如图5-14所示。

图 5-14　图层浮动面板

④选择渐变工具,并设置工具属性为线性渐变,渐变色带为黑到白,在合成图像的左边缘按下左键向右拖曳至人像处结束,完成的合成照片显示如图5-13所示。

### 5.5.3　配乐电子相册

**1. 提出问题**

将多张相片存放在一个视频文件里完成连续播放。

**2. 案例目标**

使用 Premiere 软件,导入相片和音乐,并设置视频切换效果,制作一个配乐电子像册视频文件。

**3. 参考样张**

将相片和音乐素材拖入时间窗口并设置视频切换效果,完成音乐时间匹配后如图 5-15所示。

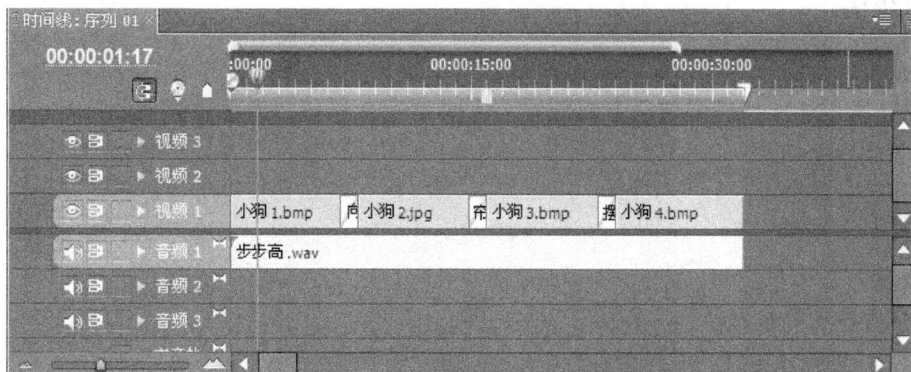

图 5-15　参考样张

**4. 实现方法步骤**

操作如下：

（1）素材准备

将制作电子相册的全部素材，如全部的相片文件（格式应为 JPG、BMP、TIF 或 PSD）、音乐文件（格式应为 WAV、MP3 或 WMA）保存在 D 盘的素材文件夹中（预先建成）。

（2）导入素材

Premiere pro cs4 启动成功后，双击项目窗口中"名称"下的空白处，将打开一导入对话框，这时选定 D 盘下的素材文件夹。用 Ctrl＋A 或用鼠标拖曳选取全部的文件，单击"打开"按钮，将导入全部的素材。素材文件导入后有两面种显示方式，即列表视图和图标视图，可单击下面的按钮进行切换。不同的视图所提供的素材文件信息不同。

（3）安排素材

将全部的相片文件从项目窗口中按显示的先后顺序分别拖向视频 1 轨道，相互之间紧密连接，以便添加切换效果。再将音乐文件从项目窗口中拖向音频 1 轨道。当然依据需要可添加多个音乐文件。

（4）编辑素材

①每一个相片文件拖入视频轨道，它将持续 5 秒，选择"波纹编辑工具"拖动每一相片，同时观察"信息"窗口中的持续时间，调整增加 3 秒。

②在效果窗口中打开效果标签页，展开视频切换中的 3D 运动文件夹，拖动不同的切换效果至相片的连接部分上。当然，每两个连接的相片之间可以是相同效果也可用不同的效果。

③通过时间线窗口下面的滑块可浏览相片显示和音乐文件的匹配情况，当音乐文件播放的时间超长了，选择工具窗口中的剃刀工具，将多出部分断开，再选择工具窗口中的选择工具，选取多余部分后按 DEL 键将其删除。

（5）生成影片

①先选中时间线窗口，再选择"文件"|"导出"|"媒体"菜单命令，打开导出设置窗口，可以按照其用途输出为不同格式的文件，这里设置文件格式为：microsoft avi。输出名称可缺省；视频编解码器选：PAL DV，其他缺省。单击"确定"后将打开 Adobe Media Encoder 对话框。

②在 Adobe Media Encoder 对话框中单击"开始队列"按钮后，将显示一输出进度条，显示影片视频、音频、比特率以及生成影片所需的时间等信息。

## 本章小结

本章主要介绍了多媒体技术的基本概念和基础知识，多媒体计算机系统的组成，多媒体信息数字化，多媒体数据的压缩技术和常见文件格式以及音频处理技术、图像处理技术、视频处理技术和应用案例。

## 本章习题

**一、选择题**

1. 多媒体计算机是（　　）

A. 一种特殊的计算机

B. 具有多媒体处理能力的微机

　　C.具有多媒体处理能力的计算机

　　D.配有声音、图像、视频等全部多媒体设备的计算机

2.计算机内的音频必须是(　　)的。

　　A.数字形式　　　　　　B.模拟形式　　　　　C.离散　　　　　　D.连续

3.屏幕分辨率为 640×480,则(　　)。

　　A.320×240 的图像占整个屏幕的四分之一

　　B.320×480 的图像占整个屏幕的四分之一

　　C.640×640 的图像占据整个屏幕

　　D.多大的图像都能显示

4.适合作三维动画的工具软件是(　　)。

　　A.3Ds MAX　　　　　　B.PhotoShop　　　　C.Auto CAD　　　D.Flash

5.(　　)是专业化数字视频处理软件。

　　A.Visual C++　　　　　B.3D Studio　　　　C.Photoshop　　　D.Adobe Premiere

6.真彩色图像的颜色数为(　　)

　　A.$2^8$　　　　　　　　　　B.$2^{16}$　　　　　　　　C.$2^{24}$　　　　　　　D.无数种颜色

7.高保真声音的频率范围为(　　)Hz。

　　A.20~15 k　　　　　　B.20~20 k　　　　　C.10~20 k　　　　D.10~40 k

8.根据奈奎斯特理论,语音信号的采样频率应为(　　)。

　　A.8000 Hz　　　　　　B.11.025 kHz　　　C.22.5 kHz　　　D.44.1 kHz

9.高保真立体声的带宽是(　　)。

　　A.3400 Hz　　　　　　B.44.1 kHz　　　　C.20 kHz　　　　D.22.05 kHz

10.下列关于 DPI 的叙述(　　)是正确的。

　　A.每英寸的 bit 数　　　　　　　　　　　B.描述分辨率的单位

　　C.dpi 越高图像质量越低　　　　　　　　D.每英寸像素点

11.矢量图形的文件大小一般比位图文件的大小(　　)。

　　A.小　　　　　　　　　B.大　　　　　　　　C.一样多　　　　　D.不具有可比性

12.使用红、绿、蓝三种基本颜色按不同的比例混合得到颜色的模型是(　　)。

　　A.RGB 模型　　　　　　B.HSL 模型　　　　C.CMY 模型　　　D.CMYK 模型

13.在颜色的表示中,最容易把颜色区分开的属性是颜色的(　　)。

　　A.色调　　　　　　　　B.饱和度　　　　　　C.明度　　　　　　D.亮度

14.彩色打印和印刷中使用的颜色模型是(　　)。

　　A.RGB　　　　　　　　B.CMYK　　　　　　C.HSL　　　　　　D.YUV

15.一幅图片,采用(　　)文件格式,效果最逼真。

　　A.BMP　　　　　　　　B.GIF　　　　　　　C.JPG　　　　　　D.VCD

15.使用以下(　　)软件可以将 BMP 文件转换为 JPG 文件

　　A.Windows 媒体播放器　　　　　　　　B.Windows 画图

　　C.Windows 录音机　　　　　　　　　　D.写字板

17.下列资料中,(　　)不是多媒体素材?

　　A.光盘　　　　　　　　　　　　　　　　B.文本、数据

  C. 图形、图像、视频、动画         D. 波形、声音

 18. 计算机的显示器使用的颜色模式是（　　）。

  A. RGB      B. Lab      C. XYZ      D. HSB

 19. 在一个文件中可以存放多幅图像的文件格式是（　　）

  A. GIF      B. BMP      C. JPG      D. JPEG

 20. 我国使用的电视信号制式为（　　）

  A. PAL      B. NTSC      C. MPEG－2     D. MPEG－4

 21. JPEG 对图像的压缩主要是去除了图像中（　　）

  A. 高频部分      B. 低频部分      C. 没有去除     D. 中频部分

 22. 使用计算机指令来表示的一幅图称为（　　）

  A. 矢量图      B. 位图      C. 灰度图      D. 单色图

 23. 以下文件格式中不是动态视频图像文件格式的是（　　）

  A. ppt      B. avi      C. rm      D. mpg

 24. 要使采样音质达到 CD 音质，则采样频率应该大于（　　）

  A. 11 kHz     B. 22.050 kHz    C. 44.1 kHz    D. 48 kHz

 25. 网络中常用的流媒体格式是（　　）

  A. AVI      B. MPG      C. MOV      D. RMVB

## 二、判断题

 1. 文件格式即压缩编码方法。　　　　　　　　　　　　　　　　　　　　　　（　　）

 2. 音频采样中，声音的质量与采样精度有关。　　　　　　　　　　　　　　　（　　）

 3. 能够处理音频、视频、图像、文字等多种媒体的计算机叫多媒体计算机。　　（　　）

 4. 远程医疗诊断属于网络多媒体应用。　　　　　　　　　　　　　　　　　　（　　）

 5. 位图图像就是不压缩的图像。　　　　　　　　　　　　　　　　　　　　　（　　）

 6. 位图的清晰度与图像的存储空间是密切相关的。　　　　　　　　　　　　　（　　）

 7. MPEG、AVI 和 RM 格式的文件存放的都是视频信息。　　　　　　　　　　（　　）

 8. 多媒体信息的数字化过程就是离散化信息，再进行加工处理的过程。　　　（　　）

 9. AVI 文件是一种只能处理视频的文件格式。　　　　　　　　　　　　　　　（　　）

 10. JPG 是有损压缩格式。　　　　　　　　　　　　　　　　　　　　　　　（　　）

 11. 中国采用的电视制式是 NTSC 制。　　　　　　　　　　　　　　　　　　（　　）

 12. 音频播放器与声音文件的格式是无关的，也就是说，任何格式的声音文件可以在任何播放器上播放。　　　　　　　　　　　　　　　　　　　　　　　　　　　　　（　　）

 13. 自然界中任何一种颜色都可由红、绿、蓝 3 种基本颜色按不同比例混合得到。　　（　　）

 14. 行程编码（RLE）是有损压缩编码。　　　　　　　　　　　　　　　　　　（　　）

 15. GIF 格式的文件只能在网络中使用。　　　　　　　　　　　　　　　　　　（　　）

## 三、填空题

 1. 你熟悉的音频处理软件有：_____、_____。

 2. 你熟悉的图像处理软件有：_____、_____。

 3. 多媒体技术的特征是_____、_____、_____、_____。

 4. 声音数字化的过程包括_____、_____和_____。

5.音频信号的频率范围是_____。

6.某图像是 16 位的图像,则该图像可以表示_____种不同的颜色。

7.图像的采样决定了数字图像的_____,量化级别决定了数字图像的_____。

8.之所以可以进行数据压缩,是因为存在有_____。

**四、问答题**

1.什么是多媒体? 什么是多媒体计算机?

2.为什么要压缩多媒体信息? 压缩多媒体信息的依据是什么?

3.解释常用的几种颜色模型。

4.如何将模拟信号变为数字信号?

5.有损压缩和无损压缩主要区别是什么?

6.常见的音频文件、图像文件、视频文件格式有哪些?

7.采用 22.1 kHz 的采样频率和 16 bit 采样深度对 1 分钟的立体声声音进行数字化,需要多大的存储空间? 相应的数据传输率是多少?

8.用 100DPI 的扫描分辨率扫描一幅 4×5 英寸的照片,若存为真彩色 BMP 格式,需要多少存储空间?

9.两分钟双声道、16 位采样位数、22.05 kHz 采样频率声音的不压缩的数据量是多少 KB?

10.设有一段视频,分辨率为 640×480,每秒 25 帧,不含音频数据,计算在不做任何压缩的情况下,30 秒的视频需要多少存储空间 ?

**五、实验操作题**

1.用录音机完成编辑。

(1)用录音机打开被编辑的音频文件;

(2)选取一段 30 秒长度的波形;

(3)将选取的波形放大后再添加回音;

(4)用 PCM 22.050 kHz,16 位,立体声音频格式保存。

2.用录音机完成声音合成。

(1)在网上下载一个超过 1 分钟的 WAV 格式文件,用录音机将其打开,重新录制一段唐诗(内容自定),完成录音后将原来声音多余部分删除,并保存。

(2)再下载一个背景音乐,编辑使其长度比上一步录制的话音长度稍长,并依据话音音量大小进行调整。

(3)将话音量和当前的背景音乐完成混音。

(4)保存为 MP3 格式。

3.用画图软件制作 RGB 色标。

(1)利用 Windows 自带的画图软件新建一幅 300×300 像素的彩色图像。

(2)用椭圆工具画三个相互重叠的正圆。

(3)用颜色填充工具给圆的无交叉部分分别填充红、绿、蓝;两两交叉部分分别填充黄、青、品红。

(4)保存为 24 位 BMP 格式。

4.用 Goldwave 录制一段话音,内容自定。

（1）对语音内容进行编辑。选择其中一句话，改变选择部分音量大小。

（2）添加淡入淡出效果。

（3）添加回声效果。

（4）下载一音乐文件，进行音量定型后，完成语音合成。

5．用 Photoshopp 完成图像合成与自由变换。

在网上下载一幅风景照片，再准备一张自己的照片。

要求完成：

（1）将自己的图像选取，复制或拖向风景照片中。

（2）用编辑/自由变换菜单完成自由变换。（注意：在不同的图层中完成改变大小，旋转）

（3）确定好位置后保存。

6.制作个人简历演示文稿。

（1）建立一个演示文稿，不少于五张幻灯片。

（2）第一张为标题"个人简历"，进行艺术字设置。

（3）第二张为个人简历的文字介绍，并配有一个声音文件。要求是自己配音的有背景音乐的声音文件。

（4）第三张为个人标准照片，并配有基本情况（如：姓名、年龄、身高、体重、籍贯、学历、爱好等）文字内容。要求照片通过编辑后加入自己的姓名。

（5）第四张为个人生活中的照片和自己创作的图像，要求照片一定是和某处风景合成的。

（6）第五张为视频文件，内容可以是用摄像头获取的个人简介，也可以是用 SnagIt 捕获的个人简介 PPT 视频。

# 第6章 数据库技术基础

数据库技术是计算机应用的一个重要方面,使用数据库技术的目的首先是对信息进行有效的管理,然后是对数据进行查询和处理,通常包含以下 3 个部分的主要内容:

①按特定的组织形式组织在一起的数据库;

②用来实现数据的管理和应用系统开发的系统软件,即数据库管理系统;

③使用数据库和数据库管理系统开发的应用程序。

通过本章的学习,要求掌握数据库理论中的一些最基本的概念,掌握用 Access2010 解决具体的问题的方法,例如数据表的建立、数据的查询、不同表格的设计等,为进一步使用 Access2010 开发应用程序打下基础。

## 6.1 数据库技术概述

### 6.1.1 数据管理技术的发展

信息是对现实世界中事物的存在方式或运动状态的反映。数据则是描述现实世界事物的符号记录形式,是利用物理符号记录下来的可以识别的信息,这里的物理符号包括数字、文字、图形、图像、声音和其他的特殊符号。

数据和信息之间的关系非常密切,可以这样说,数据是信息的符号表示或载体,信息则是数据的内涵,是对数据的语义解释。

从数据处理的角度来看,信息是一种被加工成特定形式的数据,这种数据形式是数据接收者希望得到的,因此,数据处理是指将数据转换成信息的过程,数据处理包括对各种形式的数据进行收集、存储、加工和传输等一系列的活动。其目的有二:一是从大量原始的数据中抽取、推导出对人们有价值的信息,然后利用信息作为行动和决策的依据;另一目的是为了借助计算机科学地保存和管理复杂的、大量的数据,以便人们能够方便而充分地利用这些宝贵的信息资源。

数据管理是指对数据的组织、分类、编码、存储、检索和维护等环节的操作,显然,数据管理是数据处理的核心。

随着计算机硬件、软件技术的不断发展,数据管理也经历了由低级到高级的发展过程,这个过程依次包括人工管理、文件系统和数据库系统三个阶段。

#### 1. 人工管理阶段

这一阶段是在 20 世纪 50 年代以前,那时的计算机主要用于数值计算。当时的硬件中,外存只有纸带、卡片、磁带,没有直接存取设备,也没有操作系统以及管理数据的软件,事实上就没有形成软件的整体概念;计算机处理的数据量小,由用户直接管理,数据之间缺乏逻辑组织,数据依赖于特定的应用程序,缺乏独立性,如图 6-1 所示。

图 6-1　人工管理阶段

这一时期数据管理的主要特点是：

· 数据与程序不可分割，没有专门的软件进行数据管理，数据的存储结构、存取方法和输入输出方式完全由程序员自行完成。

· 数据不保存，应用程序在执行时输入数据，程序结束时输出结果，随着处理过程的完成，数据与程序所占空间也被释放，这样，一个应用程序的数据无法被其他程序重复使用，因此不能实现数据共享。

· 各程序所用的数据彼此独立，数据之间没有联系，程序和程序之间存在大量的数据冗余。

**2. 文件系统阶段**

20 世纪 50 年代后期到 60 年代中期，硬件设备中出现了磁鼓、磁盘等直接存取数据的存储设备。软件技术也得到较大的发展，出现了操作系统，操作系统中有了文件管理模块，专门负责数据和文件的管理，并且出现了高级语言如 FORTRAN、ALGOL、COBOL 等，计算机的应用也扩大到了数据处理领域。

操作系统中的文件管理模块把计算机中的数据组织成相互独立的数据文件，系统可以按照文件名称对文件中的记录进行存取，并可以实现对文件的修改、插入和删除，如图 6-2 所示。

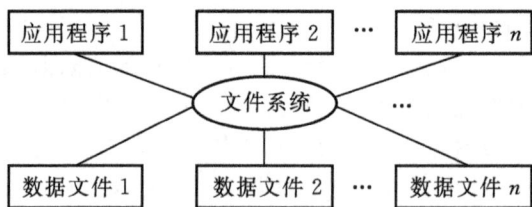

图 6-2　文件管理阶段

这一时期的主要优点是：

· 程序和数据分开存储，数据以文件的形式长期保存在外存储器上，程序和数据有了一定的独立性。

· 数据文件的存取由操作系统通过文件名来实现，程序员不必关心数据在存储器上的具体存储方式以及在内外存之间交换数据的具体过程。

· 一个应用程序可使用多个数据文件，而一个数据文件也可以被多个应用程序所使用，一定程度上实现了数据的共享。

但是，当数据管理的规模扩大后，要处理的数据量剧增，这时，文件系统的管理方法就暴露出如下的缺陷：

•  数据冗余。这是由于文件之间缺乏联系,造成每个应用程序都有对应数据文件,从而有可能造成同样的数据在多个文件中重复存储。

•  由于数据的冗余,在对数据进行更新时极有可能造成同样的数据在不同的文件中的更新不同步,造成数据不一致性。

因此,文件处理方式适合处理数据量较小的情况,对于大规模数据的处理,就要使用数据库的方法。

**3. 数据库系统阶段**

20 世纪 60 年代后期开始,计算机硬件、软件的快速发展促进了数据管理技术的发展。先是将数据有组织、有结构地存放在计算机内形成数据库文件,然后又有了对数据进行统一管理和控制的软件系统,这就是数据库管理系统,如图 6-3 所示。

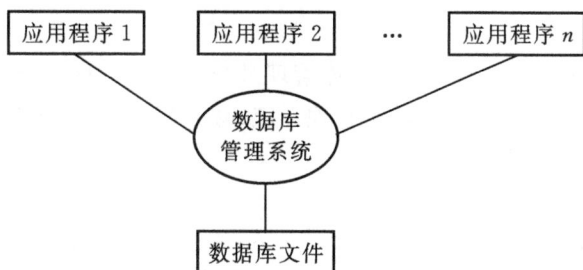

图 6-3　数据库系统阶段

这一时期数据管理的主要特点是:

•  数据以数据库文件的形式保存,在建立数据库时,以全局的观点组织数据库中的数据,这样可以最大限度减少数据的冗余。

•  数据和应用程序之间彼此独立,具有较高的数据独立性,数据不再面向几个特定的应用程序,而是面向整个系统,从而实现了数据的共享,数据成为多个用户或程序共享的资源,并且避免了数据的不一致性。

•  数据库中的数据按一定的数据模型进行组织,这样,数据库系统不仅可以表示事物内部数据之间的关系,也可以表示事物与事物之间的联系,从而反映出现实世界事物之间的联系。

•  对数据库的建立、管理、维护有了专门的软件,这就是数据库管理系统,数据库管理系统在对数据库使用的同时还提供了各种控制功能,例如并发控制功能、数据的完全性控制功能和完整性控制功能。

## 6.1.2　数据库系统

**1. 数据库系统中常用的概念**

(1)数据库(DataBase,DB)

数据库是指按某个特定的组织方式将数据以文件形式保存在存储介质上形成的文件,这样,在数据库文件中,不仅包含数据本身,也包含数据之间的联系。数据的组织是按特定的数据模型进行组织的,以保证有最小的冗余度。常见的数据模型有层次模型、网状模型和关系模型。

（2）数据库管理系统

数据库管理系统（DataBase Management System，DBMS）是对数据库进行管理的系统软件，它以统一的方式管理和维护数据库，接受和完成用户提出的访问数据的各种请求。数据库管理系统是数据库系统中最重要的软件系统，是用户和数据库的接口，应用程序通过数据库管理系统和数据库打交道，所以，用户不必关心数据的结构。

数据库管理系统的功能可以分为两个方面：一是数据管理功能，用来管理和维护数据库，另一个方面就是开发应用程序的功能。也就是说，通过数据库管理系统可以开发满足用户需要的应用系统，它是开发管理信息系统的重要工具。

常用的数据库管理系统软件有 Visual FoxPro、Access、SQL Server、Oracle、MySQL、DB2、SYBASE、INFORMIX 等。

（3）应用程序

应用程序是指系统开发人员使用数据库管理系统以及数据库资源开发的，应用于某一个实际问题的应用软件。例如，库存物品的管理系统、财务管理系统、学生成绩管理系统、图书馆图书借阅管理系统、工资管理系统等。

（4）数据库管理员

数据库管理员（DataBase Administrator，DBA）的主要任务是负责维护和管理数据库资源，确定用户需求，设计、实现数据库。

（5）数据库系统

数据库系统（DataBase System，DBS）是指拥有数据库技术支持的计算机系统，它可以实现有组织地、动态地存储大量相关数据，提供数据处理和信息资源共享服务。

一个完整的数据库系统由硬件、数据库、数据库管理系统、操作系统、应用程序、数据库管理员等部分组成。

**2. 数据库管理系统的主要功能**

显然，数据库管理系统是数据库系统的核心，主要功能就是保证用户方便地共享数据资源，不同的数据库管理系统软件对硬件环境、软件环境的要求不同，其内部的组成和功能也不完全相同，但通常都包含以下几个主要部分。

（1）数据定义

DBMS 提供了数据定义语言（Data Definition Language，DDL），用户通过它可以方便地对数据库中的相关内容进行定义。例如，可以定义数据库、定义和修改数据表的结构、设置数据完整性约束条件。

（2）数据操纵

DBMS 提供了数据操纵语言（Data Manipulation Language，DML），可以实现对数据库中数据的基本操作。例如，实现对数据库中数据的插入、修改、删除和查询等基本操作。

（3）运行控制

这是 DBMS 的核心部分，它包括并发控制、安全性检查、完整性约束条件的检查和执行、数据库的内部维护（如索引的自动维护）等。

所有数据库的操作都要在这些控制程序的统一管理下进行，以保证数据的安全性、完整性以及多个用户对数据库的并发使用。这里的并发控制是指处理多个用户同时使用某些数据时可能产生的问题。

(4)建立和维护数据库

数据库的建立功能包括数据库初始数据的输入、转换功能;数据库的维护包括数据库的转储、恢复功能,数据库的重新组织功能和性能监视、分析功能等。这些功能通常是由一系列的应用程序完成的。

### 6.1.3　数据模型

数据库是按特定的组织方式将数据以文件的形式保存在存储介质上,从而形成数据库文件。因此,在数据库中,不仅包含数据本身,也包含了数据之间的联系。数据的组织是按特定的结构进行的,这种结构就是数据模型。常见的数据模型有层次模型、网状模型和关系模型。

**1. 层次模型**

层次模型是指用树形结构组织数据,用来表达数据之间的多级层次结构。

在树形结构中,每个事物或实体被表示为一个结点,其中整个树形结构中只有一个最高层次的结点,其余结点有且仅有一个上级结点,每个结点可以没有下级结点,也可以有多个下级结点,上级结点和下级结点之间形成了一对多的联系。

在现实世界中存在着大量可以用层次结构表示的实体,例如国家的行政区域结构、单位的行政组织机构、家族的辈份关系等。

以层次模型为基础的数据库管理系统,其典型代表是 IBM 公司的 IMS(Information Management System)。

**2. 网状模型**

网状模型中用图表示数据之间的关系,它突破了层次模型的两个限制:一是允许一个结点有多于一个的上级结点,另一个是可以有一个以上的结点没有上级结点。

网状模型可以表示数据之间多对多的联系,但数据结构的实现比较复杂,例如,如果将全国的各个城市分别看作不同的结点,则各个城市之间是否直接通航的关系就可以用网状的结构表示。再如,在 Internet 上,WWW 服务中的基本信息单位是网页,各个网页之间的联系也可以用网状的结构来表示。

网状数据模型的典型代表是 DBTG 系统,它是 20 世纪 70 年代数据系统语言协会(CODAYSYL)下属的数据库任务组(DataBase Task Group,简称 DBTG)提出的一个系统方案,也称为 CODAYSYL 系统。

**3. 关系模型**

美国 IBM 公司的研究员 E. F. Codd 于 1970 年发表了题为《大型共享系统的关系数据库的关系模型》的论文,首次提出了数据库系统的关系模型。

关系模型可以表达实体之间的先后关系(即线性关系),如果将每个实体从上到下排列成若干行,由于每个实体包括若干个数据,这些数据又构成了若干个列,这样,关系模型中每个实体的数据之间的联系可以用二维表格的形式来形象地表示。在实际的关系模型中,操作的对象和运算的结果都用二维表来表示,每一个二维表代表了一个关系。

显然,在这三种模型中,关系模型的结构是最为简单的。

## 6.2 关系模型和关系数据库

以关系模型为基础的数据库具有完备的关系代数理论基础、说明性的查询语言支持，并且模型简单、使用方便，因此得到了最为广泛的应用。目前，计算机厂商推出的数据库管理系统几乎都是以关系模型为基础的，也称为关系型数据库管理系统。

### 6.2.1 关系模型的概念

前面讲过，关系模型以二维表格的形式描述相关的数据和它们之间的关系，图 6-4 所示的学生情况表就是一个关系，该二维表由 8 行 4 列组成，组成的关系名为 student。

学生情况表　　关系名：student

字段

| 学号 | 姓名 | 性别 | 年龄 |
|---|---|---|---|
| 20110001 | 张林 | 男 | 21 |
| 20110002 | 李红 | 女 | 19 |
| 20110003 | 周强强 | 男 | 18 |
| 20110004 | 耿火 | 男 | 22 |
| 20110005 | 王雨亮 | 男 | 20 |
| 20110006 | 陈丽 | 女 | 17 |
| 20110007 | 郑华 | 女 | 18 |
| 20110008 | 胡月 | 女 | 20 |

记录

图 6-4　关系模型的组成

在使用关系模型时，经常用到下面的一些术语。

(1)字段

在描述关系的二维表中，垂直方向上的每一列在数据库管理系统软件中称为一个字段，每一个字段都有一个字段名。例如，学生情况表中有 4 个字段，字段名分别是“学号”“姓名”“性别”和“年龄”。

(2)域

域是指各个字段的取值范围，例如一门课程的成绩在 0～100 之间，在校学生的年龄一般在 14～25 之间，性别字段取值分别是“男”或“女”。

(3)表结构

二维表中的第一行，是组成该表的各个字段的名称，在具体的数据库文件中，还应该详细地指出各个字段的类型、取值范围和宽度等，这些都称为字段的属性。一个表中所有字段的名称和属性的集合称为该表的结构。

(4)记录

二维表中从第二行起的每一行在数据库文件中称为一条具体的记录，图 6-4 中由 4 个字段 8 条记录组成。

一个完整的二维表由表结构和记录两部分组成，在进行创建表和修改表的操作时，都要先分清操作是对表结构进行的还是对记录进行的。

(5)字段值

二维表中行和列的交叉位置对应某个字段的值，例如，第二条记录的年龄字段值为 19。

(6)关系模式

关系模式是指对关系结构的描述，通常可以简记为如下的格式：

$$关系名(属性1,属性2,属性3,\cdots,属性n)$$

或下面的格式:

$$R(A1,A2,\cdots,An)$$

如果用 $U$ 表示组成该关系的属性名集合,该关系也可以记为 $R(U)$。

例如,图 6-4 的关系模式叮以表示为:student(学号,姓名,性别,年龄)

又如,某个图书关系模式可以表示为:book(图书编号,书名,作者,出版社)

## 6.2.2　关系模型的特点

关系模型的结构简单,通常具有以下的特点。

①关系中的每一列不可再分。这一特点要求关系必须规范化,即每个字段都是不能再进行分割的单元,例如,表 6-1 就不符合规范化的要求。

表 6-1　不规范的表格

| 学号 | 姓名 | 成绩 | | 总评 |
| --- | --- | --- | --- | --- |
| | | 笔试 | 机试 | |
| | | | | |

表 6-1 中的"成绩"一栏的下面分成了两栏,将其改成表 6-2 的形式就是规范化的关系了。

表 6-2　规范的表格

| 学号 | 姓名 | 笔试成绩 | 机试成绩 | 总评 |
| --- | --- | --- | --- | --- |
| | | | | |

②同一个关系中不能出现相同的字段名。

③关系中不允许有完全相同的记录。所谓完全相同,是指两条记录中对应字段的值完全相同。

④关系中任意交换两行位置不影响数据的实际含义。

⑤关系中任意交换两列位置也不影响数据的实际含义。

## 6.2.3　关系中的键

键(Key)也称为码(Code),在一个关系中,可以有几种不同含义的键。

(1)候选键(Candidate Key)

在一个关系中可以用来唯一地标识一个记录的字段或字段的组合,称为候选键。

例如,在关系 student 中,属性"学号"可以作为候选键。

一个关系中,可以有多个候选键,例如,如果关系 student 中,还有一个字段"身份证号"和一个"准考证号",显然,"身份证号"或"准考证号"都可以作为候选键。这样,这个关系中就有了三个候选键,这三个候选键都是单个的字段。

【例 6.1】　确定表 6-3 选修成绩表中的候选键。

表 6-3　选修成绩表

| 学号 | 课程号 | 成绩 |
| --- | --- | --- |
| 0899001 | C01 | 91 |
| 0899001 | C02 | 89 |
| 0899002 | C02 | 76 |

显然,在这个关系中,单独的任何一个字段都不能唯一地标识每个记录,也就是说,没有一个字段可以独立地作为候选键。但是,这个关系中,学号和课程号这两个字段不会同时出现相同的值,也就是说将学号和课程号组合起来才能区分每条记录,因此,该关系中的候选键是字段(如编号和书号)的组合。

(2)主键(Primary Key)

如果一个关系中有多个候选键,则主键是指从候选键中指定其中的某一个。

(3)外部关键字(Foreign Key)

如果一个关系中的某个字段或字段组合不是本关系中的主键或候选键,而是另外一个关系中的主键或候选键,该字段或字段组合称为外部关键字,简称外键。

例如,在上面的选修成绩关系中,候选键是字段组合(学号,课程号),其中"学号"不是该关系中的主键,但是它是关系 student 中的主键,因此,在选修成绩关系中"学号"称为外键。

外键所在的表称为从表,以外键作为主键的表称为主表,这样,两张表之间通过外键可以建立起联系。

例如,两个关系 student 和选修成绩关系通过外键"学号"相关联,以"学号"作为主键的关系 student 称为主表,而以"学号"作为外键的选修成绩关系则是从表。

## 6.2.4　完整性约束规则

在实际处理中的多个数据并不是独立的,它们之间还存在着一定的约束关系,这种约束关系称为完整性约束规则。

在关系数据库的理论中,有 3 类完整性约束规则,它们分别是实体完整性约束规则、自定义的完整性约束规则和参照完整性约束规则。

(1)实体完整性约束规则

由于主键的一个重要作用就是标识每条记录,因此,关系的实体完整性要求一个关系(表)中的记录在组成的主键上不允许出现两条记录的主键值相同。也就是说,既不能有空值,也不能有重复值。

例如,在图 6-4 的关系 student 中,字段"学号"作为主键,其值不能为空,也不能有两条记录的"学号"值相同。

(2)自定义的完整性约束规则

自定义的完整性约束规则是针对某一个具体字段的数据设置的约束条件。例如,可以将学生的"年龄"字段值定义为 14~25 之间,将"性别"字段定义为分别取两个值"男"或"女"。

(3)参照完整性约束规则

参照完整性约束规则是对相关联的两个表之间的约束。具体的说,就是对于具有主从关系的两个表,从表中每条记录外键的值必须是在主表中存在的。因此,如果在两个表之间建立了关联关系,则对一个关系进行的操作要受到另一个表中的记录值的制约。

这种制约表现在两个方面:一是对从表添加记录、修改记录时受到的制约;另一个方面是对主表进行修改和删除操作产生的连锁反应。

例如,如果在学生表和选修课之间用学号建立关联,学生表是主表,选修课是从表,那么,在向从表(选修课)中输入一条新记录时,系统要检查新记录的学号是否在主表中已存在,如果存在,则允许执行输入操作,否则拒绝输入,这就是参照完整性。

参照完整性还体现在对主表中记录进行删除和修改操作时对从表的影响。例如,如果删除主表中的一条记录,则从表中凡是外键的值与主表的主键值相同的记录也会被同时删除;如果修改主表中主关键字的值,则从表中相应记录的外键值也随之被修改。

这三类完整性中,实体完整性和参照完整性规则由 DBMS 自动实现,用户定义完整性规则是针对某个具体字段的约束条件,由具体应用来确定。

## 6.3　关系的规范化

数据库设计的一个最基本的问题是怎样建立一个好的数据库模式,使得数据库系统无论是在数据存储方面,还是在数据操作方面都具有较好的性能,最大限度地减少冗余和避免异常操作,这就是关系的规范化。

**1. 关系模式中的冗余和异常操作问题**

先看下面一个关于学生选修课程的关系模式:

$$R(学号,课程号,课程名,任课教师,教师所在系)$$

表 6-4 是该关系中的若干个具体记录。

表 6-4　学生选修课程

| 学号 | 课程号 | 课程名 | 任课教师 | 教师所在系 |
|---|---|---|---|---|
| 20110001 | XXK01 | 数据库技术 | 刘强 | 计算机系 |
| 20110001 | XXK02 | 高等数学 | 陆明 | 数学系 |
| 20110001 | XXK03 | 操作系统 | 刘强 | 计算机系 |
| 20110002 | XXK01 | 数据库技术 | 刘强 | 计算机系 |
| 20110002 | XXK02 | 高等数学 | 陆明 | 数学系 |
| 20110003 | XXK01 | 数据库技术 | 刘强 | 计算机系 |

仔细分析可以发现,该模式在使用过程中会出现如下的问题。

(1)数据冗余

如果有多个学生选修同一门课,则该门课程的相关信息例如课程号、课程名、任课教师和教师所在系都要重复多次。

同样,如果一位教师同时带了多门课,则该教师的信息如任课教师和教师所在系也要重复多次。

(2)操作异常

由于数据冗余的存在,该模式在操作上会出现下面的问题。

• 修改异常:表中的课程"XXK01"有三位学生选修,关系中对应有三条记录。如果该课程的课程号改变或任课老师变动,则这三个记录都要逐一进行修改;如果有一个记录没有修改,就会造成该门课或教师信息的不一致现象。

• 插入异常:该模式中的主键是学号和课程号两个字段的组合,如果现在要安排一门新的课程,其信息为(XXK04,程序设计,吴发,计算机系),要将这一信息保存到关系中,由于还没有学生选修该课程,所以作为主键的字段之一的学号会出现空值,按照实体完整性规则,该条记录无法插入。

• 删除异常:表中课程"XXK03"只有一个学生选修,如果该学生要改选其他课程,则该记录被删除,而该门课程的信息和该课任课教师的信息也同时被删除,这也是不允许的。

显然,这个模式不是一个合适的设计,产生这些异常现象的原因是在一个关系模式中包含了多种信息,例如这个模式中就有选课信息、课程信息和任课教师信息,如果将这三类信息分别用三种关系模式来表示,也就是将以上的模式用下面的三个模式来代替:

R1(学号,课程号)

R2(课程号,课程名,任课教师)

R3(任课教师,教师所在系)

这三个模式的部分实例见表6-5、表6-6和表6-7。

表6-5　R1的实例

| 学号 | 课程号 |
|---|---|
| 20110001 | XXK01 |
| 20110001 | XXK02 |
| 20110001 | XXK03 |
| 20110002 | XXK01 |
| 20110002 | XXK02 |
| 20110003 | XXK01 |

表6-6　R2的实例

| 课程号 | 课程名 | 任课教师 |
|---|---|---|
| KC001 | 数据库技术 | 刘强 |
| KC002 | 高等数学 | 陆明 |
| KC003 | 操作系统 | 刘强 |

表6-7　R3的实例

| 任课教师 | 教师所在系 |
|---|---|
| 刘强 | 计算机系 |
| 陆明 | 数学系 |

这个代替操作是一个分解的过程,即将原来的一个模式用三个模式来代替,经过这样的分解之后,上面涉及的冗余和操作异常现象基本消除了。

除了以上分解之外,对于关系R,还可以有其他的分解方案,哪一种分解方案更好,分解的依据是什么,这就是关系模式的规范化。

**2.函数依赖**

关系的规范化是围绕着函数依赖进行的,所以在这里先介绍函数依赖的概念。

在关系数据库理论中,将关系中的字段称为属性,每条记录称为一个元组,包含在任何一个候选键中的各个属性称为主属性,没有包含在任何候选键中的各个属性称为非主属性。

(1)函数依赖的定义

函数依赖是指一个关系中属性之间取值的依赖情况,下面是关系模型中关于函数依赖的定义：

对于关系模式 $R(X, Y)$，$X$ 和 $Y$ 都是关系 $R$ 的属性集合，如果当 $X$ 有一个取值时，就有唯一的一个 $Y$ 值和其对应，则称"$X$ 函数决定 $Y$"或"$Y$ 函数依赖于 $X$"，记作 $X \rightarrow Y$。

显然，这里的 $X$ 就是关系 $R$ 的键，这样，一个关系中的每一个非主属性函数都依赖于关系中的键。

（2）关系中可能存在的不同的函数依赖

由于一个关系中的主键可以是单一的属性，也可以是属性的组合（即属性集），故每个非主属性对组合键的依赖情况不同，存在的函数依赖关系也不一样。

如果非主属性依赖于组合键中各个属性值的组合，这种函数依赖称为完全函数依赖。

假定键是属性 A 和 B 的组合，如果非主属性只依赖于键中的部分属性（例如 A），而与其他属性（例如 B）无关，则称该属性部分依赖于键，这就是部分函数依赖。显然，如果关系中的键是单一属性，则不会出现部分函数依赖。

如果非主属性之间也有依赖关系，例如 C 函数依赖于 B，而 B 函数依赖于 A，则 C 间接地依赖于 A，这种依赖称为 C 传递依赖于 A。

【例 6.2】　分析下面的选课关系中包含的各种函数依赖。

R（学号，课程号，课程名，任课教师，教师所在系，成绩）

显然，该关系中的键是学号和课程号的组合，这两个属性是主属性，其他 4 个属性为非主属性。根据函数依赖的定义，可以得出以下的函数依赖关系，也就是每一个非主属性对键的函数依赖：

（学号，课程号）→课程名
（学号，课程号）→任课教师
（学号，课程号）→教师所在系
（学号，课程号）→成绩

从实际问题可以知道，由于成绩由学号和课程号同时决定，所以上面 4 个中只有最后一个函数依赖为完全函数依赖。

由于课程名由课程号就可以决定，即"课程号→课程名"，而与学号无关，同样，任课教师和老师所在系也与学号无关，因此，前三个函数依赖都是部分函数依赖，可以将它们写成以下的完全函数依赖：

（课程号）→课程名
（课程号）→任课教师
（课程号）→教师所在系

在 4 个非主属性中，也存在一个"任课教师→教师所在系"的函数依赖，这样，以上这 3 个部分函数依赖中，对于函数依赖"课程号→教师所在系"，实际上是由于有"课程号→任课教师"和"任课教师→教师所在系"这两个函数依赖，因此，"课程号→教师所在系"是传递函数依赖。

### 3. 范式和规范化

关系规范化是以函数依赖为依据的，衡量一个关系好坏的标准称为范式（Normal Form，NF）。关系中可以有几个不同的级别的范式，目前主要有六种级别的范式，分别是第一范式、第二范式、第三范式、BC 范式、第四范式和第五范式，分别简记为 1NF、2NF、3NF、BCNF、4NF、5NF。

满足关系模型定义的称为第一范式(1NF),显然,这是最低的要求;在第一范式基础上进一步满足其他要求的为第二范式,简称为 2NF,以此类推,各种范式之间存在以下关系

$$5NF \subseteq 4NF \subseteq BCNF \subseteq 3NF \subseteq 2NF \subseteq 1NF$$

一个低一级范式的关系模式,通过模式分解可以转换为若干个高一级范式的关系模式的集合,这个分解的过程称为关系的规范化。通常规范到 3NF 就可以满足要求了。

(1)第一范式

如果一个关系模式 $R$ 中的所有属性都是不可分的基本数据项,则 $R$ 是第一范式。

第一范式是对关系模式的最起码的要求,不满足第一范式的关系称为非规范化的关系,上面的选课关系 $R$(学号,课程号,课程名,任课教师,教师所在系,成绩)属于 1NF。

(2)第二范式

如果一个关系模式 $R$ 属于第一范式,并且所有的非主属性对键都是完全函数依赖,则 $R$ 属于第二范式。

显然,如果 1NF 模式中的键只包含一个主属性,该关系模式一定属于 2NF,因为这种关系中不可能存在非主属性对键的部分函数依赖。

对于属于 1NF 的选课关系 $R$,可以将其分解为以下 3 个关系

$$R1(课程号) \rightarrow 课程名$$
$$R2(课程号) \rightarrow (任课教师,教师所在系)$$
$$R3(学号,课程号) \rightarrow 成绩$$

分解后的关系中,关系 $R3$ 的键为组合键学号和课程号,而非主属性的成绩完全依赖于键,因此,$R3$ 属于 2NF。

对于关系 $R1$ 和 $R2$,其键为课程号,这是单属性的键,不存在非主属性对键的部分函数依赖,因此,都属于 2NF。

将一个关系规范到 2NF 时,可以在一定程度上减轻原 1NF 关系中存在的插入异常、删除异常、数据冗余度大等问题,但是并不是分解后的每个关系都能完全消除各种异常情况和数据冗余,上面的关系 $R2$ 就是这样,因为 $R2$ 中存在传递依赖,因此,对于 $R2$ 还需要进行进一步分解,即规范到 3NF。

(3)第三范式

如果一个关系模式 $R$ 属于 2NF,并且不存在所有的非主属性对键的传递函数依赖,则 $R$ 是第三范式。

上面分解后的关系中,由于 $R2$ 关系中存在非主属性(教师所在系)对键(课程号)的传递依赖,因此,$R2$ 不属于 NF3,将其分解为以下两个关系

$$R21 课程号 \rightarrow 任课教师$$
$$R22 任课教师 \rightarrow 教师所在系$$

分解后的这两个关系都属于 3NF 了,前面出现的数据冗余、修改异常、插入异常和删除异常现象都不存在了。

以上的关系规范化过程可以用图 6-5 进行表示。

显然,规范化的过程就是不断地对关系进行分解的过程,一个关系模式的级别越高,模式中关系的数量也越多,数据冗余和操作异常现象也会得到解决。但是,如果一个查询操作经常涉及到两个或多个关系模式中的属性,系统必须经常地进行连接运算,而连接运算的代价是相

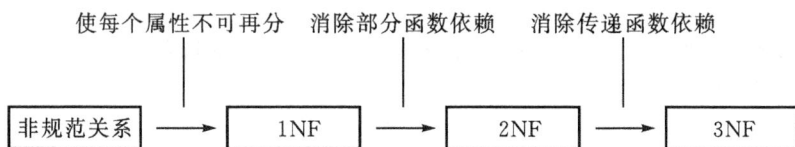

图 6-5  关系的规范化过程

当高的,显然,这样查询的效率是不高的。所以,并不是规范化级别越高的关系就越好,要根据具体的操作需求来确定。

在对一个关系进行规范化时,要注意以下的几个问题:

- 在规范化之前首先要确认关系中的候选键,从而区分每个属性是主属性还是非主属性;
- 列出所有非主属性对键的函数依赖,然后区分其中的部分函数依赖和传递函数依赖;
- 消除部分函数依赖和传递函数依赖,使关系模式达到 3NF;
- 分解后的关系要相互独立,通常一个关系只表达一个主题,避免对一个关系的修改影响到另一个关系。

# 6.4  SQL 语言概述

结构化查询语言(Structured Query Language,SQL)是应用于关系数据库的标准语言,该语言使用方便、功能丰富、简洁易学。目前大多数数据库产品都支持 SQL。

SQL 有以下的特点:

①SQL 是非过程性语言,用户只须在命令中指出做什么,无须说明怎样去做。

②SQL 所采用的词汇有限,主要命令有 9 个,易于学习和掌握。

③SQL 具有强大和灵活的查询功能,一条 SQL 命令可完成非常复杂的操作。

④各个 SQL 版本所采用的基本命令集的结构相同,因而具有可移植性。

SQL 的主要功能包括数据定义、数据查询、数据操纵和数据控制,每个功能都有具体的命令来实现。其中,数据定义的主要命令有 CREATE、DROP 和 ALTER;数据操纵包括数据更新,数据更新又分为插入、删除和修改,分别用 INSERT、DELETE 和 UPDATE 命令;数据查询是 SQL 中功能最多,使用最为广泛的,但命令只有一个,就是 SELECT;数据控制和数据操纵与权限有关,主要命令是授权 GRANT 和回收 REVOKE。

**1. 数据表的操作**

SQL 中对数据表的操作包括定义和修改表的结构、删除表。

(1)创建数据表

创建数据表,主要的作用是定义表的结构,包括定义表中各个字段的名称、类型、宽度,以及主键、有效性、默认值等属性。

该命令的基本格式及主要选项如下:

CREATE TABLE <表名>(<列名 1><数据类型 1>[ <列级完整性约束条件> ],

　　　　　　　　　<列名 2><数据类型 2>[ <列级完整性约束条件> ],…

〔＜表级完整性约束条件＞〕）

上面的格式并不完整,还有一些选项没有列出,其中出现的选项含义如下:
- "表名"是要定义的表的名称;
- 表由一个或多个列(属性)组成,括号中就是该表的各个列(属性),需说明各属性的数据类型;
- ＜列级完整性约束条件＞是与该表有关的完整性约束条件:"NOT NULL"表明该属性值不能为空值;"UNIQUE"表示该属性上的值不能重复;"PRIMARY KEY"表示该属性是主键。
- 数据类型表示该字段的类型,常用的数据类型有 INT(整数)、FLOAT(实数)、CHAR(字符型)等。

【例 6.3】 建立"读者"表,该表包含 5 个字段,分别是借书证号、姓名、性别、年龄和专业。其中借书证号字段为主键,姓名字段不允许为空,借书证号、姓名、性别和专业类型为字符型,长度分别是 10、20、1、10,年龄为整型数。

建立该表的 SQL 命令如下:

```
CREATE   TABLE 读者
(借书证号  CHAR(10)  PRIMARY  KEY,
 姓名 CHAR(20)  NOT NULL,
 性别 CHAR(1),
 年龄 INT ,
 专业 CHAR(10)
)
```

(2)删除数据表

删除一个表时可以使用的命令格式为:

```
DROP TABLE ＜表名＞
```

例如,删除"读者"表的 SQL 命令如下:

```
DROP TABLE   读者
```

**2.数据更新**

SQL 的数据更新主要是对表中的记录进行操作,包括增加、修改和删除记录。

(1)增加记录

增加的记录被输入到表的末尾,输入记录使用 INSERT 命令,其格式如下:

```
INSERT INTO  ＜表文件名＞  〔(＜字段名 1＞,＜字段名 2＞,…)〕
                        VALUES (＜表达式 1＞,＜表达式 2＞,…)
```

该命令用指定的值向数据表的末尾追加一条新的记录。

使用该命令时,命令中的字段名与 VALUES 值的个数应相同,并且数据类型按顺序一一对应,如果 VALUES 值的个数和类型与定义表结构时各字段一致,则可以省略字段名。

【例 6.4】 将以下的数据添加到"读者"表中。

| 借书证号 | 姓名 | 性别 | 年龄 | 专业 |
|---|---|---|---|---|
| 2013120101 | 王一平 | 男 | 19 | 计算机应用 |

使用的 SQL 命令如下：

INSERT INTO 读者(借书证号,姓名,性别,年龄,专业)

　　　VALUES (´2013120101´,´王一平´,´男´,19,´计算机应用´)

(2)修改记录

修改已输入记录字段的值,可以使用 UPDATE 命令,其格式如下：

UPDATE＜表文件名＞ SET ＜字段名 1＞=＜表达式 1＞[＜字段名 2＞=＜表达式 2＞…]

　　　　[WHERE　＜条件＞]

该命令的功能是按给定的表达式的值,修改满足条件的记录的各个字段值,其中 WHERE ＜条件＞表示满足条件的记录。命令中没有 WHERE 条件时,表中所有的记录都被修改。

【例 6.5】　将“读者”表中借书证号为“2013120101”的记录的年龄改为18,使用 SQL 命令如下：

UPDATE 读者　SET　年龄=18 WHERE 借书证号="2013120101"

(3)删除记录

删除记录使用 DELETE 命令,其格式如下：

DELETE　FROM＜表文件名＞　[WHERE　＜条件＞]

该命令的功能是将满足条件的记录删除,省略 WHERE 子句时,表中所有的记录都将被删除。

【例 6.6】　将“读者”表中年龄小于 20 的记录删除,SQL 命令如下：

DELETE　FROM 读者　WHERE 年龄＜20

**3. 数据查询**

查询是 SQL 中非常重要的操作,它能够完成多种查询任务,如查询满足条件的记录,查询时进行统计计算,可同时对多表查询,对记录排序等。当结合函数进行查询时,可完成更多的功能计算。

SQL 的所有查询都是利用 SELECT 命令实现的,其命令格式及主要选项(子句)如下：

SELECT

　[ALL | DISTINCT]

　[＜别名＞.]＜检索项＞ [AS ＜列名称＞][,[＜别名＞.]＜检索项＞ [AS ＜列名称＞] …]

　　FROM ＜表文件名＞[, ＜表文件名＞ …]

　　[WHERE ＜连接条件＞ [AND ＜连接条件＞ …]

　　[GROUP BY ＜分组列＞[, ＜分组列＞ …]]

　　[HAVING ＜条件表达式＞]

　　[ORDER BY ＜排序关键字＞ [ASC | DESC][,＜排序关键字＞ [ASC | DESC] …]]

以上的格式比较复杂,其中最为常用的是下面的简化格式：

SELECT…FROM …WHERE

下面通过各个例子分别说明子句及选项的作用。

**【例 6.7】** 显示"读者"表中所有记录的每个字段的值,命令如下:

SELECT 借书证号,姓名,性别,年龄,专业 FROM 读者

其中的 FROM 子句表示查询使用数据源,如果要显示表中所有的字段,并且字段的顺序与表中顺序一致时,还可以用" * "代替所有的字段,所以本例也可以使用下面的命令:

SELECT * FROM 读者

**【例 6.8】** 显示"读者"表中每个学生的借书证号、姓名和年龄。在 SELECT 后面指出要输出的列,命令如下:

SELECT 借书证号,姓名,年龄 FROM 读者

**【例 6.9】** 对"读者"表,列出所有不同的专业。

如果使用下面的查询命令:

SELECT 专业 FROM 读者

这时,将输出每条记录的专业,显然,相同专业的数据也会重复显示。使用下面的命令在输出字段名前加上"DISTINCT"可以输出不重复的专业:

SELECT DISTINCT 专业 FROM 读者

**【例 6.10】** 显示"读者"表中所有"计算机"专业学生的姓名、年龄和专业字段。"计算机"专业记录可以用短语 WHERE 专业 ="计算机"表示,这是查询的条件。该 SQL 命令如下:

SELECT 姓名 ,年龄,专业

　　FROM 读者

　　　　WHERE 专业 = "计算机"

**【例 6.11】** 查询"读者"表中年龄为 20 的女生的记录。

年龄为 20 的女生实际上是两个条件,分别是年龄＝20 和性别＝"女",命令如下:

SELECT *

　　FROM 读者

　　　　WHERE 年龄 = 20 AND 性别 = "女"

**【例 6.12】** 显示"读者"表中年龄在 19～21 之间的所有记录,命令如下:

SELECT *

　　FROM 读者

　　　　WHERE 年龄＞ = 19 AND 年龄＜ = 21

年龄范围也可以使用特殊运算符 BETWEEN,这时命令如下:

SELECT *

　　FROM 读者

　　　　WHERE 年龄 BETWEEN 19 AND 21

**【例 6.13】** 显示"读者"表中专业是"计算机"或"力学"的记录,可以使用逻辑表达式。SQL 命令如下:

SELECT *

　　FROM 读者

　　　　WHERE 专业 = "计算机" OR 专业 = "力学"

【例 6.14】　按年龄降序显示"读者"表中的所有记录

SELECT　＊

　　FROM 读者

　　　ORDER　BY 年龄 DESC

命令中的短语"ORDER　BY 年龄 DESC"表示按年龄的降序输出结果。

# 6.5　Microsoft Office Access 2010 基本操作

目前,数据库管理系统软件有很多,这些产品的功能不完全相同,规模上、操作上差别也较大,但是,它们都是以关系模型为基础的,因此都属于关系型数据库管理系统。本节要介绍的 Access 2010 中文版是 Microsoft 公司的 Office 2010 套装软件的组件之一。

## 6.5.1　Access 2010 概述

### 1. Access 2010 的特点

和以前的其他版本相比,Access 2010 增加了许多功能,主要的特点如下:

①文件格式的变化。体现在可以创建在每个字段中存储多个值的查阅字段、安全的数据格式、用 ACCDB 取代以前版本的 MDB 文件扩展名。

②用户界面的变化。这是 Office 2010 各组件中非常明显的变化,新界面中增加了新导航窗格和带有选项卡的窗口视图,极大地方便了用户对数据库的操作。

③在导航窗格中组织项目,通过导航窗格使用数据库中的各个对象。

④不再支持数据访问页对象。

Access 2010 的一个数据库文件中既包含了该数据库中的所有数据表,又包含了由数据表所产生和建立的查询、窗体和报表等。

### 2. Access 2010 的窗口组成

执行"开始"→"所有程序"→"Microsoft Office Access 2010"命令,可以启动 Access 2010,启动后的窗口如图 6-6 所示。

该窗口从上到下由以下几个部分组成:

最上边的标题栏显示最常用的几个按钮和当前工作簿的名称。

标题栏下面是功能区:该区最左边为"文件"菜单,其他部分由各个标签组成,例如"开始""创建"等,每个标签中包含若干个命令按钮组成的分组,例如"开始"标签中的"视图""剪贴板"等。

功能区下方由三部分组成,从左到右分别是文件菜单、模板区和数据库区。文件菜单中有新建、打开、保存、另存为和退出等命令;模板区显示了各种不同的数据库模板;数据库区用来对创建的新数据库设置保存路径和置数据库名。

### 3. 创建空白数据库

数据库是 Access 中的文档文件。Access 2010 中提供了两种方法创建数据库,一是使用模板创建数据库,建立所选择的数据库类型中的表、窗体和报表等;另一种方法是先创建一个空白数据库,然后在数据库中创建表、窗体、报表等对象。

图 6-6　Access 2010 的窗口

创建空数据库的方法如下：

①单击图 6-6 窗口中模板区的"空数据库"按钮。

②向窗口右侧"文件名"文本框内输入要创建的数据库文件的名称，例如"教学管理"，如果创建数据库的位置不需要修改，则直接单击右下方的"创建"按钮，如果要改变存放位置，则单击右侧的文件夹按钮，这时，打开"文件新建数据库"对话框。

③在对话框中选择新建数据库所在的位置，然后单击"创建"按钮，该数据库创建完毕。创建的空白数据库的 Access 窗口如图 6-7 所示，这就是 Access 2010 的工作界面。

可以看出，在创建的新数据库中，系统还自动创建了一个名为"表 1"的表。

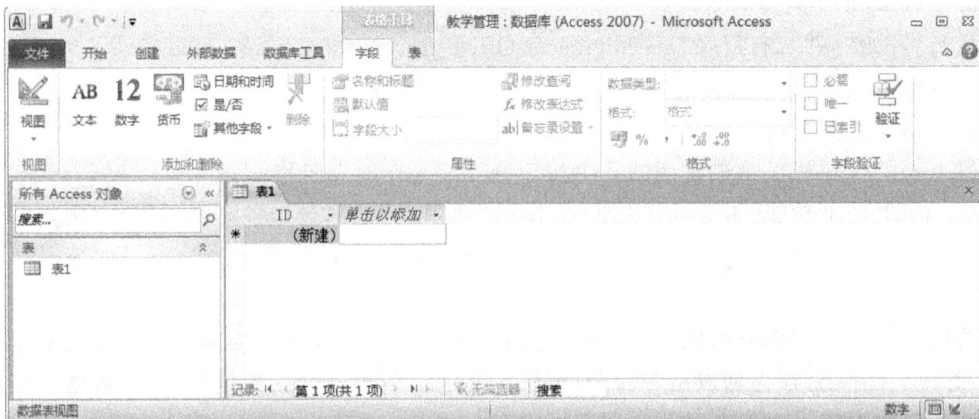

图 6-7　Access 2010 的工作界面

### 4. Access 2010 的工作界面

创建数据库后，进入了 Access 2010 的工作界面窗口，窗口上方为功能区，功能区由多个选项卡组成,如"开始"选项卡、"创建"选项卡、"外部数据"选项卡等,每个选项卡中包含了多个命令,这些命令以分组的方式进行组织。例如,图6-7中显示的是"字段"选项卡,该选项卡中的命令分为5组,分别是视图、添加和删除、属性、格式、字段验证,每个组中包含了若干个按钮,对应了不同的命令。

双击某个选项卡的名称可以将该选项卡中的功能区隐藏起来,再次双击时又可以显示出来。

功能区中有些区域有下拉箭头 ,单击时可以打开一个下拉菜单;还有指向右下方的箭头 ,单击时可以打开一个用于设置的对话框。

功能区的下方由左右两个部分组成,左边是导航窗格,用来组织数据库中创建的对象,例如图6-7中显示的是名为"表1"的表对象;右边称为工作区,是打开的某个对象,图中打开的是"表1",该表中目前只有一个名为"ID"的字段,这是系统自动创建的。

### 5. 数据库文件中的各个对象

单击图6-7的"创建"选项卡,该选项卡中显示了在数据库中可以创建的各种对象,如图6-8所示,共有6种对象,它们分别是表格、查询、窗体、报表、宏与代码。第1个分组中的"应用程序部件"含有各种已设置好格式的窗体。所有这些对象都保存在扩展名为 ACCDB 的同一个数据库文件中。

图 6-8　Access 数据库中的对象

（1）表

在数据库的各个对象中,表是数据库的核心,它保存数据库的基本信息(就是关系中的二维表信息),这些基本信息又可以作为其他对象的数据源。

在保存具有复杂结构的数据时,无法用一张表来表示,可分别使用多张数据表,而这些表之间可以通过相关字段建立关联,这就是后面要介绍的创建表间关系。

（2）查询

查询是在一个或多个表中查找某些特定的记录,查找时可从行方向的记录或列方向的字段进行,例如,在成绩表中查询成绩大于80分的记录,也可以从两个或多个表中选择数据形成新的数据表等。

查询结果也是以二维表的形式显示的,但它与基本表有本质的区别,在数据库中只记录了查询的方式(即规则),每执行一次查询操作,都是以基本表中现有的数据进行的。

此外,查询的结果还可作为窗体、报表等其他对象的数据源。

（3）窗体

窗体用来向用户提供交互界面,从而使用户更方便地进行数据的输入、输出显示。窗体中所显示的内容,可以来自一个或多个数据表,也可以来自查询结果。

使用窗体也可以创建应用程序的界面。

（4）报表

报表是用来将选定的数据按指定的格式进行显示或打印。与窗体类似的是，报表的数据来源同样可以是一张或多张数据表、一个或多个查询表；与窗体不同的是，报表可以对数据表中的数据进行打印或显示时设定输出的格式，除此之外，还可以对数据进行汇总、小计、生成丰富格式的清单和数据分组。

（5）宏

宏是由一系列命令组成，每个宏都有宏名，使用宏可以简化一些需要重复的操作。宏的基本操作有编辑宏和运行宏。

建立和编辑宏在宏编辑窗口中进行，建立好的宏，可以单独使用，也可以与窗体配合使用。

（6）模块

模块是用 Access 提供的 VBA 语言编写的程序，模块通常与窗体、报表结合起来完成完整的开发功能。

综上，在一个 Access 的数据库文件中，"表"用来保存原始数据；"查询"用来查询数据；"窗体"用不同的方式输入数据；"报表"则以不同的形式显示数据；而"宏"和"模块"则用来实现数据的自动操作。后两者更多地体现了数据库管理系统的开发功能。这些对象在 Access 中相互配合，构成了完整的数据库。

## 6.5.2　数据表的建立和使用

一个数据表由表结构和记录两部分组成，因此，建立表的过程就是分别设计表结构和输入记录的过程。

### 1. 数据表结构

Access 中的表结构由若干个字段及其属性构成。在设计表结构时，要分别输入各字段的名称、类型、属性等信息。

（1）字段名

为字段命名时可以使用字母、数字或汉字等，但字段名最长不超过 64 个字符。

（2）字段的数据类型

Access 2010 中提供的数据类型有以下 12 种：

- 文本：这是数据表中的默认类型，最多为 255 字符。
- 备注：也称为长文本型，存放说明性文字，最多 65536 字符。
- 数字：用于进行数值计算，如工资、学生成绩、年龄等。
- 日期/时间：可以参与日期计算。
- 货币：用于货币值的计算。
- 自动编号：在增加记录时，其值依次自动加 1。
- 是/否：用来记录逻辑型数据，如 Yes/No、True/False、On/Off 等值。
- OLE 对象：用来链接或嵌入 OLE 对象，如图像、声音等。
- 超级链接：用来保存超级链接的字段。
- 附件：用于将多种类型的多个文件存储在一个字段中。
- 计算：保存表达式的计算结果。
- 查阅向导：这是与使用向导有关的字段。

（3）字段的属性

字段的属性用来指定字段在表中的存储方式，不同类型的字段具有不同的属性，最为常用的属性如下：

• 字段大小：对文本型数据是指定文字的长度，大小范围在 1～255 之间，默认值为 50；对数字型字段，指定数据的类型可以为字节、整型、长整型、单精度、双精度等，不同类型表达的数据范围和精度也不同，例如字节保存 0～255 之间的整数，占一个字节，整数保存 −32768～32767 之间的整数，占两个字节。

• 格式属性用来指定数据输入或显示的格式，这种格式并不影响数据的实际存储格式。

• 小数位数对数字型或货币型数据指定小数位数。

• 标题用来指定字段在窗体或报表中所显示的名称。

• 有效性规则用来限定字段的输入值，例如，对表示百分制成绩的"数学"字段，可用有效性规则将其值限定在 0 到 100 之间，这就是上一节提到的用户自定义的完整性。

• 默认值指定在添加新记录时自动输入的值。

（4）设定主关键字

对每一个数据表都可以指定某个或某些字段为主关键字，简称主键，其作用是：

• 实现实体完整性约束，使数据表中的每条记录唯一可识别，例如学生表中的"学号"字段；

• 加快对记录进行查询、检索的速度；

• 用来在表间建立关系。

**2. 表的视图**

不同的数据库对象在操作时有不同的视图方式，不同的视图方式包含的功能和作用范围都不同。表有四种视图，分别是设计视图、数据表视图、数据透视表视图和数据透视图视图。在"设计"选项卡中的"视图"分组中，单击该分组的下拉箭头，可以在这四种视图之间进行切换（图 6-9）。

①设计视图：用于设计和修改表的结构。

②数据表视图：以行列的方式（二维表）显示表，主要用于对记录的增加、删除、修改等操作。

③数据透视表视图：用所选格式和计算方法，对数据进行汇总，结果以表的形式显示。

④数据透视图视图：以图的形式显示汇总的结果。

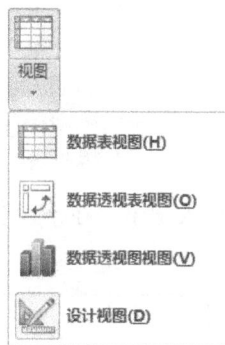

图 6-9　表操作的视图方式

## 6.5.3　建立数据表

Access 2010 中有多种方法建立数据表，在创建新的数据库时自动创建了一个空表，在现有的数据库中创建表有以下 4 种方法：

①直接在数据表视图中创建一个空表；

②使用设计视图创建表；

③根据 SharePoint 列表创建表；

④从其他数据源导入或链接。

这里介绍最常用的两种方法,即设计视图和数据表视图方法,下面创建的表都是在已创建的"教学管理"数据库中。

**1. 在数据表视图下建立数据表**

【例 6.15】　在数据表视图下建立"学生"数据表。

表中包括四个字段,分别是学号、姓名、性别和年龄,操作过程如下:

①在"创建"选项卡的"表格"分组中单击"表",这时,显示出已创建的一个名为"表 2"的空表,并显示数据表视图,如图 6-10 所示。表中已自动创建了一个名为"ID"的字段,该字段的类型是自动编号,而且被设置为主键。

②"ID"字段暂时不作处理,直接从第二个字段开始依次输入各个字段,字段名分别为"学号""姓名""性别"和"年龄",字段类型分别是文本、文本、文本、数字,方法是在"数据表视图"中单击"单击以添加"然后在弹出的菜单(图 6-11)中选择类型,接下来输入字段的名称。

图 6-10　"数据表视图"窗口　　　　　　　图 6-11　创建新字段

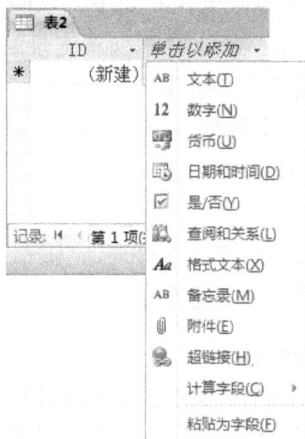

③输入记录。在字段名下面的记录区内分别输入表 6-8 中的记录数据。

**表 6-8　学生表的记录**

| 20130001 | 张军 | 男 | 17 |
|---|---|---|---|
| 20130002 | 吴朋 | 男 | 18 |
| 20130003 | 王五一 | 男 | 21 |
| 20130004 | 周珊珊 | 女 | 19 |
| 20130005 | 周江红 | 女 | 20 |
| 20130006 | 越丽 | 女 | 18 |
| 20130007 | 钱红 | 女 | 21 |
| 20130008 | 康帅帅 | 男 | 19 |
| 20130009 | 华忠国 | 男 | 18 |
| 20130010 | 陈建华 | 女 | 17 |

④单击"保存"按钮,打开"另存为"对话框。

⑤在此对话框中输入数据表名称"学生",然后单击"确定"按钮,结束数据表的建立。

数据表"学生"建立完毕,如图 6-12 所示。

图 6-12　"学生"表

从显示结果可以看出,自动创建的第 1 个字段 ID 类型是自动编号,其各条记录的值 1~10 是系统自动添加的,不需要该字段的话可以将其删除,方法是在窗口中右单击该字段,然后执行快捷菜单中的"删除字段"命令。

从图 6-12 中可以看到,因为学号、姓名和性别这 3 个字段是文本型,所以左对齐,年龄是数字型,所以在窗口中是右对齐,但字段的宽度等属性都是默认值,在后面的操作中,可以在设计视图下进行修改。

**2. 在设计视图中建立数据表**

这种方法只是创建了表的结构,创建后还要切换到数据表视图下输入具体的记录。

【例 6.16】　在设计视图下建立数据表"课程",操作过程如下:

①单击选择"创建"选项卡的"表"分组中的"表设计"按钮,在工作区显示表的"设计视图",如图 6-13 所示。

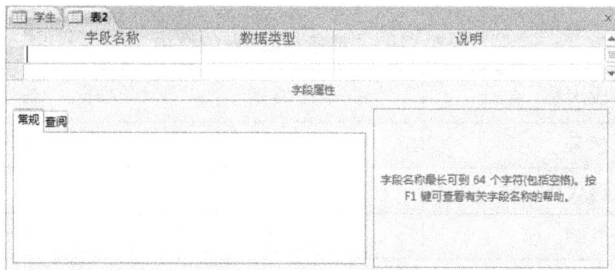

图 6-13　设计视图窗口

②设计表结构。在"设计视图"窗口中,上半部分是字段区,用来输入各字段的名称、指定字段的数据类型并对该字段进行说明;下半部分的属性区用来设定各字段的属性,例如字段长度、有效性规则、默认值等。

这里输入 3 个字段,字段名分别是"课程代码""课程名称"和"学时",各字段的属性见表6-9。

表 6 – 9 "课程"表的结构

| 字段名称 | 字段类型 | 长度 |
|---|---|---|
| 课程代码 | 文本 | 5 |
| 课程名称 | 文本 | 10 |
| 学时 | 数字 | 字节 |

③定义主键字段。本表中选择"课程代码"作主键字段,单击"课程代码"字段名称左边的方框选择此字段。单击"工具"分组中的"主键"按钮▮,将此字段定义为主键。

④命名表及保存。单击"保存"按钮,打开"另存为"对话框,在框中输入数据表名称"课程",然后单击"确定"按钮,这时,表结构建立完毕。

⑤单击"设计"选项卡的"视图"组中的下拉箭头,在下拉列表中选择"数据表视图",将"课程"表切换到"数据表视图"。

⑥在"数据表视图"下输入各条具体的记录,最终建立的数据表如图 6 – 14 所示。

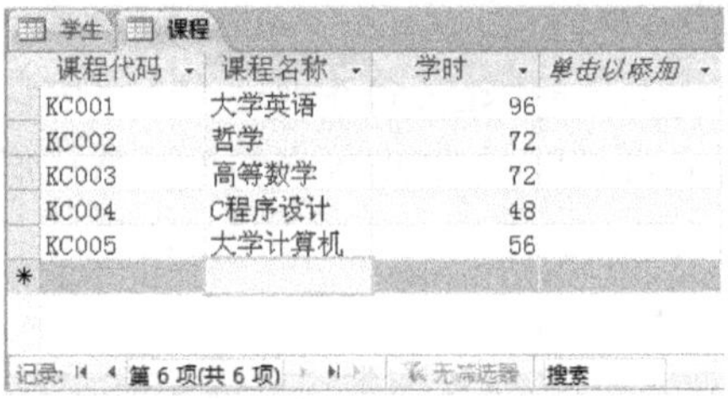

图 6 – 14 "课程"数据表

【例 6.17】 在设计视图下建立数据表"选修成绩",要求如下。

该表的结构见表 6 – 10。

表 6 – 10 "选修成绩"表的结构

| 字段名称 | 字段类型 | 长度 |
|---|---|---|
| 学号 | 文本 | 8 |
| 课程代码 | 文本 | 5 |
| 成绩 | 数字 | 字节 |

该表的记录见表 6 – 11。

表 6 – 11 "选修成绩"表的记录

| 学号 | 课程代码 | 成绩 |
|---|---|---|
| 20130001 | KC001 | 87 |
| 20130001 | KC003 | 90 |
| 20130001 | KC004 | 56 |
| 20130002 | KC001 | 76 |

续表 6-11

| 学　号 | 课程代码 | 成绩 |
|---|---|---|
| 20130002 | KC002 | 90 |
| 20130003 | KC003 | 89 |
| 20130004 | KC002 | 78 |
| 20130004 | KC005 | 78 |
| 20130005 | KC003 | 76 |
| 20130006 | KC001 | 76 |
| 20130006 | KC002 | 99 |
| 20130006 | KC004 | 55 |
| 20130007 | KC005 | 78 |
| 20130008 | KC004 | 90 |

　　操作过程与例 6.15 和例 6.16 相似,这里不再重复了。要注意的是,本表不设置主键,因此,在保存表时,屏幕上会出现对话框,如图 6-15 所示,提示还没有定义主键,这里单击“否”按钮,表示不定义主键。

图 6-15　未定义主键提示对话框

### 3. 验证实体完整性约束规则

【例 6.18】　在“课程”表中,已定义了主键为“课程代码”,对该表进行下面的操作:

①在数据表视图中打开“课程”表;

②输入一条新记录,输入时不输入课程代码,只输入其他字段的值;

③单击新记录之后的下一条记录位置,这时出现图 6-16 的对话框。

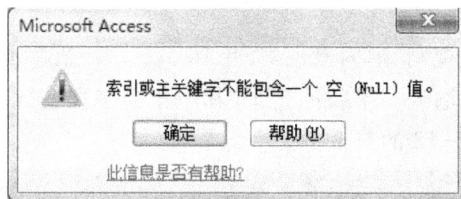

图 6-16　输入课程代码字段为空的记录时出现的对话框

　　可见,设置主键后,该表中无法输入课程代码为空的记录。

　　④向该条新记录输入与第一条记录相同的课程代码“KC001”,单击新记录之后的下一条记录位置,这时出现图 6-17 的对话框。

　　可见,设置主键后,表中不允许出现课程代码相同的两条记录。

图 6-17　输入课程代码相同的记录时的对话框

**4. 设置字段的有效性约束规则**

【例 6.19】　使用"学生"表验证字段有效性约束规则。

具体要求如下：

①在设计视图中修改"学生"表的结构,修改的要求见表 6-12。

表 6-12　"学生"表的结构

| 字段名称 | 字段类型 | 长度 |
|---|---|---|
| 学号 | 文本 | 8 |
| 姓名 | 文本 | 4 |
| 性别 | 文本 | 1 |
| 年龄 | 数字 | 字节 |

②删除原有的"ID"字段。

③将"学号"字段设置为主键。

④对"年龄"字段的值设置在 16～23 之间。

操作如下：

①在设计视图中打开"学生"表；

②在设计视图的字段区右键单击"ID"字段,在弹出的快捷菜单中执行"删除行"命令,将该字段删除；

③单击选择"学号"字段,然后单击"设计"选项卡中"工具"分组中的"主键",将该字段设置为主键；

④按表 6-12 中的要求修改其他字段的属性；

⑤单击"年龄"字段；

⑥在属性区的"有效性规则"框内输入">=16 and <=23",然后单击"保存"按钮；

⑦切换到数据表视图,输入一条新的记录,其中年龄字段输入 25,单击新记录之后的下一条记录位置,这时出现图 6-18 的对话框。

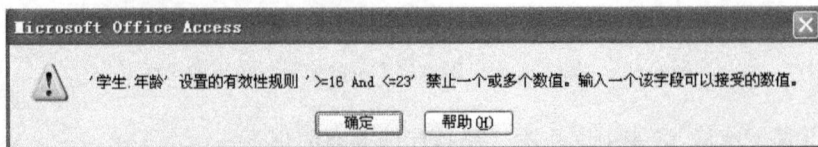

图 6-18　年龄不在设定范围时的对话框

可见,年龄字段的有效性设置后,年龄的值只能在 16 至 23 之间。

同样,可以将"性别"字段的有效性规则设置为"'男'or'女'"。

## 6.5.4　数据表的管理

对数据表的管理可以对表结构和记录分别进行。

### 1.修改表结构

修改表结构包括更改字段的名称、类型、属性、增加字段、删除字段等,可在设计视图中进行。除了修改类型、属性操作,其他操作也可以在数据表视图下进行。

(1)改字段名

在设计视图中单击字段名或在数据表视图中双击字段名,被选中的字段反相显示,输入新的名称后单击工具栏上的"保存"按钮即可。

(2)插入字段

在数据表视图中执行"插入字段"命令或在设计视图中执行"插入行"命令可插入新的字段。

(3)删除字段

在数据表视图中执行"删除字段"或在设计视图中执行"删除行"命令可以删除字段。

编辑记录的操作只能在数据表视图下进行,包括添加记录、删除记录、修改数据和复制数据等,在编辑之前,应先定位记录或选择记录。

### 2.定位记录

在数据表视图窗口中打开一个表后,窗口下方会显示一个记录定位器,该定位器由若干个按钮构成,如图 6 - 19 所示。

图 6-19　记录定位器

使用定位器定位记录的方法如下:
- 使用"第一条记录"、"上一条记录"、"下一条记录"和"尾记录"这些按钮定位记录;
- 在记录编号框中直接输入记录号,然后按回车键,也可以将光标定位在指定的记录上。

### 3.选择数据

选择数据可以分为在行的方向选择记录和在列的方向选择字段以及选择连续区域。

(1)选择记录
- 选择某条记录:在数据表视图窗口第一个字段左侧是记录选定区,直接在选定区单击可选择该条记录。
- 选择连续若干条记录:在记录选定区拖动鼠标,鼠标所经过的行被选中,也可以先单击连续区域的第一条记录,然后按住 Shift 键后单击连续记录的最后一条记录。
- 选择所有记录:单击工作表第一个字段名左边的全选按钮,可以选择所有记录。

(2)选择字段
- 选择某个字段的所有数据:直接单击要选字段的字段名即可。
- 选择相邻连续字段的所有数据:在表的第一行字段名处用鼠标拖动字段名。

（3）选择部分区域的连续数据

将鼠标移动到数据的开始单元处,当鼠标指针变成"✚"形状时,从当前单元格拖动到最后一个单元格,鼠标经过的单元格数据被选中。可以选择某行、某列或某个矩形区域的数据。

**4. 添加记录**

在 Access 中,只能在表的末尾添加记录,操作时先在数据表视图中打开表,然后直接在最后一行输入新记录的各字段数据即可。

**5. 删除记录**

删除记录时,先在数据表视图窗口中打开表,然后右键单击要删除的记录,这时,在快捷菜单中执行"删除记录"命令,屏幕上出现确认删除记录的对话框,如果单击"是"按钮,则选定的记录被删除。

**6. 修改数据**

修改数据是指修改某条记录的某个字段的值,先将鼠标定位到要修改的记录上,然后再定位到要修改的字段,即记录和字段的交叉单元格,直接进行修改。

**7. 复制数据**

复制数据是指将选定的数据复制到指定的某个位置,方法是先选择要复制的数据,然后单击工具栏上的"复制"按钮,接下来单击要复制的位置,最后单击工具栏上的"粘贴"按钮即可。

## 6.5.5　表间关系

数据库中的各个表之间可以通过共同字段建立联系,当两个表之间建立联系后,用户就不能再随意地更改建立关系的字段的值,也不能随意向从表中添加记录,从而保证数据的完整性,即参照完整性。

**1. 建立表间关系**

Access 中的关系可以建立在表和表之间,也可以建立在查询和查询之间,还可以是在表和查询之间。

建立关联操作不能在已打开的表之间进行,因此,在建立关联时,必须首先关闭所有的数据表。

【例 6.20】　在"教学管理"数据库中创建表间关系,要求如下:

· "学生"表和"选修成绩"表间通过"学号"字段建立关系,"学生"表为主表,"选修成绩"表为从表;

· "课程"表和"选修成绩"表间通过"课程代码"字段建立关系,"课程"表为主表,"选修成绩"表为从表。

建立过程如下:

①打开"显示表"对话框。创建表间关系时,要先将表关闭,然后在"数据库工具"选项卡的"关系"分组中,单击"关系"按钮,打开"显示表"对话框,如图 6-20 所示,对话框中显示了数据库中的 4 张表。

②选择表。在此对话框中选择欲建立联系的三张表,每选择一张表后,单击"添加"按钮,

将"学生"表、"课程"表和"选修成绩"表这 3 张表分别选择后单击"关闭"按钮,关闭此对话框。
打开"关系"窗口,可以看到,刚才选择的数据表名称出现在"关系"窗口中,如图 6-21 所示。

图 6-20　"显示表"对话框　　　　　　　　　图 6-21　"关系"窗口

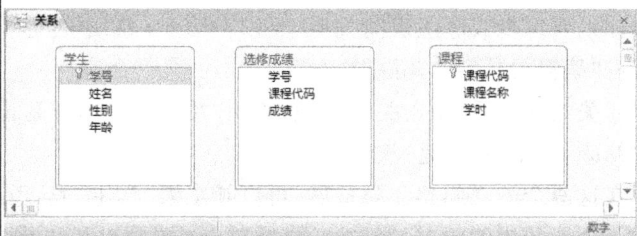

③建立关系并设置完整性。在图 6-21 中,将"学生"表中的"学号"字段拖到"选修成绩"
表的"学号"字段,松开鼠标后,显示新的对话框,如图 6-22 所示,图中显示关系类型为"一对
多"。

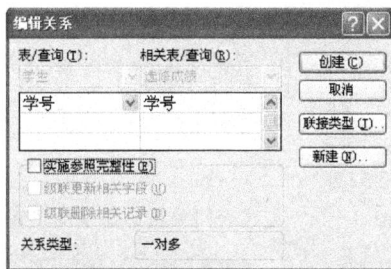

图 6-22　"编辑关系"对话框

选中此对话框中的三个复选框,这是为实现参照完整性进行的设置。

单击"创建"按钮,返回到"关系"窗口,这时,"学生"表和"选修成绩"两个表之间的关系建
立完毕。

在"关系"窗口中用同样的方法,将"课程"表中的"课程代码"字段拖到"选修成绩"表的"课
程代码"字段上,松开鼠标后,显示"编辑关系"对话框,选中对话框中的三个复选框,这时,"课
程"表和"选修成绩"两个表之间的关系也建立完毕。

建立关系后的表如图 6-23 所示。

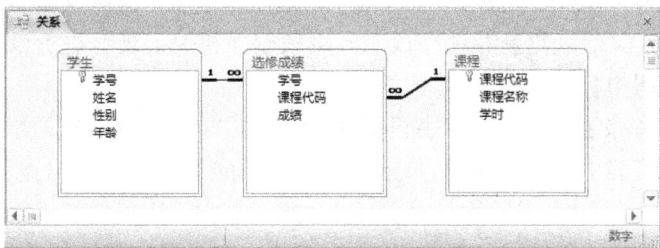

图 6-23　创建好的表间关系

在 Access 中,用于联系两个表的字段如果在两个表中都是主键,则两个表间建立的是一对一关系;如果这个字段在一个表中是主键,在另一个表中不是主键,则两个表间建立的是一对多的关系,主键所在的表是主表。

因为在"学生"表中设置的主键是"学号",而在"选修成绩"表中没有设置主键,所以两个表之间建立的是一对多的关系;同样,"课程"表和"选修成绩"表之间建立的也是一对多的联系。

如果要编辑或删除表间关系,可以在图 6-23 中右键单击表间的连接,在弹出的快捷菜单中就有"编辑关系"和"删除"命令。

④关系建立后,单击关闭按钮,关闭"关系"窗口,屏幕出现对话框,提示是否保存对关系布局的修改,这里单击"是"按钮。

在这两个表之间建立联系后,再打开主表"学生"表,表中每个学号前多了一个"+",显然,这是一个展开用的符号,单击该符号时,会显示出从表中与主表对应记录的值,如图 6-24 所示。

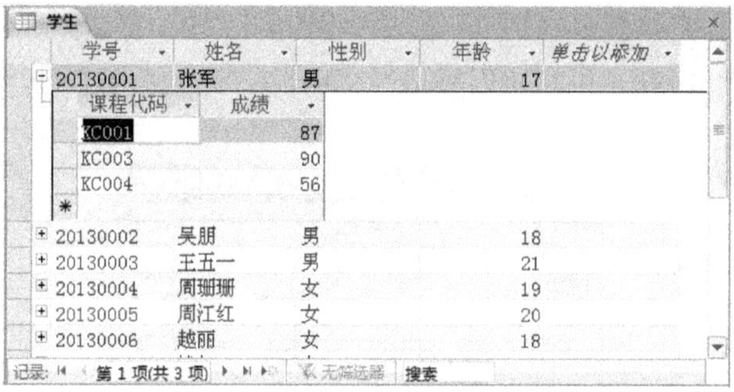

图 6-24　创建表间关系后显示的主表

## 2. 参照完整性

建立了表间关系后,除了显示主表时外观上会发生变化,在对表进行记录操作时,也会相互影响。

在参照完整性中,"级联更新相关字段"使得主关键字段和关联表中的相关字段保持同步的变更,而"级联删除相关记录"使得主关键字段中相应的记录被删除时,会自动删除相关表中对应的记录。下面通过级联的更新与级联删除实例说明参照完整性。

【例 6.21】　验证"级联更新相关字段"和"级联删除相关记录"。

前面在"学生"表和"选修成绩"表之间按字段"学号"建立了关联,由于"学号"在"学生"表中是主键,而在"选修成绩"表中没有设置主键,因此,"学号"是"选修成绩"表中的外键,在建立关联时,同时也设置了"级联更新相关字段"和"级联删除相关记录",进行以下的操作:

①在数据表视图中打开从表"选修成绩"表。

②向该表输入一条新的记录,各字段的值分别是"20130011",KC001,"80"。注意学号"20130011"在"学生"表中是不存在的,单击新记录之后的下一条记录位置,这时出现图 6-25 所示的对话框。

这个对话框表示输入新记录的操作没有被执行,这是参照完整性的一个体现,表明在从表中不能引用主表中不存在的记录。

③关闭"选修成绩"表,在数据表视图中打开"学生"表。

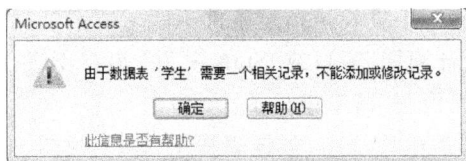

图 6 - 25　学号值在主表中不存在

④将第 8 条记录"学号"字段的值由"20130008"改为"20130088",然后单击"保存"按钮。

⑤在数据表视图中打开"选修成绩"表,可以看出,此表中原来学号为"20130008"的记录,其学号值已自动被改变为"20130088",这就是"级联更新相关字段"。

"级联更新相关字段"的效果使得主关键字段和关联表中的相关字段的值保持同步改变。

⑥重新在数据表视图中打开"学生"表,并将"学号"字段值为"20130088"的记录删除,这时出现图 6 - 26 的确认删除对话框,这时单击"是"按钮,然后单击工具栏的"保存"按钮。

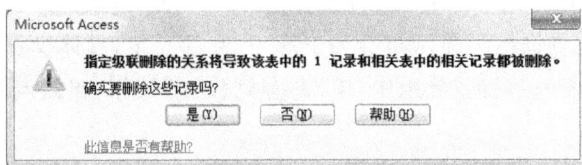

图 6 - 26　删除主表中记录时的对话框

⑦在数据表视图中重新打开"选修成绩"表,可以看出,此表中原来学号为"20130088"的记录也被同步删除,这就是"级联删除相关记录"。

"级联删除相关记录"的结果表明:在主表中删除某个记录时,从表中与主表相关联的记录会自动地删除。

### 6.5.6　创建查询

Access 的查询可以从已有的数据表或查询中选择满足条件的数据,也可以对已有的数据进行汇总计算,还可以对表中的记录进行诸如修改、删除等操作。

**1. 创建查询的方法**

在"创建"选项卡的"查询"分组中,有两个按钮用于创建查询,分别是"查询向导"和"查询设计",如图 6 - 27 所示。

使用"查询向导"可以创建简单查询、交叉表查询、查找重复项查询或查找不匹配项查询。使用"查询设计"时,先在设计视图中新建一个空的查询,然后通过"显示表"对话框添加表或查询,最后再添加查询的条件。

图 6 - 27　创建查询的按钮

Access 2010 中可以创建的查询如下:

①设计视图查询,这是常用的查询方式,可在一个或多个基本表中按照指定的条件进行查找,并指定显示的字段。本节主要介绍这种方法。

②简单查询向导,可按系统提供的提示过程设计查询的结果。

③交叉表查询是指用两个或多个分组字段对数据进行分类汇总的方式。

④重复项查询是在数据表中查找具有相同字段值的重复记录。

⑤不匹配查询是在数据表中查找与指定条件不匹配的记录。

建立查询时可以在"设计视图"窗口或"SQL 视图"窗口下进行，而查询结果可在"查询表视图"窗口中显示。

查询有五种视图，分别是设计视图、数据表视图、SQL 视图、数据透视表视图和数据透视图视图，如图 6-28 所示。

①设计视图：就是在查询设计器中设置查询的各种条件。

②数据表视图：用来显示查询的运行结果。

③SQL 视图：使用 SQL 语言进行查询。

④数据透视表视图和数据透视图视图：改变查询的版面，以不同的方式分析数据。

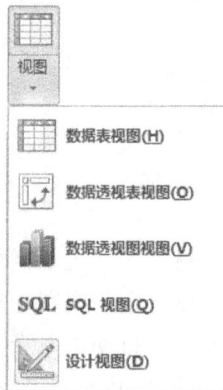

图 6-28　查询使用的视图

**2. 创建条件查询**

【例 6.22】　用设计视图建立查询，数据源是"学生"表，结果中包含表中所有字段，查询结果显示年龄大于等于 20 的女生，具体操作如下：

①在"创建"选项卡的"查询"分组中，单击"查询设计"按钮，出现与图 6-20 相同的"显示表"对话框。

②在对话框中选择查询所用的所有表，这里选择"学生"表，选择后单击"添加"按钮，然后关闭此对话框，打开设计视图窗口，如图 6-29 所示。

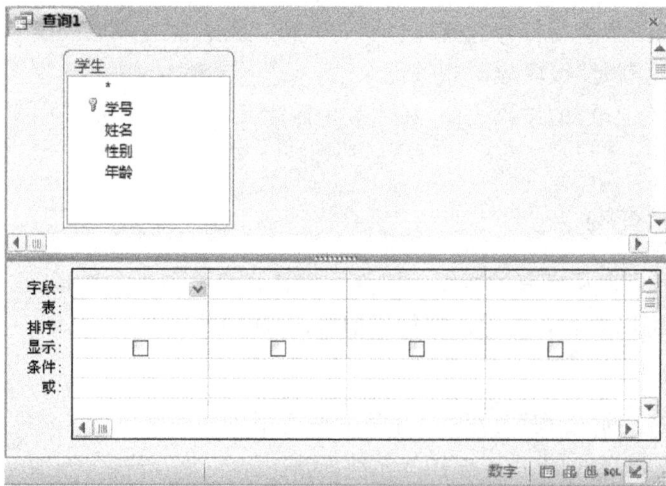

图 6-29　查询的设计视图窗口

在设计视图窗口中，上部分显示选择的表或查询，也就是创建查询使用的数据源，下半部分是一个二维表格，每列对应着查询结果中的一个字段，而每一行的标题则指出了该字段的各个属性。

• 字段。查询结果中所使用的字段，在设计时通常是用鼠标将字段从名称列表中拖动到此区，也可以是新产生的字段。

• 表。指出该字段所在的数据表或查询。

• 排序。指定是否按此字段排序，以及排序的升降顺序。

• 显示。确定该字段是否在查询结果里集中显示。

　　• 条件。指定对该字段的查询条件,例如对成绩字段而言,如果该处输入"＞＝60",表示选择成绩大于等于 60 的记录。

　　• 或。用来表示多个条件中"或者"的关系。

　　窗口右下方有 5 个按钮,用于在 5 个视图中进行切换。

　　③在设计视图窗口中,分别双击"学生"表中的"学号""姓名""性别""年龄"这 4 个字段,将 4 个字段分别放到字段区。

　　④在"性别"字段和条件交叉处输入条件"女"。

　　⑤在"年龄"字段和条件交叉处输入条件"＞＝20",设置的条件如图 6-30 所示。

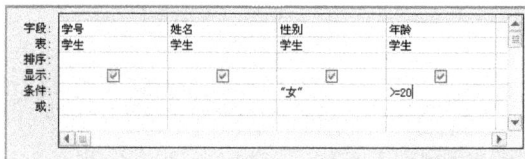

图 6-30　设置的查询条件

　　本例题查询有两个条件,性别为女和年龄大于等于 20,而且要同时满足。

　　⑥单击功能区的"执行"按钮显示查询的结果,如图 6-31 所示。

图 6-31　查询的结果

　　⑦单击"保存"按钮,在打开的对话框中输入查询的名称"年龄大于等于 20 的女生",单击"确定",查询创建完成。

**3. 创建多表查询**

　　【例 6.23】　用设计视图建立多表查询,数据源是数据库中的三张表,结果中包含"学号""姓名""课程名称"和"成绩",并将结果按成绩由高到低的顺序输出。

　　具体操作如下:

　　①在"创建"选项卡的"查询"分组中,单击"查询设计"按钮,出现"显示表"对话框;

　　②在对话框中选择查询所用的所有表,这里分别选择"学生"表、"课程"表和"选修成绩"表,每选择一张表后,单击"添加"按钮,最后关闭此对话框,打开设计视图窗口;

　　③在设计视图窗口中,分别双击"学生"表中的"学号""姓名","课程"表中的"课程名称"和"选修成绩"表中的"成绩"字段,将 4 个字段分别放到字段区;

　　④在"成绩"字段和排序交叉处选择"降序",设置的条件如图 6-32 所示;

　　⑤单击"执行"按钮显示查询的结果,如图 6-33 所示;

　　⑥单击"保存"按钮,在打开的对话框中输入查询的名称"三表查询",单击"确定",查询创建完成。

**4. 用查询对数据进行分类汇总**

　　【例 6.24】　用"学生"表创建查询,分别计算男生和女生的平均年龄,操作过程如下:

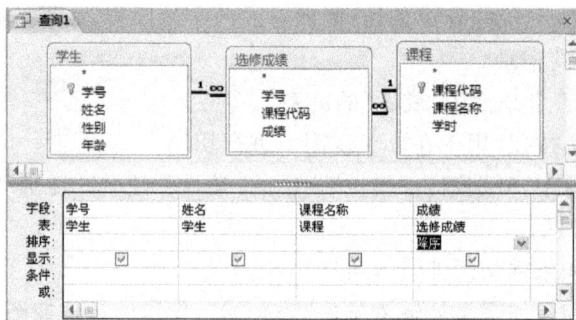

图 6-32　设置的查询条件

图 6-33　查询的结果

①在"创建"选项卡的"查询"分组中,单击"查询设计"按钮,出现"显示表"对话框。

②在对话框中选择查询所用的表,这里选择"学生"表,选择后单击"添加"按钮,最后关闭此对话框,打开设计视图窗口。

③选择字段,在查询"设计视图"窗口的上半部分分别双击"学生"表中的"性别"和"年龄"两个字段。

④设置条件。在设计视图窗口中,单击功能区"设计"选项卡中"显示/隐藏"分组中的"汇总"按钮Σ,这时,设计视图窗口的下半部分多了一行"总计"。

⑤在"性别"对应的总计行中,单击右侧的向下箭头,在打开的列表框中单击"Group By",表示按"性别"分组,然后在"年龄"对应的总计行中单击其中的"平均值"。

⑥在"年龄"字段的名称前面添加"平均年龄:",注意这里的冒号一定是在英文状态下输入,这是设计输出结果中显示的字段名,如图 6-34 所示。

图 6-34　设计的查询条件

⑦单击"执行"按钮,显示查询的结果如图 6-35 所示,本查询是对表中数据进行汇总并产生新的字段"平均年龄"。

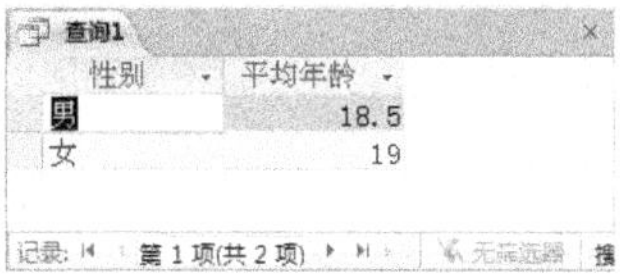

图 6-35　查询结果

⑧命名并保存查询。单击工具栏上的"保存"按钮,打开"另存为"对话框,在此对话框中输入查询名称"按性别统计平均年龄",然后单击"确定"按钮。

本节只介绍了一些最常用的查询,实际上,Access 的查询功能并不仅限于对已有数据的检索,也包括了对记录的追加、修改和删除,这些统称为操作查询,也就是对查询到的数据做进一步的处理,操作查询的类型如下:

- 生成表查询是指将查询到的记录追加到另外一个表中。例如,对于职工档案表,如果要处理退休职工的信息,我们可以将出生日期在某个年月日的记录从档案表中查询后添加到另一个表中,例如退休职工表。
- 更新查询是指有规律地同时修改表中的记录,例如,在工资表中,将工龄超过 20 年的职工基本工资增加 200,将工龄在 10~20 年的职工的基本工资增加 100,而将工龄小于 10 年的职工的基本工资增加 50。
- 删除查询是指同时删除表中满足查询条件的记录,例如,在职工成绩表中,删除所有数学成绩小于 60 分的记录。

# 6.6　应用案例

## 6.6.1　"成绩管理"数据库的设计

### 1. 提出问题

上一节的各个例题都使用了同一个数据库,就是"成绩管理.accdb",数据库中包含了三张表,这是已经设计好的。在使用具体的 DBMS 创建数据库之前,应根据用户的需求对数据库应用系统进行分析和研究,然后再按照一定的原则设计数据库中的具体内容。

数据库的设计一般要经过分析建立数据库的目的、确定数据库中的表、确定表中的字段、确定主关键字以及确定表间的关系等过程,如图 6-36 所示。

图 6-36　数据库的设计步骤

### 2. 案例目标

本案例以成绩管理数据库的设计过程为例,说明数据库设计的步骤和方法。

### 3. 结果要求

案例最终要显示出对成绩管理数据库的设计结果,主要是数据库中包含的各张表、表中的各个字段及属性等信息。

### 4. 实现步骤

下面是整个数据库的设计过程。

(1)分析建立数据库的目的

在分析过程中,应与数据库的最终用户进行交流,了解用户的需求和现行工作的处理过程,共同讨论使用数据库应该解决的问题和完成的任务,同时尽量收集与当前处理有关的各种表格。

在需求分析中,要从以下 3 个方面进行。

- 信息需求:定义了数据库应用系统应该提供的所有信息。
- 处理需求:表示对数据需要完成什么样的处理及处理的方式,也就是系统中数据处理的操作,应注意操作执行的场合、操作进行的频率和对数据的影响等。
- 安全性和完整性需求:为节省篇幅、简化问题,本题中设计的"成绩管理"数据库的目的是教学信息的组织和管理,主要包括学生信息管理、课程信息管理和选课信息的管理。

(2)确定数据库中的表

一个数据库中要处理的数据很多,不可能将所有的数据放在一个表中,确定数据库中的表就是指将收集到的信息使用几个表进行保存。

应保证每个表中只包含关于一个主题的信息,这样,每个主题的信息就可以独立地维护。例如,分别将学生信息、课程信息放在不同的表中,这样对某一类信息的修改不会影响到其他的信息。

通过将不同的信息分散在不同的表中,可以使数据的组织和维护变得简单,同时也可以保证在此基础上建立的应用程序具有较高的独立性。

根据上面的原则,最终确定在"成绩管理"数据库中使用以下 3 个表,分别是"学生"表、"课程"表和"选课"表。

(3)确定表中的字段

确定每个表中包括的字段应遵循下面的原则:

- 确定表中字段时,要保证一个表中的每个字段都是围绕着一个主题的,例如,学号、姓名、性别、年龄等字段都是与学生信息有关的字段。
- 避免在表和表之间出现重复的字段,在表中除了为建立表间关系而保留的外部关键字外,尽量避免在多个表之中同时存在重复的字段,这样做的目的一是为了尽量减少数据的冗余,同时也是防止因插入、删除和更新数据时造成的数据不一致。
- 表中的字段所表示的数据应该是最原始的和最基本的,不应包括可以推导或计算出的数据,也不应包括可以由基本数据组合得到的字段,例如,总分字段可以通过各门课程成绩之和得到,而"工资"表中的实发工资字段可以由应发的各项之和减去各个扣除项而得到,这些数据不要设计在表中,可以使用以后介绍的查询方法进行计算。
- 在为字段命名时,应符合所用的 DBMS 中对字段名的命名规则。

按照以上原则,确定成绩数据库 3 个表中的各字段,见表 6-13。

表 6-13　"成绩管理"数据库中的表及各表中的字段

| "学生"表 | "课程"表 | "选课"表 |
|---|---|---|
| 学号 | 课程号 | 学号 |
| 姓名 | 课程名称 | 课程号 |
| 性别 | 课程类型 | 成绩 |
| 年龄 | 学分 | |
| 家庭通信地址 | 教师编号 | |
| 简历 | | |
| 照片 | | |

注意到"选课"表中的"学号"和"课程号"字段已经分别在学生表和课程表中出现,这里重复设置的目的就是为了在"选课"表和"学"生表、"选课"表和"课程"表之间建立关系。

(4)确定主键

在表中确定主键,一个目的是保证实体的完整性,即主键的值不允许是空值或重复值;另一个目的是在不同的表之间建立联系。

在"学生"表中的学号是主键,在"选课"表中主键可以是学号和课程号的组合,"课程"表中的主键是课程号。

(5)确定表间的关系

表间的关系要根据具体的问题来确定,绝不是不加区别地在任意两个表之间都建立关系。

根据两个表中的记录在数量上的对应关系,表间关系有一对一、一对多和多对多 3 种,下面分析这 3 种不同的关系如何在数据库中实现。

如果两个表之间存在一对一的联系,首先要考虑的是能否将这两个表合并为一张表,如果不行,再进行下面的处理。

如果两个表表示的是同一实体的不同的属性(字段),可以在两个表中使用同样的主键,例如,教师基本情况表和教师工资表可以通过教师编号进行联系。

如果两个表表示的是两个不同的实体,它们有不同的主键,这时,可以将一个表中的主键字段也保存在另一个表中,这样可以建立两个表之间的关系。

两个表间存在一对多关系时,可以将一方的主键字段添加到多方的表中。例如,学生表和选课表之间存在着一对多的联系,所以要将学生表中的主键学号字段添加到选课表中。

两个表间存在多对多联系时,例如对于教学库中的"学生"表和"课程"表,在分析选课关系时,由于一名学生可以选修多门课程,这样,"学生"表中每条记录在"课程"表中可以有多条记录相对应;同样,由于每门课程可以被多名学生选修,则"课程"表中的每条记录,在"学生"表中也可以有多条记录与之对应,所以它们之间就是多对多的联系。为表达两个表之间多对多的联系,通常是创建第三个表,这个表中包含了两个表的主键字段,例如"选课"表,"选课"表中包括"学生"表和"课程"表的主键学号和课程号,也包含自身的属性字段如成绩。为保存两个表之间联系而设计的第三张表不一定需要指定主键,如果需要,可以将它所联系的两个表的主键组合起来作为这个表的主键,例如本例中"选课"表中的学号和课程号组合起来作为主键。

先看"学生"表和"选课"表之间,由于学号字段是"学生"表的主键、"选课"表的外键,这两个表之间可以建立一对多的关系。

再看"课程"表和"选课"表之间,由于课程号字段是"课程"表的主键、"选课"表的外键,这两个表之间也可以建立一对多的关系。

这样,"学生"表和"课程"表之间事实上也就通过"选课"表联系起来,换句话说,这种方法实际上是将多对多的联系用两个一对多的联系代替。

经过以上的设计后,还应该对数据库中的表、表中字段和表间关系进一步地分析、完善,主要是从下面几个方面检查是否需要进行修改:

- 是否漏掉了某些字段?
- 多个表中是否有重复的字段?
- 表中包含的字段是否都是围绕一个实体的?
- 每个表中的主关键字设计得是否合适?

如果确认设计符合要求,就可以在 Access 中创建数据库、表和表间关系了。

## 6.6.2　图书借阅管理数据库的实现

**1. 提出问题**

一个数据库设计完成之后,就可以在具体的数据库管理系统中进行实现,本案例通过图书借阅管理数据库的实现,将本章中的各个操作综合到一起,今后遇到其他方面的信息处理时,其处理的方法和过程都是类似的。

**2. 案例目标**

将设计在纸上的数据库方案使用具体的软件实现,本案例采用 Access 2010 完成操作,其中数据库名称为"借阅管理",库中有三张表,分别是读者、图书和借阅。

**3. 结果展示**

最终在数据库文件中包含表、有效性规则、表间关系和各种不同要求的查询。

**4. 操作步骤**

操作过程如下(这里给出主要的步骤,详细的操作可以参考教材中相应的例题)。

(1)创建数据库

在 Access 2010 中创建名为"借阅管理.accdb"的数据库。

(2)创建"读者"表

该表结构见表 6-14。

表 6-14　"读者"表结构

| 字段名称 | 类型 | 大小 |
|---|---|---|
| 学号 | 文本 | 10 |
| 姓名 | 文本 | 50 |
| 性别 | 文本 | 1 |
| 年龄 | 数字 | 字节 |
| 专业 | 文本 | 10 |

向表中输入记录,记录内容见表 6-15。

表 6-15　"读者"表记录

| 学号 | 姓名 | 性别 | 年龄 | 专业 |
|---|---|---|---|---|
| 06010001 | 吴西 | 男 | 18 | 计应 |
| 06010002 | 杨七 | 男 | 22 | 科英 |
| 06010003 | 周楠 | 女 | 19 | 计应 |
| 06010004 | 王天一 | 女 | 21 | 科英 |
| 06010005 | 陈晴 | 男 | 17 | 计应 |

(3)创建"图书"表

该表结构见表 6-16。

表 6-16　"图书"表结构

| 字段名称 | 类型 | 大小 | 主键 |
|---|---|---|---|
| 图书号 | 文本 | 4 | 是 |
| 书名 | 文本 | 10 | |
| 单价 | 数字 | 整型 | |

向表中输入记录,内容见表 6-17。

表 6-17　"图书"表记录

| 图书号 | 书名 | 单价 |
|---|---|---|
| AK01 | 大学计算机 | 25 |
| AK02 | 计算机应用 | 30 |
| AK03 | 数据结构 | 35 |
| AK04 | 操作系统 | 21 |

(4)创建"借阅"表

该表结构见表 6-18。

表 6-18　"借阅"表结构

| 字段名称 | 类型 | 大小 |
|---|---|---|
| 学号 | 文本 | 10 |
| 图书号 | 文本 | 4 |
| 借期 | 数字 | 字节 |

向表中输入记录,记录内容见表 6 - 19。

表 6 - 19　"借阅"表记录

| 学号 | 图书号 | 借期 |
|---|---|---|
| 06010001 | AK01 | 79 |
| 06010001 | AK02 | 15 |
| 06010001 | AK03 | 56 |
| 06010002 | AK01 | 12 |
| 06010003 | AK01 | 65 |
| 06010003 | AK02 | 100 |

(5)按下列要求修改"读者"表的结构
- 将"学号"设置为主键。
- 将"姓名"的"字段大小"设置为5。
- 将"性别"字段的有效性规则设置为"男" or "女"。
- 将"年龄"字段的默认值设置为18。

(6)修改表中的记录
- 将"读者"表中"专业"字段中的"计应"全部改为"计算机应用"。
- 将"读者"表中"专业"字段中的"科英"全部改为"科技英语"。
- 将"读者"表中"学号"为 06010003 记录的姓名改为"周楠"。

(7)建立表间关系
- 在"读者"表和"借阅"表之间按"学号"字段建立一对多的关系,其中主表为"读者"表,从表为"借阅",要求设置"实施参照完整性""级联更新相关字段"和"级联删除相关记录"。
- 在"图书"表和"借阅"表之间按"图书号"字段建立一对多的关系,其中主表为"图书"表,从表为"借阅",要求设置"实施参照完整性""级联更新相关字段"和"级联删除相关记录"。

(8)创建以下查询
①单表查询:
- 查询名称:单表查询。
- 查询中包含的字段:"读者"表中的所有字段。
- 查询条件:年龄小于 20 的男生。

②使用三张表创建多表查询:
- 查询名称:多表查询。
- 查询中的字段:学号、姓名、专业、借期、图书号、书名。
- 查询条件:借期大于 50 天。

③创建汇总查询,在"借阅"表中统计每个同学借书的数量:

- 查询名称:借阅数量。
- 查询中的字段:学号、数量(这是新的字段)。

## 本章习题

**一、单选题**

1. SQL Server 是一种支持(　　)的数据库管理系统。

　　A. 层次型　　　　　　B. 关系型　　　　　　C. 网状型　　　　　　D. 树型

2. 在关系理论中称为"关系"的概念,在关系数据库中称为(　　)。

　　A. 文件　　　　　　B. 实体集　　　　　　C. 二维表　　　　　　D. 记录

3. 关系数据模型是(　　)的集合。

　　A. 文件　　　　　　B. 记录　　　　　　C. 数据　　　　　　D. 记录及其联系

4. 不同实体是根据(　　)区分的。

　　A. 属性值　　　　　　B. 名称　　　　　　C. 代表的对象　　　　D. 属性数量

5. 在关系数据模型中,域是指(　　)。

　　A. 字段　　　　　　B. 记录　　　　　　C. 属性　　　　　　D. 属性的取值范围

6. 如果把学生当成实体,则某个学生的姓名"张三"应看成是(　　)。

　　A. 属性值　　　　　　B. 记录值　　　　　　C. 属性型　　　　　　D. 记录型

7. 在关系数据库中,候选键是指(　　)。

　　A. 能唯一决定关系的字段　　　　　　　　B. 不可改动的专用保留字

　　C. 关键的很重要的字段　　　　　　　　　D. 能唯一标识元组的字段或字段的组合

8. DB、DBMS 和 DBS 三者之间的关系是(　　)。

　　A. DB 包括 DBMS 和 DBS　　　　　　　　B. DBS 包括 DB 和 DBMS

　　C. DBMS 包括 DBS 和 DB　　　　　　　　D. DBS 与 DB 和 DBMS 无关

9. 数据库管理系统位于(　　)。

　　A. 硬件与操作系统之间　　　　　　　　　B. 用户与操作系统之间

　　C. 用户与硬件之间　　　　　　　　　　　D. 操作系统与应用程序之间

10. 下列关于层次模型的说法中,不正确的是(　　)。

　　A. 用树形结构来表示实体以及实体间的联系

　　B. 有且仅有一个结点无上级结点

　　C. 其他结点有且仅有一个上级结点

　　D. 用二维表结构表示实体与实体之间的联系的模型

11. 已知 3 个关系及其包含的属性如下:

学生(学号,姓名,性别,年龄)

课程(课程代码,课程名称,任课教师)

选修(学号,课程代码,成绩)

要查找选修了"计算机"课程的学生的"姓名",将涉及到(　　)关系的操作。

　　A. 学生和课程　　　　　　　　　　B. 学生和选修

　　C. 课程和选修　　　　　　　　　　D. 学生、课程和选修

12. 在实际存储数据的基本表中,属于主键的属性,其值不允许取空值是(　　)。

　　A. 实体完整性　　　　B. 参照完整性　　　　C. 域完整性　　　　D. 用户自定义完整性

13. 以下各项中不属于数据库特点的是(　　)。

　　A. 较小的冗余度　　　　　　　　　　B. 较高的数据独立性

　　C. 可为各种用户共享　　　　　　　　D. 较差的扩展性

14. 关于数据库,下列说法中不正确的是(　　)。

　　A. 数据库避免了一切数据的重复

　　B. 若系统是完全可以控制的,则系统可确保更新时的一致性

　　C. 数据库中的数据可以共享

　　D. 数据库减少了数据冗余

15. 下列关于主关键字的说法中,错误的是(　　)。

　　A. Access 并不要求在每个表中都必须包含一个主关键字

　　B. 在一个表中只能指定一个字段成为主关键字

　　C. 在输入数据或对数据进行修改时,不能向主关键字的字段输入相同的值

　　D. 利用主关键字可以对记录快速地进行排序和查找

16. 下列关于数据表的说法中,正确的是(　　)。

　　A. 一个表打开后,原来打开的表将自动关闭

　　B. 表中的字段名可以在设计视图或数据表视图中更改

　　C. 在表设计视图中可以通过删除列来删除一个字段

　　D. 在表的数据表视图中可以对字段宽度属性进行设置

**二、判断题**

　　1. Access 的表是用户定义的用来存储数据的对象。　　　　　　　　　　　　(　　)

　　2. 报表是用来在网上发布数据库中的信息。　　　　　　　　　　　　　　　(　　)

　　3. 窗体主要用于数据的输出或显示,也可以用于控制应用程序的运行。　　　(　　)

　　4. 在同一个关系中不能出现相同的属性名。　　　　　　　　　　　　　　　(　　)

　　5. 在一个关系中列的次序无关紧要。　　　　　　　　　　　　　　　　　　(　　)

　　6. Access 中,在数据表视图和设计视图下都可以进行删除字段的操作。　　　(　　)

　　7. Access 中,创建表间关系时,关系双方至少需要有一方为主关键字。　　　(　　)

　　8. 在一对多关系中,如果修改一方的原始记录后,另一方要立即更改,应设置级联更新相关记录。　　　　　　　　　　　　　　　　　　　　　　　　　　　　　　(　　)

　　9. 使用 Access 的查询,可以对查询记录进行总计、计数和平均等计算。　　　(　　)

　　10. 创建查询使用的数据源只能是表。　　　　　　　　　　　　　　　　　　(　　)

**三、填空题**

　　1. 如果关系中的某一字段的组合的值能唯一地标识一个元组,则该字段组合称为_____。

　　2. 常用的数据模型有层次、_____和_____。

　　3. 关系数据库中的三种数据完整性约束是_____、_____和_____。

　　4. 在关系数据库中,一个属性的取值范围称为_____。

　　5. 如果某个字段在本表中不是关键字,而在另外一个表中是主键,则这个字段称为_____。

**四、综合题**

1.已知关系模式 SDC(Sno，Sname，Sdept，Scollege，Cno，Grade )，其中 Sno 为学号，Sname 为姓名，Sdept 为系名，Scollege 为系所在的学院名，Cno 为课程号，Grade 为成绩，完成以下要求。

(1)确定该关系的主键。

(2)列出该关系中的所有函数依赖，并指出其中的完全函数依赖、部分函数依赖和传递函数依赖。

(3)该关系模式目前是否达到 3NF？ 如果没有达到请将该关系模式规范化到 3NF。

2.简述关系的三类完整性约束。

3.数据库系统的数据管理有什么特点？ DBS 由哪几部分组成？

4.关系模型具有哪些基本的性质？

5.什么是级联更新？ 什么是级联删除？

**五、实验操作题**

1.建立数据库"student. accdb"。

2.在此库中建立两个数据表，名称分别为"学生情况"和"借阅登记"，其中"学生情况"表中包含字段是"学号""姓名""性别"和"年龄"，"借阅登记"表中包括三个字段，"学号""书号"和"书名"。

3.分别向两个表中输入若干条记录，数据自拟，要求每个表不少于 6 条记录。

4.以"学生情况"为主表，"借阅登记"为从表，在两个表之间建立一对多的关系，并设置实施参照完整性。

5.建立一个"借阅登记"查询，查找某个学生（按姓名）所借的图书，结果中包含字段学号、姓名、书号、书名。

6.建立一个查询，查询的结果是在上一个操作创建的"借阅登记"查询中统计每个学生所借书的数量。

# 第7章  问题求解与算法设计

## 7.1  程序设计语言概述

首先思考一个问题:计算机与家用电器的根本区别是什么?计算机能完成预定的任务是硬件和软件协同工作的结果,而计算机之所以比电视机、DVD机、计算器等其他电子设备功能更灵活,是因为人们可以根据需求随时随地编写满足需求的软件,然后在计算机上运行该软件来满足需求(或完成任务)。也就是说,同样的硬件配置,加载不同的软件就可以完成不同的工作,这就是计算机与家用电器的根本区别。计算机的"能力"随着时间推移在不断增强,20世纪40年代计算机能"科学计算",60年代计算机能"信息管理",80年代计算机能"企业管理",新世纪计算机能"电子商务""电子政务"。今后的计算机和物联网结合其能力无可限量,具有空前的信息容纳能力、高速的信息传递能力、有力的信息组织与检索能力,普遍的可连接性(时间,地点,设备),多种多样的信息媒体,消除了人们交流的时空限制、媒介限制、语言限制,互联网将为人类社会提供无与伦比的创新机会与发展空间。

### 7.1.1  程序与软件

在日常生活中,做任何事情或工作都有一定的步骤,例如,打电话,先要选择采用什么通话工具,假设有手机、公用电话、家庭电话、办公室电话等可供选择,然后拨电话号码,拨通后开始通话,通话完毕挂机;又如报考研究生,首先要填写报名单,交报名费和照片,复习功课,领准考证,按时参加各课程考试,得到录取通知书,到录取学校报道、注册,等等。这些都是按一定的顺序进行的步骤,缺一不可,次序错了也不行。这就是工作程序或流程。现在人们经常说办事要程序化,或按程序办事。显然程序的概念应该是很普通的。简单地说,日常生活中的程序指按一定的顺序安排的一系列操作或工作。

随着计算机技术的发展和普及,"程序"成为计算机科学专有名词。计算机程序指为完成某一个任务或解决某一个特定问题而采用某一种计算机语言编写的指令集合。指令是指计算机可以执行的操作或动作。

任何计算机程序都具有下列共同特性:

①目的性。程序都是为了实现某个目标或完成某个功能。

②确定性。程序中的每一条指令都是确定的,而非含糊不清或模棱两可。

③有穷性。一个程序不论规模多大,都应当包含有限的操作步骤,能够在一定时间内完成。

④有序性。程序的执行步骤是有序的,不可随意更改程序执行顺序。

对于软件目前还没有一个精确定义,通常都认为软件指计算机程序、方法和规则、相关的文档资料以及在计算机上运行它时所必需的数据。由此可见软件不等同于程序。

从另一种角度讲,软件是指可运行的思想和内容的数字化。思想包含算法、规律、方法(由程序承担);内容包含图形、图像、数据、声音、视频、文字等数据。用位数字表示信息的能力是极为强大的,最强大之处在于表达人的思想。人的思想是无限的,所以,利用数字进行创造的可能性也是无限的。只要对位进行处理、传输、存储,就能解决几乎一切信息处理问题。

## 7.1.2　程序设计语言

自然语言是人类互相交流的工具,不同的语言(如汉语、英语、俄语)描述的形式各不相同。程序设计语言是人与计算机交流的工具,是用来书写计算机程序的工具。人们使用计算机,使计算机按人们的意志进行工作,就必须采用计算机能够识别和理解的并且人也能够理解的语言。目前经过标准化组织产生的程序设计语言近千种,最常用的程序设计语言不过十几种。

### 1. 程序设计语言的分类

对程序设计语言的分类可以从不同的角度进行,如面向机器的程序设计语言、面向对象的程序设计语言、面向过程的程序设计语言等。其中,最常见的分类方法是根据程序设计语言与计算机硬件的联系程度将其分为三类,即机器语言、汇编语言和高级语言。前两类依赖于计算机硬件,统称为低级语言;而高级语言与计算机硬件关系较小。因此可以说程序设计语言的演变经历了由低级向高级发展的过程。

(1)机器语言

以计算机所能理解和执行的以"0"和"1"组成的二进制编码表示的命令,称为机器指令。这是所有语言中唯一能被计算机直接理解和执行的指令。

机器指令由操作码和操作数组成,其具体的表现形式和功能与计算机系统的结构相关联。机器语言就是直接用这种机器指令的集合作为程序设计手段的语言。机器语言的优点是计算机能够直接识别、执行,效率高;其缺点是难记忆、难书写、编程困难、可读性差且容易出现编写错误。机器语言是面向机器的语言,因机器而异,可移植性极差。

试阅读并理解以下机器代码(16 进制):

```
A10000
0306C800
A3CC00
```

(2)汇编语言

为了克服机器语言的缺点,人们采用了助记码与符号地址来代替机器指令中的操作码与操作数。如用 ADD 表示加法操作,用 SUB 表示减法操作,且操作数可用二进制、八进制、十进制和十六进制数表示。这种表示计算机指令的语言称为汇编语言。汇编语言也是一种面向机器的语言,但计算机不能直接执行汇编语言程序。用它编写的程序必须经过汇编程序翻译成机器指令后才能在计算机上执行。然而,由于它比机器语言可理解性好,比其他语言执行效率高,许多系统软件的核心部分仍采用汇编语言编制。

上面的机器指令,用助记符改写后便于理解(汇编指令代码):

```
mov ax,en1
add ax,com1
mov sum1,ax
```

（3）高级语言

所谓高级语言就是更接近自然语言、更接近数学语言的程序设计语言。它是面向应用的计算机语言，其优点是符合人类叙述问题的习惯，而且简单易学。目前的大部分语言都属高级语言，其中使用较多的有 BASIC(Visual Basic)、Pascal(Delphi)、FORTRAN、COBOL、C、C++、Java 等。

用 C++语言完成前面的二段代码的功能，可写为：

```
sum1 = en1 + com1;
```

这是最接近于自然语言，最便于人理解的程序设计语言。

目前高级语言正朝着非过程化发展，即只需告诉计算机"做什么"，"怎样做"则由计算机自动处理。高级语言的发展将以更加方便用户使用为宗旨。

**2. 程序的编译与解释**

在计算机语言中，用除机器语言之外的其他语言书写的程序都必须经过翻译或解释，变成机器指令，才能在计算机上执行。因此，计算机上能提供的各种语言，必须配备相应语言的"编译程序"或"解释程序"，通过"编译程序"或"解释程序"使人们编写的程序最终得到执行的工作方式分别称为程序的编译方式和解释方式。

（1）编译方式

编译是指将用高级语言编写好的程序（又称源程序、源代码），经编译程序翻译，形成可由计算机执行的机器指令程序（称为目标程序）的过程。如果使用编译型语言，必须把程序编译成可执行代码。因此编制程序需要三步：写程序、编译程序和运行程序。一旦发现程序有错，哪怕只是一个错误，也必须修改后再重新编译，然后才能运行。幸运的是，只要编译成功一次，其目标代码便可以反复运行，并且基本上不再需要编译程序的支持。

编译方式的优点主要有：

- 目标程序可以脱离编译程序而独立运行；
- 目标程序在编译过程中可以通过代码优化等手段提高执行效率。

其缺点是：

- 目标程序调试相对困难；
- 目标程序调试必须借助其他工具软件；
- 源程序被修改后必须重新编译连接生成目标程序。

典型的编译型语言是 C、C++、Pascal、FORTRAN。

（2）解释方式

解释是将高级语言编写好的程序逐条解释，翻译成机器指令并执行的过程。它不像编译方式那样先把源程序全部翻译成目标程序然后再运行，而是将源程序解释一句立即执行一句，然后再解释下一句。

解释方式的优点包括：

- 可以随时对源程序进行调试，有的解释语言即使程序有错也能运行，执行到错的语句再报告；
- 调试程序手段方便；
- 可以逐条调试源程序代码。

其主要缺点是:

- 被执行程序不能脱离解释环境;
- 程序执行速度慢;
- 程序未经代码优化,工作效率低。

典型的解释型语言是 Basic、Java,但现在也都有了编译功能。

无论是编译程序还是解释程序,都需要事先送入计算机内存中才能对源程序(也在内存中)进行编译或解释。为了综合上述两种方法的优点,克服缺点,目前,许多编译软件都提供了集成开发环境(IDE),以方便程序设计者。所谓集成开发环境是指将程序编辑、编译、运行、调试集成在同一环境下,使程序设计者既能高效地执行程序,又能方便地调试程序,甚至是逐条调试和执行源程序。

### 7.1.3　程序设计概念

当用户使用计算机来完成某项工作时,将会面临两种情况:一种情况是可借助现成的应用软件完成,如文字处理可使用 Word,表格处理使用 Excel,科学计算可选择 MATLAB,绘制图形可使用 PhotoShop 等,在因特网上浏览或查找信息使用 Internet Explore;另一种情况是,没有完全合适的软件可供使用,这时就需要使用计算机语言编制程序,来完成特定的功能,这就是程序设计。

实现同样一个功能,可以设计不同的程序。例如求三个数 $A$、$B$、$C$ 中的最大数,可以按三种求解方法编写程序。方法一:先求 $A$ 和 $B$ 的最大数,再与 $C$ 进行比较,从而产生最大数;方法二:先求 $B$ 和 $C$ 中的最大数,再与 $A$ 比较,从而产生最大数;方法三:先求 $A$ 和 $C$ 的最大数,再与 $B$ 比较,从而产生最大数。

程序设计是具有一种知识背景的人为具有另一种知识背景的人进行的创造性劳动。设计是一种影射,设计过程是把实用知识影射到计算知识。这就要根据需求进行程序设计,在快速正确开发出满足要求的程序的前提下,开发出的程序应当尽可能追求时空效率,即程序运行速度快,程序所占用的存储空间小。现代程序设计方法更强调设计出来的程序便于阅读和理解。

为了有效地进行程序设计,应当至少具有两个方面的知识:一是掌握一门程序设计语言的语法及其规则;二是掌握解题的步骤或方法,换句话说,在拿到一个需要求解问题后,如何设计分解成一系列的操作步骤。

## 7.2　问题求解的基本过程

计算机程序设计就是用计算机语言编写一些代码(指令)来驱动计算机完成特定的功能,也就是说,用计算机能理解的语言告诉计算机如何工作。一般而言,程序设计过程包括五个阶段工作:问题描述(或定义或分析)、算法设计、程序编制、调试运行以及整理文档。整个开发过程都要编制相应的文档,以便管理。

功能完善的商业程序一般都是比较大的,一个字处理软件就包含 75 万行代码,而按照美国国防部的标准,少于 10 万行代码称为小程序,超过 100 万行才是大程序。为便于理解,我们还是以微小的程序作为例子来介绍程序设计的概念。下面就以任意两个正整数求其最大公因数为例介绍程序设计的一般过程。

### 7.2.1　问题定义

在计算机能够理解一些抽象的名词并做出一些智能的反应之前(这是当今世界上无数计算科学精英们正在为之奋斗的目标),必须要对交给计算机的任务做出定义,并最终翻译成计算机能识别的语言。问题定义的方法很多,但一般包括以下三个部分:

◆ 输入:也就是已知什么条件。比如学生姓名、学号、英语成绩、计算机基础成绩等,这些已知数据是通过键盘输入还是通过其他方式输入。另外每项数据的类型也要定义清楚,如成绩是整数还是小数。

◆ 处理:也就是希望计算机对输入信息做什么加工。比如可以对各个学生的英语成绩、计算机基础成绩求和,并找出合计最大的学生作为第一名;也可以统计单科成绩不及格的学生人数;还可以统计平均成绩不及格的学生人数。

◆ 输出:也就是希望得到什么结果,比如在屏幕上显示出第一名的合计成绩及姓名,或者输出按平均成绩由小到大排序的学生清单。

当问题复杂时,问题定义会变得非常复杂,这时需要借助于一些规则、方法和工具。所谓问题定义是将需解决的问题分析界定清楚,即计算机解决问题的可行性研究。实际上就是回答下列具体问题:

◆ 解决的是什么问题?

◆ 是否能够解决?

◆ 能解决到什么程度?

◆ 原始数据如何得到?

◆ 最后结果如何反映?

◆ 在什么软硬件环境下解决问题?

◆ 需要多少时间、经费、人员?

◆ 效益如何?

就两个正整数求其最大公因数问题定义分析如下:

◆ 给定两个正整数 $P$ 和 $Q$,求同时能够整除 $P$ 和 $Q$ 的整数(又称公因数),且是最大的公因数,数学上称为最大公因数;

◆ $P$ 和 $Q$ 只能是正整数的子集,因为计算机存储器是有限的空间,所以表示和处理的整数也只能是有限位数的整数;

◆ $P$ 和 $Q$ 数值通过键盘输入;

◆ 最大公因数的结果显示在屏幕上;

◆ 普通 PC 机环境均可;

◆ 一个人在短时间内即可完成。

### 7.2.2　算法设计

问题定义确定了未来程序的输入、处理、输出(即 Input,Process,Output,IPO),但并没有具体说明处理的步骤,而算法(algorithm)则是对解决问题步骤的描述。算法是根据问题定义中的信息得来的,是对问题处理过程的进一步细化,但它不是计算机可以直接执行的,只是编制程序代码前对处理思想的一种描述,比如对求最大公因数问题,古希腊数学家欧几里得给出了著名算法,其具体求解步骤如下:

步骤 1:任意输入两个数放入 $P$ 和 $Q$ 中;

步骤 2:如果 $P<Q$,交换 $P$ 和 $Q$;

步骤 3:求出 $P/Q$ 的余数放入 $R$ 中;

步骤 4:如果 $R=0$,则执行步骤 8,否则执行下一步;

步骤 5:令 $P=Q,Q=R$;

步骤 6:再计算 $P$ 和 $Q$ 的余数放入 $R$ 中;

步骤 7:执行步骤 4;

步骤 8:$Q$ 就是所求的结果,输出结果 $Q$ 。

事实上还会有其他求解方法,同样的问题定义可以有不同的算法(就算是用笔和纸来工作,也一样需要制定一个处理步骤,并一步步来执行)。而不同的算法可能有不同的效率,这就是算法的时间效率和空间效率,即指算法所占用的存储空间的多少。对于复杂问题,算法设计的好坏就显得更重要了。

对于初学者来说,容易混淆算法和程序的概念,并且搞不清楚算法要详尽到什么程度才合适。比如,"输入 $P$ 和 $Q$"应如何执行? 其实算法的处理思想与实现算法的语言关系不大,但其详尽程度则与语言密切相关。比如从键盘接受一个输入,对 C 语言来说就是一条语句,而对汇编语言来说,则需要 10 条左右的语句;还有像求一个数的 $\arcsin(x)$ 值,如果语言中没有相应的函数,则需要用如下公式来求:

$$\arcsin x \approx x + \frac{x^3}{2\times 3} + \frac{1\times 3\times x^5}{2\times 4\times 5} + \cdots + \frac{(2n-1)!\,x^{2n+1}}{2^{2n-1}\,(n!)^2\,(2n+1)} + \cdots$$

这时,就应描述相应的处理过程,以便于编程实现。如果对语言的语法、功能都很清楚了,算法只要能表达处理思想就行了。通常对算法的详尽程度没有硬性规定。

### 7.2.3　程序编制

问题定义和算法描述已经为程序设计规划好了蓝本,下一步就是用真正的计算机语言表达了。不同的语言写出的程序有时会有较大差别。

根据上述算法,采用 VB 语言编写的程序如下:

```
Sub Main()
    Dim p As Integer, q As Integer, r As Integer      '定义三个整数变量
    Console.WriteLine("输入 p 的值:")      '输入两个整数 p,q
    p = Decimal.Parse(Console.ReadLine)
    Console.WriteLine("输入 q 的值:")
    q = Decimal.Parse(Console.ReadLine)
    If (p < q) Then                       '比较 p 和 q 大小,保证 p 存放最大值
        r = p
        p = q
```

```
            q = r
        End If
        r = p Mod q                         ´计算余数
        Do While r > 0                      ´循环计算余数,直到余数为 0
            p = q
            q = r
            r = p Mod q
        Loop
        Console.WriteLine("最大公因数是:{0}", q)      ´输出结果
    End Sub
```

必须要说明的是,每一种语言都需要一本书(甚至几本书)来详细介绍,本章并不打算涉及过多的语言细节,但有一些概念需要解释一下。

①程序语言的语法和语义。不同的计算机语言表现形式千差万别,但有些功能的定义是有共性的,比如给一个数赋值、比较两个数的大小以及在屏幕上显示文字等,通俗地说,这种实质上的功能描述称为语义。对于同一种功能(相同语义),不同语言的区别主要表现在语法(词法)上,比如赋值的表示:

```
sum1 : = en1 + com1        这是 Pascal 的语句
sum1 = en1 + com1;         这是 C++ 的语句
```

又如,表示"如果英语成绩和计算机基础成绩都大于 60 就显示姓名、合计",C++的语句是:

```
if(en1>60 && com1 >60)
        cout << "第一名:"<<name1<<sum1;
```

而以下是 BASIC 的语句:

```
IF en1 >60 AND com1 >60 THEN
    PRINT name1,sum1
END IF
```

可以看出,不同的语言用不同的符号表达了完全相同的含义。但很多时候,语言的功能差异比较大,比如在 C++和 Pascal 中的指针处理功能,在很多语言中就没有对等的体现;而在 Prolog 中的谓词所完成的推理功能则是大多数语言无法简单实现的。

②程序的执行起始点。程序从什么地方开始执行,不同的语言处理有所不同,在上述的 C++程序中,程序会从 main 函数的第一条语句开始执行,而不论 main 函数处于程序的什么位置(如果没有 main 函数,则无法运行);BASIC 中,程序从第一条语句开始执行,不论它是什么(这应当是最直观、最容易理解的方式了);Visual Basic 中程序从什么地方开始运行,需要由程序员设置,理论上可以从任何过程或表单开始。

③子程序(Subprogram)。对于很小的程序(比如十几行的程序),程序怎么组织并不重要,但对于成千上万行的大程序就不一样了(设想一下,连续 10 万行代码,如果连成一片怎么管理)。在几乎所有的语言中,子程序都是最低一级的组织单位,其处理思想是,将一个大程序分成若干小程序块,每一个小程序块(子程序)完成相对单一的功能,由一个头程序调用别的子

程序,最终形成一个树状结构,这样就将一个庞大的功能拆分成若干相对简单的功能了(像积木块搭房子一样)。一个 VB 的子程序(函数)调用见图 7-1。

例如编写子程序求两个整数中较大者,并编写主程序验证。

```
'这个函数,找出两个数中的较大者
  Function MyMax(ByVal a As Integer, ByVal b As Integer) As Integer
          'ByVal 表示值传递
          Dimtmp As Integer
          If (a > b) Then
              tmp = a
          Else
              tmp = b
          End If
          MyMax = tmp    '返回最大值
      End Function
      Sub Main()
          Dim i As Integer, j As Integer
          Console.WriteLine("请输入两个整数:")      '输入两个整数
          i = Decimal.Parse(Console.ReadLine)
          j = Decimal.Parse(Console.ReadLine)
          Console.WriteLine("两个数中较大者为:{0}", MyMax(i, j))      '输出结果
      End Sub
```

图 7-1　VB 的函数调用

不同的语言对于子程序的定义是不同的。在 C++中只有函数的定义形式,函数可以定义为有返回值和无返回值,而在 Pascal,Visual Basic 等语言中,有过程(无返回值)和函数(有返回值)两种形式,但是概念上都属于子程序,用于管理程序块。图 7-1 中的函数 MyMax 在 C++中应定义为:

int MyMax(int a, int b);

而在 Ada 语言中,则需如此定义:

function MyMax(a:Integer;b:Integer)return Integer;

④程序的执行顺序。程序从起始点开始,按照程序员书写的顺序一条条执行指令。第一条语句先执行,接下来是第二条,……,一直到最后程序结尾。如果遇到一个子程序,则中断当前程序而转去执行子程序,执行完返回刚才的断点继续执行。其示意图如图 7-2。

除了顺序执行外,程序执行还有分支、循环等多种控制,控制结构的讨论在下一节中进行。

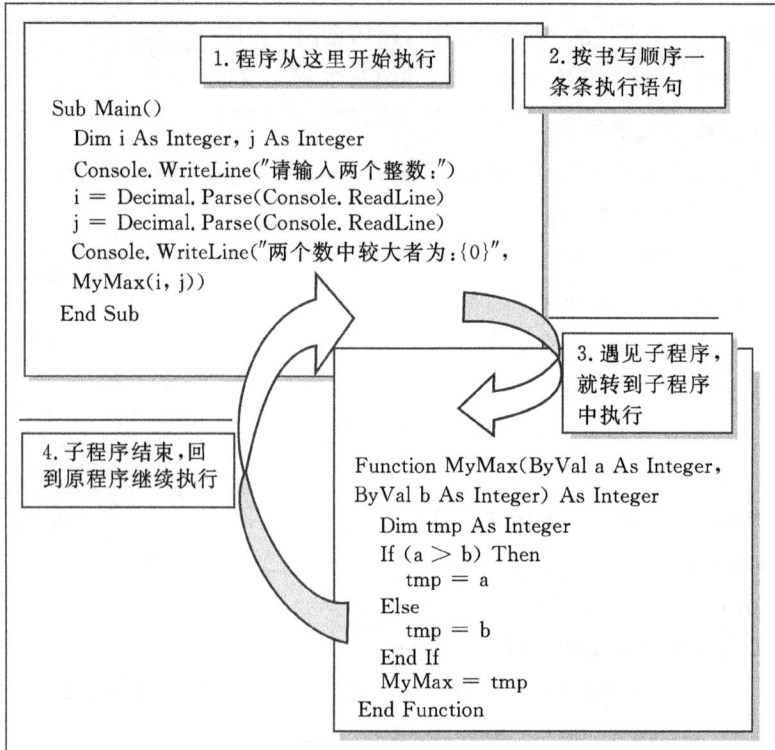

图 7-2  一个程序的执行过程

### 7.2.4  调试运行

程序编制可以在计算机上进行，也可以在纸张上进行，但最终要让计算机来运行则必须输入计算机，并经过调试，以便找出语法错误和逻辑错误，加以修改然后才能正确地运行。不同的语言运行环境差距很大（详见后面的语言分类），但调试纠错这一步都是必须经过的，上述求两正整数中的最大公因数的 VB 的程序在 Visual Studio 2013 编译环境下调试如图 7-3 所示。

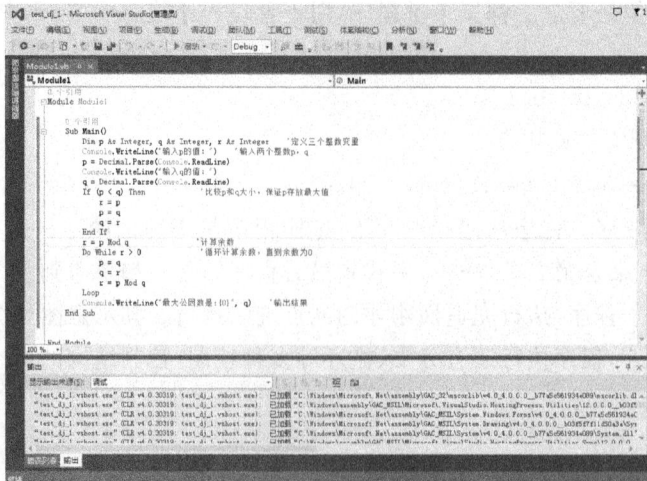

图 7-3  VB 语言编写程序的调试运行环境界面

一般说来语言的检查功能只能查出语法错误,即程序是否按规定的格式书写。但更为困难的是排除逻辑错误,比如找两数中较大者若为如下语句:

```
if(a>b)Then
   tmp = a
Else
   tmp = a
End If
```

就有逻辑上的错误,因为总是找到第一个数,在有些情况下得不到正确结果。不幸的是语法检查不能报告此类错误,这就需要程序员反复运行所编程序,输入各种各样的原始数据,以便一步步确定程序的逻辑错误所在。

### 7.2.5　整理文档

对于微小程序来说,有没有文档显得不怎么重要,但对于一个多人合作的,并且开发、维护需要较长时间的软件来说,文档就是至关重要的。文档记录程序设计的算法、实现以及修改的过程,保证程序的可读性和可维护性。一个有 50000 行代码的程序,在没有文档的情况下,即使是程序员本人在 6 个月后也很难记清其中某些程序是完成什么功能的。

程序中的注释就是一种很好的文档,不要求计算机理解它们,可被读程序的人理解,这就足够了。如 BASIC 的注释用 REM 开头,而 C++的注释则用//开头,但效果是一样的。对算法的各种描述也是重要的文档。

## 7.3　算法设计初步

算法(algorithm)指解决某个问题的方法(或步骤)。在日常生活中有许许多多算法的例子。例如,建筑蓝图可以看成是算法,建筑工程师设计出建筑物的施工蓝图,建筑工人根据蓝图施工就是执行算法;乐谱可以看成是算法,作曲家创作一首乐曲就是设计一个算法,演奏家按照乐谱演奏就是执行算法;菜谱(或食谱)可以看成是算法。当人们要应用计算机求解问题时,需要编写出使计算机按人们意愿工作的程序。编写程序事先要进行算法设计,然后再根据算法用某一种语言编写出程序,最后计算机执行这个程序。

显然算法设计直接影响计算机求解问题的成功与否。为了让计算机有效地解决问题,首先要保证算法正确,其次要保证算法的质量。评价一个算法的好坏主要有两个指标:算法的时间复杂度和空间复杂度。算法的时间复杂度是指依据算法编写出的程序在计算机上运行时间的快慢;算法的空间复杂度是指依据算法编写出的程序在计算机上占用空间的多少。

目前描述算法有许多方式和工具,例如自然语言、伪代码、流程图、盒图、PAD 图(Problem Analysis Diagram)、结构化语言等。本节仅介绍自然语言和流程图方式描述算法。

算法的描述有很多方法,最简单的就是自然语言,就像上面两个算法的描述。但这样的描述不够细致,也不够明确,一般用于设计初期做一个大致的轮廓的描述。常用的描述方法有伪代码、流程图等。

伪代码(Pseudo code)介于自然语言和计算机语言之间,用你熟悉的计算机语言的语句加上自然语言构成(尽可能地融入编程语言的函数和语法),基本上可以随心所欲地写。

　　流程图(Flow chat)是用几种几何图形、线条和文字来说明处理步骤,相对来说比较直观、形象(但是画起要复杂一些,有时还需要借助于 VISIO 等工具)。

### 7.3.1　自然语言描述算法

　　所谓自然语言就是人们在日常生活中使用的语言,比如汉语、英语、日语和俄语等。对初学者来说,用自然语言描述算法最为直接,没有语法语义障碍,容易理解。但用自然语言描述算法文字冗长,不够简明,尤其会出现含义不太严格、要根据上下文才能判断出正确含义的状况。

　　上一节介绍的古希腊数学家欧几里得给出了一个著名的求解算法描述也是自然语言描述形式。现在探讨如何采用自然语言设计求 $1+3+5+7+\cdots+999$ 的算法。比较容易想出的第一种求解方法是小学生的计算方式,即从头至尾一个数一个数地相加,其求解步骤如下:

　　步骤 1:让变量 $SUM=0$;
　　步骤 2:让变量 $J=1$;
　　步骤 3:计算 $SUM+J$,结果仍放在 $SUM$ 中,即让 $SUM=SUM+J$;
　　步骤 4:让 $J=J+2$;
　　步骤 5:如果 $J$ 不大于 999,返回执行步骤 3,否则执行下一步;
　　步骤 6:输出结果 $SUM$ 的值。

　　注意上述算法中步骤 3 至步骤 5 重复执行了 499 次,这在程序中称为循环执行;另外步骤 5 是一个逻辑判断,判断的结果导致两种可能的执行流程,一种是向上循环执行,另一种是向下执行,这在程序中称为选择执行。

　　对于求 $1+3+5+7+\cdots+999$ 的算法,还可以有其他计算方法求解。比如从尾至头一个数一个数地相加,只要修改上面算法步骤 2、步骤 4 和步骤 5 即可实现求解。又比如直接利用公式来计算,即只要计算 $(1+999)\times999/4$,这样一来算法只有三步,先计算加法,再计算乘法,然后再计算除法,最后输出结果。因此算法设计是非常灵活的,在保证正确求解问题的前提下,应追求算法效率,也就是说设计出时间复杂度和空间复杂度都较优的算法。

　　下面介绍如何求一个正整数的平方根的算法。根据牛顿迭代公式:

　　假设计算:$X=\sqrt{A}$

　　牛顿迭代公式:$X_{N+1}=\dfrac{(X_N+A/X_N)}{2}$

　　牛顿迭代公式结束条件为:$|(X_{N+1}-X_N)/X_{N+1}|<\varepsilon$。

　　牛顿迭代方法求解思路是:循环求出一个数列 $X_1,X_2,\cdots,X_N,X_{N+1}$,直到 $X_N$ 与 $X_{N+1}$ 的相对误差小于 $10^{-7}$(计算精度小数点后 6 位)。具体步骤如下:

　　第 1 步:输入整数 $A$;
　　第 2 步:如果 $A\geqslant0$,执行第 3 步,否则输出不能计算信息,结束算法;
　　第 3 步:$X_1=1$;
　　第 4 步:$X_0=X_1$;
　　第 5 步:计算 $X_1=(X_0+A/X_0)/2$;
　　第 6 步:如果 $|(X_1-X_0)/X_1|<\varepsilon$,执行第 7 步,否则执行第 4 步;
　　第 7 步:输出结果 $X_1$,结束算法。

　　做任何事情都必须事先想好行动步骤,然后按步骤行动。而做同一件事情可以有不同的行动步骤或方法(即算法),算法的优劣直接影响完成任务(或解决问题)的成败和效率。

从上述所有算法例子中不难总结出算法的特性:

①有穷性:一个算法应包含有限的操作步骤,而不能是无限个操作步骤。如果是无限个,则人力和计算机都无法解决问题。

②确定性:算法中的每一个步骤都应当是确定的,而不应当是含糊的、模棱两可的,尤其不能有两种或两种以上含义。比如:"两个正整数 $P$ 和 $Q$ 的余数",这样叙述就有二义性,究竟谁除谁得到的余数?

③有效性(可行性):算法中的每一个步骤都应当能有效地执行,并得到确定的结果。例如,如果 $B=0$,就无法有效执行 $A/B$。另外,结果的正确性很重要,一个算法叙述了有限个步骤,每一步骤也是确定的,但若不能产生正确结果,就不能称其为算法。

④有零个或多个输入:所谓输入是指在执行算法时需要从外界取得必要的信息。一个算法也可以没有输入。

⑤有一个或多个输出:算法的目的是为了求解,"解"就是输出。没有输出的算法是没有意义的。

### 7.3.2 流程图描述算法

用流程图来描述算法,就是采用一些图形来表示不同的操作,通过组合这些图形符号来表示算法。用流程图表示算法直观形象,简洁清晰,易于理解。美国国家标准化协会 ANSI(A-merican National Standard Institute)规定了常用流程图符号如图 7-4 所示。

前面用自然语言描述了计算 $1+3+5+\cdots+999$ 的算法流程,采用流程图符号如何描述呢?有两种算法流程:一是直接利用公式计算;二是循环相加每一项数据。两种流程图描述如图 7-5 和图 7-6 所示。

图 7-4 流程图基本符号

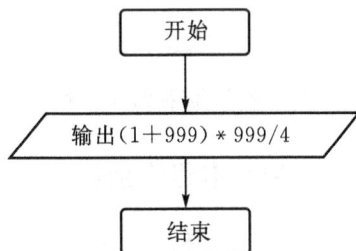

图 7-5 第一种算法流程图:公式计算求和

用流程图描述欧几里得算法如图 7-7 所示。

读者可以将欧几里得算法流程图与前面的自然语言描述的算法进行比较,不难发现流程图描述算法逻辑清晰,直观形象,易于理解。注意图 7-7 中"$r=p,p=q,q=r$"处理框可以分解成三个处理框。关于流程的详尽程度,并没有一个绝对统一的标准,因此算法设计的结果并不唯一。对于初学者来说,只要能正确求解问题就可以。

在画流程图(即设计算法)时,往往会出现一张纸由上而下画满了,但算法描述还未结束,这时候就要将连接点符号画在纸张的底部,然后在另一张白纸的头部也画同样的连接点符号。这就意味着两张算法流程图被拼接起来,形成一幅完整的流程图。当然也会出现纸张左右画满的情况,这时候也需要用连接点符号。判断框有一个入口两个出口,两个出口的条件总是截然相反的,一个若代表条件成立,则另一个代表条件不成立,只要在两个出口流向线之一的旁边标注清楚即可。

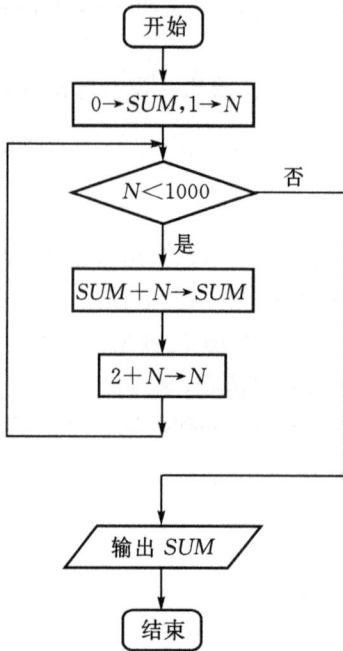

图 7 - 6　第二种算法流程图:循环相加求和

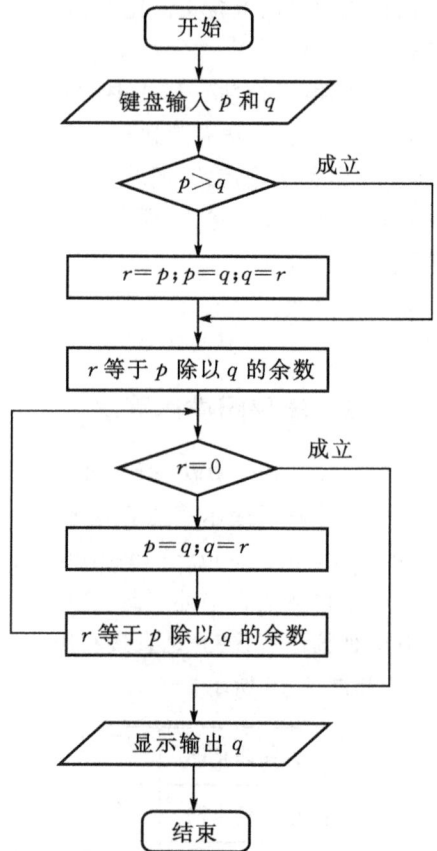

图 7 - 7　欧几里得算法流程图

### 7.3.3　三种基本程序结构

在每个模块设计中,采用三种基本程序结构:顺序、选择和循环,通过这三种基本程序结构的组合、嵌套来设计任意算法。换句话说,任何算法都可以通过使用这三种基本结构组合、派生出来。

①顺序结构是最自然的顺序,由前到后执行。所谓由前到后执行是指位置处在前面的操作或模块执行完毕才能执行紧跟其后面的操作或模块。顺序结构执行流程图示如图 7 - 8 所示。

②选择结构是根据逻辑条件成立与否,分别选择执行 <模块 1>或者<模块 2>。虽然选择结构比顺序结构稍微复杂一点,但是仍然可以将其整个作为一个新的程序模块:一个入口(从顶部进入模块开始判断),一个出口(无论执行了<模块 1>还是<模块 2>,都应从选择结

构框的底部出去)。换句话说,选择结构是指根据设定的条件来选择将要执行的步骤或模块,这些步骤或模块位置都处于条件的后面。

选择结构又分三种形式:一路选择、二路选择和多路选择。图 7-9 是二路选择结构的执行流程图。

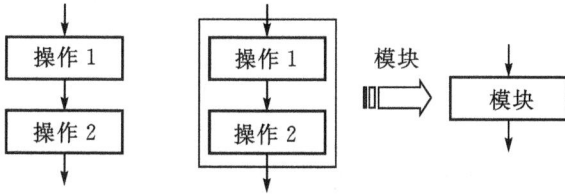

图 7-8 顺序结构流程示意图

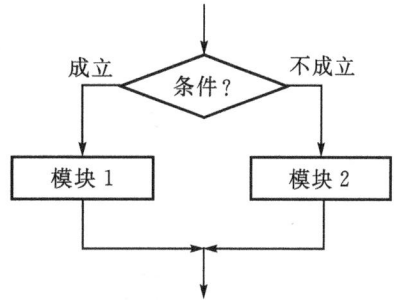

图 7-9 二路选择结构流程示意图

③循环结构可以首先判断条件是否成立,如果成立则执行<模块>,反之则退出循环结构。也可以执行完<模块>后再去判断条件,如果条件仍然成立则再次执行内嵌的<模块>,循环往复,直至条件不成立时退出循环结构。与顺序和选择结构相同,循环结构也可以抽象为一个新的模块。由于循环条件设立位置的不同,循环结构分为当型循环和直到型循环两种结构,如图 7-10 和图 7-11 所示。

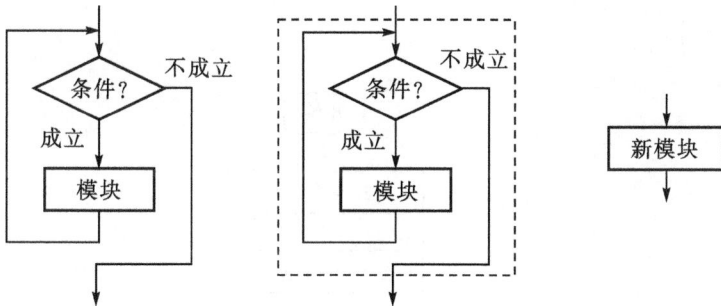

图 7-10 当型循环结构流程示意图

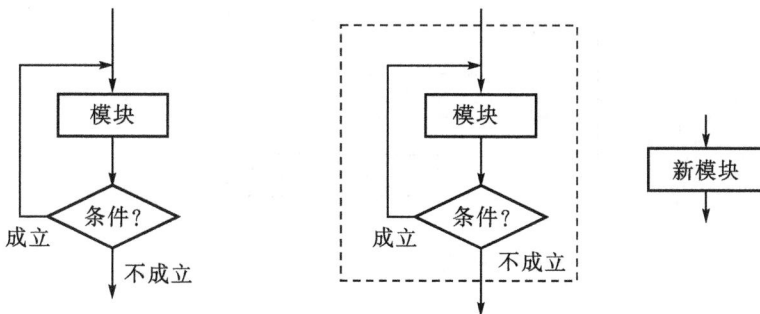

图 7-11 直到型循环结构流程示意图

采用选择结构设计计算三角形面积,当使用海伦公式计算三角形面积时,必须保证任意两条边之和大于第三边。具体流程图如图 7 - 12 所示。

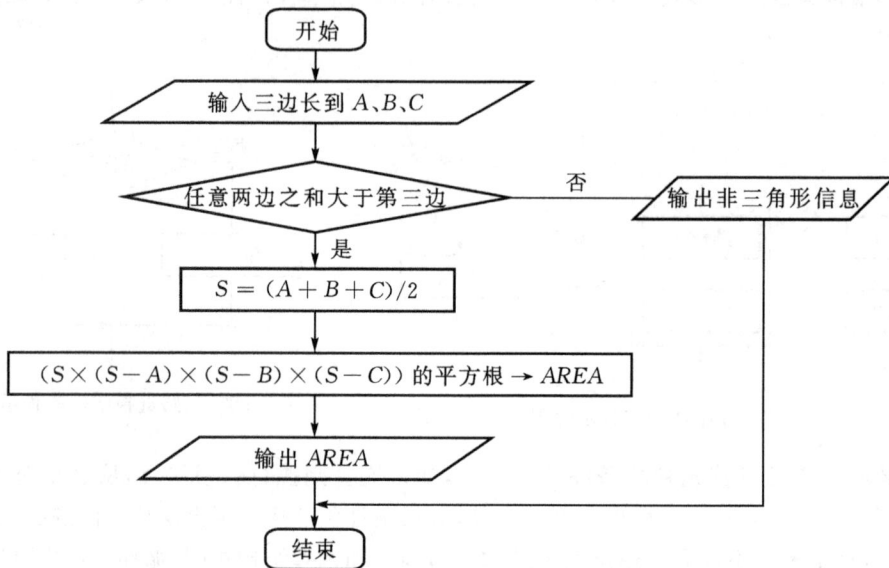

图 7 - 12　海伦公式计算三角形面积算法流程图

采用循环结构描述求解 $1 - 1/2 + 1/3 - 1/4 + 1/5 - 1/6 + \cdots + 1/99 - 1/100$,具体算法流程图如图 7 - 13 所示。

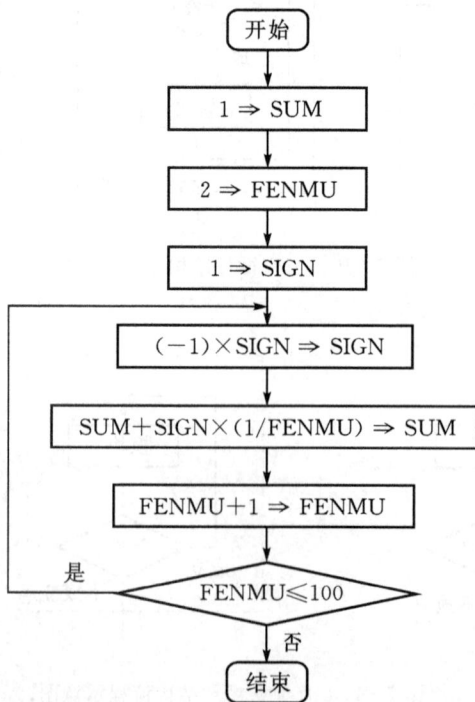

图 7 - 13　计算 $1 - 1/2 + 1/3 - 1/4 + 1/5 - 1/6 + \cdots + 1/99 - 1/100$ 的算法流程图

### 7.3.4　算法设计实例

【例 7.1】　设计 100 元购买 100 只鸡的算法流程图。

设公鸡每只 5 元，母鸡每只 3 元，小鸡 3 只 1 元。今用 100 元买鸡 100 只，问公鸡、母鸡、小鸡各多少只？这就是百鸡问题。

算法思路：由于公鸡最多只能买 20 只，而母鸡最多只能买 33 只，所以采用穷举法，就是把这个问题中的公鸡、母鸡以及小鸡可能出现的每一种组合都判断一次，符合题意的就输出，不符合题意的就返回，寻找下一种组合情况继续判断。

具体算法流程图描述如图 7-14 所示。

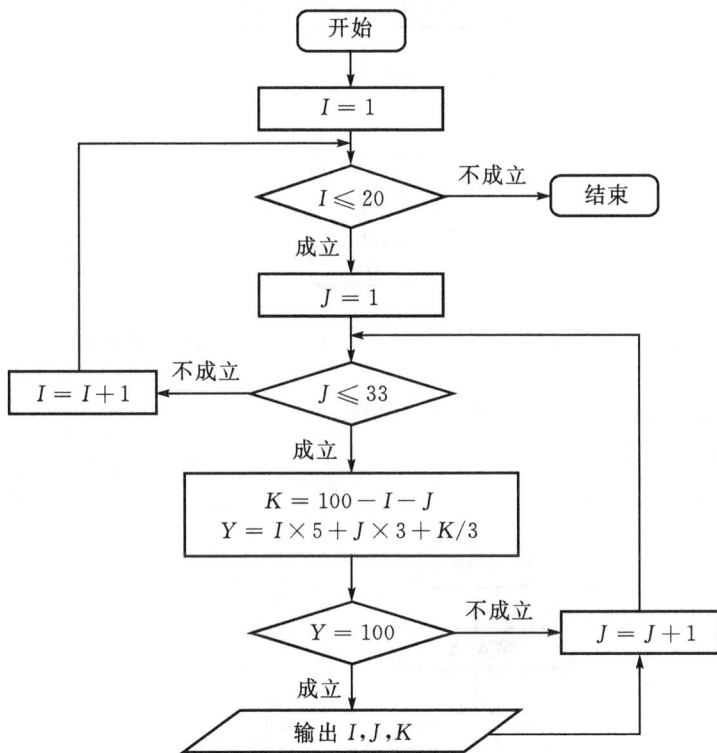

图 7-14　百元买百鸡问题算法流程图

【例 7.2】　设计计算 $1 \times (-3) \times 5 \times (-7) \times \cdots \times (-99)$ 的算法流程图。

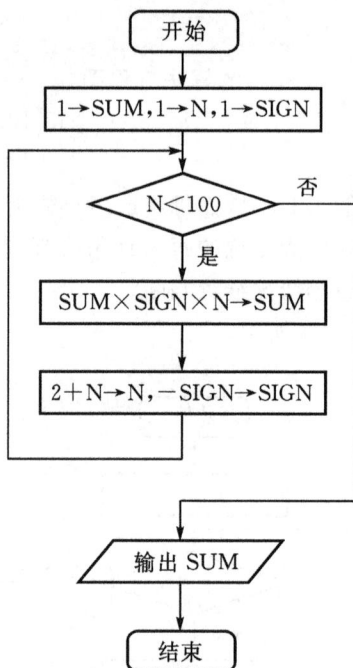

图 7-15　计算 1×(−3)×5×(−7)×…×(−99)算法流程图

【例 7.3】　设计分段函数计算的算法流程图。

$$求 Y = \begin{cases} 2X+1 & (X \geqslant 0) \\ -X & (X < 0) \end{cases}$$

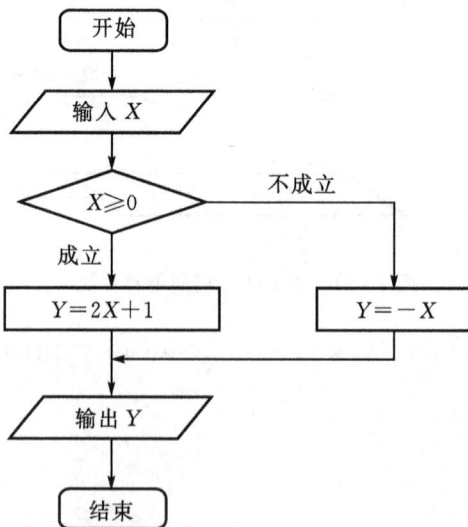

图 7-16　分段函数计算流程图

【例 7.4】　设计圆周率计算的算法流程图。

圆周率计算公式：$\pi/4 = 1-1/3+1/5-1/7+\cdots$。

具体流程图描述如图 7-17 所示。

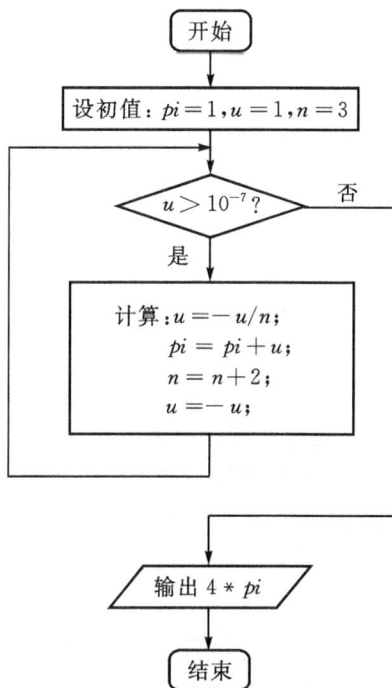

图 7-17　圆周率计算流程图

# 7.4　迭代、递归、分解方法

## 7.4.1　迭代方法

### 1. 迭代概述

迭代(iteration)求解方法是将计算问题构造成某个迭代函数公式，然后利用该迭代公式进行反复迭代计算，则可得到一个迭代序列，在这个序列中存在计算问题的解。迭代法也称辗转法，是一种不断用变量的旧值递推新值的过程。

例如对于求解函数方程 $f(x)=0$ 的根这类问题，$f(x)$ 是单变量 $x$ 的函数，它可以是 $n$ 次方的代数多项式，也可以是超越函数。为了构造方程求根的迭代公式，通常将方程 $f(x)=0$ 改写成等价形式 $x=g(x)$。则求 $x^*$ 满足 $f(x^*)=0$，等价于求 $x^*$ 使 $x^*=g(x^*)$，称 $x^*$ 为 $g(x)$ 的不动点。若已知方程的一个近似根 $x_0$，代入 $g(x)$ 中，求得 $x_1=g(x_0)$，如此反复迭代，可得到迭代序列：

$$x_{k+1}=g(x_{k+1})\quad(k=0,1,2,\cdots)$$

如果对于初始近似值 $x_0$，迭代序列 $\{x_k\}$ 有极限：

$$\lim_{k\to\infty}x_k=x^*$$

则称迭代过程收敛，$x^*$ 就是 $g(x)$ 的不动点，也是方程 $f(x)=0$ 的根。

　　例如方程为：$f(x)=x^3-x-1=0$，可以形成如下两种迭代的 $g(x)$，前者是收敛的，而后者是发散的：

$$x=\sqrt[3]{1+x}$$
$$x=x^3-1$$

因为前者从 1.5 开始迭代得到的收敛的序列如下：

| | | |
|---|---|---|
| $x_0=1.5$ | $x_1=1.37521$ | $x_2=1.33086$ |
| $x_3=1.32588$ | $x_4=1.32494$ | $x_5=1.32476$ |
| $x_6=1.32472$ | $x_7=1.32472$ | $x_8=1.32472$ |

后者从 1.5 开始迭代得到的发散的序列如下：

| | | |
|---|---|---|
| $x_0=1.5$ | $x_1=2.375$ | $x_2=12.39$　　　… |

　　显然原方程化为迭代方程的形式不同，得到的迭代序列有的收敛，有的发散，只有构造出收敛的迭代方程才有意义。所以关键是推导出收敛的迭代方程。

　　根据上述原理只要将方程 $f(x)$ 化为收敛的迭代方程 $g(x)$，则可运用循环控制流程计算出迭代序列，其具体算法流程图描述如图 7-18 所示。

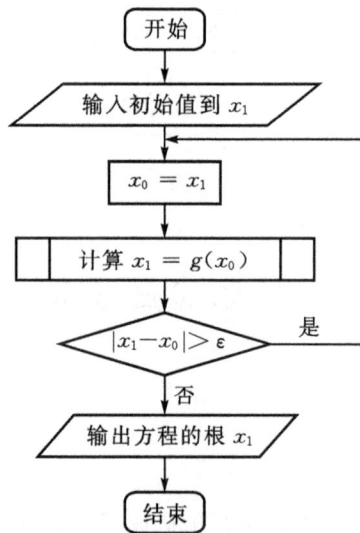

图 7-18　迭代算法流程图

　　在图 7-18 中，计算 $x_1=g(x_0)$ 采用过程框，是因为 $g(x)$ 可能会是很复杂的函数公式，需要相当多的计算步骤。$\varepsilon$ 表示计算精度，一般是相对较小的数值，如精确到小数点后 6 位则是 $10^{-7}$。

**2. 牛顿迭代法**

　　上面所述迭代法的核心是求得收敛的迭代方程，对有些方程来说，收敛的迭代方程构造不太容易，这样就无法求解。下面介绍的牛顿迭代法不需要苦心构造收敛的迭代方程。牛顿迭代法的公式如下：

　　设方程为 $f(x)=0$，若 $f(x)$ 的导数不为 0，即有 $f'(x)\neq 0$，则有

$$x_{k+1} = x_k - \frac{f(x_k)}{f'(x_k)} \quad (k = 0,1,2,\cdots)$$

牛顿迭代法的具体算法流程如图 7-19 所示。

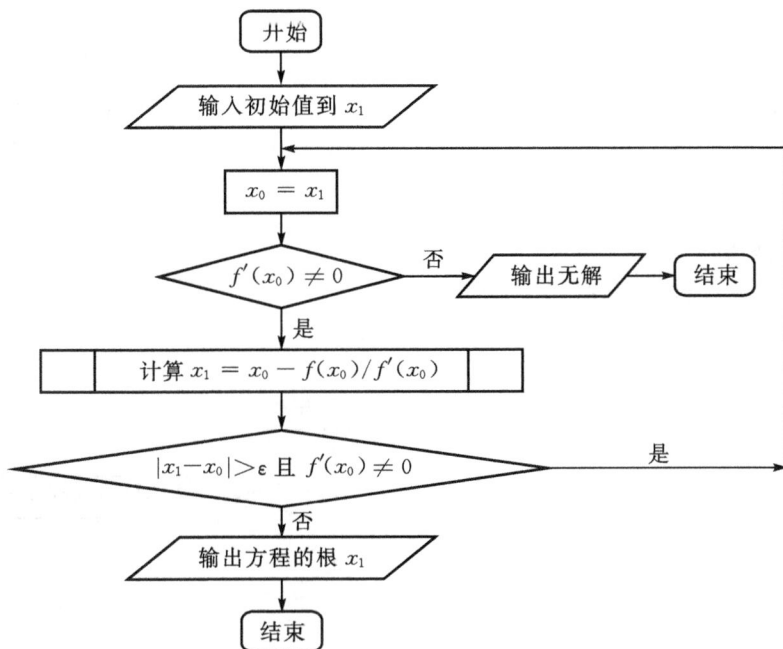

图 7-19　牛顿迭代法流程图

## 7.4.2　递归方法

**1. 递归的定义**

递归(recursion)是计算机科学的一个重要概念,递归的方法是程序设计中有效的方法,采用递归方法编写程序能使程序变得简洁和清晰。

用自己定义自己,或自己表达自己的一类函数、过程、语言结构或者问题的解得方法叫做递归。简而言之,递归就是用自己的简单情况定义自己。

在数学和计算机科学中,递归指由一种(或多种)简单的基本情况定义的一类对象或方法,并规定其他所有情况都能被还原为其基本情况。

例如某人祖先的递归定义:某人的双亲是他的祖先(基本情况),某人祖先的双亲同样是某人的祖先(递归步骤)。

斐波那契数列是典型的递归案例:Fib(1) = 0 [基本情况],Fib(2) = 1 [基本情况]。对所有 $n > 2$ 的整数:Fib($n$) = (Fib($n-1$)+ Fib($n-2$)) [递归定义]。从这个递归定义中不难推算出斐波那契数列前 15 项数值:{ 0、1、1、2、3、5、8、13、21、34、55、89、144、233、377 }。

数学上 $n!$ 的定义就是递归定义:0! = 1 [基本情况],对所有 $n > 1$ 的整数:$n!$ = ($n \times$ ($n-1$)!) [递归定义]。从这个递归定义中不难推算出 6! = 720。

一种便于理解的心理模型认为递归定义对对象的定义是按照"先前定义的"同类对象来定义的。例如:怎样才能移动 100 个箱子? 答案:首先移动一个箱子,并记下它移动到的位置,然后再去解决较小的问题:怎样才能移动 99 个箱子? 最终,问题将变为怎样移动一个箱子,而这是已经知道该怎么做的。

如此的定义在数学中十分常见。例如,集合论对自然数的正式定义是:1 是一个自然数,每个自然数都有一个后继,这个后继也是自然数。

又例如,我们在两面相对的镜子之间放一根正在燃烧的蜡烛,我们会从其中一面镜子里看到一根蜡烛,蜡烛后面又有一面镜子,镜子里面又有一根蜡烛……这也是递归的表现。

递归算法设计是把求解的问题转化为规模缩小了的同类问题的子问题,然后递归(或重复)子问题的求解过程,直到问题的解能被完全求出来为止。

**2. 递归算法描述**

图 7 - 20 是求斐波那契数列第 N 项数值的流程图:

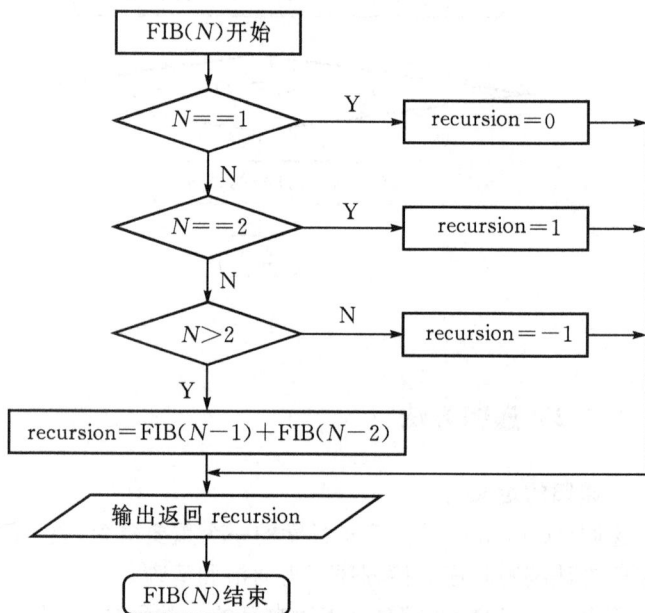

图 7 - 20 中 FIB(N)的计算流程如图 7 - 21 所示。

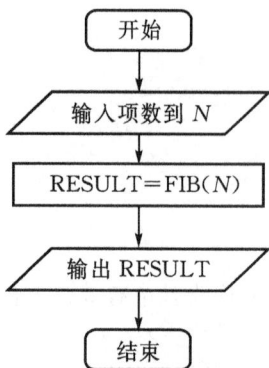

图 7 - 20　求斐波那契数列第 N 项的流程图

图 7 - 21　FIB(N)的计算流程

读者可以仿照求斐波那契数列的流程图,设计出求解 N! 的流程图。

下面探讨梵塔(hanoi 塔)问题求解方法。根据古印度神话,在贝拿勒斯的圣庙里安放着一个铜板,板上插有 3 根一尺长的宝石针。印度教的主神梵天在创造世界的时候,在其中的一根针上摆了由小到大共 64 片中间有孔的金片。无论白天和黑夜,都有一位僧侣负责移动这些金片,规则是一次只能将一片金片移到另一根针上,并且在任何时候以及在任一根针上,小片永远在大片的上面。当所有的 64 片金片都由最初的那根针移到另一根针上时这世界就将在一声霹雳中消失。

现在要设计一个算法按规则来移动金片,图 7 - 22 中用 A、B 和 C 表示三根针。

如果只有 1 片金片时,谁都会移动。那么理想的移动方法如下:

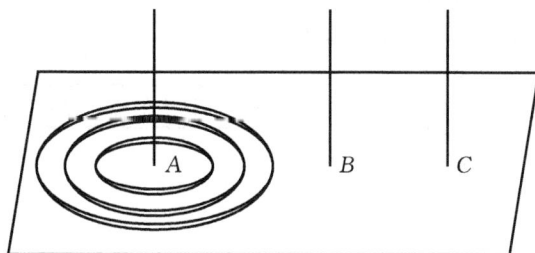

图 7-22

①第 1 个僧人叫第 2 个僧人将 63 个金片移到另一根针上,他就移动一片金片,完成任务(注意假设第 2 个僧人有本事移动 63 片金片);

②第 2 个僧人叫第 3 个僧人将 62 个金片移到另一根针上,他就移动一片金片,完成任务(注意假设第 3 个僧人有本事移动 62 片金片);

③第 3 个僧人叫第 4 个僧人将 61 个金片移到另一根针上,他就移动一片金片,完成任务(注意假设第 4 个僧人有本事移动 61 片金片);

……

㊿第 63 个僧人叫第 64 个僧人将 1 个金片移到另一根针上,他就移动一片金片,完成全部任务。

显然圣庙里不可能存在 63 个有本事的僧侣,所以说这是理想化的移动方法。事实上当只有 1 片金片时,只要直接将金片从 A 针移到 C 针上即可。当 $n>1$ 时,就需要借助另外一个针来移动。将 $n$ 片金片由 A 移到 C 上可以分解为以下几个步骤:

①将 A 上的 $n-1$ 片金片借助 C 针移到 B 针上;

②把 A 针上剩下的一片金片由 A 针移到 C 针上;

③最后将剩下的 $n-1$ 个金片借助 A 针由 B 针移到 C 针上;

注意步骤①和③与整个任务类似,但涉及的金片只有 $N-1$ 个了。步骤②很容易实现,这是一个典型递归算法。图 7-23 描述如何将 A 针上的 64 片金片借助 B 针移动到 C 针上,并且移动过程完全符合规则。

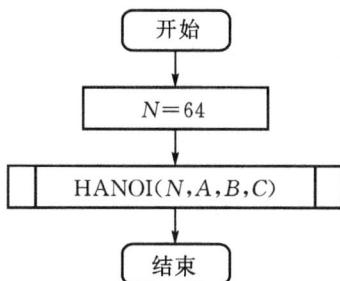

图 7-23　64 片金片移动算法

图 7-23 中的过程框 HANOI($N$,$A$,$B$,$C$)具体细化如图 7-24 所示。

根据图 7-23 和图 7-24,采用 VB 语言编写的程序如下,这个程序输出了僧侣如何操作

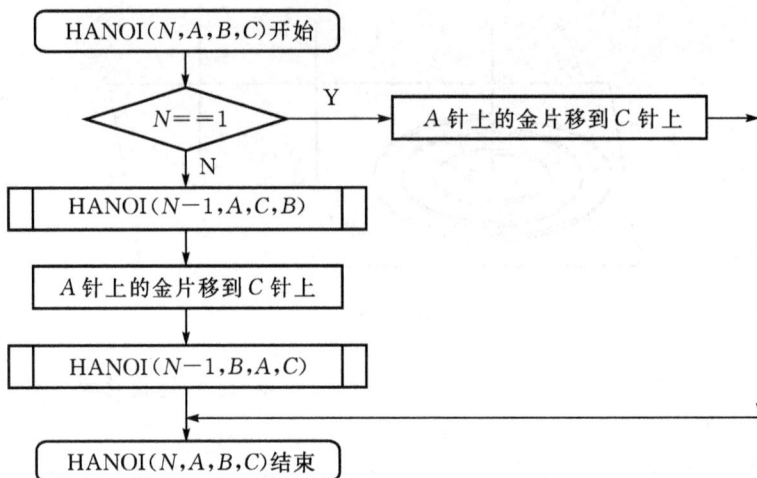

图 7-24　HANOI($N,A,B,C$)算法流程图

的步骤。

```
Const N = 4′考察当金片数为 4 个时的情况
′函数 move():将金片由一根针移到另一根针上
Sub moves(ByVal sFrom As String, ByVal sTo As String)
    Console.WriteLine("From{0}To{1}", sFrom, sTo)
End Sub
′hanoi():将 n 片金片由 p1 借助 p2 移到 p3 上
Sub hanoi(ByVal nVal As Integer, ByVal p1 As String, ByVal p2 As String, ByVal
        p3 As String)
    If nVal = 1 Then
        Call moves(p1, p3)
    Else
        Call hanoi(nVal － 1, p1, p3, p2)
        Call moves(p1, p3)
        Call hanoi(nVal － 1, p2, p1, p3)
    End If
End Sub
Sub Main()
    Call hanoi(N, "A", "B", "C")
End Sub
```

运行这个 VB 程序,当 $N$ 为 4 时,需要移动 15 次金片;当 $N$ 为 5 时,需要移动 31 次。具体移动步骤如表 7-1 所示。

**表 7-1　移动 4 片与 5 片金片的步骤**

| 4 片金片移动步骤 | 5 片金片移动步骤 |
| --- | --- |
| From $A$ to $B$ | From $A$ to $C$ |
| From $A$ to $C$ | From $A$ to $B$ |
| From $B$ to $C$ | From $C$ to $B$ |
| From $A$ to $B$ | From $A$ to $C$ |
| From $C$ to $A$ | From $B$ to $A$ |
| From $C$ to $B$ | From $B$ to $C$ |
| From $A$ to $B$ | From $A$ to $C$ |
| From $A$ to $C$ | From $A$ to $B$ |
| From $B$ to $C$ | From $C$ to $B$ |
| From $B$ to $A$ | From $C$ to $A$ |
| From $C$ to $A$ | From $B$ to $A$ |
| From $B$ to $C$ | From $C$ to $B$ |
| From $A$ to $B$ | From $A$ to $C$ |
| From $A$ to $C$ | From $A$ to $B$ |
| From $B$ to $C$ | From $C$ to $B$ |
|  | From $A$ to $C$ |
|  | From $B$ to $A$ |
|  | From $B$ to $C$ |
|  | From $A$ to $C$ |
|  | From $B$ to $A$ |
|  | From $C$ to $B$ |
|  | From $C$ to $A$ |
|  | From $B$ to $A$ |
|  | From $B$ to $C$ |
|  | From $A$ to $C$ |
|  | From $A$ to $B$ |
|  | From $C$ to $B$ |
|  | From $A$ to $C$ |
|  | From $B$ to $A$ |
|  | From $B$ to $C$ |
|  | From $A$ to $C$ |

　　显然随着金片数增加，移动步数会迅速增加。实际上当 64 片金片全部由 $A$ 针移到 $C$ 针上，共需 $2^{64}-1$ 步。假定圣庙里的僧侣以每秒 1 次的速度日夜不停地移动金片，则需要 5800 亿年才能完成；若用每秒 100 万次移动步骤的计算机来模拟这个过程，也需要 580 万年。

　　在一批整数中寻找最大整数，这个问题求解也可采用递归方法。设一批整数存放在 $A[I]$，$A[I+1]$，$A[I+2]$，…，$A[J]$ 中，可以采用递归思路寻找最大数。设函数 $\mathrm{MAX}(A,I,J)$ 能求出最大数：如果 $I=J$，则 $A[I]$ 为最大元素，否则 $A[I]$ 与 $\mathrm{MAX}(A,I+1,J)$ 比较大小来确定。请读者尝试设计具体的算法流程图。

**3. 递归算法的优劣**

递归算法是一个过程或函数在其定义或说明中又直接或间接调用自身的一种方法,它通常把一个大型复杂的问题层层转化为一个与原问题相似的规模较小的问题来求解。递归算法只需少量的程序就可描述出解题过程所需要的多次重复计算,大大地减少了程序的代码量。递归的优势在于用有限的语句来定义对象的无限集合,用递归思想写出的程序往往十分简洁易懂。

一般来说,递归需要有边界条件、递归前进段和递归返回段。当边界条件不满足时,递归前进;当边界条件满足时,递归返回。

递归就是在过程或函数里调用自身,在使用递归策略时,必须有一个明确的递归结束条件,称为递归出口。一般设计递归算法时应把握如下三条准则:

①必须包含一种递归的一般形式。

例如:$N! = N*(N-1)!$

例如:$N$ 个元素的最大值=第一个元素与 $N-1$ 个元素最大值比较

②必须包含一种以上的非递归的基本形式。

例如:$0! = 1$ 或 $1! = 1$

例如:一个元素的最大值等于本身

③基本形式能够结束递归。

递归算法一般用于解决三类问题:

①数据的定义是按递归定义的。(Fibonacci 函数)

②问题解法按递归算法实现。(回溯)

③数据的结构形式是按递归定义的。(树的遍历,图的搜索)

递归的缺点:

递归算法解题的运行效率较低。在递归调用的过程当中系统为每一层的返回点、局部量等开辟了栈来存储。递归次数过多容易造成栈溢出等。

递归是很好的求解问题的方法,可以很好地描述一个算法的原理。对于算法的描述、表现和代码结构理解上,递归都是不错的选择。但是有时候尽量不要用递归实现,而是转换成非递归实现。因为有些问题求解,非递归实现相比递归实现速度上能提升 1/3。理论上而言,所有递归算法都可以用非递归算法来实现,例如求 $N!$ 和斐波那契数列等问题都可以采用非递归算法实现问题求解。

迭代和递归大部分可以相互转化。如果递归是自己调用自己的话,迭代就是 A 不停地调用 B,递归中一定有迭代,但迭代中不一定有递归。能用迭代就不用递归,因为递归得耗费大量空间。

## 7.4.3　分解方法

**1. 分解的起因**

随着计算机网络及其计算机硬件本身的迅猛发展,两者的速度和存储容量不断提高,成本急剧下降,但程序员要解决的计算问题却变得更加复杂,程序的规模越来越大,出现了一些需要几十甚至上百人年才能完成的大型软件,远远超出了程序员的个人能力,这类程序必须由多个程序员密切合作才能完成。由于旧的程序设计方法很少考虑程序员之间交流协作的需要,所以不能适应新形势的发展,因此编出的软件中的错误随着软件规模的增大而迅速增加,造成调试时间和成本也迅速上升,甚至许多软件尚未出品便已因故障率太高而宣布淘汰。

社会大量需求,生产成本高,生产过程控制复杂,生产效率低等因素构成软件生产的恶性循环,由此产生"软件危机"。

什么是软件危机? 软件危机是指在计算机软件的开发和维护过程中所遇到的一系列严重问题。具体地说,软件危机主要体现在以下几点上。

①软件开发进度难以预测,工期拖延几个月甚至几年的现象并不罕见,这种现象降低了软件开发组织的信誉。

以美国丹佛新国际机场为例。该项目就其规模之大和硬件水准之高堪称现代工程的一个奇迹。该机场规模是曼哈顿岛的两倍,宽为希思罗机场的 10 倍,可以全天候同时起降三架喷气式客机。更令人起敬的是其投资 1.93 亿美元的地下行李传送系统,它总长 21 英里,行驶着4000 台遥控车,可按不同线路在 20 家不同的航空公司柜台、登机门和行李领取处之间发送和传递行李。支持该网络系统的是 5000 个电子眼、400 台无线电接收机、56 台条形码扫描仪和100 台计算机。按原定计划要在 1993 年万圣节前启用,但一直到 1994 年 6 月,机场的开发者还无法预测行李系统何时能达到可使机场开放的稳定程度。

②软件开发成本难以控制,投资一再追加,令人难于置信,往往是实际成本比预算成本高出一个数量级。而为了赶进度和节约成本所采取的一些权宜之计又往往损害了软件产品的质量,从而不可避免地会引起用户的不满。

③用户对软件产品的功能难以满足。开发人员和用户之间很难沟通,矛盾很难统一。往往是软件开发人员不能真正了解用户的需求,而用户又不了解计算机求解问题的模式和能力,双方无法用共同熟悉的语言进行交流和描述。在双方互不充分了解的情况下,就仓促上阵设计系统,匆忙着手编写程序,这种"闭门造车"的开发方式必然导致最终的产品不符合用户的实际需要。

④软件产品的质量无法保证,系统中的错误难以消除。软件是逻辑产品,质量问题很难以统一的标准度量,因而造成质量控制困难。软件产品并不是没有错误,而是盲目检测很难发现错误,而隐藏下来的错误往往是造成重大事故的隐患。

IBM 公司的 OS/360 系统在开发过程中遭受到的挫折是一个典型的例子。它由 4000 多个模块组成,共约有 100 万条指令,工作量是 5000 个人年("人年"是度量软件开发工作量的一种单位,一个人年表示一个人工作一年的工作量),开发费用达数亿美元,但人们在程序中发现了 2000 个以上的错误。该系统的负责人 Brooks 曾生动地描述了在开发过程中遇到的围难:"……像巨兽在泥潭中做垂死挣扎,挣扎得越猛,泥浆就沾得越多,最后没有一只野兽能逃脱淹没在泥潭中的命运……程序设计就是这样一个泥潭,一批批程序员在泥潭中挣扎……没有人料到问题竟会这样棘手。"

研究表明,每 6 个新的大型软件系统投入运行,就有两个其他系统被淘汰。软件开发项目的开发时间平均超出计划时间的 50%。软件项目越大,情况就越坏。所有大型系统中,大约有 3/4 的系统有运行问题,要么不像预料的那样起作用,要么就根本不能使用。

⑤软件产品难以维护。软件产品本质上是开发人员的代码化的逻辑思维活动,他人难以

替代。除非是开发者本人，否则很难及时检测、排除系统故障。为使系统适应新的硬件环境，或根据用户的需要在原系统中增加一些新的功能，又有可能增加系统中的错误。

⑥软件通常缺少适当的文档资料。计算机软件是程序和相关文档资料的统称。文档资料是软件必不可少的重要组成部分。实际上，软件的文档资料是开发组织和用户的之间权利和义务的合同书，是系统管理者、总体设计者向开发人员下达的任务书，是系统维护人员的技术指导手册，是用户的操作说明书。缺乏必要的文档资料或者文档资料不合格，将给软件开发和维护带来许多严重的困难和问题。

(7)软件开发生产率的提高速度，难以满足社会需求的增长率。软件产品"供不应求"的现象致使我们不能充分利用现代计算机硬件提供的巨大潜力。

软件危机的表现还远不止这些。如今，业界人士已达成共识，只有改革现有软件开发方法，才有可能解决软件危机，才能从根本上提高软件开发的生产率，才能真正满足信息化、数字化、网络化社会对计算机应用的需求。

有危机就会有革命。1968年，E. W. Dijkstra首先提出"goto语句是有害的"，向传统的程序设计方法提出了挑战，从而引起了人们对程序设计方法的普遍重视，许多著名的计算机科学家都参加了这场论战。结构化程序设计方法正是在这种背景下产生的。

结构化程序设计的基本观点是，随着计算机硬件性能的不断提高，程序设计的目标不应再集中于如何充分发挥硬件的效率方面，如程序占用存储器空间大小，程序运行速度快慢等。新的程序设计方法应以能设计出结构清晰、可读性强、易于分工合作编写和调试的程序为其基本目标。

结构化程序设计认为，好的程序具有层次化的结构，应该采用"逐步求精"的方法，只使用三种基本程序结构：顺序、分支和循环，通过这三种基本程序结构的组合、嵌套来设计任意算法。换句话说，任何算法都可以通过使用这三种基本结构组合、派生出来。

结构化设计方法是以模块化设计为中心，将待开发的软件系统划分为若干个相互独立的模块，这样使完成每一个模块的工作单纯而明确，为设计一些较大的软件打下了良好的基础。由于模块相互独立，因此在设计其中一个模块时，不会受到其他模块的牵连，因而可将原来较为复杂的问题化简为一系列简单模块的设计。模块的独立性还为扩充已有的系统、建立新系统带来了不少的方便，因为我们可以充分利用现有的模块作积木式的扩展。按照结构化设计方法设计出的程序具有结构清晰、可读性好、易于修改和容易验证的优点。

结构化程序设计的基本思想是采用"自顶向下，逐步求精"的程序设计方法和"单入口单出口"的控制结构。"自顶向下、逐步求精"的程序设计方法从问题本身开始，经过分解形成若干子问题模块，逐步细化，将解决问题的步骤分解为由基本程序结构模块组成的结构化程序框图；"单入口单出口"的思想认为一个复杂的程序，如果它仅是由顺序、选择和循环三种基本程序结构通过组合、嵌套构成，那么这个新构造的程序一定是一个单入口单出口的程序。据此就很容易编写出结构良好、易于调试的程序来。

**2. 模块化准则**

把软件划分为一些单独命名和编程的元素，这些元素称为模块。不分模块的程序是无法理解、无法管理、无法维护的程序。凡是使用计算机编程的人均自觉或不自觉地将程序划分为模块。一般程序设计语言都提供建立模块的机制。划分模块的过程就称为模块化。

把一个软件划分为多少个模块为好呢？这是一个模块化程度的问题。我们从求解问题的复杂性与工作量的关系出发研究软件系统划分模块个数的最佳值。

设 $C(X)$ 是关于问题 $X$ 的复杂性，$E(X)$ 是完成问题 $X$ 的工作量，设有两个问题 $P_1$ 和 $P_2$，若：

$C(P_1)>C(P_2)$，即 $P_1$ 比 $P_2$ 复杂。

$E(P_1)>E(P_2)$，即是 $P_1$ 比 $P_2$ 用的工作量多。

而　$C(P_1+P_2)>C(P_1)+C(P_2)$，表明组合比单个复杂。

$E(P_1+P_2)>E(P_1)+E(P_2)$，即组合问题工作量大于单个问题的工作量之和，这也就是单根木棍容易折断，而一捆木棍很难折断的道理。

从上述原理可知，当遇到综合复杂的计算问题时，将计算问题分解成若干模块，则工作量减少，即可采取分而治之的办法。但分解的模块越多，工作量是否越来越少？回答是否定的，因为分解到一定程度，模块之间的接口工作量（如模块之间信息数据通信量）就上升，从而使总的求解问题代价上升，从图 7-25 中不难看出。

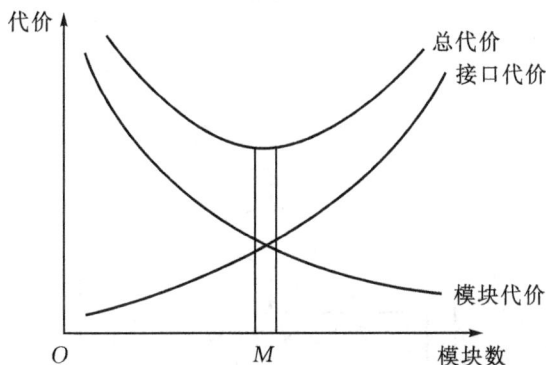

图 7-25　模块化程度

总代价呈马鞍形，所以模块数目应处于 $M$ 的位置。从上面的分析中可以看出，一个软件系统划分模块数目的最佳值 $M$ 是存在的，但这个 $M$ 值没有方法求出。我们从另一角度来看，心理学研究表明，一个模块的语句数量最好为 30～50 个语句，也就是一页纸能写下模块的所有语句。模块太大，人们难于理解，编程和测试效率都不高；模块太小，又会使整个软件系统过于零碎，模块之间通信量加大。选取模块大小要适中，才能达到最好效果。

下面以"验证"哥德巴赫猜想为例说明结构化程序设计的基本思想。

哥德巴赫猜想是数论中的一个著名难题，是由法国数学爱好者克里斯蒂安·哥德巴赫于 1742 年在给著名数学家欧拉的一封信中提出的。"哥德巴赫猜想"可以表述为：任何一个大于等于 4 的偶数均可以表示为两个素数之和。尽管这个问题看来如此简明清晰，但二百多年来，虽有无数数学家为其呕心沥血、绞尽脑汁，却始终无人能够证明或者证伪这个猜想。

将这个问题作为一个练习，在有限的范围内验证哥德巴赫猜想：编写一段程序，验证大于等于 4，小于某一上限 $M$ 的所有偶数是否都能被分解为两个素数之和。如果一但发现某个偶数不能被分解为两个素数之和，则证实了哥德巴赫猜想是错误的（若果真如此，则可称是数学史上的一大发现！）；否则证实哥德巴赫猜想在所给的范围内成立。

首先画出代表解决该问题的算法流程模块,如图 7-26 所示。

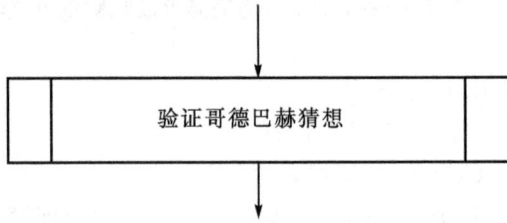

图 7-26　验证哥德巴赫猜想算法流程图

然后根据题意对上图中的过程模块进行初步分解,其思路如下:逐个生成由 4 到 $M$ 之间的所有偶数,一一验证其是否能够被分解为两个素数之和。具体方法是定义一个变量 $X$,令其初值等于 4,然后每次在 $X$ 上加 2,以产生各偶数并验证 $X$ 是否可以被分解为两个素数之和,直到 $X$ 不小于 $M$ 为止。显然,这是一个循环结构,其分解图如图 7-27 所示。

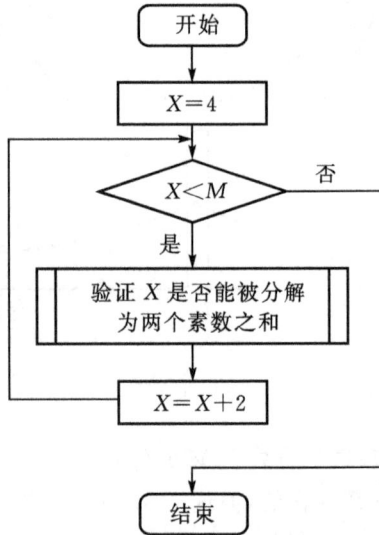

图 7-27　细化图 7-26 的流程图

在图 7-27 中的初步分解中用流程图的图形元素框表示了算法流程结构的嵌套组合情况。从图 7-27 中可以看出,最内层是两个顺序排列的算法流程模块,它们一起构成了循环结构的内嵌模块。循环模块又和最前面的模块构成了顺序结构。

图 7-27 中的框图还是相当粗糙的,因为如何"验证 $X$ 是否能被分解为两个素数之和"并不清楚,因此应继续对这个问题进行分解。"验证 $X$ 是否能被分解为两个素数之和"的步骤可以这样考虑:首先用 $X$ 减去最小的素数 2,然后看其差是否仍为素数,如果是,则验证结束,可以打印出该偶数的分解表达式。否则,换一个更大的素数,再看 $X$ 与这个素数的差是否为素数。如果不是则仍进行循环,直到用于检测的素数已经大于 $X/2$ 而 $X$ 与其差仍不是素数。这时即可宣布一个伟大的发现:哥德巴赫猜想不成立。

图 7-28 给出了过程模块"验证 $X$ 是否能被分解为两个素数之和"的进一步分解。这里

引入了一个新的变量 $P$,用于存放已经生成的素数。

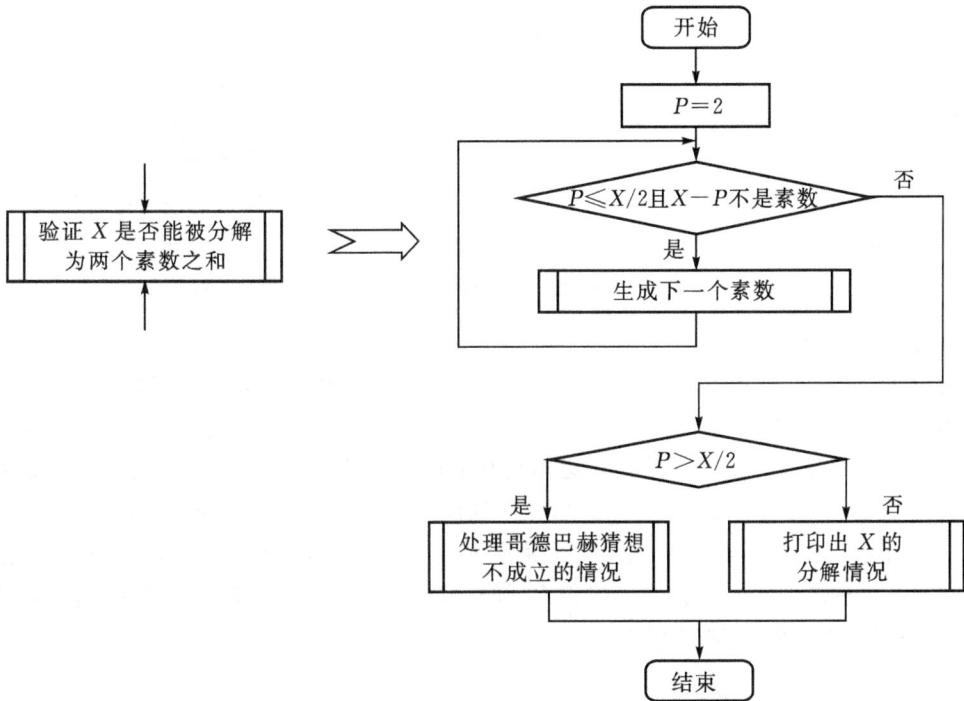

图 7-28　验证 $X$ 是否能被分解为两个素数之和

图 7-28 中有三个过程模块"生成下一个素数""打印出 $X$ 的分解情况"和"处理哥德巴赫猜想不成立的情况"还可以继续分解。关于"生成下一个素数"过程框的进一步细化如图7-29所示。

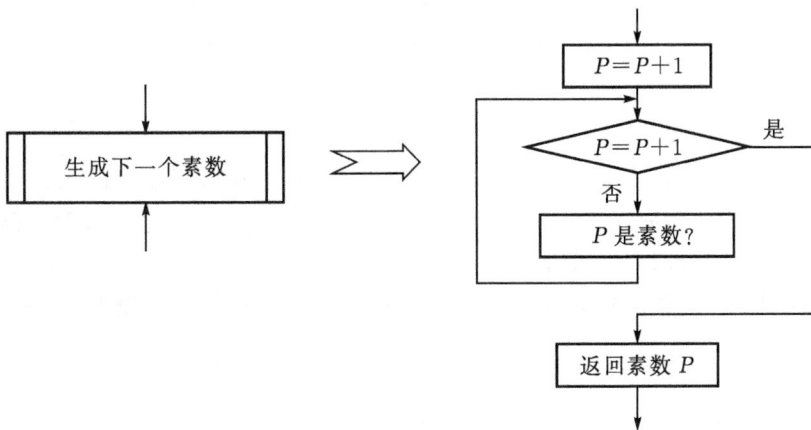

图 7-29　生成下一个素数流程图

在图 7-28 中,还有一些处理框需要进一步细化。实际上,在大多数程序设计语言中,条件"$X-P$ 不是素数?"和"$P$ 是素数"并不能简单地写成一个表达式,也需要进一步细化分解。

读者可以尝试描述判断任意给定的一个正整数是否为素数的流程图。

以上过程可以总结如下：

首先从题目本身开始，找出解决问题的基本思路，并将其用结构化框图表示出来。这个框图可能是非常粗糙的，仅仅是一个算法的轮廓，但可以作为进一步分析的基础。接下来就应该对框图中的那些比较抽象的、用文字描述的程序模块作进一步的分析细化，每次细化的结果仍用结构化框图表示。最后，把如何求解问题的所有细节都弄清楚了，就可以根据这些框图直接写出相应的程序代码。这就是所谓的"自顶向下，逐步求精"的程序设计方法。在分析的过程中用结构化框图表示解题思路的优点是框图中的每个程序模块与其他程序模块之间的关系非常简明，每次可以只集中精力分解其中的一个模块而几乎不影响整个程序的结构。

### 3. 分解与并行计算

由于可以提高计算机的利用率、运行速度和系统的处理能力，并行处理技术已得到了广泛的使用，程序的并发执行成为现代操作系统的一个基本特征。在大多数计算问题中，仅要求操作在时间上是部分有序的。有些操作必须在其他操作之后执行，另外有些操作却可以并行地执行。如图 7-30 所示，设有 $N$ 个程序，它们的执行步骤和顺序相同，都是由 $I_i$（输入）、$C_i$（计算）、$P_i$（输出）。其先后次序是：当第 1 个程序的 $I_1$ 执行完毕，执行 $C_1$ 时，输入机空闲，这时可以执行第 2 个程序的 $I_2$，在时间上，操作 $C_1$ 和操作 $I_2$ 是重叠的。$C_1$ 和 $I_2$ 在 $T_1$ 时刻，$P_1$、$C_2$ 和 $I_3$ 在 $T_2$ 时刻，$P_2$ 和 $C_3$ 在 $T_3$ 时刻都是并发执行的。

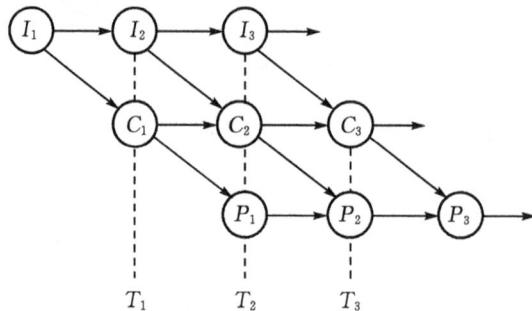

图 7-30　并行计算的先后次序

程序的并发执行是指若干个程序段同时在系统中运行，这些程序段的执行在时间上是重叠的，一个程序段的执行尚未结束，另一个程序段的执行已经开始。这些程序段落被独立运行和管理，在操作系统中被称为"进程"。

下面就探讨牛顿迭代法求方程 $f(x)=0$ 根的两种并行计算算法，设牛顿迭代公式如下

$$x_{k+1} = x_k - \frac{f(x_k)}{f'(x_k)} \quad (k = 0,1,2,\cdots)$$

可以分别设计两个进程的同步并行算法和异步并行算法。

同步算法：将每次迭代分成三个计算单元，分别计算 $f(x_k) \rightarrow f_k$，$f'(x_k) \rightarrow f'_k$，$x_k - f_k/f'_k \rightarrow x_{k+1}$ 及检验精度，将计算分为两个进程 $P_1$ 及 $P_2$，假定计算 $f'(x_k)$ 的时间比计算 $f(x_k)$ 时间长，则两个进程或其中的一个进程必出现等待继续计算所需数据的情况，表 7-2 与表 7-3 说明两种同步算法的运行过程。

表 7 - 2　第一种同步运行过程

| $P_1$ 进程 | $P_2$ 进程 |
|---|---|
| $f(x_0) \rightarrow f_0$ <br> 等待 $f_0'$ | $f'(x_0) \rightarrow f_0'$ |
| $x_0 - f_0/f_0' \rightarrow x_1$ <br> 检验精度 | 等待 $x_1$ |
| $f(x_1) \rightarrow f_1$ <br> 等待 $f_1'$ | $f'(x_1) \rightarrow f_1'$ |
| $x_1 - f_1/f_1' \rightarrow x_2$ <br> 检验精度 | 等待 $x_2$ |

表 7 - 3　第二种同步运行过程

| $P_1$ 进程 | $P_2$ 进程 |
|---|---|
| $f(x_0) \rightarrow f_0$ | $f'(x_0) \rightarrow f_0'$ |
| 等待 $x_1$ | $x_0 - f_0/f_0' \rightarrow x_1$ 检验精度 |
| $f(x_1) \rightarrow f_1$ | $f'(x_1) \rightarrow f_1'$ |
| 等待 $x_2$ | $x_1 - f_1/f_1' \rightarrow x_2$ |

异步算法：可引进 3 个公用变量 $t_1$、$t_2$、$t_3$，分别表示 $f(x)$、$f'(x)$ 及 $x$ 在计算中的当前值，仍假定计算 $f'(x)$ 比 $f(x)$ 更费时间，表 7 - 4 说明了两个进程的异步算法的运行过程。

表 7 - 4　异步运行过程

| $P_1$ 进程 | $P_2$ 进程 |
|---|---|
| $f(t_3) \rightarrow t_1$ <br> $T_3 - t_1/t_2 \rightarrow t_3$, 检验 | $f'(t_3) \rightarrow t_2$ |
| $f(t_3) \rightarrow t_1$ <br> $T_3 - t_1/t_2 \rightarrow t_3$, 检验 | $f'(t_3) \rightarrow t_2$ |
| $f(t_3) \rightarrow t_1$ <br> $T_3 - t_1/t_2 \rightarrow t_3$, 检验 | $f'(t_3) \rightarrow t_2$ |

进程 $P_1$ 更新 $t_1$ 与 $t_3$，且检验 $t_1=0$，$t_2=c \neq 0$，$t_3=x_0$，前三个近似值为：
$$x_1 = x_0 - f(x_0)/c$$
$$x_2 = x_1 - f(x_1)/f'(x_0)$$
$$x_3 = x_2 - f(x_2)/f'(x_1)$$
其一般关系如下：
$$x_{k+1} = x_k - \frac{f(x_k)}{f'(x_j)} \quad (k=0,1,2,\cdots,j<k)$$

当 $k \rightarrow \infty$ 时，$j \rightarrow \infty$，这与传统的牛顿迭代法不同，它是一种混乱迭代，其收敛性要另外证明。由于计算 $f'(x)$ 比 $f(x)$ 更费时间，所以，只要 $f'(x)$ 计算出新值就用于迭代。由于异步算法不用等待，故更节省时间。

现代计算机系统中 CPU 的多核结构也是为了提高运行效率，关键是如何将计算问题分解为若干程序模块，以便充分利用 CPU 的多核去并行计算，提高求解问题的整体效率。

并行计算（parallel computing）是指，在并行机上，将一个应用分解成多个子任务，分配给不同的处理机，各个处理机相互协同，并行地执行子任务，从而达到提高求解效率（如速度）或者减小求解应用问题的规模的目的。

并行计算必须具备三个基本条件：

①并行机。并行机至少包含两台或两台以上处理机，这些处理机通过互联网络相互连接，相互通信。

②应用问题具有并行度。也就是说应用问题可以分解为多个子任务，这些子任务可以并行地执行。将一个应用问题分解为多个子任务的过程，称为并行算法的设计。

③并行编程。在并行机提供的并行编程环境上，具体实现并行算法，编制并行程序，并运行该程序，从而达到并行求解应用问题的目的。

举个简单例子来说明并行计算，假设有 $N$ 个数据包被分布储存在 $P$ 台处理机中，$P$ 台处理机并行执行 $N$ 个数据包的累加和。首先，各个处理机累加它们各自拥有的局部数据包，得到部分和；然后，$P$ 台处理机执行全局通信，累加所有部分和，得到全局累加和。

又例如 PC 机都有计算器软件，一般科学计算器界面如图 7-31 所示。

图 7-31　计算器程序界面

事实上科学计算器软件将不同用户的各种可能的计算问题分解成一个个简单的计算功能，如正弦函数 $\sin(x)$、余弦函数 $\cos(x)$、对数函数 $\log(x)$、……等，让用户自主灵活地选择计算求解。而 $\sin(x)$ 功能按钮是利用下面公式进行计算完成的

$$\sin x = x - \frac{x^3}{3!} + \frac{x^5}{5!} - \frac{x^7}{7!} + \cdots + \frac{(-1)^n x^{2n+1}}{(2n+1)!} \quad n = 0,1,2\cdots,（要求误差小于 10^{-7}）$$

读者应该能设计出 $\sin(x)$ 的算法流程图。

我们假想每个计算器的功能按钮是一台独立的处理机的话,那么整个计算器软件就可以想象为一个并行计算系统。

# 7.5　程序设计应用案例

## 7.5.1　数据排序

### 1. 排序问题定义

人们在日产生活中常常将物品有规律的摆放,例如水果由小到大摆放,图书按书名或学科顺序排列等。将物品按照某种规律顺序排列摆放称为排序。排序的根本目的是能够根据实际需要方便快捷地拿取物品。

计算机经常被用来把数据清单排列成有序的顺序,无论是按字母、数字或日期。如果使用了错误的方法,即使是在高速的计算机上运行,它都可能需要很长的时间进行排序。假设含 $n$ 个数据的序列为 $\{R_1, R_2, \cdots, R_n\}$,其相应的排序码为 $\{K_1, K_2, \cdots, K_n\}$。所谓排序就是将数据元素按排序码非递减(或非递增)的次序排列起来,形成新的有序序列的过程,称为排序。在计算科学中,"排序"通常指将某一列表中的信息数据按字母或数值顺序排列。

计算科学中排序的意义。让学生们想想哪些场合下排序是非常重要的(如将电话簿中的姓名、字典、图书索引、图书馆或书架上的书、邮递员包裹里的信件、班级名册、地址簿、计算机中的文件列表),并让学生每思考这些场合中没有排序的后果(无序引起的常见的问题是人们需要花费大量时间来查找目标)。而排序能够使我们快速进行目标查找,凸显重要的内容,如果将班级中学生的分数进行排序,那么很容易看到最高分和最低分。

将大量信息数据排序的方法有很多种,毫无疑问将选择排序效率高的方法,或者说一个有创造性的方法比一个简单的方法执行排序任务更快。

选择排序的具体步骤是这样的,先在待排序的 $N$ 个数据元素中,通过两两比较找出最小的一个元素,放在一旁,接着在剩下的 $N-1$ 个数据元素中找最小的一个,它是升序排列中的第二个,将其放在相应位置,重复以上操作,直到待排序的数据元素为 1 个时,结束整个排序。

仔细分析选择排序过程,不难计算出使用这种方法排序需要比较多的次数。要找出 $N$ 个数据元素的最小值,需要比较 $N-1$ 次。例如,要找出两个物体中较轻的,需要比较 1 次,要找出 5 个中最轻的,需要比较 4 次。要找出 8 个物体中最轻的,需要比较 7 次,比较 6 次找出第二轻的,5 次找出第三轻的,依次类推,总共需要比较 $7+6+5+4+3+2+1=28$ 次。

选择排序方法的核心是找出最小数据元素,方法简单容易操作,但比较次数较多,也就是说排序效率不高。下面讨论排序较快的方法。

分析选择排序方法不难发现,对于 $N$ 个数据元素要选出最小的元素,需要比较 $N-1$ 次。每次比较没有记录(或利用)相关的排序信息数据,以后的比较就无法利用这些信息数据。而快速排序恰恰相反,先选出一个数据元素,以它为基准,以后每次比较都记录了相关信息数据(比基准数据元素小),这样一来排序的效率自然提高了。快速排序过程如图 7-32 所示。

实际上,快速排序效率取决于随机挑选了哪一个基准数据元素。因为以基准元素将待排序元素划分为两组,划分的组有可能十分不均匀。不均的划分会增加比较的次数。如果每组基准元素选择恰恰是这组元素的中间数据元素,那么排序比较次数最少,效率最高。如果每组

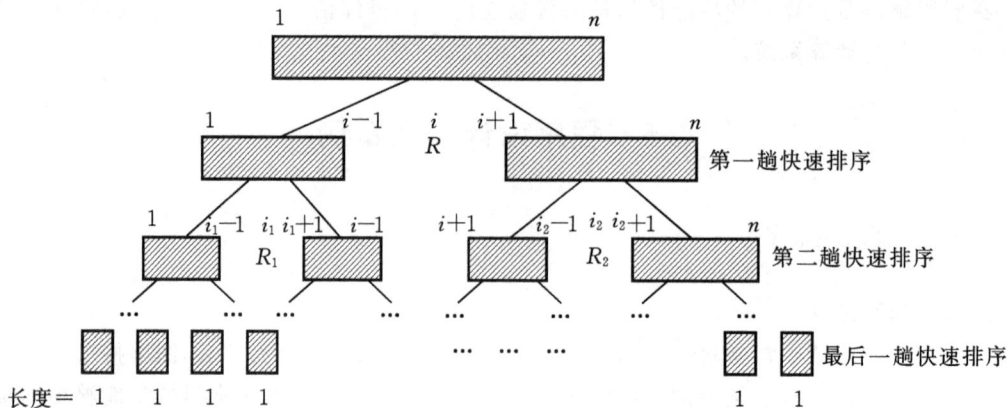

图 7 - 32　快速排序过程示意图

基准元素选择都是最小的元素,那么快速排序方法比较次数等同于选择排序。仔细观察图
7 - 32,帮助理解上述结论。

**2. 选择排序算法设计**

假设待排序的 $N$ 个数据放在 $A[1]$、$A[2]$、$\cdots$、$A[N-1]$ 中,先设计如下两个粗略的选择
排序算法流程图,如图 7 - 33 所示。

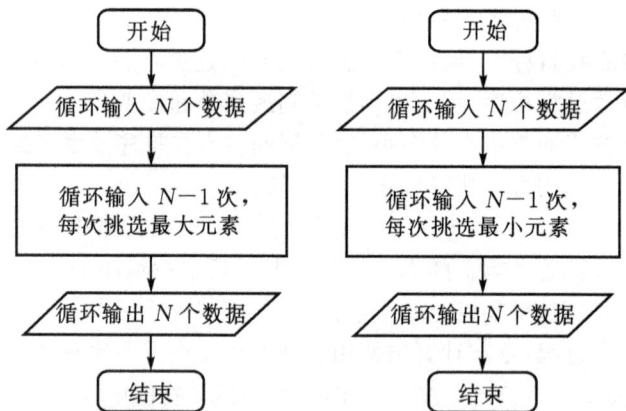

图 7 - 33　选择排序粗框

图 7 - 33 中的两个流程图的区别在于每轮寻找最大和最小数据元素。只要设计实现了
每轮挑选最小数据元素,而挑选最大元素方法与挑最小相似。先细化"循环输入 $N$ 个数据"
框,其次细化"循环 $N-1$ 次,每次挑选最大或最小元素"框,最后细化"循环输出 $N$ 个数
据"框。

在细化"循环 $N-1$ 次,每次挑选最大或最小元素"框时,先设计出在 $N$ 个元素中挑选最
大或最小元素,然后再在外层添加 $N-1$ 次循环控制流程。

假设排序元素为 $N$ 个,完整的选择排序算法流程图如图 7 - 34 所示。

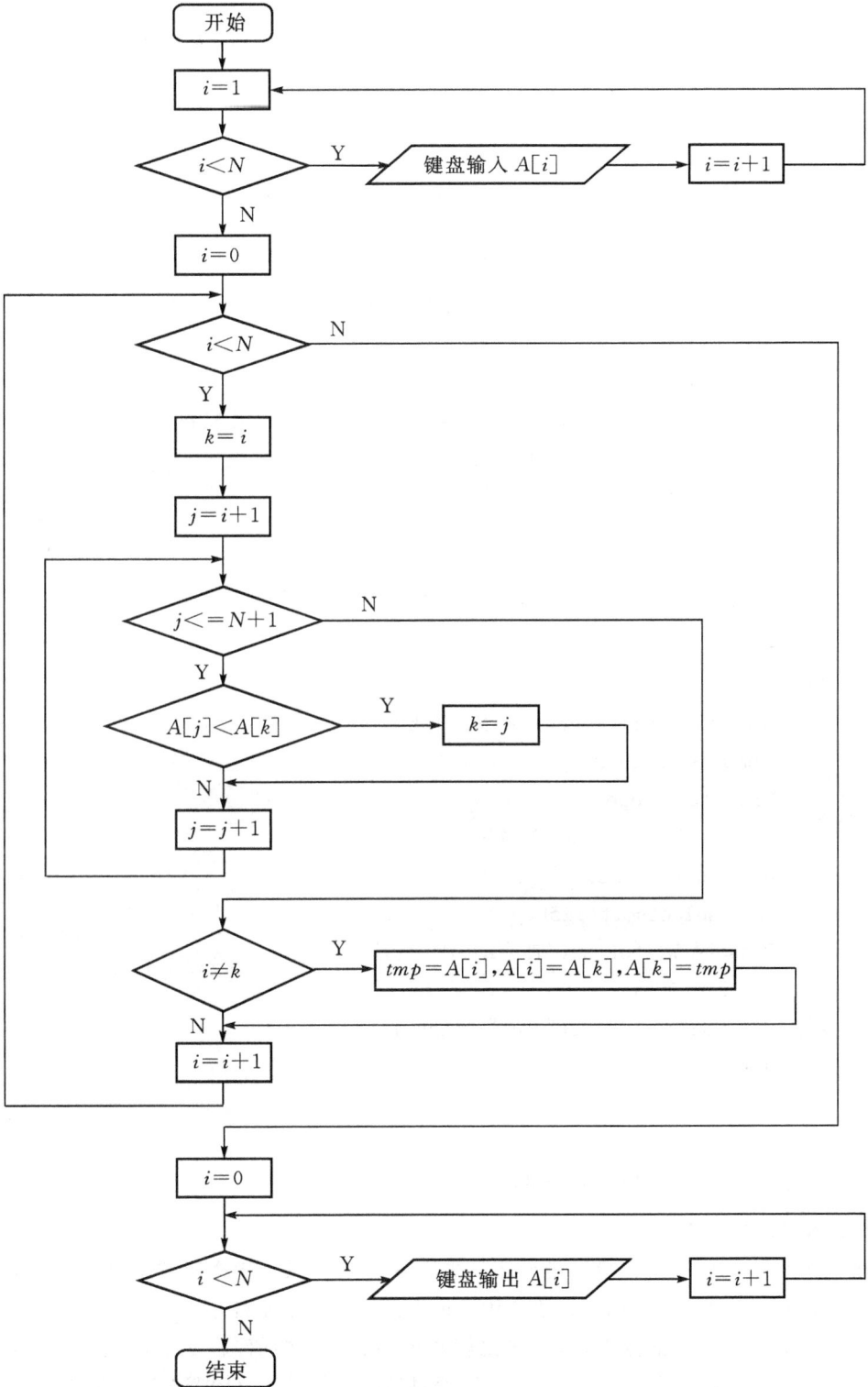

图 7 - 34　选择排序完整流程图

根据选择排序流程图,采用C++语言编写程序如下:

```
Sub selectsort(ByRef list() As Integer, ByVal count As Integer)
    Dim i As Integer, j As Integer
    Dim k As Integer, tmp As Integer
    For i = 0 To count
        k = i                    '先记录最小元素的下标
        For j = i + 1 To count
            If list(j) < list(k) Then
                k = j            '先记录下标
            End If
        Next j
        If k <> i Then           '本趟找完最小元素,再交换
            tmp = list(i)
            list(i) = list(k)
            list(k) = tmp
        End If
    Next i
End Sub
Sub Main()
    Dim list As Integer() = New Integer() {}
    Dim i As Integer
    Dim n As Integer
    list = {2, 7, 2, 2, 3, 1}
    n = UBound(list)
    Call selectsort(list, n)
    Console.WriteLine("The result is:")
    For i = 0 To n
        Console.Write(" {0}", list(i))
    Next i
    Console.WriteLine()
End Sub
```

选择排序程序运行调试如图 7-35 所示。

### 3. 冒泡排序方法设计

在选择排序方法中,我们挑选最大元素或最小元素时,采用逐个比较来确定最大元素或最小元素。事实上还可以采用如下方法来挑选最大元素或最小元素。

在 $a[0]$ 到 $a[N-1]$ 的范围内,依次比较两个相邻元素的值,若 $a[J]>a[J+1]$,则交换 $a[J]$ 与 $a[J+1]$,$J$ 的值取 $0,1,2,\cdots,N-2$;经过这样一趟冒泡,就把这 $N$ 个数中最大的数放到 $a[N-1]$ 中。然后在再 $N-1$ 个元素中采用同样方法产生次最大元素放到 $a[N-2]$ 中。依此类推,经过 $N-1$ 轮的冒泡后就产生了排序序列。

```
C:\Windows\system32\cmd.exe
The result is:
 1 2 2 3 7
请按任意键继续. . .
```

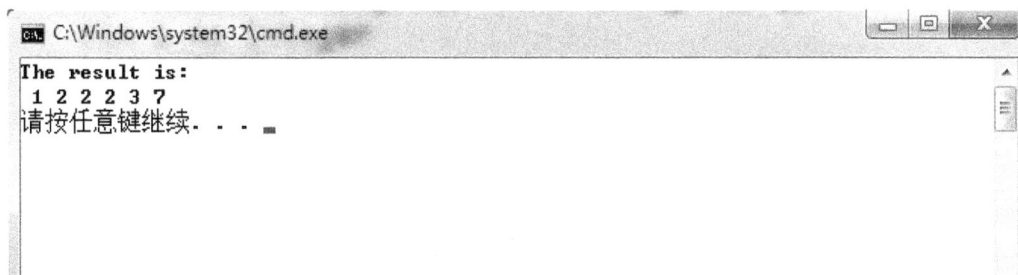

图 7 - 35　选择排序程序运行调试结果

下面给出数据序列{35,22,16,19,22}应用冒泡排序方法的排序过程：

```
初始状态：35    22    16    19      22
第 1 趟  ：22   16    19    22    [35]
第 2 趟  ：16   19    22   [22     35]
第 3 趟  ：16   19   [22    22     35]
第 4 趟  ：16  [19    22    22     35]
```

下面给出 100 个数据元素的冒泡算法具体流程,如图 7 - 36 所示。

根据冒泡排序流程图,采用 VB 语言编写程序如下：

```
Sub Main()
    Const COUNT As Integer = 16
    Dim list As Integer() = New Integer(COUNT - 1) {}
    Dim i As Integer, j As Integer
    Dim tmp As Integer
    list = {503, 87, 512, 61, 908, 170, 897, 275, 653, 426, 154, 509, 612,
            677, 765, 703}
    For i = 0 To (COUNT - 1)
        For j = (COUNT - 1) Toi + 1 Step - 1
            If list(j - 1) > list(j) Then
                tmp = list(j - 1)
                list(j - 1) = list(j)
                list(j) = tmp
            End If
        Next j
    Next i
    Console.WriteLine("The result is:")
    For i = 0 To COUNT - 1
        Console.Write(" {0}", list(i))
    Next i
    Console.WriteLine()
End Sub
```

假设数组为 $a(0 \text{ to } 99)$

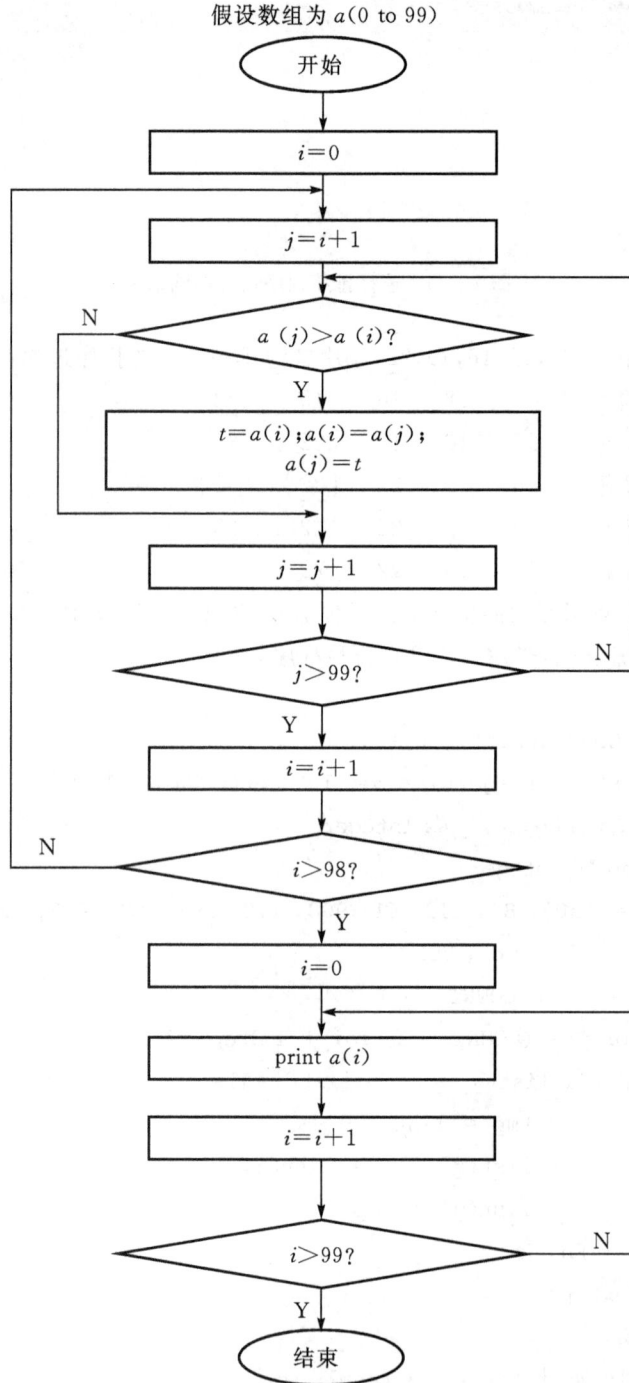

图 7-36　冒泡排序完整流程图

冒泡排序程序运行调试如图 7-37 所示。

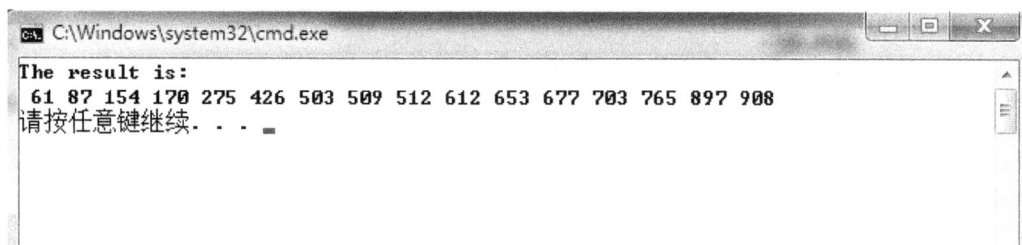

图 7-37　冒泡排序程序运行调试结果

## 7.5.2　数据查找

### 1. 数据查找问题定义

在给出查找定义之前,先介绍关键字的概念。所谓关键字(keyword)就是数据元素中可以标识该数据元素的数据项。如列车时刻表中每个数据元素里的车次数据项,学生成绩单中每个数据元素里的学号数据项、姓名数据项。而像性别这样的数据项,其查找意义不大,就不作为关键字。另外关键字有时不是单个数据项,而是组合若干数据项构成。例如学号+姓名、车次+火车种类都是关键字。

查找就是根据给定的关键字值,在一组数据元素中确定一个其关键字值等于给定值的数据元素。若存在这样的数据元素,则称查找是成功的;否则称查找不成功。一组待查数据元素的集合又称为查找表。

查找某个数据元素依赖于该数据元素在查找表中所处的位置,即该查找表中数据元素的组织方式。按照数据元素在查找表中的组织方式来决定所采用的查找方法;反过来,为了提高查找方法的效率,又要求数据元素采用某些特殊的组织方式来存储。因此,在研究各种查找方法时,必须弄清各种查找方法所适用的组织方式。

在处理大量数据时,人们往往使用计算机来搜索资料。如果认定计算机可以通过对所有的数据做简单的搜索,来实现最终目的,那么,这样的想法是极有诱惑力的。不过,即便是运行速度非常快的计算机,在实际中由于参与的数据量往往十分庞大,其缓慢进度也会令人望而却步。

信息和材料、能源一起成为人类社会三大基本资源,因特网是信息的主要储存基地,因特网给人类社会生活方式带来极大影响。网络不仅是技术,更是一种生活方式,人们已经逐步感受到:网络和生活相融则利,相离则弊,如网上学习、图书馆、购物、医疗、协同工作、合作设计、虚拟制造等。造成知识更新的速度越来越快:100 年、50 年、30 年、20 年、10 年、5 年、3 年、甚至更快。数字化资源异质、分布、海量、良莠不齐:全球数字信息量每年以 $10^{18}$ 字节的速度剧增,如何从海量数据中获取"合适的知识"是任何人必须面对的问题。人们面临前所未有的"学习迷航"和"认知过载",因此掌握效率较高的查找方法尤显重要。下面探讨折半查找方法。

假设待查的关键字序列是(11,16,37,51,55,76,88,90,101,105),采用折半查找方法,mid 为待查数据元素序列的下标,对序列中 10 个元素的查找过程如下:

mid=(1+10)MOD 2　　查找到元素 55;

　mid=(1+4)MOD 2　　查找到元素 16;

　　或者mid=(6+10)MOD 2　　查找到元素 90;

mid＝(1＋1)MOD 2　查找到元素 11；

或者 mid＝(3＋4)MOD 2　查找到元素 37；

或者 mid＝(6＋7)MOD 2　查找到元素 76；

或者 mid＝(9＋10)MOD 2　查找到元素 101；

mid＝(4＋4)MOD 2　查找到元素 51；

或者 mid＝(7＋7)MOD 2　查找到元素 105。

以上过程可以用一棵二叉树来描述折半查找的规律，如图 7-38 所示。这棵二叉树又称为折半查找判定树。从判定树上可知，查找某一个元素所要进行的比较次数等于该元素结点在判定树中的层数。

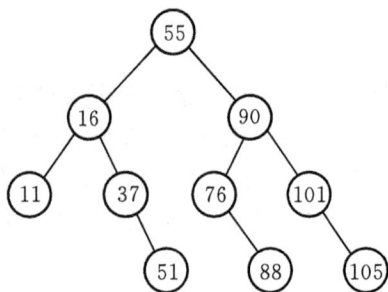

图 7-38　折半查找示意图

折半查找方法中确定中间位置是范围值除 2，相对于乘 0.5。然而我国著名数学家华罗庚教授提出了优选法理论，其中黄金分割法是乘 0.618 来确定中间位置，效率将更高。

**2. 数据折半查找算法设计**

如果所有待查的数据元素按关键字递增（或递减）有序，则可以采用一种高效率的查找方法——折半查找（或称二分查找）。

折半查找的基本思想：由于查找表中的数据元素按关键字有序（假设递增有序），则在查找时可不必逐个顺序比较，而采用跳跃式的比较，即先与"中间位置"的元素关键字值比较，若相等，则查找成功；若给定值大于"中间位置"的关键字值，则在后半部继续进行折半查找；否则在前半部进行折半查找。

折半查找的过程是：先确定待查元素所在区域，然后逐步缩小区域，直到查找成功为止。设：待查元素所在区域的下界为 $low$，上界为 $hig$，则中间位置 $mid＝(low＋hig)/2$，有

①若此元素关键字值等于给定值，则查找成功；

②若此元素关键字值大于给定值，则在区域 $mid＋1\sim hig$ 内进行折半查找；

③若此元素关键字值小于给定值，则在区域 $low\sim mid－1$ 内进行折半查找；

值得注意的是，折半查找效率虽然较高，但必须先将待查数据进行排序。这是折半查找方法的前提条件或代价。

折半查找算法的步骤伪代码描述如下：

①设置查找区间初值，设下界 $low＝0$，设上界 $hig＝length－1$。

②若 $low\leqslant hig$ 则计算中间位置 $mid＝(low＋hig)/2$。

③若 $key<data[mid]$，则设 $hig＝mid－1$ 并继续执行步骤②；

若 $key>data[mid]$,则设 $low=mid+1$ 并继续执行步骤②;

若 $key=data[mid]$ 则查找成功,返回目标元素位置 $mid+1$(位置从 1 计数)。

④若当 $low=hig$ 时,$key!=data[mid]$ 则输出查找失败信息,结束。

假设待查元素为 $N$ 个,完整的折半查找算法流程如图 7-39 所示。

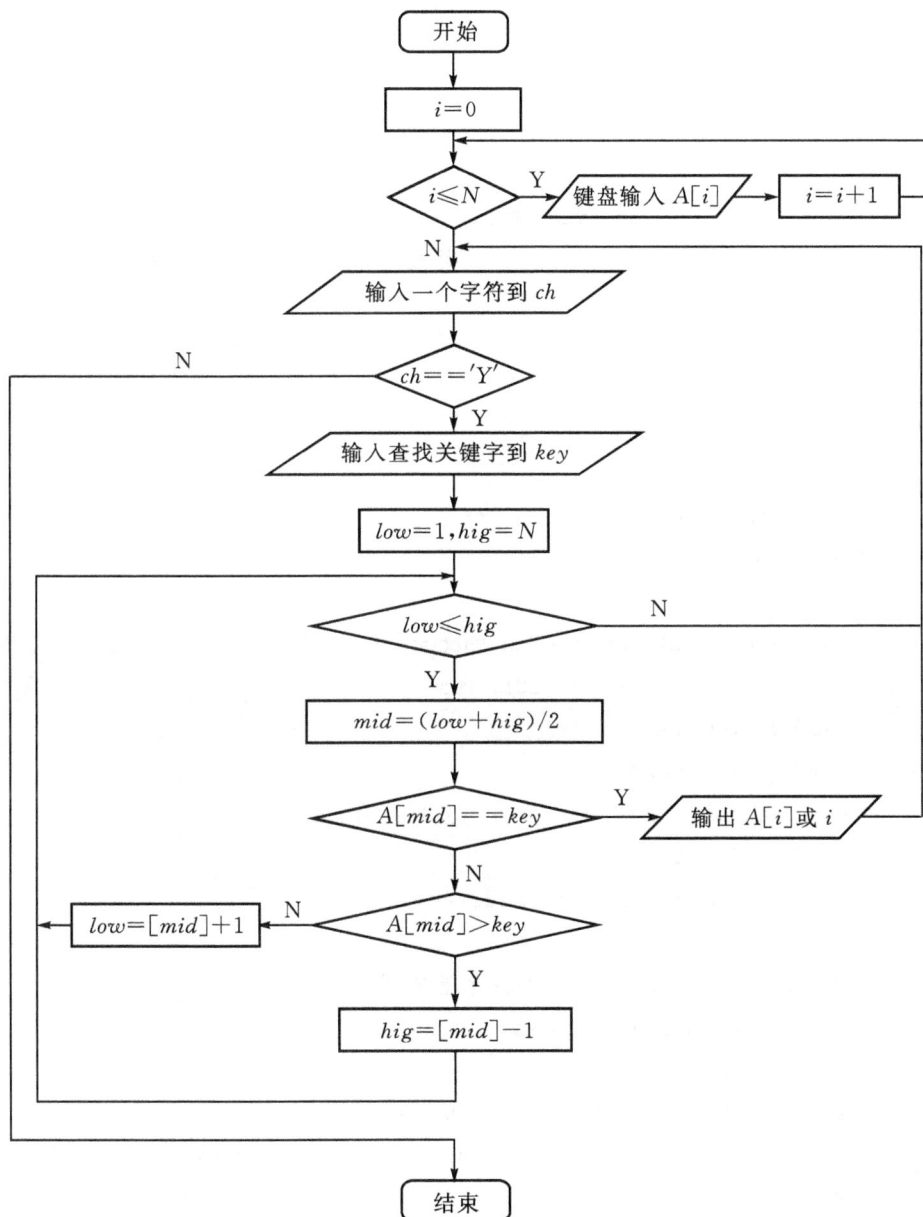

图 7-39　折半查找完整流程图

根据折半查找流程图,采用 VB 语言编写程序如下:

```
Function binsearch(ByRef data() As Integer, ByVal last As Integer, ByVal x As Integer) As Integer
```

```vb
        Dim low As Integer, mid As Integer,hig As Integer
        low = 0
        hig = last - 1
        Do While low <= hig
            mid = (low + hig) / 2    '确定中间位置
            If data(mid) = x Then
                binsearch = mid + 1 '输出查中元素的位置
                Exit Function
            Else
                If x > data(mid) Then
                    low = mid + 1    '修改下界,在表的后半部分查找
                Else
                    hig = mid - 1    '修改上界,在表的前半部分查找
                End If
            End If
        Loop
        binsearch = 0
    End Function
    Sub Main()
        Dim list As Integer() = New Integer(9) {11, 16, 37, 51, 55, 76, 88, 90,
                        101, 105}
        Dim k As Integer
        Dim key As Integer
        Console.WriteLine("待查数据元素序列为:")
        For k = 0 To 9
            Console.Write(" {0}", list(k))
        Next k
        Console.WriteLine("输入查找元素值:")
        key = Decimal.Parse(Console.ReadLine)
        Console.WriteLine()
        If binsearch(list, 10, key) > 0 Then
            Console.WriteLine("查到! 在数列第{0}个位置", binsearch(list, 10, key))
        Else
            Console.WriteLine("未查到!")
        End If
        Console.WriteLine()
    End Sub
```

折半查找程序运行调试结果如下图 7-40 和图 7-41 所示。

图 7-40　折半查找程序运行调试结果(查找成功)

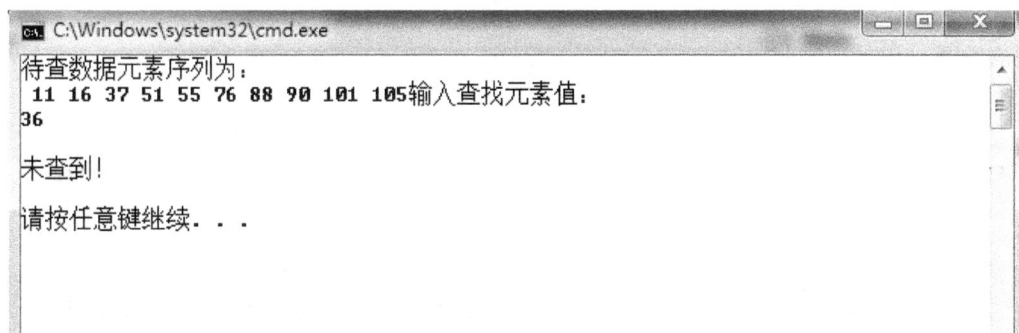

图 7-41　折半查找程序运行调试结果(查找不成功)

## 本章习题

### 一、单选题

1. 算法一般有(　　)个特性。

A. 3　　　　　　　　B. 4　　　　　　　　C. 5　　　　　　　　D. 6

2. 现代程序设计目标主要是(　　)。

A. 追求程序运行速度快

B. 追求程序行数少

C. 既追求运行速度,又追求节省存储空间

D 求结构清晰、可读性强、易于分工合作编写和调试

3. 算法流程图符号圆圈代表(　　)。

A. 一个加工　　　　B. 一个判断　　　　C. 程序开始　　　　D. 连接点

4. 下面(　　)不是高级语言。

A. 汇编语言　　　　B. Java 语言　　　　C. ARGOL 语言　　　D. PROLOG 语言

5. 程序设计一般分为(　　)个步骤。

A. 4　　　　　　　　B. 5　　　　　　　　C. 6　　　　　　　　D. 7

### 二、简答题

1. 程序设计语言的主要用途是什么?

2. 简述程序设计的基本过程。

3. 简述你知道的五种程序设计语言的特点。

4.算法和程序有什么相同之处,有什么不同之处?

5.文档可以被计算机直接执行吗? 它的主要用途是什么?

6.简述程序的一般执行过程。

7.什么叫时间复杂度? 什么叫空间复杂度?

### 三、填空题

1.算法可以用_____、_____、_____等方法描述。

2.高级语言可分为_____型语言和_____型语言。

3.程序的基本控制结构有_____、_____和_____。

4.算法的特性有:_____、_____、_____、_____和_____。

5.评价算法的两个指标是:_____、_____。

### 四、应用题

1.输入三个数,比较并输出最小值。要求:

(a)用自然语言描述算法;

(b)用流程图描述算法。

2.用流程图描述 $5+10+15+20+\cdots+10000$

3.用流程图描述 $10-20+30-40+\cdots+10000$

4.用流程图描述输入 20 个整数,分别统计正整数的个数、负整数的个数、0 的个数,并输出。

5.用流程图描述求斐波那契数列第 100 项的值(注:菲波那契数列前 8 项的值分别为:0、1、1、2、3、5、8、13)。

### 五、实验题

1.设计求解二元一次方程组的根的算法,并用 VB 语言实现。

2.设计算法流程图,用普通迭代法求 $f(x)=2x^3-4x^2+3x-6=0$ 在 1.5 附近的根,并用 VB 语言实现。

3.设计算法流程图,用牛顿迭代法求 $f(x)=xe^x-1=0$ 的根,并用 VB 语言实现。

4.设计算法流程图,用牛顿迭代法求 $f(x)=2x^3-4x^2+3x-6=0$ 在 1.5 附近的根,并用 VB 语言实现。

5.用递归法设计求一批实数中的最小元素的算法流程图,并用 VB 语言实现。

6.设计算法:输入 $N$ 个数,求 $N$ 个数中所有负数之和,并统计负数个数;求 $N$ 个数中所有正数之和,并统计个数,并用 VB 语言实现。

7.设计求 $N$ 个数中最大数的算法,并用 VB 语言实现。

# 第8章 可视化计算初步

## 8.1 RAPTOR 概述

### 8.1.1 RAPTOR 是什么

RAPTOR(the Rapid Algorithmic Prototyping Tool for Ordered Reasoning,用于有序推理的快速算法原型工具)是一款基于流程图的高级程序语言算法工具。它是一种可视化的程序设计环境,为程序和算法设计的基础课程的教学提供实验环境。使用 RAPTOR 设计的程序和算法可以直接转换成为 C++、C♯、Java 等高级程序语言,这就为程序和算法的初学者铺就了一条平缓、自然的学习阶梯。

#### 1. 为什么要使用 RAPTOR

刚刚迈进大学校门的新生,大多数没有接触过程序设计,尤其对于以前很少用计算机的同学来说,程序设计更是遥不可及。已经学过程序设计相关课程的同学也经常感叹对程序设计的不解和畏惧。为什么会出现这种普遍现象呢? 笔者认为,有以下几个原因导致这一结果。

①程序设计对相当一部分新生来讲是新生事物,其对学生有吸引力,但常见的编码化程序语言复杂的语法经常令初学者望而生畏;

②进行程序设计开发所使用的传统开发工具相对来说比较复杂,而且不形象、不直观,造成使用上的瓶颈;

③受外界环境和开发环境的影响,大多数学生会认为,程序设计只是专业的开发人员才能胜任的,所以主观上其积极性极易受到影响,进而深化了"程序难学"这一思维定式。

RAPTOR 的出现给程序设计的初学者带来了福音,它既没有复杂的语法,又提供了直观的图形化界面,使没有任何程序设计基础的同学都能在很短的时间里迅速编写出简洁明了并且可以正常运行的程序,也能更大程度上激发学生学习程序设计的热情。请先看一个非常简单的 RAPTOR 程序。

【例 8.1】 利用 RAPTOR 编写程序,输出"Hello,RAPTOR!"。

这是一个最简单的 RAPTOR 程序,只需要在开始符号"Start"和结束符号"End"之间添加输出语句,完成题目所要求的字符串"Hello,RAPTOR!"的输出即可。RAPTOR 中有专门的输出语句,并且配有输出提示,如图 8-1 所示,使学生很容易地就能完成输出工作。编辑以后程序流程图如图 8-2 所示。

图 8-2 所显示的程序运行结果如图 8-3 所示。

这图 8-2 所显示的程序例子中,学生只需写一个语句,语句书写过程还有提示,而且整个程序设计过程是通过图形界面完成的,避免了复杂、枯燥的语法,即使没有任何程序设计基础的学生也能够轻易完成。相信各位初学者看后一定觉得耳目一新。

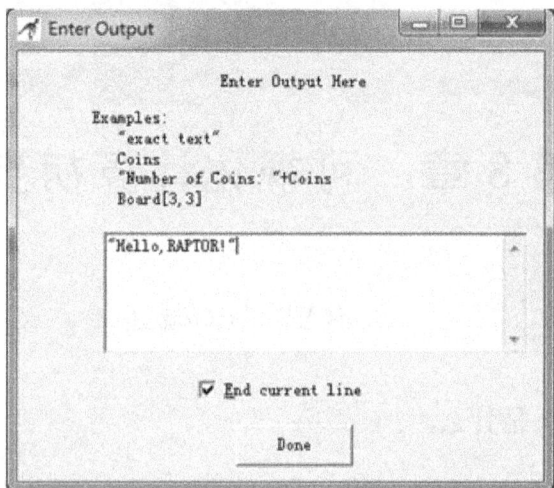

图 8-1　RAPTOR 的输出语句编辑对话框

图 8-2　显示在 RAPTOR 工作区的程序流程图

　　RAPTOR 克服了非可视化环境的句法困难和缺点,它允许学生用连接基本流程图符号来创建算法,然后可以在其环境下直接调试和运行算法,包括运用单步执行或连续执行的模式。该环境能够直观地显示当前执行符号所在的位置,以及所有变量的变化过程。此外,RAP-TOR 提供了简单图形库,学生不仅可以实现创建算法的可视化,而且可以实现求解的问题本身的可视化。

　　RAPTOR 是一种基于流程图的可视化程序设计环境。流程图是一系列相互连接的图形符号的集合,其中每个符号代表要执行的特定类型的指令。符号之间的连接决定了指令的执行顺序。

　　我们使用 RAPTOR 主要基于以下几个原因:

　　• RAPTOR 开发环境可以在最大限度减少语法要求的情形下,帮助用户编写正确的程

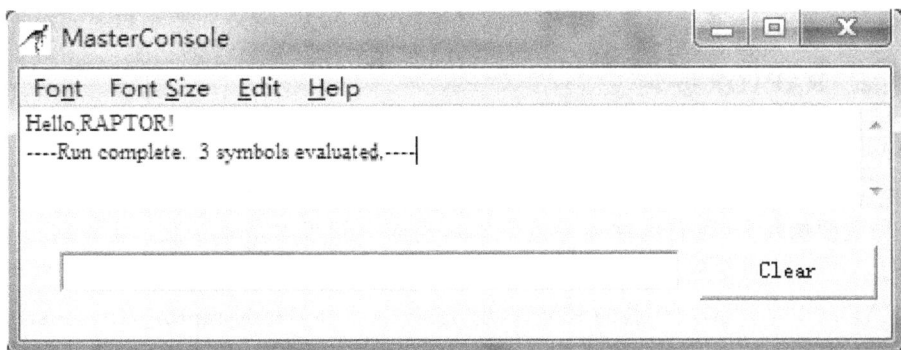

图 8-3　显示在主控制台(MasterConsole)的程序输出结果

序指令。

• RAPTOR 开发环境是可视化的。RAPTOR 程序可以一次执行一个图形符号,以便帮助用户跟踪其指令流的执行过程。

• RAPTOR 是为易用性而设计的,用户可用它与其他任何的编程开发环境进行复杂性比较。

• 使用 RAPTOR 所设计的程序的调试和报错消息更容易被初学者理解。

• 使用 RAPTOR 的目的是进行算法设计和运行验证,所以避免了重量级编程语言,如 C++或 Java 的过早引入,给初学者带来的学习负担。

RAPTOR 让学生在其环境内执行算法,而无须单独编译和执行。这意味着,程序逻辑不必在传统程序设计的文字环境中进行设计和调试,可以直接在可视化表达环境中进行,从而避免了使用多种工具时带来的学习负担。

对学生而言,RAPTOR 并没有强制要求对程序设计目标进行自上而下分解,而是让学生逐步开发代码。此外,RAPTOR 中包含一维和二维数组、文件、字符串和一个允许用户交互的图形库,因此,较之以前的工具学生能够创造出更有趣的算法。

2. RAPTOR 的特点

RAPTOR 的特点包括:

• 语言简单、紧凑、灵活。(6 个基本语句/符号)。使用流程图形式实现程序设计,使得初学者无需花费太多时间,就可以进入问题求解的实质性算法学习阶段。

• 具备基本运算功能,18 种运算符,可以实现大部分基本运算。

• 具备基本的数据类型与结构,数值、字符串、字符三种数据类型,一维及二维数组。组合以后,可以实现大部分算法所需要的数据结构,包括堆栈、队列、树和图。

• 具有严格的结构化的控制语句。

• 语法限制宽松,程序设计自由度大。例如,在一个数组中,可以存在不同的数据类型,使得数据库类的记录实现有了可能。

• 可移植性好,程序的设计结果可以直接执行,也可以转换成其他高级语言,如 C++、C♯、Java、Ada 等。

• 程序的设计结果可以编译成为可执行文件,直接运行。

• 支持图形库应用,可以实现计算问题的图形表达和图形结果输出。

• 支持面向过程和面向对象的程序和算法设计。

• 具备单步执行、断点设置等重要的调试手段，便于快速发现问题和解决问题。

## 8.1.2　RAPTOR 安装

RAPTOR 是一款免费的软件，可以从 RAPTOR 官方网站 http://raptor.martincarlisle.com 中获取。该网站共提供了两种版本的 RAPTOR，一种是安装版，当前最新版本是 2012 版；另一种是便携版本（我们也称为绿色版本），当前最新版本是 4.0 版。本章将以安装版为例，介绍 RAPTOR 的安装。

从 RAPTOR 官方网站下载的 RAPTOR 安装版，文件名称为 raptor_2012.msi，将其存放于 D 盘根目录，如图 8－4 所示。双击运行该文件，出现安装界面，如图 8－5 所示，按提示选择缺省选项完成安装。

图 8－4　RAPTOR 安装程序名称

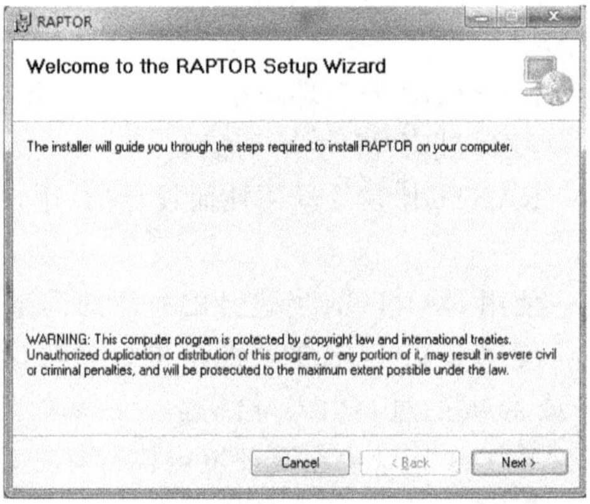


图 8－5　RAPTOR 安装主页面

安装完成后，在程序菜单中就会出现 RAPTOR，为了操作方便，建议在桌面建立 RAPTOR 的快捷方式。点击该菜单，出现 RAPTOR 界面。一般应用界面主要包括两部分：程序设计界面（Raptor）和主控制台界面（MasterConsole），分别如图 8－6、图 8－7。主控界面用于显示程序的运行结果、错误信息等；程序设计界面主要用来进行程序设计。至此，RAPTOR 的安装操作宣告结束。

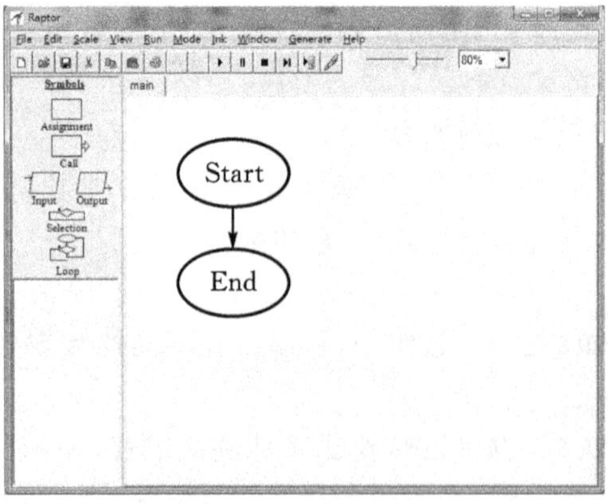


图 8－6　程序设计窗口

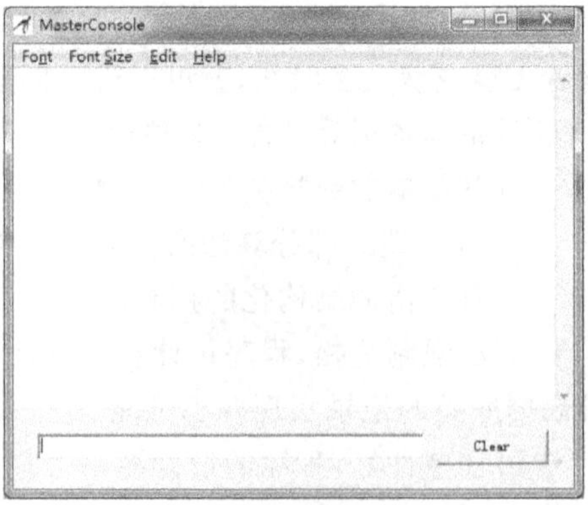


图 8－7　主控制台窗口

### 8.1.3　RAPTOR 基本程序环境与简单应用

RAPTOR 程序是一组连接的符号,表示要执行的一系列动作。符号间的连接箭头确定所有操作的执行顺序。程序执行时,从开始(Start)符号起步,并按照箭头所指方向执行程序。程序执行到结束(End)符号时停止。最小的 RAPTOR 程序(什么也不做),如图 8-8 所示。在开始和结束符号之间插入一系列 RAPTOR 符号,就可以创建有意义的程序了。由于 RAPTOR 符号(赋值、调用、输入、输出、选择和循环)的功能与大部分程序设计语言中相应语句或指令相当,后续内容中,在不容易引起误解的地方,也使用“语句”或“指令”来描述这些符号的应用。

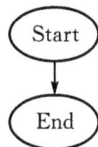

图 8-8　开始和结束符号

请先看下面的例子:

【例 8.2】　请从键盘输入一个数,如果该数大于 0,则输出此数为正数的信息,若该数小于 0,则输出此数为负数的信息。重复这样的过程,直到输入的数为 0,则结束程序的运行。

**解**:这是一个非常简单的判断正负数的程序,要完成该程序,需要考虑以下几个问题:

• 键盘输入的数据怎么接收?

可以通过输入语句将键盘所键入的值送到某一变量中。

• 大于或小于 0 的条件判断如何实现?

可以通过选择结构 Selection 来实现大于或小于 0 条件的判断。

• 循环如何实现,如何结束?

循环在 RAPTOR 中可通过 LOOP 来完成,LOOP 中有循环执行条件的判断,只要满足退出条件(本例中为键盘输入值为 0),即结束循环的执行。

• 如何输出信息?

RAPTOR 中专门提供了输出语句,可利用它输出相关提示信息给用户。

**1. 基本符号**

RAPTOR 有六种基本符号,每个符号代表一个独特的指令类型。基本符号如图 8-9 所示。

一个典型的计算机程序包括三个基本组成部分:

• 输入(Input):RAPTOR 中,输入指令实际上是以变量赋值的形式完成的。初学者使用输入语句从键盘接收用户输入的初始数据,经过加工语句处理后,再通过输出语句输出到计算机屏幕上。此外,还可以通过文件完成输入,这种输入方式提高了程序设计和运行的自动化程度,减少了用户与程序的交互,使程序可以真正解决工程和科学研究问题。在 RAPTOR 图形窗口中,输入语句还可以接收来自鼠标的操作指令。

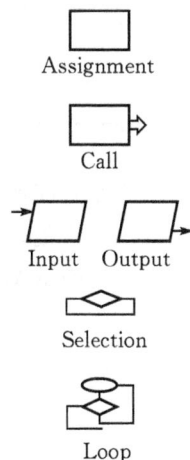

图 8-9　RAPTOR 六种基本符号

• 处理(Process):通过操作数据值来完成任务。处理语句主要包含了各种运算与赋值操作,负责将初始数据加工成为运算结果,或者产生运算过程中的各类中间结果。在加工过程中,需要关注各种数据的类型,因为加工操作与数据类型紧密相关,例如,可以将两个数值相乘得到乘积。但是,若将两个人名直接相乘,则得不到任何有意义的结果。

• 输出(Output):显示(或保存)加工处理后的结果。多数初学者会将计算结果直接在屏幕上显示输出,但输出语句也可以将计算结果输出到文件。保存在文件中的计算结果,可以为其他的各种后续处理提供输入数据。例如,对一个科学计算模型进行模拟计算的数据结果可以保存在数据文件中,为后续的统计和绘图软件提供输入数据。在 RAPTOR 中,也有图形处理功能,一些计算结果可以转换成图形输出。

这三个组件与 RAPTOR 指令的关系如表 8 - 1 所示。

表 8 - 1　四种 RAPTOR 基本指令说明

| 目的 | 符号 | 名称 | 说明 |
|---|---|---|---|
| 输入 |  | 输入语句 | 允许用户输入数据,并将数据值赋给一个变量 |
| 处理 |  | 赋值语句 | 使用各类运算来更改的变量的值 |
| |  | 过程调用 | 执行一组在命名过程中定义的指令。在某些情况下,过程中的指令将改变一些过程的参数(即变量) |
| 输出 |  | 输出语句 | 显示变量的值(或保存到文件中) |

这四个指令之间的共同点是,它们都对变量进行某种形式的操作。要了解如何设计程序,进而使之成为可以运行的计算机算法,必须明白变量的概念。

以下分别说明 RAPTOR 的输入(Input)、赋值(Assignment)、调用(Call)和输出(Output)这四个基本语句。

**2. 输入语句**

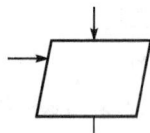

输入语句允许用户在程序执行过程中输入变量的数据值。这里最为重要的是,必须让用户明白当前程序中需要什么类型的数据及其值的大小。因此,在定义一个输入语句时,一定要在提示文本框(Enter Prompt Here)中说明所需要的输入。提示应尽可能明确,如预期值所需要的单位或量纲(如英尺,米或英里)等(参见图 8 - 10)。

当定义一个输入语句时,用户必须指定两件事:一是提示文本(如上所述),二是变量名称,该变量的值将在程序运行时由用户输入。正如可以在"Enter Variable Here"对话框中看到的那样(参见图 8 - 10)。

由输入语句定义对话框所产生的输入语句在运行时(run-time),将显示一个输入对话框,如图 8-11 所示。

在用户输入一个值,并按下 Enter 键(或点击 OK),用户输入值由输入语句赋给变量。

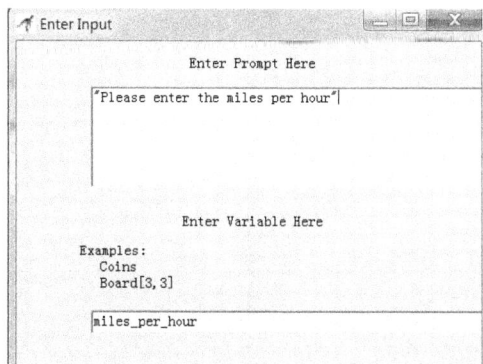

图 8-10　输入语句的编辑对话框　　　　　　图 8-11　输入语句的运行时对话框

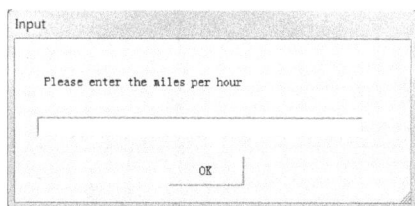

请仔细思考"语句定义(definition of a statement)"和"语句执行(execution of a statement)"的区别。语句定义对话框与执行程序时使用的对话框是完全不同的。

使用表达式提示(expression prompt)可以将文本与变量组合成输入提示,如:"Enter a number between " + low + " and " + high + " : "。当然,在使用上述的提示方法时,必须在程序中给 low 和 high 这两个变量赋值。

此外,已经编辑完毕的输入语句在流程图中的显示形式也会发生变化,如图 8-12 所示。注意,图 8-12 显示在输入语句符号中的"GET"字样,无需用户在编辑中输入,而是由系统自动给定的。

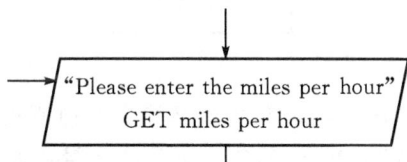

图 8-12　输入语句编辑完成后在流程图中显示的状态

### 3. 赋值语句

尽管输入语句可以给程序中的变量赋值,但 RAPTOR 设计了专门的赋值语句来对变量进行赋值。除了给变量赋值之外,赋值语句也是程序设计中数据处理的主要手段,而数据处理则是通过表达式完成的。

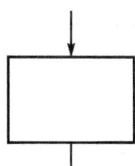

赋值符号是用于执行计算,然后将其结果存储在变量中。赋值语句的定义使用如图 8-13 显示的对话框。需要赋值的变量名须输入到"Set"字样提示的文本框中,需要执行的计算输入到"to"字样提示的文本框中。图 8-13 的示例是将变量 $x$ 的值赋为 0.7071 的数值结果。

RAPTOR 使用的赋值语句在其符号中语法为:

Variable← Expression(变量←表达式)

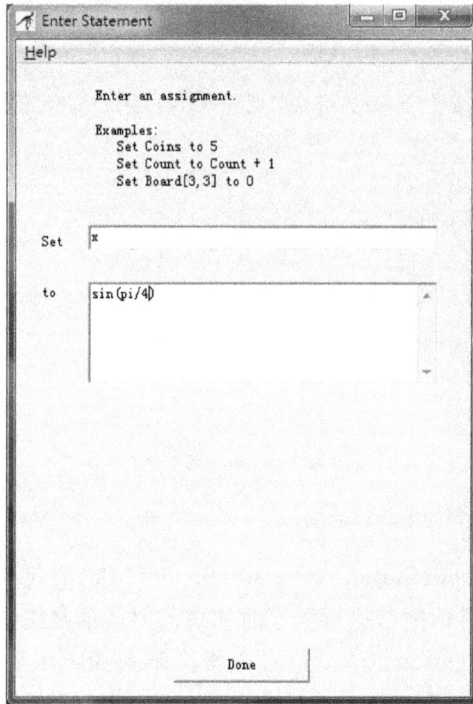

图 8 - 13　赋值语句的编辑对话框

例如,图 8 - 13 对话框创建语句在 RAPTOR 流程图显示为:

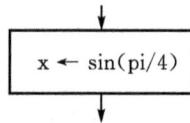

$$x \leftarrow \sin(pi/4)$$

　　一个赋值语句只能改变一个变量的值,也就是箭头左边所指的变量。如果这个变量在先前的语句中未曾出现过,则 RAPTOR 会创建一个新的变量。如果这个变量在先前的语句已经出现,那么先前的值将被目前所执行的计算所得的值所取代。而位于箭头右侧(即表达式中)的变量的值则不会被赋值语句改变。

**表达式**

　　一个赋值语句中的表达式(expression)可以是任何计算单个值的简单或复杂公式。表达式是值(无论是常量或变量)和运算符的组合。(请仔细研究构建有效表达式的规则。)

　　由于计算机一次只能执行一项操作或运算,所以,当一个表达式进行计算时,程序的运算并不是像用户输入时那样,按从左到右的优先顺序进行。实际运算的执行顺序,是按照预先定义的"优先顺序"进行。例如,考虑下面的两个例子:

　　①$x \leftarrow (3+9)/3$;②$x \leftarrow 3+(9/3)$

　　在第一种情况中,变量 $x$ 被赋的值为 4,而在第二种情况下,变量 $x$ 被赋的值为 6。从这些例子中可以看出,使用括号可以随时、明确地控制值和运算符的分组。一般性的"优先顺序"为:

　　①首先计算所有函数(function)的值;

②然后计算括号中表达式；

③然后计算乘幂(^,＊＊)；

④然后从左到右,计算乘法和除法；

⑤最后从左到右,计算加法和减法。

赋值语句中的表达式的运行结果(result of evaluating)必须是数值、字符串或字符。使用中可以用加号(＋)进行简单的文字处理,把两个或两个以上的文本字符串(或字符)合并成为单个字符串。还可以将字符串和数值变量组合成一个字符串。下面的例子显示赋值语句的字符串操作：

```
Full_name← "Joe " + "Alexander " + "Smith"
Answer← "The average is " + (Total / Number)
```

**4. 过程调用语句**

一个过程是一些编程语句的命名集合,用来完成某项任务。在 RAPTOR 中,过程分为内置过程(也称函数)、子图和子程序三种。调用过程时,首先暂停当前程序的执行,再执行过程中的程序指令,然后在先前暂停的程序的下一语句恢复执行原来的程序。

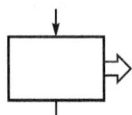

要正确使用过程,用户需要知道两件事情：

①过程(函数、子图或子程序)的名称；

②如果是调用函数和子程序,必须提供完成任务所需要的数据值,也就是所谓的参数。

RAPTOR 设计中,为了减少用户的记忆负担,在过程调用的编辑对话框"Enter Call"中,会随用户的输入,按部分匹配原则,在"Enter Call"对话框中按用户输入过程的名称进行提示,这对减少输入错误大有裨益。例如,输入"set"三个字母后,窗口的下部会列出所有以"set"开头的内置的过程。该列表还提醒每个过程所需的参数。图 8－14 所示的对话框告诉用户,调用"Set_Precision"过程需要一个参数值。

当一个过程调用显示在 RAPTOR 程序中时,可以看到被调用的过程名称和参数值(参见图 8－15)。

RAPTOR 定义了较多的内置过程,在必要时,可以参考 RAPTOR 帮助中的内置过程的文档。

值得关注的是,在 RAPTOR 中,用户可以自行定义子图(subchart)和子程序(procedure),用户自定义的子图和子程序,也是使用过程调用语句执行的。在用户自定义的子图调用过程中,是无需提供参数,因为所有的 RAPTOR 子图共享所有的变量。

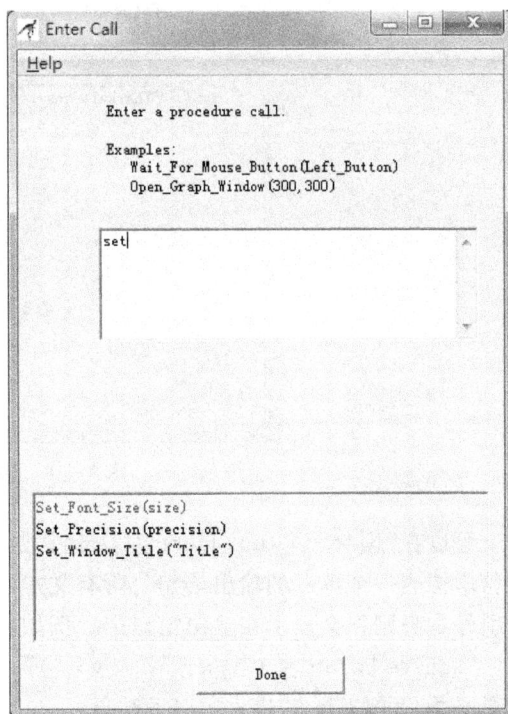

图 8－14　过程调用的编辑对话框

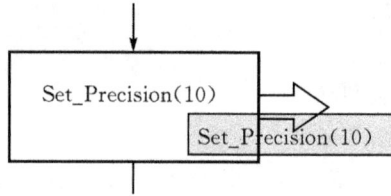

图 8-15 设置完毕的过程调用的显示

**5. 输出语句**

RAPTOR 环境中，执行输出语句将在主控（MasterConsole）窗口显示输出结果。当定义一个输出语句时，需要使用 Enter Output 对话框进行编辑。在"Enter Output Here"文本输入框中，要求用户指定两件事：

- 显示什么样的文字或表达式结果如何显示？
- 是否需要在该输出语句执行时输出一个换行符？

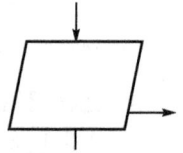

在图 8-16 所示的案例中，输出语句把要显示的文本内容"The sale tax is"输出到主控窗口上，并另起一行。这是由于"End Current line"复选框被选中，该输出语句以后的输出内容将从新的一行开始显示。

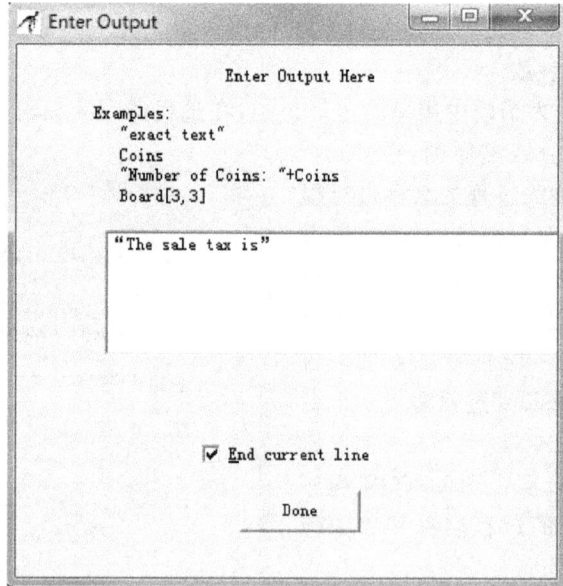

图 8-16 输出编辑对话框

可以在"Enter Output Here"对话框中使用字符串和连接（＋）运算符，将两个或多个文本字符串构成一个单一的输出语句。所有文本必须包含在双引号（""）中以区分文本和变量，而双引号本身则不会显示在输出窗口中。例如，表达式：

`"Active Point = (" + x + "," + y + ")"`

如果 $x$ 为 200，$y$ 是 5，将显示以下结果：

`Active Point = (200,5)`

可见，双引号不在输出设备上显示而是用于环绕任何文字性的表述，而变量中的内容输出,则直接引用变量名即可。

有经验的程序员常常会说:"请使用用户友好的方式显示结果"。这意味着任何输出在 MasterConsole 窗口的数字,应该伴随一些说明性的文本解释。图 8-17 分别展示了一个"非人性化的输出"和"用户友好的输出"的例子。

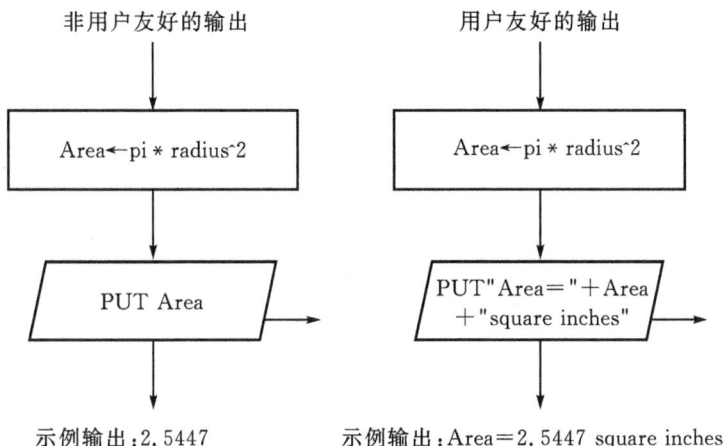

图 8-17 两个输出语句的比较

尽管一个程序或算法可以没有输入,但必须至少有一个输出。而输出的结果是直接说明这个程序或算法的设计目的。所以,理想的输出应该是既包括输入的初始数据,也包括对计算的一些简单描述,还包括计算的结果,例如,如果将输出语句设计成以下形式:

PUT"When the Radius is " + radius + "inch,then the area = " + area + "square in-ches."

在主控台(MasterConsole)中显示的结果就是:

When the Radius is 0.9 inch, then the area = 2.5447 square inches.

结果中既包含了输入的信息,又包含了输出信息,同时说明了程序的设计意图。

**6. 第一个 RAPTOR 应用实验**

本实验要求掌握 RAPTOR 2012 的各项功能,首先必须熟悉它的工作环境。下面详细介绍 RAPTOR 2012 的工作窗口、菜单命令、工具栏、定位工具以及帮助系统等方面的内容。

(1)基本工作窗口

图 8-18 所示是一个 RAPTOR 2012 文件的基本工作窗口,由于打开的 RAPTOR 文件不同,工作窗口也会有所差异,但基本样式差别不大。

标题栏:显示当前运行的 RAPTOR 程序文件名。

菜单栏:通过单击某一项可以弹出菜单实现各种操作。

工具栏:单击某一项可以快速执行命令,可称作是菜单命令的一种快捷方式。

滑动条:可以调节流程图程序的执行速度,方便观测程序执行的动态特性。

图比设置:为一个下拉式菜单选项,可以调整流程图在流程图设计窗口的显示比例。

流程图设计窗口:是一张图纸,流程图的最终效果在它上面体现出来。一个流程图文件(＊.rap)可以包括一个 main 子图、若干子程序(procedure)或子图(subchart)组成,通过子程序和子图选项卡来切换。

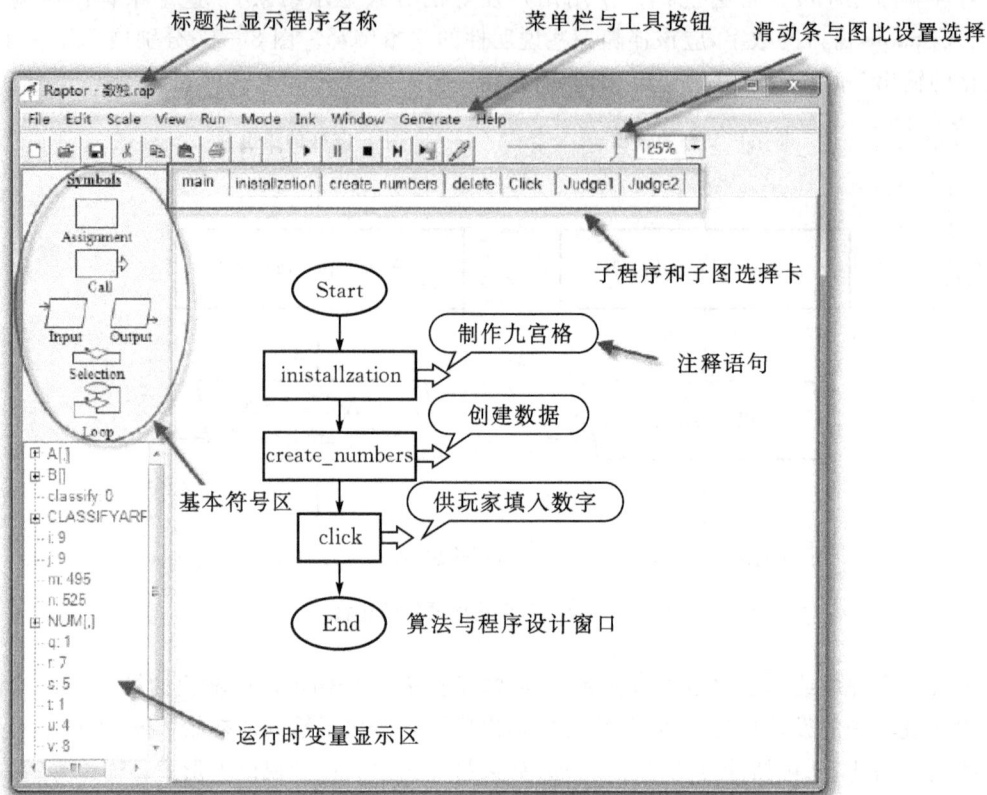

图 8-18　RAPTOR 2012 基本工作界面

基本符号区:是一组流程图符号的集合,处于算法和程序设计窗口的左上部。

运行时变量显示区:当程序运行时,在流程图 main 子图和其他子程序中定义的变量会分别显示。所有子图与 main 子图中的变量共享一片存储区域,而子程序中的变量只有在子程序运行过程中存在。

(2)流程图设计窗口基本操作

从符号区往流程图设计窗口拖拽符号:在初始状态,RAPTOR 中只有 main 子图和"start""end"两个流程图符号,用户主要的程序设计工作是从符号区往算法和程序设计窗口拖拽符号(RAPTOR 的六个主要符号分别为:赋值(assignment)、输入(Input)、输出(output)、调用(call)、选择(selection)、循环(loop))。

(3)运行流程图

通过点击工具栏中的运行按钮,即可运行设计完毕的流程图,流程图的运行结果在主控制台(MasterConsole)输出。其中,除了输出程序本身的运行结果外,系统还提供本次运行所执行的符号数量(包括"start""end"这两个流程图的符号),这个数据对分析和验证算法的复杂度,有一定的参考意义。

# 8.2  RAPTOR 基本程序设计

## 8.2.1  常量与变量

### 1.常量

所谓常量(constant)就是在程序运行过程中固定不变且不可改变其值的量。

RAPTOR 目前没有为用户提供定义常量的功能,而只是在系统内部定义了若干符号表示常用的数值型常量。当用户需要相应的值时,可使用代表这些常数的符号。

pi(圆周率)  定义为 3.1416(默认精度 4 位,用户可以定义扩展精度表达的范围);

e(自然对数的底数)  定义为 2.7183(精度设置同上);

true /yes(布尔值:真)  定义为 1;

false/no(布尔值:假)  定义为 0。

以上列举的这 6 个符号,也称为"保留字",所谓保留字是系统规定不可再用作变量名或者子图、子程序的名字。

### 2.变量与变量命名

变量(variable)表示的是计算机内存中的位置,用于保存数据值。在任何时候,一个变量只能容纳一个值。然而,在程序执行过程中,变量的值可以改变。这就是它们被称之为"变量"的原因! 例如,某名称为 $X$ 的变量,其值的变化过程如表 8 - 2 所示。

表 8 - 2  变量赋值过程

| 说明 | $X$ 的值 | 程序 |
|---|---|---|
| 当程序开始时,没有任何变量存在。RAPTOR 变量是在某个语句中首次使用时被自动创建的 | 未定义 | Start |
| 第一个赋值语句,$X \leftarrow 32$,分配数据值 32 给变量 $X$ | 32 | $X \leftarrow 32$ |
| 下一个赋值语句,$X \leftarrow X + 1$,检索到当前 X 的值为 32,给它加 1,并把结果 33 给变量 $X$ | 33 | $X \leftarrow X + 1$ |
| 下一个赋值语句,$X \leftarrow X * 2$,检索到 X 当前值为 33,乘以 2,并把结果 66 给变量 $X$ | 66 | $X \leftarrow X * 2$ |

表 8 - 2 所示程序在执行过程中,变量 $X$ 存储过三个不同的值。请注意,一个程序中的语句顺序是非常重要的。如果重新排列这三个赋值语句,存储在 $X$ 中的值则会有所不同。

一个变量值的设置(或改变)可以采取以下三种方式之一:

- 通过输入语句赋值。
- 通过赋值语句中的公式运算后赋值。
- 通过调用过程的返回值赋值。

因此,变量数据值的变化导致程序每次执行的结果可以不同。

程序设计时,变量的命名应具有一定的意义,如变量以其在程序中的作用命名。变量命名必须遵循一定的规则,并且命名尽可能参照相关原则进行。

必须遵循的命名规则:

①变量名首字母必须为字母(a−z、A−Z),下划线(_)。

②变量名只能是字母(a−z、A−Z),数字(0−9),下划线(_)的组合,并且之间不能包含空格。

③变量名不能使用保留字。比如在 RAPTOR 中不能使用 true,false,pi,e 等。

重要命名原则:

①在每个代码范围内使用足够短和足够长的名称:例如循环计数器用一个字符就可以了,如 i;条件和循环变量用一个单词。

②为变量指定一些专门名称,不要使用如 "value" "equals" "data" 这样的变量名。

③在 RAPTOR 使用中,建议初学者尽可能采用小写字母来命名所有变量,以减少输入上的出错的机会,也为将来的算法向其他语言的转换提供便利。

④不要使用非 ASCII 字符的变量,例如中文变量。

⑤变量名要使用有意义的名称,能大概反映出其具体的用途。

⑥不要使用太长的变量名,例如 50 个字符,这很难阅读,而且可能超出一些编译器的限制。

⑦确定并坚持使用固定的一种自然语言的命名方式,例如不要使用拼音和英文混合的命名方式。

### 8.2.2　运算符

RAPTOR 中基本运算符有三类:算术运算符、关系运算符和逻辑运算符。

**1. 算术运算符**

用来处理四则运算的符号,称为算术运算符。它是最简单,也最常用的符号,尤其是数字的处理,几乎都会使用到算术运算符。RAPTOR 中,算术运算符包括 7 个,如表 8−3 所示。

表 8−3　RAPTOR 的算术运算符

| 运算符 | 说明 | 范例 |
|--------|------|------|
| ＋ | 加 | $3+4=7$ |
| − | 减 | $3-4=-1$ |
| − | 负号 | $-3$ |
| * | 乘 | $3*4=12$ |
| / | 除 | 3/4 is 0.75 |
| ^ 或 ** | 幂运算 | $3^4=3**4=81$ |
| rem 或 mod | 求余数 | $10\ rem\ 3=1;10\ mod\ 4=2$ |

### 2. 关系运算符

关系运算符也称为比较运算符,用于比较两个值,结果为一个逻辑值,不是"true"就是"false"。RAPTOR 中,关系运算符包括 6 个。如表 8 - 4 所示。

表 8 - 4　RAPTOR 的关系运算符

| 运算符 | 说明 | 范例 |
|---|---|---|
| = | 等于 | (1 + 2) = 3 (true) |
| ! = , /= | 不等于 | (1 + 2)! = 3 (false) |
| > | 大于 | ′z′ > ′a′ (true) |
| >= | 大于等于 | ′z′ > = ′a′ (true) |
| < | 小于 | ′z′ < ′a′ (false) |
| <= | 小于等于 | ′z′ < = ′a′ (false) |

### 3. 逻辑运算符

逻辑运算符主要用于程序条件的判断,运算的结果为一个逻辑值,"true"或"false"。RAPTOR 中,逻辑运算符包括 4 个。如表 8 - 5 所示。

表 8 - 5　RAPTOR 的逻辑运算符

| 运算符 | 说明 | 范例 |
|---|---|---|
| and | 与,运算符两边均为 true,则结果为 true,否则结果为 false | 1>3 and ′z′>′a′(false) |
| not | 非,运算符后值为 false,则结果为 true;否则结果为 false | not ((1 + 2)! = 3)(true) |
| or | 或,运算符两边只要有一个结果为 true,则结果为 true | 1>3 or ′z′>′a′ (true) |
| xor | 异或,运算符两边值不同,则结果为 true,否则,结果为 false | 1>3 xor ′z′>′a′(true) |

## 8.2.3　系统函数简介

程序设计中,系统函数的出现为设计者带来极大的方便,借助它,设计者可以轻易地实现特定的功能,而无需编写复杂的程序代码。很多高级语言都为用户提供了大量的实用函数,大大提高了用户的开发效率。RAPTOR 中的系统函数有五类:基本数学函数、三角函数、布尔函数、时间函数和图形函数。本部分主要介绍前四类函数,图形函数将会在后续介绍。

### 1. 基本数学函数

基本数学函数用于帮助程序设计者完成特定的数学功能。RAPTOR 中,基本数学函数包括 9 个,如表 8 - 6 所示。

表 8 - 6　RAPTOR 基本数学函数

| 运算 | 说明 | 范例 |
|---|---|---|
| abs | 绝对值 | abs(−9)= 9 |
| ceiling | 向上取整 | ceiling(3.14159) = 4 |
| floor | 向下取整 | floor(9.82) = 9 |
| log | 自然对数(以 e 为底) | log(e) = 1 |
| max | 在两个参数中取较大者 | max(5,7) = 7 |
| min | 在两个参数中取较小者 | min(5,7) = 5 |
| powermod | RSA 算法函数,有三个参数,返回值为 ((base^exp)mod modulus). | variable < - powermod(base, exp, modulus) |
| sqrt | 开平方,如果参数为负会产生错误 | sqrt(4) = 2 |
| random | 生成一个范围在[0~1)之间的随机值 | 在默认精度时:random ∗ 100 返回一个 0~99.9999 的随机数 |

## 2. 三角函数

三角函数可帮助用户完成三角运算功能。RAPTOR 中,三角函数包括 8 个。如表 8 - 7 所示。

表 8 - 7　RAPTOR 三角函数

| 运算 | 说明 | 范例 |
|---|---|---|
| sin | 正弦(以弧度表示) | sin(pi/6) = 0.5 |
| cos | 余弦(以弧度表示) | cos(pi/3) = 0.5 |
| tan | 正切(以弧度表示) | tan(pi/4) = 1.0 |
| cot | 余切(以弧度表示) | cot(pi/4) = 1 |
| arcsin | 反正弦,返回弧度 | arcsin(0.5) = pi/6 |
| arccos | 反余弦,返回弧度 | arccos(0.5) = pi/3 |
| arctan | 反正切,返回弧度 | arctan(10,3) = 1.2793 |
| arccot | 反余切,返回弧度 | arccot(10,3) = 0.2915 |

## 3. 布尔函数

布尔函数主要用于变量类型的查询测试。RAPTOR 中,布尔函数包括 5 个。

①Is_Array:是否数组?

②Is_Character:是否字符?

③Is_Number:是否数值?

④Is_String:是否字符串?

⑤Is_2D_Array:是否二维数组?

**4. 时间函数**

时间函数用来取得系统当前的时间和日期,这些函数返回值均为数值型数,可以直接参与算术运算。需要注意的是,在 RAPTOR 中,时间函数并没有出现在帮助中。这类函数共有 8 个。

①Current_Year:返回当前系统年份值。

②Current_Month:返回当前系统月份值。

③Current_Day:返回当前系统日值。

④Current_Hour:返回当前系统时间的小时值。

⑤Current_Minute:返回当前系统时间的分钟值。

⑥Current_Second:返回当前系统时间的秒钟值。

⑦Current_MilliSecond:返回当前系统时间的毫秒值。

⑧Current_Time:返回从 1990 年 1 月 1 日到当前时间的毫秒值计数。假定当前时间为 1990 年 1 月 1 日 0:09 分,则执行 Current_Time 后的结果应该为:$9 \times 60 \times 1000 = 540000$ ms,程序流程图如图 8-19 所示,执行结果如图 8-20 所示。

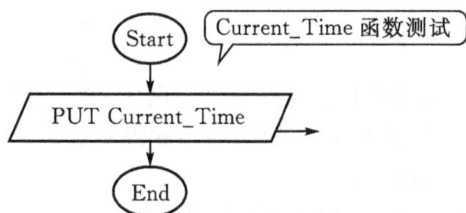

图 8-19　Current_Time 函数测试流程图　　　　图 8-20　Current_Time 函数测试结果

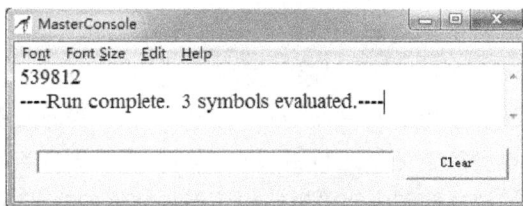

## 8.2.4　RAPTOR **控制结构**

编程的最重要工作之一是控制语句的执行流程。程序员合理利用控制结构和控制语句,可以确定程序语句的执行顺序。这些控制结构可以做三件事:

①按照顺序执行某些语句;

②根据条件的判断结果,跳过某些语句而执行其他的语句;

③条件为真时重复执行一条或多条语句。

RAPTOR 程序使用的语句有六种基本类型,如图 8-21 所示。前文已经介绍了其中的四个。本部分主要介绍选择(Selection)和循环(Loop)命令。

图 8-21　两类不同的基本命令

**1. 顺序控制**

前面所述的大部分案例使用顺序控制。顺序逻辑是最简单的程序构造。本质上,就是把每个

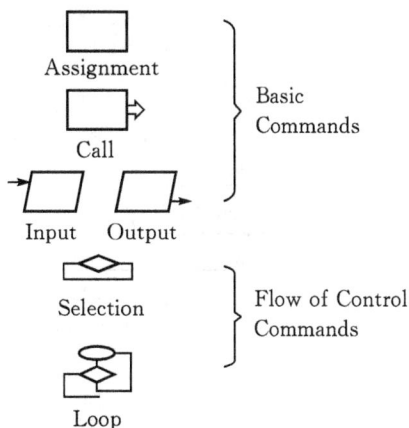

语句按顺序排列,程序执行时,从开始(Start)语句顺序执行到结束
(End)语句。正如图 8-22 的示例程序,箭头连接的语句描绘了执
行流程。如果程序包括 20 条基本命令,它会顺序执行这 20 个语
句,然后退出。这种结构在英语环境中被称为"and-then"结构。

　　程序员为解决问题,必须首先确定问题的解决方案,该方案需
要哪些语句,以及语句的执行顺序。因此,编写正确的语句以及确
定语句在程序的何处放置是同样重要的。例如,当要获取和处理来
自用户的数据时,必须先取得数据,然后才可以使用。如果交换一
下这些语句的顺序,则程序根本无法执行。

　　顺序控制是一种"默认"的控制,即流程图中的每个语句自动指
向下一个。顺序控制除了把语句按顺序排列,不需要做任何额外的
工作,因此是最简单的控制结构。仅仅使用顺序控制,是无法得到

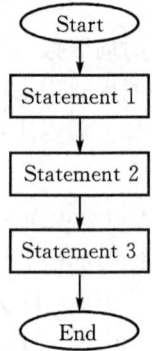

图 8-22　顺序控制结构

针对现实世界问题的解决方案的。现实世界中的问题包括了各种"条件"或约束,并以此来确
定下一步应该怎样做。例如,"如果熄灯号响了,就必须把灯关了",这个问题是基于一天的某
个时间点所做出的决定。这里的"条件"(即当前时间)确定了某个行动(关灯)应执行或不执
行。这就是所谓的"选择控制"。

**2. 选择控制**

　　一般情况下,程序需要根据数据的一些条件来决定是否执行某些语句。例如,使用赋值语
句计算线段的斜率,slope ← DY / DX,就需要确保 DX 值不为零(因为被零除没有数学定义,
所以会产生一个运行错误)。因此,需要做的判断是,"DX=0?"

　　选择控制语句可以使程序根据数据的当前状态选择两种可以选择的路径中的一条来执行下
一条语句。如图 8-23 所示,RAPTOR 的选择控制语句呈现出一个菱形的符号,用"Yes/No"表
示对问题的决策结果以及决策后程序语句的执行指向。当程序执行时,如果决策的结果是"Yes"
(True),则执行左侧分支,如果结果是"No"(False),则执行右侧分支。在图 8-24 的示例中,

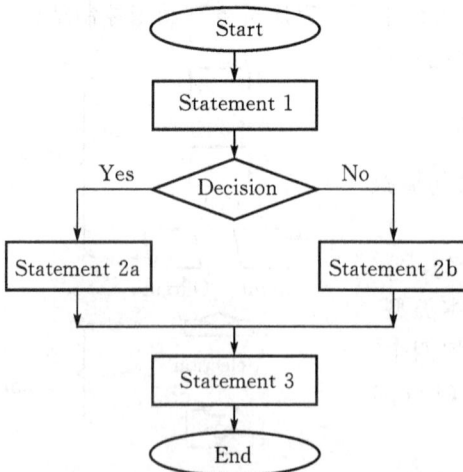

图 8-23　选择控制结构

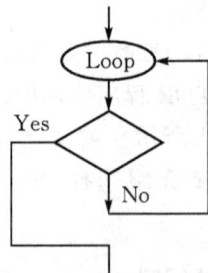

图 8-24　循环控制语句

Statement 2a 或 Statement 2b 都有可能执行,但二者不会被同时执行。请注意,该程序有两种可能的执行过程(参见表 8 - 8)。

表 8 - 8　图 8 - 23 所示选择结构的可能执行过程

| 可能性 1 | 可能性 2 |
| --- | --- |
| Statement 1<br>Statement 2a<br>Statement 3 | Statement 1<br>Statement 2b<br>Statement 3 |

另外还要注意选择控制语句的两个路径之一可能是空的,或包含多条语句。如果两个路径同时为空或包含完全相同的语句,则是不合适的。因为无论选择决策的结果如何,这对程序的运行过程都没有影响。选择控制结构在英语环境中被称为"if-then"结构。

**3. 循环控制**

一个循环(loop)控制语句允许重复执行一个或多个语句,直到某些条件变为真值(True)。这种类型的控制语句正是计算机真正的价值所在,因为计算机可以重复执行无数相同的步骤而不会厌烦。

在 RAPTOR 中一个椭圆和一个菱形符号组合在一起被用来表示一个循环过程。循环执行的次数由菱形符号中的决策表达式来控制。在执行过程中,菱形符号中的表达式结果为"No",则执行"No"的分支,这将导致循环语句和重复。要重复执行的语句可以放在菱形符号上方或下方(参见图 8 - 24)。循环控制结构在英语环境中被称为"While-do"结构。

在循环语句中,究竟是先计算后测试,还是先测试后计算?或者在计算的过程中间进行测试?所以,什么时机执行决策语句测试十分关键。

上述三种测试形式在实际上就形成了三种测试模式:分别是前序测试(Pre-test),也就是在循环开始前,对某个条件或变量进行测试,一旦测试结果为真,则完全不执行循环体内的语句,只有结果为假(False)才进入循环。后序测试(Post-test),就是先执行循环体内的程序语句,然后再执行决策语句,结果为真时退出,为假则继续进行循环,后序测试的特点是至少会执行一次循环体内的语句。最后一种是中序测试(Intermediate-test),就是先执行部分循环体内语句,然后再测试,若结果为真退出循环、为假继续执行另一部分循环体内的语句。

## 8.2.5　程序的注释

RAPTOR 的开发环境,像其他许多编程语言一样,允许对程序进行注释。注释本身对计算机毫无意义,并不会被执行。注释的目的是增强程序的可读性,帮助他人理解你所设计的程序或算法,特别是在程序代码比较复杂、很难理解的情况下。

用法:使用光标选择任何一个流程图符号,包括"start""end"这两个流程图的符号,单击鼠标的左键,可以选择"comment"来输入注释语句。

注释一般有四种类型:

①编程标题:包括程序的作者和编写的时间,程序(子图、子程序)的目的等。特别是在有子图和子程序的算法程序中,子图和子程序的设计目的需要详细说明;在有子程序定义的算法

中,子程序的各个形式参数的设计目的也需要详细说明(添加到"Start"符号中)。

②分节描述:用于标记程序,使程序员更容易理解程序整体结构中的主要部分,例如,算法中主要分支和循环语句的标注。

③逻辑描述:解释算法中标准或非标准的逻辑设计。例如,递归程序中基线条件(Base case)和正常递归部分的标示。

④变量说明:解释算法中使用的主要变量的用途,哪些变量用于接收输入变量,哪些是输出变量,哪些是保存中间结果的临时变量。

# 8.3　RAPTOR 数组

在使用程序来解决问题时,会遇到大量的数据涌现出来,对数据进行处理时需要将其进行保存、排序、比较、选择和统计。我们知道可以使用变量对数据进行保存和运算,同时也知道对变量的命名是有一定的规律的。如果做一个简单的练习:输入 10 个数,求它们的平均值并输出结果。若不用数组来解决这个问题,语句书写会很复杂,且重复语句多。

成千上万的数据变量如何命名和管理? 在程序设计实践中,最常使用的方法就是将大量同样类型的数据组成数组进行运算。

## 8.3.1　数组的概念

所谓数组,是相同数据类型的元素按一定顺序排列的集合,即把有限个类型相同的变量用一个名字命名,然后用编号区分它们的变量的集合,这个名字称为数组名,编号称为下标,组成数组的各个变量称为数组的分量,也称为数组的元素,有时也称为下标变量。数组是在程序设计中,为了处理方便,把具有相同类型的若干变量按有序的形式组织起来的一种形式。这些按序排列的同类数据元素的集合称为数组。数组最大的好处在于用一个统一的数组名和下标(index)来唯一地确定某个数组变量中的元素,而且下标值可以参与计算,这为动态进行数组元素的遍历访问创造了条件。

数组中的各元素是有先后顺序的,它们在内存中按照这个先后顺序连续存放在一起。由于有了数组,可以用相同名字引用一系列变量,并用数字(索引)来识别它们,在许多场合,使用数组可以缩短和简化程序,可以利用索引值设计一个循环,高效处理多种情况。数组有上界和下界,数组的元素在上下界内是连续的。

RAPTOR 数组的特点:

①在 RAPTOR 中一个数组可以分解为多个数组元素,这些数组元素可以是基本数据类型,因此按数组元素的类型不同,数组又可分为数值数组、字符数组、二维数组等类别;

②一般一个数组中的所有元素具有相同的数据类型,但在 RAPTOR 中,一个数组中的各个元素能够包含不同种类的数据(字符、字符串、数值等);

③RAPTOR 支持可变长数组(VLA);

④数组元素用整个数组的名字和它自己在数组中的顺序位置来表示。例如,a[1]表示名字为 a 的数组中的第一个元素,a[2]代表数组 a 的第二个元素,依此类推;

⑤RAPTOR 下标要紧跟在数组名后,而且用方括号括起来(不能用其他括号);

⑥下标可以是常量、变量或表达式,但其值必须是整数(如果是小数将四舍五入为整数);

⑦下标必须为一段连续的整数,其最小值成为下界,其最大值成为上界。不加说明时下界值默认为 1。

⑧RAPTOR 数组的最大元素个数在 10000 个左右,建议不要超此上限。

图 8-25 显示了 RAPTOR 一维数组 scores[]的样例,该图显示的是该数组各个元素的名称而不是其中的数据,其中方括号中标注的就是下标值,以便各个元素相互区分。RAPTOR 中规定,下标值必须是正整数,不可以是 0 或带有小数的数值。

| scores[1] | scores[2] | scores[3] | scores[4] |
|---|---|---|---|

图 8-25　RAPTOR 一维数组的元素表示

图 8-26 则从另一个视角显示了 RAPTOR 一维数组,即各个数组元素的样本数值和其下标值。

| | 1 | 2 | 3 | 4 |
|---|---|---|---|---|
| Scores | 87 | 93 | 77 | 82 |

图 8-26　RAPTOR 一维数组的样本数据与下标

数组的命名规则与变量基本相同。但在 RAPTOR 中,已经成为数组变量的名称,不得再重复用作一个普通变量的名称。

### 8.3.2　数组的类型

**1. 一维数组**

数组变量必须在使用之前创建。在 RAPTOR 中的数组是在输入和赋值语句中通过给一个数组元素赋值而产生的。所创建的数组大小由赋值语句中给定的最大元素下标来决定。创建过程也可以通过一个计数循环进行,所以数组可以最初只有一个元素,然后变为两个、三个,随着循环过程的运行,元素个数与下标逐渐增加。

如果程序试图访问的数组元素下标大于以前赋值语句产生过的任何数组元素的下标,则系统会发生一个运行时错误。

然而,数组中的元素可以按任何顺序赋值,这样会留下一些没有赋值的元素。在这种情况下,仍然使用最大下标定义数组的大小,但未赋值的数组元素,将默认为 0 值(数值类型)。例如,观察一下数组的赋值过程。

第一次给 values[]数组赋值:

values[7] <- 3

产生图 8-27 的效果。

| 1 | 2 | 3 | 4 | 5 | 6 | 7 |
|---|---|---|---|---|---|---|
| 0 | 0 | 0 | 0 | 0 | 0 | 3 |

图 8-27　第一次给数组 values[]赋值的结果

第二次再给该数组赋值：

values[9] <- 6

则将数组进行了扩展，得到的结果如图 8-28。

| 1 | 2 | 3 | 4 | 5 | 6 | 7 | 8 | 9 |
|---|---|---|---|---|---|---|---|---|
| 0 | 0 | 0 | 0 | 0 | 0 | 3 | 0 | 6 |

图 8-28　第二次给数组 values[] 赋值的结果

这种赋值方式的方便之处是，程序员可以用一个赋值语句初始化整个数组为 0。例如，100 个元素的数组初始化为 0，只需要一个语句：

values[100] <- 0

就可以用来代替一个循环 100 次的数组赋值过程。

最常见的数组运算是使用下标对其进行访问。也就是说在数组名后的方括号中指定下标值，例如，values[count] 或 grid[row,column]。

在 RAPTOR 中，提供了一个 Length_Of() 函数来计算一维数组的长度。Length_Of() 函数需要一个参数，也就是需要进行长度计算的一维数组名，不需要数组名后的方括号或任何下标形式的表示。它返回为数组定义的最大下标值（也就是元素的数量）。

数组变量的好处来自数组符号允许 RAPTOR 在方括号内执行数学计算。换句话说，RAPTOR 可以计算数组的下标。因此，表达式计算所得相同的下标，均指向相同的变量，例如：

a[2],a[1+1],a[23 - 21],a[(5 - 14) * 2 + 4 * 7 - 2 * (7 - 3)]

在 RAPTOR 中数组应用是有一些限制的，在方括号内的表达式可以是产生一个正整数的任何合法的表达式，在涉及数组变量时，RAPTOR 会重新计算下标的表达式。这才是数组变量和数组表示法的力量所在。如利用数组求一个数字集合的平均值，若数组元素从最初的 4 个扩展到 4000 个，也只需要修改一下计数变量值即可。

### 2. 二维数组

创建二维数组时，数组的两个维度的大小由最大的下标确定。同样，使用赋值语句：

numbers[3,4] <- 13

结果形成的二维数字矩阵，看起来如图 8-29 所示。

| | 1 | 2 | 3 | 4 |
|---|---|---|---|---|
| 1 | 0 | 0 | 0 | 0 |
| 2 | 0 | 0 | 0 | 0 |
| 3 | 0 | 0 | 0 | 13 |

图 8-29　二维数组的创建和初始化

数组应用注意事项：

• 在 RAPTOR 中，一旦某个变量名被用作数组变量，就不允许存在一个同名的非数组变量。读者可以考虑一下，为什么会有这样的规则？

• RAPTOR 数组可以在算法运行过程中动态增加数组元素,但不可以将一个一维数组在算法运行中扩展成二维数组。

### 3. 字符串与字符数组

在 RAPTOR 环境中,字符串扮演着一种特殊的角色。它既能以一个变量的形式在程序中进行传递,又可以作为字符串数组的一个元素,本身还可以看作是一个字符型数据的数组。

RAPTOR 中可以直接对整个字符串赋值,而不用像数组一样使用循环语句一个一个地输入;当然也可以使用与数组一样的方式来调取它的第 $i$ 个元素,即第 $i$ 个字符。

字符串的声明与运算上一章中已经提及,这里不再赘述。下面主要来看看字符串作为数组如何应用。

可以使用数组的函数 length_of()来获取字符串的长度,即字符串中的字符个数。若要在字符数组 s 中调取字符串的第 i 个元素,直接使用 s[i]即可。但是需要注意的是,字符串作为数组,它的元素都是字符而不是字符串。例如,图 8 - 30 中程序运行后,c 的值为'v'而不是"v"(注意单引号与双引号的区别)。

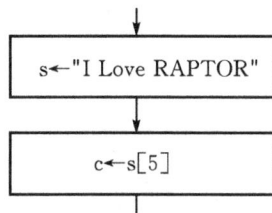

利用字符串的数组特性,可以对字符串按每一位来进行操作。

图 8 - 30　利用数组取字符串中某元素

## 8.3.3　数组的其他应用方式

### 1. 平行数组

如果要计算某个班级学生一个学期 3 门课程的总成绩和平均成绩,应该如何保存参与计算的课程成绩呢? 当然采用数组,可以分别使用:english[],computer[],math[],而每个同学的编号,可以用作数组的下标,对不对?

然而,这是 3 个不同的数组,数组之间并不存在任何必然的联系。尽管如此,我们可以选择用这样的方式,使它们产生关联:将同一个对象的相关数据存储在各自数组相同的下标元素中。采用这种方式存储数据的数组被称为"平行数组"。这个简单的发明是一种最自然的、而且能够解决问题的手段。

在程序设计中,有许多情况需要大量的相关数据值,仅使用简单的变量,将会使程序变得非常繁琐或不切实际。数组允许用户使用一个单一的基本名称,结合一个下标,来访问许多不同的变量。因为每次遇到一个数组变量的引用时,数组下标会进行表达式计算,在大量的循环过程中,每次都会用到下标变量,每次循环都会针对各个不同的下标变量所指向的数组元素进行操作。

### 2. 多种数据类型元素共存的数组

RAPTOR 的数组的一个灵活之处,就是并不强制每个数组的元素必须具备相同的数据类型,有了这个特点,程序员可以将数组,尤其是二维数组,设计成为类似数据库那样的一种记录或字段式结构。参见图 8 - 31,将二维数组的每一行的三个元素设计成不同的数据类型。在该程序段中,a[]数组的三个元素分别为数值、字符和字符串类型。

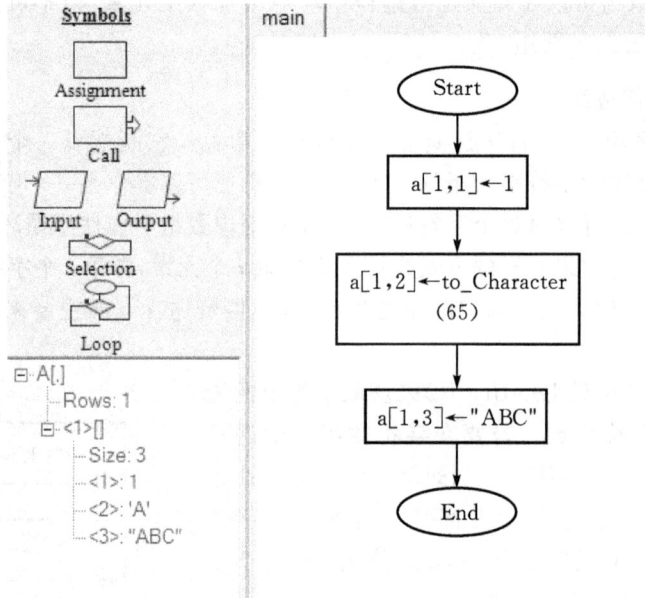

图 8-31　将数组元素设计成为数据库的"字段"形式

### 8.3.4　数组的应用案例

**1. 使用随机数产生一个数组的元素并输出**

在计算机上用数学方法产生随机数列是目前产生算法所需数据的常用方法,它的特点是占用的内存少,速度快。

由于是用算法产生的,因而本质上是确定性的,再加上计算机字长有限,所以无论用什么算法产生的数列,在统计特征上都不可能与从均匀分布中抽样所得的子样完全相同,因而只能要求尽可能地近似。

这种在计算机上用算法得到的统计性质上近似于[0,1)上均匀分布的数,一般就称为伪随机数,以区别于真正从[0,1)上均匀分布中抽样所得到的随机数。

**【例 8.3】**　请设计一个随机数产生程序,并将结果保存在一维数组中。

**解:**图 8-32 显示了求 8 个随机数并保存到数组中的流程图和运行结果。

在算法设计中,随机数的主要用途包括:

①产生算法所需要的数据,例如,排序、查找算法,就需要大量基础数据进行算法检验,而随机数符合算法应用的大部分场合。

②一些随机模拟算法需要基础数据,例如,随机漫步模型的模拟算法。

③减少不必要的人机交互,例如,要求用户输入 10 个数据,进行最大、最小值的查找等。

随机数使用的注意事项:

①由于随机数只有[0,1)之间的小数,所以需要加工以后才能获得算法所需的整数。在 RAPTOR 中,可以采用将随机数函数 Random 乘以 10 的倍数、向下取整函数 floor()和向上取整函数 ceiling()来获取相应范围内的随机整数;

②需要获取 ASCII 码表中的数值,可以使用模除运算,如 Random * 1000 mod 128 可得到

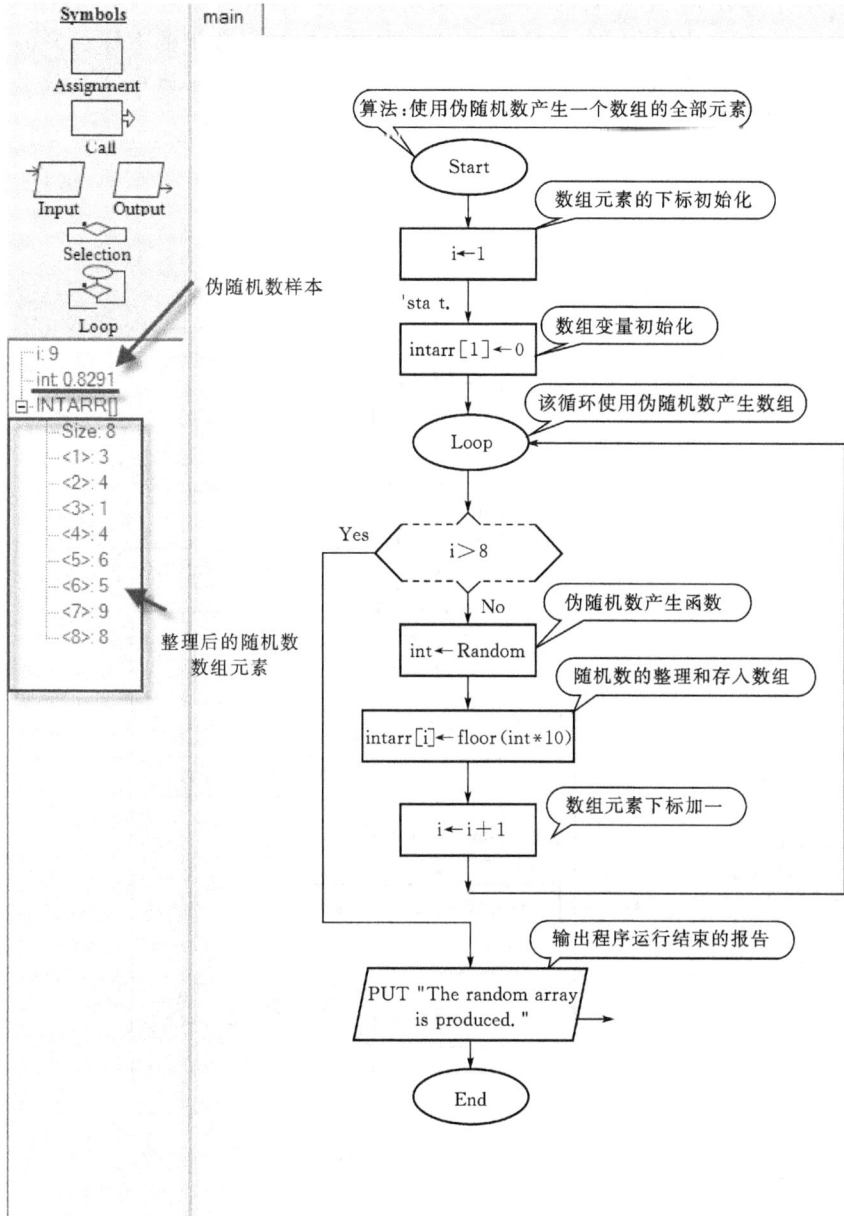

图 8-32　随机数的产生、处理和存储

全部的标准 ASCII 码值(0～127)；

③由于 RAPTOR 的数值默认精度只有 4 位小数,所以,部分随机数结果可能为 0.0000,经过处理得到的整数就是 0,所以,在不希望出现 0 的场合,必须对随机函数得出的结果进行检验,去除不希望得到的值。

**2.模拟掷骰子**

本例中将模拟一个骰子投掷 $n$ 次所得的结果并分别统计输出。

**【例 8.4】**　使用随机数函数可以模拟许多自然现象和社会行为,掷骰子就是一个典型的例子。请设计一个掷骰子的程序,并将掷出的结果分点数保存在一个有六个元素的数组中。

**解:**在图 8-33 中,使用 i 作为计数器,intarr 数组直接利用数组的下标(1～6)记录进行 1200 次的投掷骰子的模拟,随机数的整理公式为:$(\text{floor}(\text{int} * 10) \bmod 6) + 1$,这是由于随机函数会输出 0 的结果,这在本例中是不可取的。

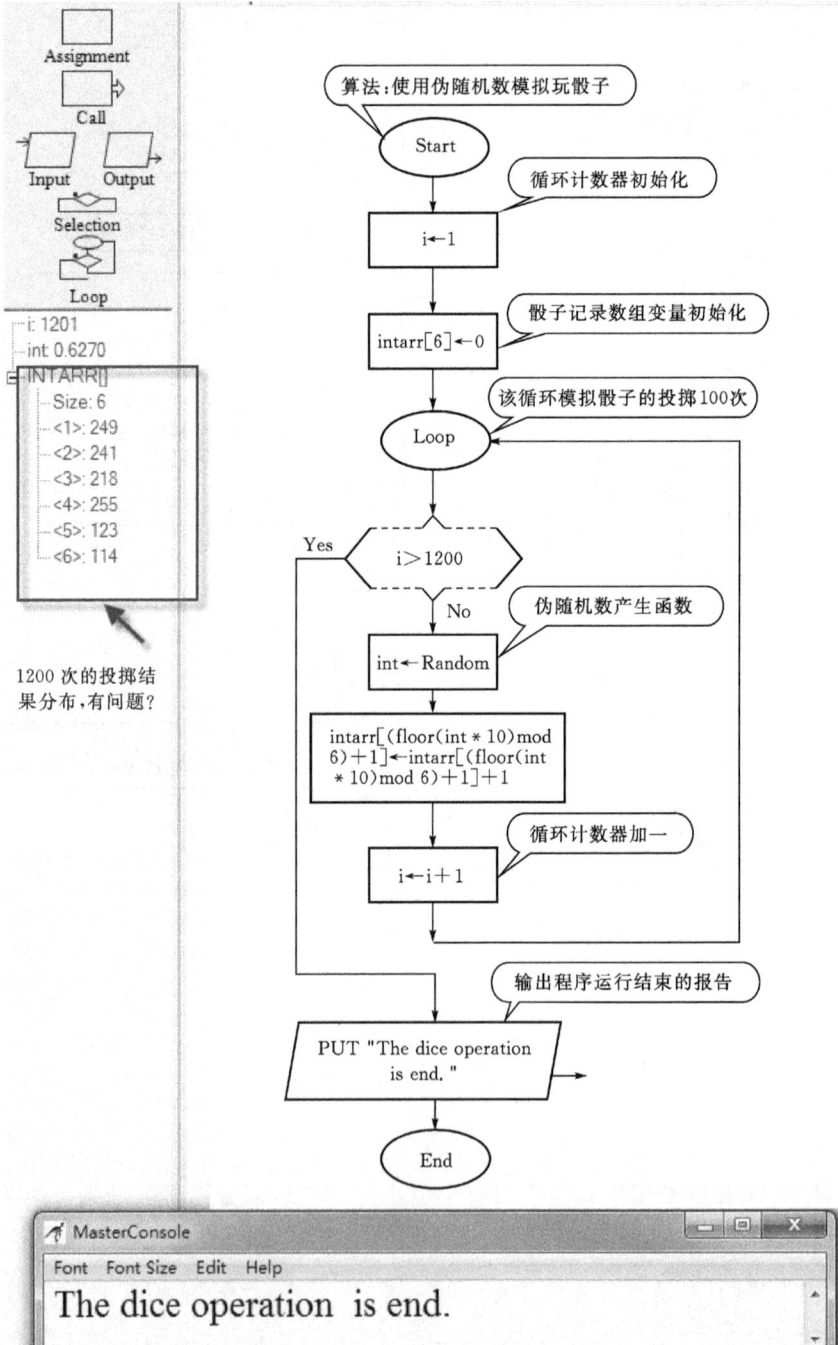

图 8-33　骰子投掷 1200 次所得的结果

图 8-33 左侧列出了 1200 次投掷的结果,读者可以将 i 计数器的循环控制扩展到更大的次数。但是,得出的结果似乎与我们的常识大相径庭,这个问题出在哪?

实际上,这个程序的问题出在随机数整理公式上,(floor(int \* 10) mod 6) + 1 在运算中会发生重大偏差,读者只须将该公式改为(floor(int \* 100) mod 6) + 1 或(floor(int \* 1000) mod 6) + 1 就会大大改善程序的运算结果。

这给我们一个提示,就是伪随机数的输出结果是相对"随机的",若设计的处理方式不恰当,会使伪随机函数的输出结果的"随机性"大打折扣。

## 8.4　RAPTOR 子图与子程序的应用

在计算机科学中,将实际问题抽象化是解决问题的关键要素之一。2008 年发表在美国 *Proceedings of the National Academy of Sciences* 杂志上的一项研究成果表明,人类的大脑平均只能同时积极关注约 4 件事情,大大少于以往研究所得的 7 件事情的结论[①]。为了解决复杂的问题,必须能够研究问题的"主要方面(big issues)",而不是所有方面的所有细节。计算机程序设计中,通过组合一系列相关指令,组成分立和离散的过程,就可以抽象所有的细节。这种过程,在计算机科学中也称为模块化。模块化的主要作用包括以下几点:

①降低复杂性:使用模块化的最首要原因是为了降低程序的复杂性,可以使用子程序来隐含信息,从而使设计者不必再考虑这些信息。

②避免代码段重复:无可置疑,生成子程序最普遍的原因是为了避免代码段重复。

③改进性能:通过使用子程序,可以只在一个地方,而不是同时几个地方优化代码段。把相同代码段放在子程序中,可以通过优化这一个子程序而使得其余调用这个子程序的子程序全部受益。

在 RAPTOR 中,实现程序模块化的主要手段是子程序和子图,以下通过一个例子来说明抽象和子程序设计的关系,以及子程序与子图的区别和应用方法。

### 8.4.1　RAPTOR 中的模块化程序设计

**【例 8.5】**　请设计一个程序,计算一篇英文文章中使用"a"开头的单词的次数。

**解:**一个英文单词以特定的字母开头,那么它的前面一定有空格,所以,判断一个空格后面是否跟了一个字母"a",就可以找出一段英文中所有以 a 开头单词的使用次数。其流程图如图 8-34 所示。其中,sample 存放了一段英文文章,使用 length_of() 函数控制字符扫描过程,使用决策语句"to_ascii(sample[j]) = 97 and to_ascii(sample[j-1]) = 32"来判断是否找到符合题意的单词。

**【例 8.6】**　请设计一个程序,在例 8.5 的问题求解基础上,统计使用了"a～z"所有字母开头的单词的次数,并输出统计结果。

**解:**解这个问题程序似乎只要把图 8-34 的部分程序再复制、粘贴 25 次,做一点修改就

---

① 参见 http://www.livescience.com/2493-mind-limit-4.html;Mind's Limit Found:4 Things at Once,有专家认为,一次可以保存在人的短期记忆(working memory)中的信息是可以相互关联的。如果某人有更好的短期记忆则其解决问题的能力就更强。

可以解决问题。但是,为了使得设计的程序更加简练、具有更长久的生命力和更广泛的用途,可以将图 8 - 34 中的程序改造成一个子程序,或者是一种抽象,其功能就是"统计一个特定字母开头的单词,在一段文字中出现了多少次"。

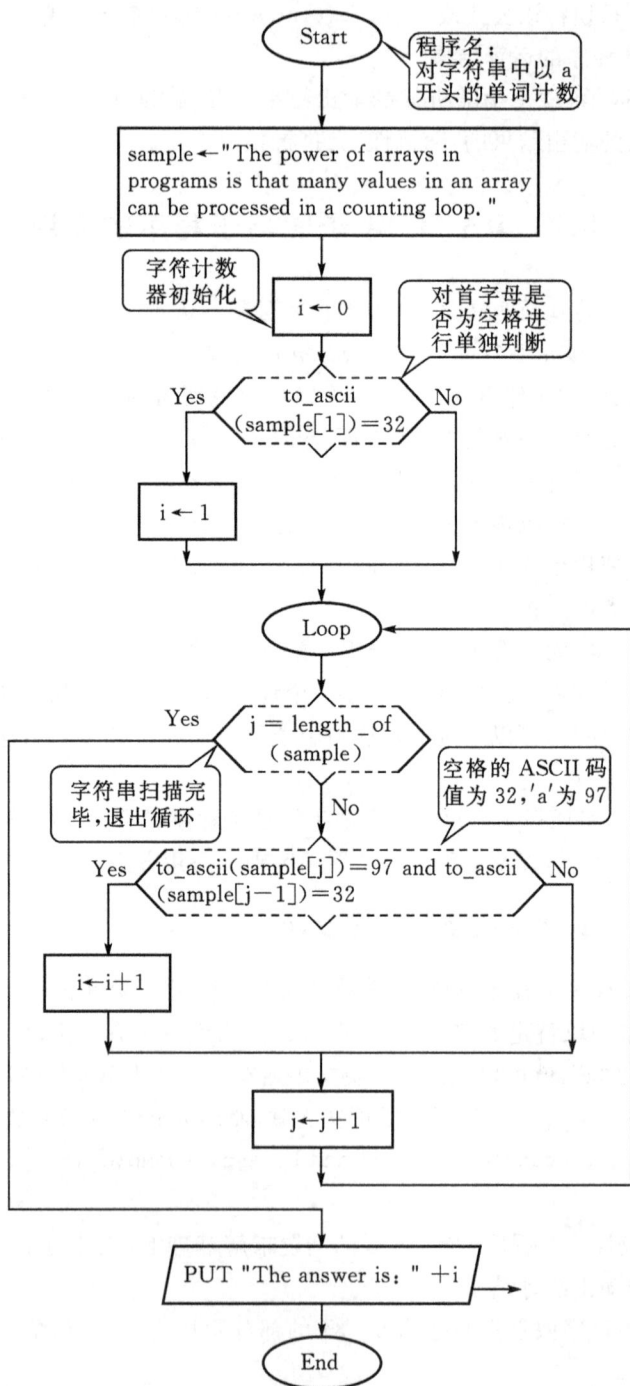

图 8 - 34　计算特定字母开头单词数量

在 RAPTOR 中创建子程序（procedure）是一个非常关键的过程，尤其是涉及到参数的传递，需要设置 RAPTOR 为中级模式（Intermediate mode）。

所以，解决这个问题的基本思路是这样的，为了创作一个具有通用性的子程序，可以为这个子程序揥供需要统计的数据字符串（in：a）和需要统计的字符样本（为程序简单起见，直接提供 ASCII 码样本，in：char）这样的两个输入项；统计后的结果（out：count）则返回给调用它的程序（参见图 8-35）。

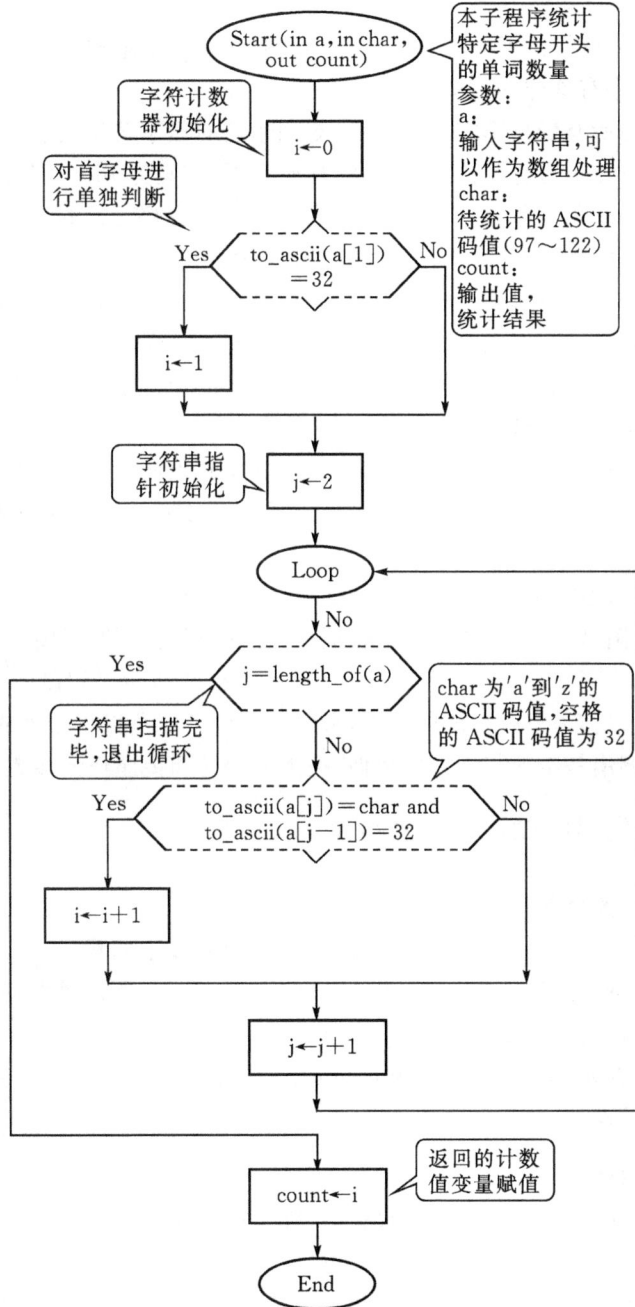

图 8-35　计算特定字母开头单词数量的子程序

图 8-35 中 start 符号中的(in:a,in:char,out:count)被称为子程序接口参数,也被称为子程序形式参数(形参)。RAPTOR 中一个重要的限制是形式参数数量不能超过 6 个(Parameter1~parameter6),任何参数都可以是单个的变量或数组,都可以定义为(in)、(in,out)、(out)三种形式中的任何一种输入、输出属性。任何参数只要是有 in(输入参数)的属性,那么在程序调用该子程序前,必须准备好这个参数(已经初始化并且有值);而只有 out(输出参数)属性的参数,是由子程序向调用子图或子程序返回的变量,在调用该子程序前,一般可以不作任何准备。兼有 in、out 属性的参数,实际上充当了 RAPTOR 的"全局变量",因为只有这样定义过的变量,子程序与调用它的子图或子程序才能共享和修改这些变量的内容。

RAPTOR 子程序有这样的一些特点:

子程序运行中的所有变量都"自成系统",与调用它的程序没有关系。调用它的程序,只是通过调用子程序接口参数与它交接"原材料"(初始数据,定义为 Input 的变量)和"产成品"(计算结果,定义为 Output 的变量)。子程序的所有变量在子程序运行过程中存在,运行结束后,除了传递回调用程序的参数,所有其他变量立即被删除。

通过上面两个例子可以看到这样的一种抽象,也就是首先从一个特殊案例(计算"a"开头单词出现的次数),推广到一般案例(所有以小写字母开头单词出现的次数,当然还可以继续推广到所有 ASCII 码)。这种方法被称为自底向上(Bottom up)的抽象。同时,这种程序开发的方式也是软件工程中增量模型的一种应用。

另外一种抽象的概念,是一个在开始时没有细节的想法,我们可以将其称为自顶向下(Top down)的方法。为了求解问题,可以将一个复杂的问题,分解为若干相对简单的问题,各自进行解决。

有关 RAPTOR 子图的应用说明:

RAPTOR 的子图是将 main 子图进行扩展或折叠得到的,所有子图与 main 子图共享所有变量。在 main 子图中可以反复调用某个子图,以避免相同功能语句段的重复出现。同样,由于子图具有名称,可以作为一种功能的抽象,分级实现的子图可以将较大的程序编写得易于理解。子图的定义与调用基本上与子程序类似,但无需定义和传递任何参数。

## 8.4.2　模块化程序设计的深入讨论

### 1.子图和子程序的命名

变量是一种被操作的对象,保存一种具体的计算结果或中间量,所以变量名称以名词(或代号)为多见。与变量不同的是,子程序承担某种功能或动作,所以需要使用一些动词或动词与名词的搭配来命名。在 RAPTOR 中,一般无需在一个子程序中设计过多的功能,所以命名以简单、具体为要。例如,例 8.6 中,使用 count_for()作为统计子程序的名字、output 作为子图的名称就比较容易理解。

### 2.模块化程序设计的设计过程

例 8.5 到例 8.6 的发展过程,可以归纳成一种模块化设计的"自底向上"过程,或由特殊到一般的过程。

另外一种模块化的程序设计过程是将问题求解由简单抽象逐步具体化的过程。用这种方法不断分解复杂问题,直到把复杂问题分解到可以直接用程序语言的基本语句结构表达出来为止。这种方法就叫做"自顶而下,逐步求精"。在向下一层展开之前应仔细检查本层设计是否正确,只有上一层是正确的才能向下细化。如果每一层设计都是正确的,则整个程序就是正确的。

基本的步骤如下:

①自顶向下:即先考虑总体,后考虑细节;先考虑全局目标,后考虑局部目标。这种程序结构按功能划分为若干个基本模块,这些模块形成一个树状结构。

②模块化:模块化是把程序要解决的总目标分解为分目标,再进一步分解为具体的小目标,每个小目标称为一个模块。

③逐步求精:对复杂问题,应该设计一些子目标做过渡,逐步细化。

作为程序的初学者,需要同时关注这样两种抽象的方法。因为,只有积累了一部分实践经验以后,才可以将特殊问题的求解方法推广到一般的可能性;也是在有了一定的简单问题求解的能力以后,才可以使得自顶向下的抽象不至陷于不能进行实际求解的尴尬境地。

### 3. 变量与子图、子程序的相互关系

在编制 RAPTOR 程序时,子图和子程序是两种不同的模块形式。一般情况下,main 子图与所有的其他子图共享变量;而子程序的变量在子程序结束时,除去 out 的参数传给调用它的模块之外,其他变量将全部释放。但是,如果一个子程序调用了一个子图,它们之间的变量生命周期又该如何处理呢?

实际上,main 子图其实也可以看成一个子程序。子程序是相互独立、级别平等的,所以调用关系并不会在程序上构成级别关系,每个子程序有各自的变量:main 函数的变量是在程序体中声明的,子程序中的函数变量在程序头和子程序体中都可以声明。

其次,子图其实可以看作在一头一尾有一个 turn_to 语句的代码块。调用子图时"turn to"到子图,子图执行完成后再"return"到原来的位置。如果这样想,"变量的生命周期"就很容易理解了:子图的变量生命周期只与调用它的子程序有关,如果是 main 子图调用了这个子图,它所使用的变量就是 main 子图的;如果是子程序调用了它,它的变量就是这个子程序的。变量的生命周期随子程序结束而结束(或在 main 子图结束时结束)。

### 4. RAPTOR 不设全局变量的原因

与传统或主流程序设计语言的一个重大差别是,RAPTOR 环境中没有设置全局变量。全局变量,指在任何一个子程序或子图中都可以存取的变量。显然,设置全局变量可以为许多程序的设计带来方便,节省内存的空间。那么 RAPTOR 环境为什么没有设置全局变量? 这究竟是基于何种考虑? 以下就此进行讨论。

(1)全局变量会带来的问题

①对全局数据的疏忽改变。用户会在某处改变全局变量的值,而在别处又会错误地以为它仍保持着原值,这就是所谓的全局变量副作用。

②伴随全局变量的奇怪的别名问题。"别名"指的是用两个或更多的名称来命名某一变量。当全局变量被传入子程序,然后又被子程序既用作全局变量又用作参数时,就会产生这种问题。

③全局数据妨碍代码的重新使用。为了从另一个程序中借用某段代码,首先用户要从这个程序中把这段代码取出来,然后把它插入要借用它的程序中。理想的情况是用户只需把要

用的模块或单个子程序拿出来放入另一个程序中就可以了。但全局变量的引入则使这一过程变得复杂化了。如果要借用的模块或子程序使用了全局变量,就不能简单地把它拿出来再放入另一个新程序了。这时用户必须对新程序或旧的代码进行修改,使得它们是相容的。如果想走捷径的话,那最好对旧代码进行修改,使其不再使用全局数据。这样做的好处是下次再要借用这段代码时就非常方便了。

④全局变量会损害模块性和可管理性。开发大于几百行规模软件的一个主要问题便是管理的复杂性,唯一办法便是将程序分成几个部分,每次只考虑其中的一个部分。模块化便是将程序分为几部分的最有力工具之一。

但是全局数据却降低了用户进行模块化的能力。如果使用了全局数据,不能做到每次只集中精力考虑一个子程序,这时用户将不得不同时考虑与它使用了相同全局数据的其余所有子程序,尽管全局数据并没有摧毁程序的模块性,但使它减弱了程序的模块性,仅凭这一点就该避免使用它。

(2)全局变量的好处

①保存全局数值,有时候需要在整个程序中都用到某些数据。

②代替命名常量。

③方便常用数据的使用。有时候需要非常频繁地使用某一个变量,它甚至出现在每一个子程序的参数表中。与其在每个子程序的参数表中都将这个变量写一次,倒不如使它成为全局变量更方便。

④消除"穿梭"数据。有时候把某个数据传入一个子程序中仅仅是为了使它可以把这一数据传入另一个子程序中,当这个传递链中的某个子程序并没有用到这个数据时,这个数据就被叫做"穿梭数据"。使用全局变量可以消除这一现象。

RAPTOR 的设计者在权衡利弊之后,放弃了全局变量的设置,而是使用存取子程序来代替全局数据。全局数据能做的一切,都可以通过使用存取子程序来做得更好。存取子程序是建立在抽象数据类型和信息隐蔽的基础上的。即使不愿使用纯粹的抽象数据类型,仍然可以通过使用存取子程序来对数据进行集中控制并减少因改动对程序的影响。

## 8.5　RAPTOR 图形与视窗交互

迄今为止,我们学习了程序设计的各种基本元素,如变量、表达式、运算符、控制结构、子程序和子图的基本概念和应用,这些基本概念适用于大部分主流和常用的程序设计语言,但却将程序设计的输入与输出限制在输入数值和文本,在经过程序计算后,将结果在主控台输出。而目前学习程序设计的读者是在图形界面计算环境下成长起来的一代,熟悉最典型的图形界面表达和文化,会熟练操作各种应用图形界面的电子设备,如应用 Windows 操作系统的设备、各种移动终端设备等。那么如何在图形界面下编程,使得程序设计进入一个千姿百态、丰富多彩的图形世界呢?

这也是 RAPTOR 的长项之一,通过前面的学习,读者可以感受到流程图设计的方法在程序设计上的便利。同样,RAPTOR 的图形界面下的程序设计也是非常简便且功能强大,它除了提供各种绘图、填色指令之外,还提供了初步的视窗交互功能,例如使用鼠标、键盘进行图形界面的操作,甚至提供了实现简单动画的指令。

视窗交互为设计者带来的最大好处是,它能够使程序变"活",实现与人的沟通,这为很多游戏程序的设计提供了方便。

本部分介绍 RAPTOR 图形指令系统和基本的应用方法,并介绍图形界面下的视窗交互指令和应用方法,相信在学习完这部分内容之后,读者将实现自己编制图形应用程序,借助计算机放飞自己的童年梦想。

### 8.5.1　图形程序设计的基础知识

RAPTOR 使用一系列图形函数(系统内设的子程序,调用方式与用户设计的子程序完全相同)来完成图形界面的操作。这些函数中的大部分使用的必要条件是图形窗口处于打开状态,也就是在图形视窗中使用。在图形视窗中,不仅可以绘制常见图形,如矩形、圆、椭圆、弧和线条,也可以在图形窗口中显示文本。

(1)图形窗口

要使用 RAPTOR 图形,必须打开一个图形窗口。调用任何其他 RAPTOR 图形函数之前,必须创建此图形窗口(参见图 8-36)。

`Open_graph_Window(X_Size,Y_Size)`

如果使用图 8-36 中的过程调用,将创建一个宽度为500 像素、高度为 300 像素的图形窗口。如图 8-37 所示。

图 8-36　开启图形窗口指令

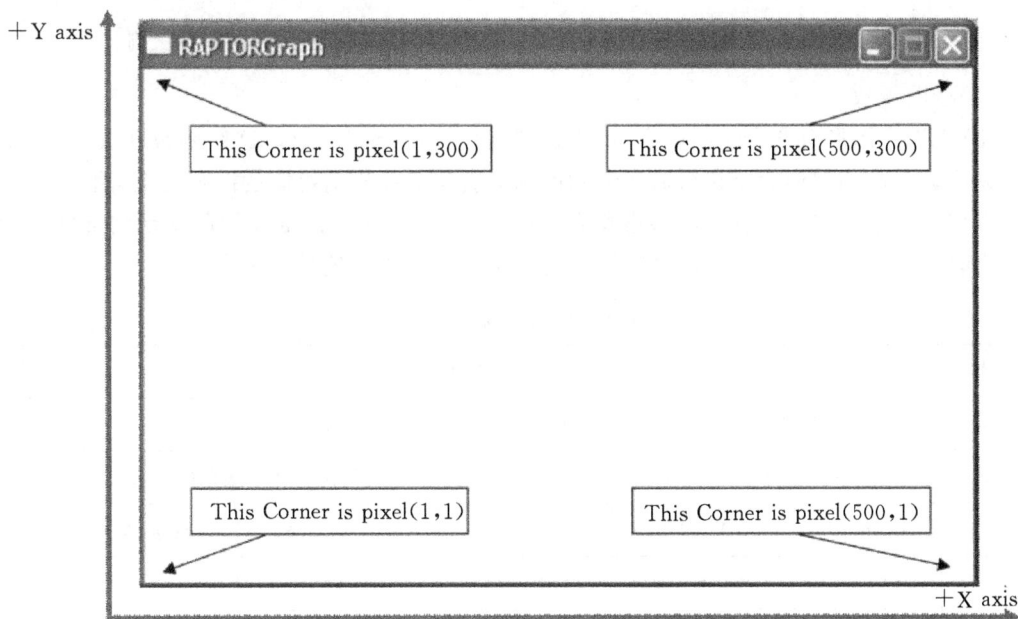

图形窗口总是以白色为背景。注意:图形窗口(X,Y)坐标系的原点在窗口的左下角,X 轴由 1 开始,从左到右,Y 轴由 1 开始自底向上。

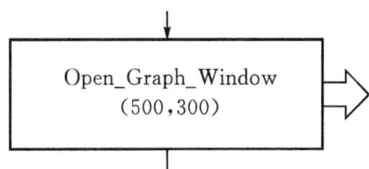

图 8-37　RAPTOR 图形窗口和坐标表示

注意图形窗口中四个角的坐标位置,以及窗口的中心点的位置(这在图 8-37 所示的窗口中为(250,150)),这对以后计算结果的绘制会有重要的参考意义。

当程序执行完所有图形命令之后,应该调用图形窗口关闭过程(参见图 8-38),关闭图形窗口。

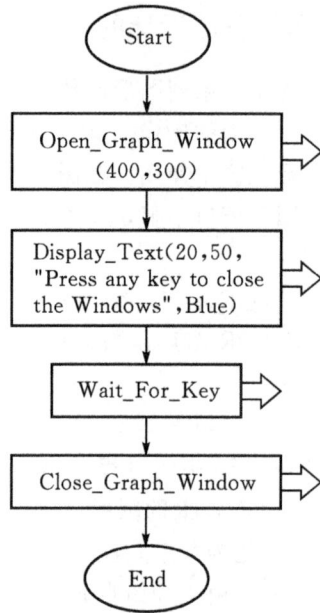

如图 8-39 中的程序所示,图形窗口的打开和关闭通常是图形应用的第一和最后调用的命令。如果程序中没有 Wait_For_Key 命令使窗口在屏幕上停留,则该图形窗口会在打开后很快关闭,用户只会看到一个简单的窗口实例一闪而过。

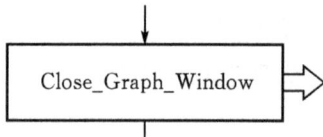

图 8-38　关闭图形窗口指令　　　　图 8-39　开关图形窗口的实例

(2)绘图函数

RAPTOR 图形有 9 个绘图函数,用于在图形窗口中绘制图形。这些函数在表 8-9 中有简要说明。最新的图形命令执行后所绘制的图形会覆盖在先前绘制的图形之上,因此,绘制图形的顺序是很重要的。所有的图形指令需要设置的参数包括:指定要绘制图形的形状、大小、颜色,如果图形将覆盖一片区域,则需说明它仅是一个外轮廓还是一个实心体。

表 8-9　绘图命令与说明

| 形状 | 过程调用和描述 |
| --- | --- |
| 单个像素 | Put_Pixel(X,Y,Color)设置(X,Y)上的单个像素为特定的颜色 |
| 线段 | Draw_Line(X1,Y1,X2,Y2,Color)在(X1,Y1)和(X2,Y2)之间画出特定颜色的线段 |
| 矩形 | Draw_Box(X1,Y1,X2,Y2,Color,Filled/Unfilled)以(X1,Y1)和(X2,Y2)为对角,画出一个矩形 |
| 圆 | Draw_Circle(X,Y,Radius,Color,Filled/Unfilled)以(X,Y)为圆心,以 radius 为半径,画圆 |
| 椭圆 | Draw_Ellipse(X1,Y1,X2,Y2,Color,Filled/Unfilled)在以(X1,Y1)和(X2,Y2)为对角的矩形范围内画椭圆 |
| 弧 | Draw_Arc(X1,Y1,X2,Y2,Startx,Starty,Endx,Endy,Color)在以(X1,Y1)和(X2,Y2)为对角的矩形范围内画弧线 |

| 形状 | 过程调用和描述 |
|------|----------------|
| 填色 | Flood_Fill(X,Y,Color)在一个包含(X,Y)坐标的封闭区域内填色(如果该区域没有闭合,则整个窗口全被填上由 color 参数指定的颜色) |
| 绘制文本 | Display_Text(X,Y,Text,Color)在(X,Y)位置上,落下首先绘制的文字串,绘制方式从左到右,水平伸展 |
| 绘制数字 | Display_Number(X,Y,Number,Color)在(X,Y)位置上,落下首先绘制的数值,绘制方式从左到右,水平伸展 |

表 8－9 中的绘图指令可以用表 8－10 中的参数决定绘制的图形对象的色彩。

**表 8－10  图形对象的色彩参数与说明**

| 色彩参数 | 色彩描述 | 色彩参数 | 色彩描述 |
|----------|----------|----------|----------|
| White | 白色 | Brown | 棕色 |
| Black | 黑色 | Light_Gray | 浅灰色 |
| Red | 红色 | Dark_Gray | 深灰色 |
| Blue | 蓝色 | Light_Blue | 浅蓝色 |
| Green | 绿色 | Light_Green | 浅绿色 |
| Cyan | 青色 | Light_Cyan | 浅青色 |
| Magenta | 品红 | Light_Red | 浅红色 |
| Yellow | 黄色 | Light_Magenta | 浅品红色 |

表 8－11 给出的两个函数可以修改图形窗口中的绘图区域。

**表 8－11  两个修改图形窗口的过程**

| 效果 | 过程调用和描述 |
|------|----------------|
| 清除窗口 | Clear_Window(Color)使用指定的色彩,清除(涂抹)整个窗口 |
| 绘制图像 | Draw_Bitmap(Bitmap, X, Y, Width, Height)绘制图像(通过 Load_Bitmap 调用载入),(X,Y)定义左上角的坐标,Width 和 Height 定义图像绘制的区域 |

Draw_Bitmap 函数是一个非常重要的绘图函数,它的功能是将预先准备好的图片、照片等装载到图形界面下,这个功能在游戏和软件封面以及许多场合可以发挥重要的作用。重要功能之一,就是将 RAPTOR 不支持中文的弱点,使用写有中文说明的图片加以克服。

该函数有两种使用方式,可以参考图 8－40 所显示的过程。

调用绘图函数的参数必须依照定义顺序排列。此外,参数可以是以下三种情况之一:

• 数值或字符串常量;
• 符合规范的变量;
• 使用表达式计算出一个适当的值。

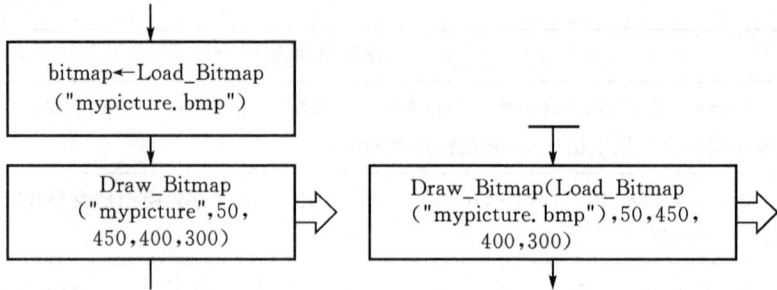

图 8-40　两种在图形窗口中使用图片的方式

此外，还有三个绘图函数 Draw_arc、Flood_fill 和 Draw_text 需要进一步解释。

Draw_Arc(X1,Y1,X2,Y2, Startx, Starty, Endx, Endy,Color)

Draw_Arc 过程绘制出一个椭圆形的一部分。用户必须指定一个矩形来定义整个椭圆形的大小。弧线的起点为从椭圆中心到(Startx,Starty)这条线与椭圆的交点，弧线的终结点为从椭圆中心点出发到(Endx,Endy)这条线与椭圆的交点。弧线始终按逆时针方向绘制。在图 8-41 的例子中由 Draw_Arc 函数绘制了一条弧线。

Flood_Fill(X,Y,Color)

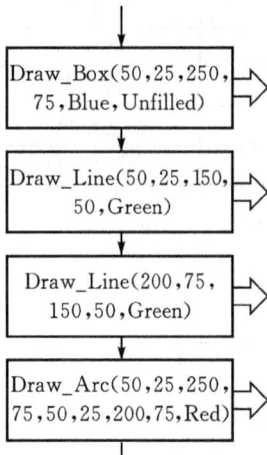

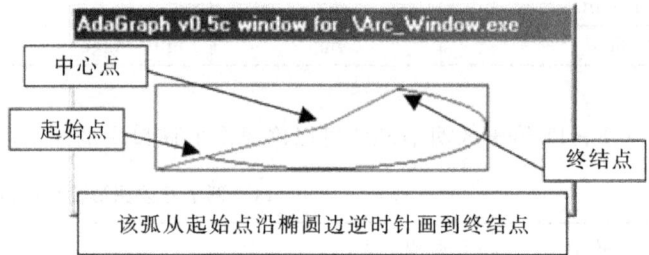

图 8-41　绘制弧线示例

如果需要绘制一个"非标准"的形状，那么应该使用一系列 Draw_Line 命令来完成，并完全封闭该区域，然后再用 Flood_Fill 为封闭区域填充所需的颜色。用于绘制边界的颜色应该和 Flood_Fill 填充的颜色有所不同。使用 Flood_Fill 命令请注意，如果该区域没有完全封闭，填充色将"泄漏"出来，并可能填满整个图形窗口。图 8-42 的示例代码，创建出黄色三角形。

Display_Text(X,Y,Text,Color)

在图形窗口中绘制文本本身并不复杂，但经常需要把文本字符串与镶嵌在其中的程序变量所代表的值进行结合。结合常数性的文字和变量值使用连接(＋)运算符，如下面所示的两个例子，都可以在图形窗口中显示文本字符串。

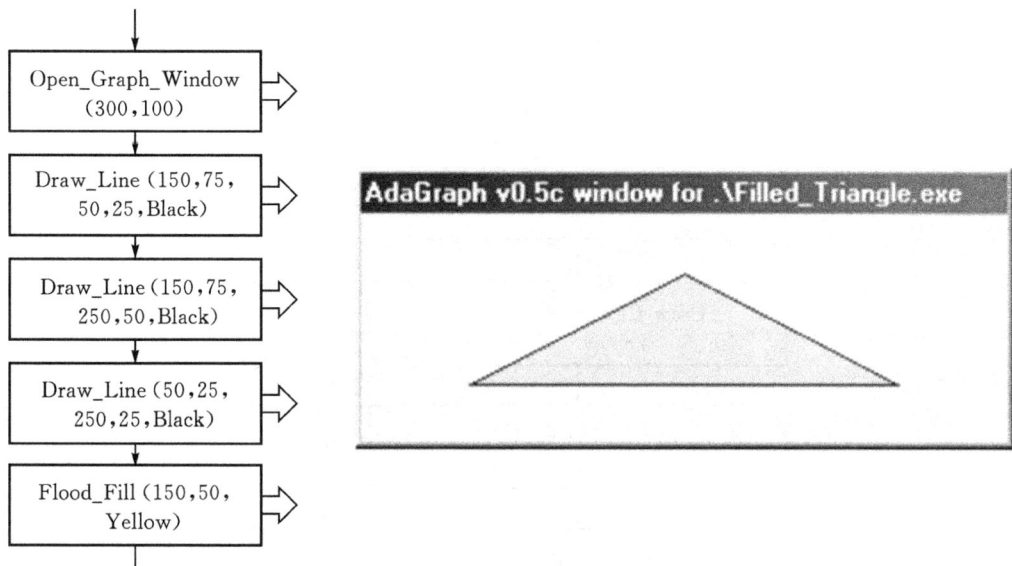

图 8-42 三角形的绘制和填色

Display_Text(10,20,"The answer is " + Answer,Black)

Display_Text(1,5,"Pt (" + X + "," + Y + ")",Black)

可以使用 Set_Font_Size(Height_in_pixels)命令更改绘制文本的大小。默认的文本高度为 8 像素,在两行文本行之间的垂直方向默认间距约为 12 像素。

基本概念就介绍到这里,下面通过一个简单的案例说明绘图的基本过程。

【例 8.7】 图 8-43 中是利用 RAPTOR 的图形功能输出的一个带帽子的卡通人头。图 8-44 是该案例的程序代码。

图 8-43 绘制卡通头像运行效果

这个案例大家觉得怎么样? 是不是有一种一试身手的感觉? 其实,在 RAPTOR 中既能在主控制台(MasterConsole)输出文字性计算结果,也可以在图形界面模式下通过计算输出图形。利用这些图形函数加上丰富的想像力,就可以在计算机屏幕上绘制出具备图形要素的程序,例如各种游戏和博弈的程序。

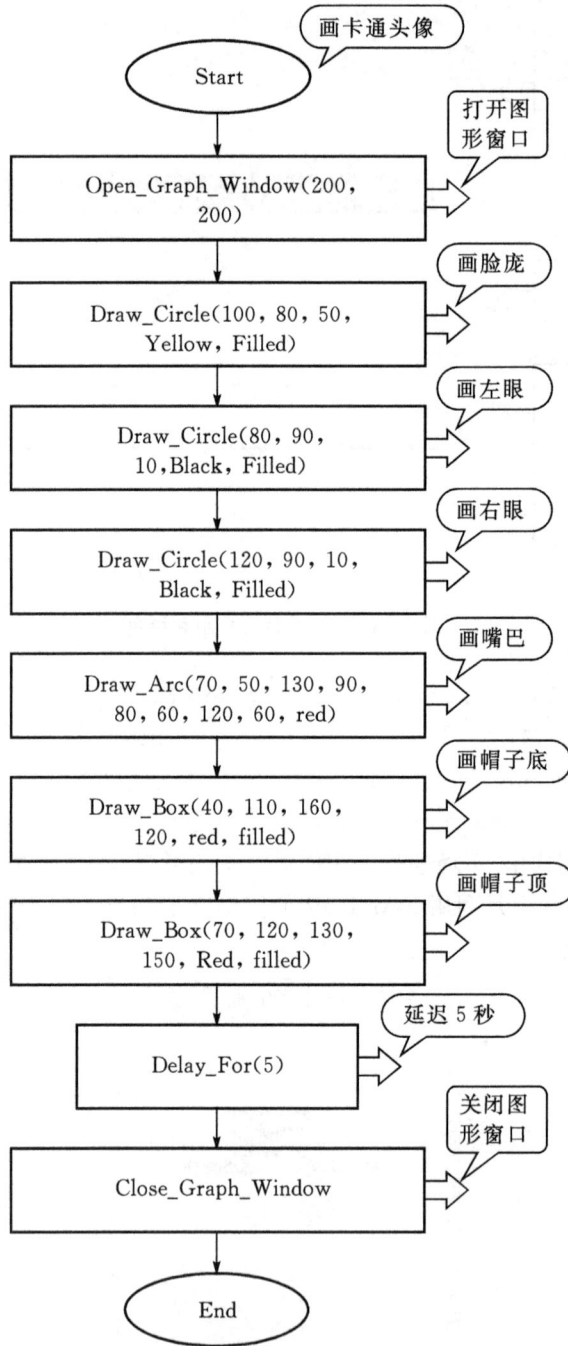

图 8-44　绘制卡通头像流程图

## 8.5.2　随机数与图形的结合应用

**1. 色彩随机的最大同心圆**

【例 8.8】　在指定大小的窗口上以鼠标点击处为圆心,画一个尽可能大的颜色随机的同心圆。

**解**：本案例的完成需要做下面的事情：

• 画同心圆，只要控制圆心不变，就可以绘制同心圆。这一点不难做到，为了增加程序的灵活性，可以借助于左点击鼠标来定位圆心。这一点上，已经可以体现 RAPTOR 绘图中的视窗交互性。

• 圆的随机上色，只要借助函数中的 Random_Color 或 Random_Extended_Color 即可轻松实现。

• 画出最大的同心圆，这个问题是本案例的关键所在。

如何才能画出最大同心圆呢？可以这样考虑，选定圆心后，从最小的圆开始画，假定最小半径为 1，然后每循环一次，半径值增加 1，并且每一轮循环都要判断圆是否超出窗口范围，若没有，则继续画；否则，退出循环。

运行二次的效果如图 8-45 所示。本例程序算法如图 8-46 所示。

本案例中的通过鼠标点击来捕获圆心的方法，使程序的灵活性和友好性大大增强，这种技术属于视窗交互技术，后续将对其做详细介绍。

**2. 随机方块**

**【例 8.9】** 在指定窗口显示出 10 行×10 列的方块，每个小方块颜色随机，但不能是白色方块。

**解**：要实现上述要求，要考虑下面几个问题：

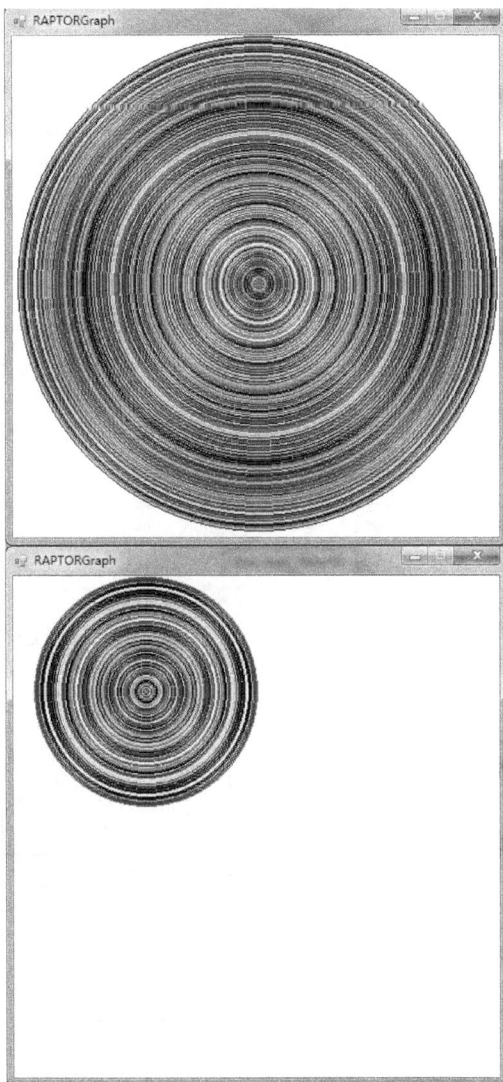

图 8-45 色彩随机的最大同心圆运行效果

• 10 行×10 列的画法。可以考虑这样完成：用 Draw_Box() 函数在指定窗口画出 100 个方块，100 个方块没有重叠，每行 10 个，共 10 行，并且要将窗口全部占满。要做这件事情，最重要的就是获取每个方块的左上角和右下角坐标位置，若窗口大小为 500×500 像素，则每个方块的大小应该是 50×50，左上角坐标应该是 (p * 50－49,q * 50－49)，右下角坐标为 (p * 50,q * 50)，这里的 p 和 q 是 1 到 10 的整数。

• 从 1 到 10 的随机整数产生。要完成上面的操作，必须有 p、q 两个值是 1 到 10 之中的整数，可以利用随机数函数来产生符合要求的数，但必需经过处理，如 floor(random * 10)＋1，其中，random 可以产生 [0,1] 之间的小数，floor 为取整函数，产生一个不大于参数的整数，经过这样的处理后可产生 [0,9] 之间的整数，为满足画方块条件，必须给此处加 1，即，最后产生 [1,10] 之间的整数。

• 还有一个问题是判断方块是否为白色。判断某一方块是否是白色，只需取出该方块中的一个像素点判断其颜色，RAPTOR 中专门有取像素点颜色的函数，Get_pixel() 可以直接

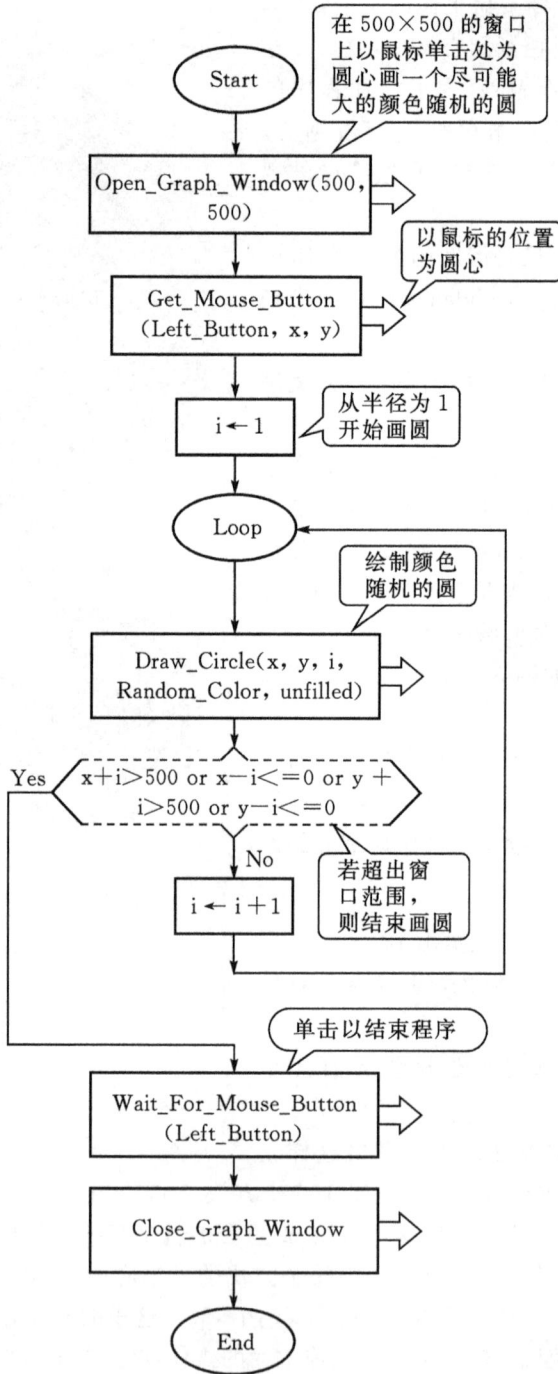

图 8-46　色彩随机的最大同心圆流程图

使用。

　　上面三个问题都解决了,写出算法程序就比较简单了。本例运行效果如图 8-47,实现流程如图 8-48。

随机方块

Start

Open_Graph_Window(500, 500) → 打开图形窗口

n←1

n 为循环次数,也就是方块的个数。当 n=100 时表示屏幕上已经铺满方块

Loop

No

n>100

Yes

No

Loop

p←floor(random * 10)+1

q←floor(random * 10)+1

随机得到一个坐标。若该处为白色则可以画方块,若不是白色则重新随机计算坐标

Get_Pixel(p * 50, q * 50)=White

Yes

No

draw_box(p * 50-49, q * 50-49, p * 50, q * 50, random_extended_color, filled) → 在对应的地方画出方块

n←n + 1

delay_for(5) → 等待 5 秒后关闭图形窗口

Close_Graph_Window

End

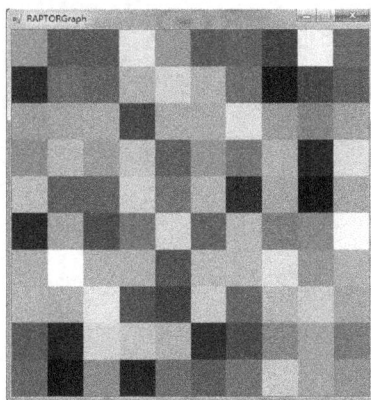

图 8-47 随机色彩的方块运行效果

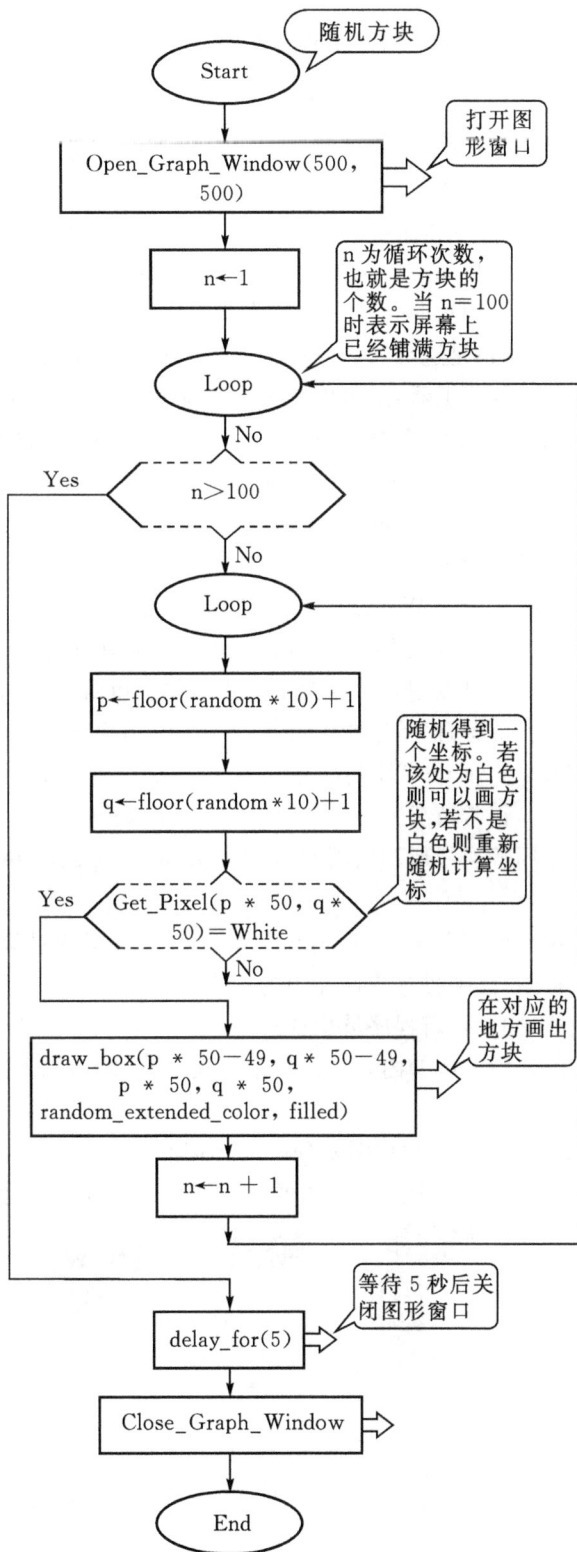

图 8-48 随机色彩的方块绘制流程图

### 8.5.3　点阵图和动画效果

使用矢量方式在图形界面中绘制动画,是可视化计算中的一种重要的计算表达方式。可以用来表达数据曲线、物理装置、化学、生物过程等的动态变化。计算机显示的图形一般分为两类——矢量图和位图。以照片或图片为例,如果把它扫描成为文件并存盘,一般这样描述文件:分辨率多少乘多少,是多少色等,这就是位图,计算机中常见的 ＊.bmp , ＊.jpg 等都是位图。另一类图形如有些工程图和卡通漫画等,它们主要由线条和色块组成,用代数式来表达每个元素。然后把这些元素的代数式和它们的属性作为文件存盘,这样生成的就叫矢量图。所以,矢量动画也是这种通过一些公式能表达的矢量线条和色块来表示每一帧的动画。

从播放效果上看,还可以分为顺序动画(连续动作)和交互式动画(反复动作)。从每秒放的幅数来讲,还有全动画/逐帧动画(每秒 24 帧)和半动画(少于 24 帧)之分。

在 RAPTOR 中,Freeze_graph_Window 和 Update_graph_Window 用来平滑动画显示效果。如果没有 Freeze_graph_Window,每次重绘复杂动画屏幕需要花费大量时间,并出现非常不平滑的动画效果。

Freeze_graph_Window 通过为图形对象提供特殊的屏幕缓冲区,图像的重绘数据可以直接从缓冲区读取。在 Freeze_graph_Window 调用语句后(Unfreeze_graph_Window 调用语句前),该缓冲区可以用于所有图形调用语句。也就是说,正在绘制的图形调用语句的对象都不直接绘制到屏幕,而是绘制到屏幕缓冲区。当程序员已将所需的对象绘制到屏幕缓冲区时,再使用 Update_graph_Window 调用语句可以几乎在瞬间将屏幕缓冲区的数据移动到可查看图形屏幕上。正常情况下,一个动画重复以下步骤:

①使用普通图形调用语句(例如,Draw_Circle、Draw_Line 等)绘制所需的对象(暂存到屏幕缓冲区)。

②调用语句 Update_graph_Window,使绘制的对象可即时查看(由于调用的绘制结果保存在缓存中,无须再等待计算出的结果)。

完成动画后,若程序员想要边绘边显示,可以使用 Unfreeze_graph_Window 例程。此例程会用屏幕缓冲区的内容立即更新可视屏幕,随后图形调用语句也立即会更新到可视屏幕,而不是屏幕缓冲区。

【例 8.10】　利用位图实现蝴蝶飞翔的动画。

试将图 8-49 中的 9 幅图像,在 RAPTOR 下进行动态图形表达。

图 8-49　9 幅蝴蝶飞翔的连续图片

**解**：要实现上述要求，要考虑下面几个问题：

①如何将 9 幅图片依次载入？写 9 个语句也可以，但太繁琐，使用变量，依次将文件调入是一个好办法。

②如何实现 9 幅图片依次展示完毕后，重新开始下一轮？使用 Clear_Window()可以解决。

③展示中如何产生动画效果？要设计每一幅图的滞留时间，目前设计为 0.1 秒。

④每次图像展示完毕，需要清除，将空白的视窗留给下一幅图片来展示。

设计完成的展示效果参见图 8-50，程序流程图参见图 8-51。

图 8-50　蝴蝶飞翔的运行效果

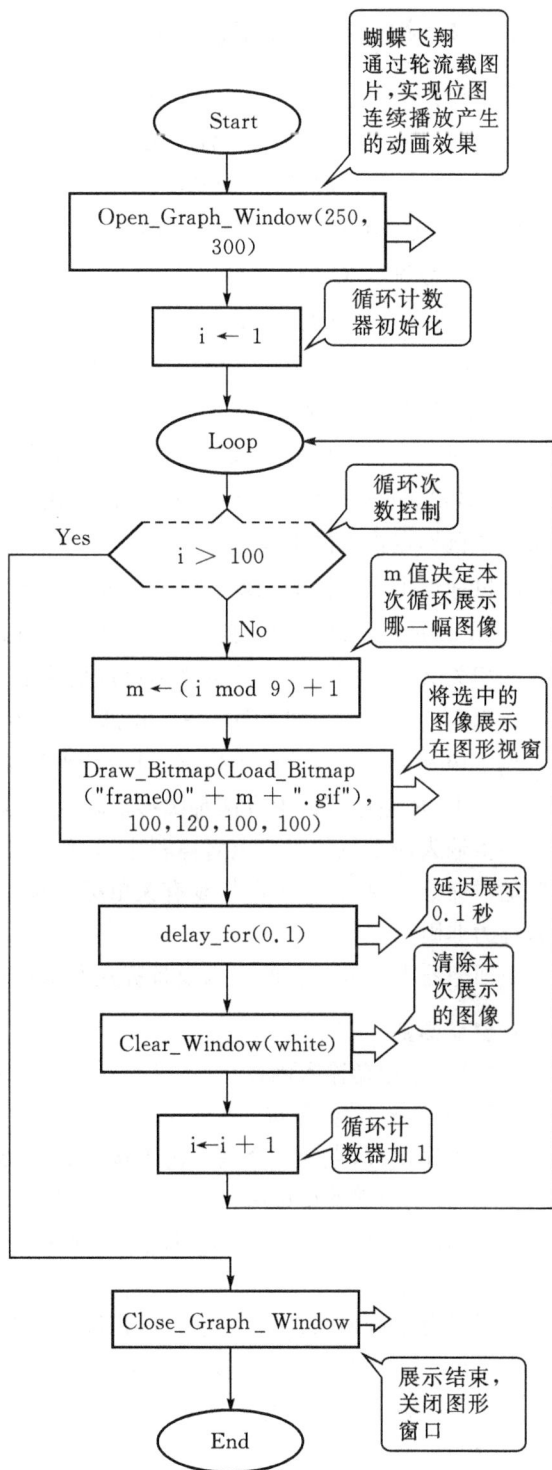

图 8-51　蝴蝶飞翔的流程图

### 8.5.4　视窗交互程序设计基础

程序设计中,用户与图形程序的互动形式很多,如用户点击鼠标或者按键盘上的某个键,就会触发相应的事件。要在 RAPTOR 中实现这样的交互,就要用到与图形窗口相关的驱动事件,具体来说,将需要使用一些输入函数或过程来完成。

**【例 8.11】**　在图形窗口中,点击屏幕上的"开始"按钮,屏幕显示"Let's begin!",点击"结束"按钮,屏幕显示"Game is over!",如果点到屏幕上的其他地方,则显示"Out of range!"。

**解:**要解决这个问题,需要考虑下面几点:

①"开始"和"结束"按钮如何产生。这里借助图片装载功能,分别载入标识有"开始"和"结束"的两张图片即可完成。

②如何获取鼠标点击位置。RAPTOR 图形程序中,可以借助 Get_Mouse_Button(Which_Button,X,Y)过程来获取鼠标点击位置,并用 Which_Button 指明点击的是哪个键,用 X 和 Y 来接收鼠标点击点的坐标。

③鼠标点击点坐标的判断。一种粗略的坐标判定方法是以两个图片的大小做为判定依据,即只要鼠标点到某一图片范围内,就认定为选择了该按钮。

④相关文本如何显示。显示文本可以使用前面提到的 Display_Text()过程来实现。

该程序的实现流程图参见图 8-52,运行结果参见图 8-53。

例中用到鼠标输入的相关过程,通过接受鼠标输入的坐标点,判断程序后面的运行走向。RAPTOR 图形视窗中有两种类型的输入命令:阻塞型输入与非阻塞型输入。

一些输入命令执行时可以暂停程序运行,等待用户输入,这种输入称为阻塞型输入;还有一些输入命令,在执行后可以得到有关鼠标或键盘的当前信息,但不暂停执行中的程序,这种输入称为非阻塞型输入。

下面来看看两种主要的输入设备键盘和鼠标相关输入函数的应用语境。

#### 1. 键盘函数

(1)阻塞型键盘输入函数

①Wait_For_Key,等待击键。

中止程序运行,直到一个键盘键被按下后,继续执行。通常用于保持图形界面上的图形、图像显示,在用户观察结束后自行结束观察状态。

②Character_variable ← Get_Key,等待并取得用户输入的字符键值,返回用户输入的字符键给某个变量。

如果没有字符输入,Get_Key 将使程序处于等待状态,直到用户击键。(参见图 8-54)

③String_variable ← Get_Key_String,取得用户输入的特殊键键值,如"home"。

返回用户输入键的字符串。如果没有输入,Get_Key_String 处于等待状态,直到用户击键(参见图 8-54)。

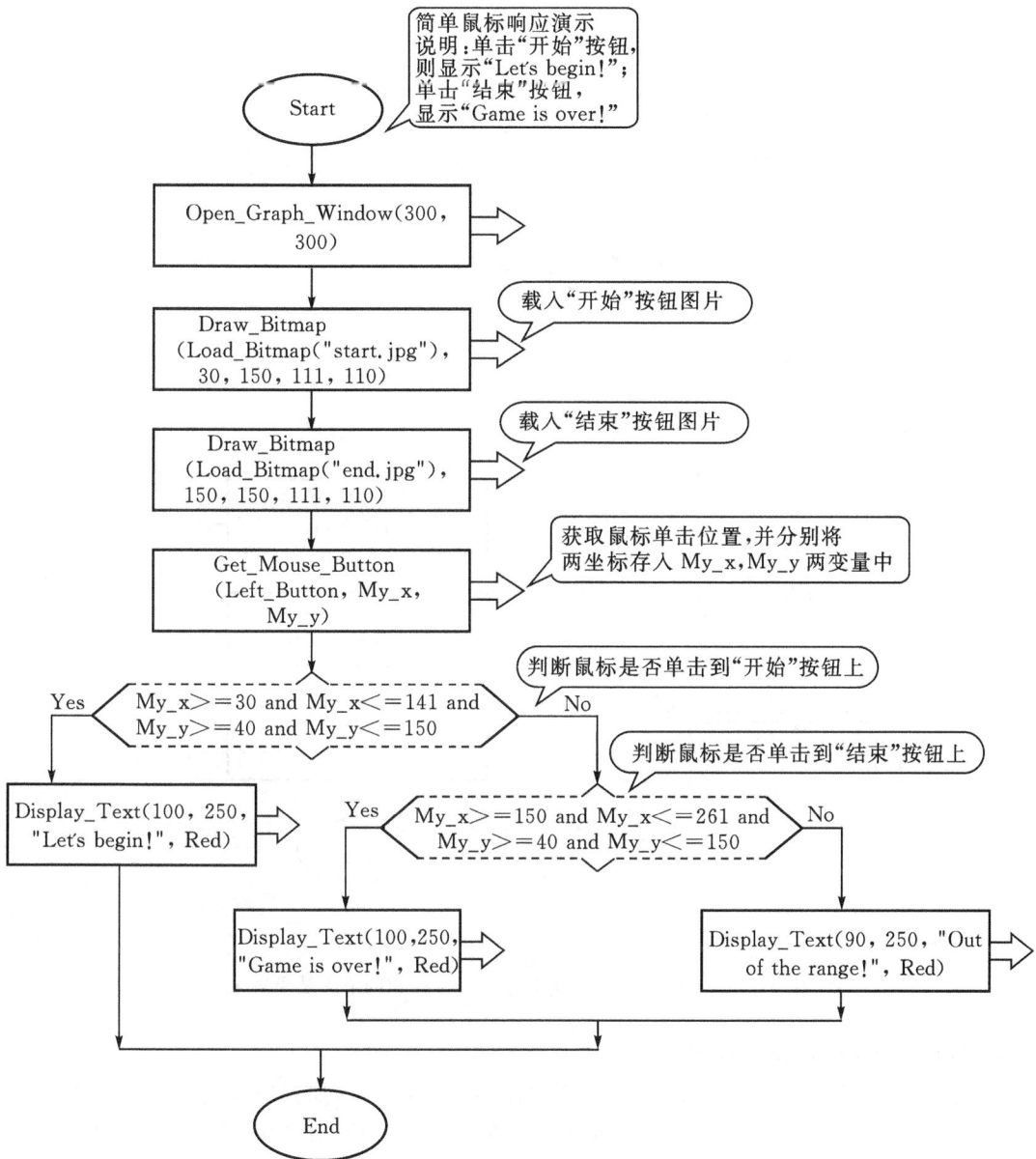

图 8-52　简单鼠标响应演示程序流程图

为了进行键盘键输入的效果对比,这里设计了一个简单的测试案例,分别使用 Get_Key 和 Get_Key_String 分别测试了两个键的输入,一个是"e"键,另一个是"home"键。可以从变量区看到两个键盘输入函数产生的不同效果。特别要注意两点:一是所谓键值指的是该键使用数值表达时的形式,而不是 ASCII 码值,键盘上的键有许多在 ASCII 码中是不存在的,例如 F1~F12 键等;二是 Get_Key_String 是得到输入键的字符串的表达形式,是一个字符串数据类型的键值。使用 Get_Key 与 Get_Key_String 函数可以设计许多需要使用键盘驱动的图形界面程序,并根据不同的键盘输入将程序的执行导向不同的程序段、子图或子程序。

图 8-53　简单鼠标响应演示程序运行结果

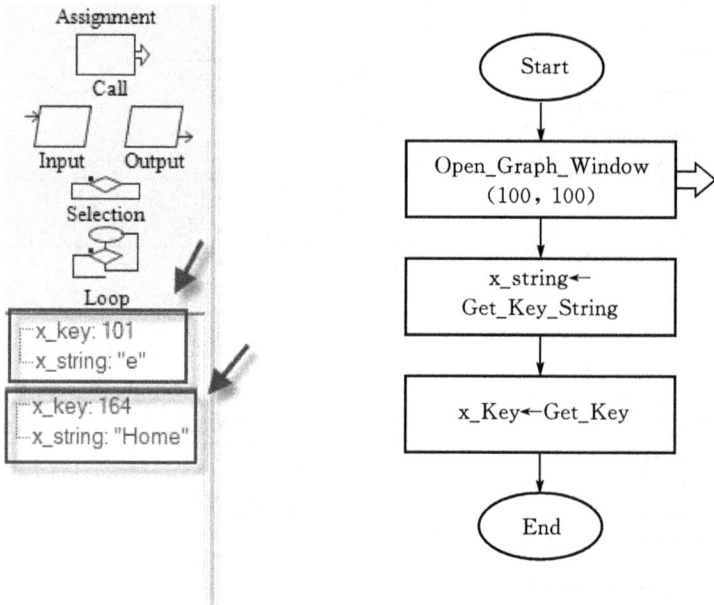

图 8-54　Get_Key 与 Get_Key_String 函数的输入结果对比

(2)非阻塞型键盘输入函数

Key_Hit,观察用户是否有击键。自上次调用 Get_Key 后,如果曾有键按下,函数返回布尔值 true。由于 Key_Hit 是一个函数调用,它只能用于赋值语句的"to"部分或决策语句中。

该函数可以使用在某个不间断执行的程序或循环过程中,只要在循环过程中,执行到 Key_Hit 语句,才探测是否发生过用户击键的事件,从而决定是否继续执行程序或退出循环。

**2. 鼠标函数**

(1)阻塞型鼠标输入函数

①Wait_For_Mouse_Button(Which_Button),等待按下指定鼠标按钮。

等待、直到指定的鼠标按钮(Left_Button 或 Right_Button)按下。

通常用于非定点鼠标输入的场合,只要用户点击了指定的鼠标键,程序就继续往下执行。

②Get_Mouse_Button(Which_Button, X, Y),等待按下鼠标按钮并返回鼠标指针的坐标。

等待、直到指定的鼠标按钮(Left_Button 或 Right_Button)按下,并返回鼠标的坐标位置。例如,Get_Mouse_Button(Right_Button,My_X,My_Y)等待点击鼠标右键,然后将点击位置赋给变量 My_X 和 My_Y。

通常用于定点鼠标输入的场合,用于获取用户鼠标点击的具体坐标,这个函数通常用来设计 RAPTOR 图形程序的菜单、按钮或者操控某个点上的图形。

(2)非阻塞型鼠标输入函数

①x ← Get_Mouse_X,获得鼠标光标位置的 X 坐标值。

返回当前鼠标位置的 X 坐标的一个函数。它通常用于赋值构造并保存 X 位置到一个变量,供稍后使用。

②y ← Get_Mouse_Y,获得鼠标光标位置的 Y 坐标值。

返回当前鼠标位置的 Y 坐标的一个函数。它通常用在赋值构造并保存 Y 位置到一个变量,供稍后使用。

③Mouse_Button_Down(Which_Button),是否有一个指定鼠标按钮按下?

如果鼠标按钮现在处于按下位置,函数返回 true。

④Mouse_Button_Pressed(Which_Button),是否有一个鼠标按钮按下过?

如果鼠标按钮自上次调用 Get_Mouse_Button 或 Wait_For_Mouse_Button 后按下过,函数返回 true。这通常是用来测试是否调用过 Get_Mouse_Button。

⑤Mouse_Button_Released(Which_Button),是否有一个鼠标按钮被释放?

如果鼠标按钮从上次调用 Get_Mouse_Button 或 Wait_For_Mouse_Button 后,鼠标按钮被释放,返回 true 的一个函数。

在图形视窗中,如果用户可以通过点击使得算法或程序获得输入,显然比通过常规的对话框更方便。但是在图形视窗下获得用户输入,其设计往往要比对话框复杂得多。其设计时主要考虑以下问题:

* 如何提示用户进行输入?
* 如何判断用户是否已经输入?
* 采用阻塞型输入还是非阻塞型输入?
* 采用鼠标还是键盘进行输入?
* 如果用户输入有误,例如按下非输入提示的键或者点击了输入区域以外的区域,程序是否需要进行提示?

## 8.6　RAPTOR 应用案例

### 8.6.1　绘制哆啦 A 梦

哆啦 A 梦(Doraemon),又称为机器猫,是日本著名漫画故事《哆啦 A 梦》中的主角。哆啦 A 梦是一只来自未来世界的猫型机器人,用自己神奇的百宝袋和各种奇妙的道具帮助大雄解决各种困难,是全世界最著名的动漫形象之一,也是许多读者的童年梦想。我们下面要做的事情,就是利用前面所学图形方面的有关知识,绘制哆啦 A 梦的卡通图片,借助 RAPTOR 拥有属于自己的哆啦 A 梦。

【例 8.12】利用 RAPTOR 绘制如图 8-55 所示的哆啦 A 梦图形。

图 8 - 55　哆啦 A 梦

**解：** 从图中可以看出，该图形主要由圆、直线、弧等几种基本图形构成（可以将不标准的圆按圆处理）。但是要画出它还有几个问题需要解决：

①图形的叠加顺序问题。虽然基本图形比较简单，但如果处理不好叠加顺序，将不会画出比较理想的图形。所以画的时候需要分析该图，确定具体的画图顺序。一般的原则是先画最底层的，再逐步向上画，图 8 - 55 中，应该先画哆啦 A 梦的头的蓝色轮廓，再画面部其他部分。

②坐标的定位问题。这是成功画出图形的关键所在。下面就来详细说明坐标是如何确定的。

总体思路是将图片放入一个图片处理软件中，通过该软件来获取图片中各个元素的坐标位置。Windows 中的画图程序就是一款简单而且符合要求的工具。因此可以考虑将该图片用画图程序打开。

将图片用画图程序打开后（如图 8 - 56 所示），我们发现：画图程序的坐标原点是位于图片的左上角，而 RAPTOR 中的坐标原点在左下角，因此画图中的坐标不能直接应用于 RAPTOR 中。一种巧妙的处理方法是在获取坐标之前，先在画图程序中将该图片做"垂直翻转"（如图 8 - 57 所示），请一定记住，这里是"垂直翻转"，而不是"旋转 180 度"。经过这一操作后，画图程序中的坐标位置就和 RAPTOR 中的坐标位置一致了，下来要做的工作就是根据坐标位置绘制各个部件的图形。

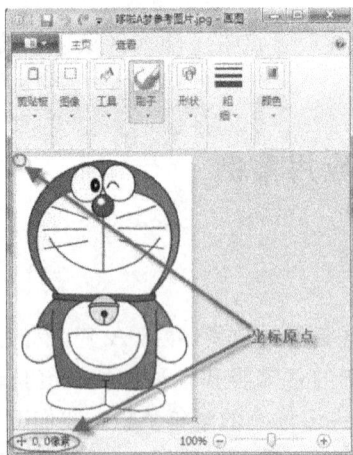

图 8 - 56　未翻转前的图形　　　　　　图 8 - 57　翻转后的图形

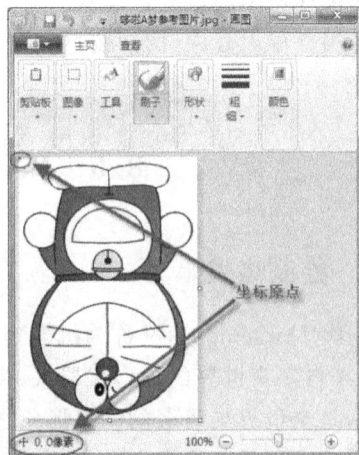

③对称问题。在图形对称时,利用对称原理作图会给绘制工作带来很大的便利。从哆啦A梦的图片中我们可以看到,整个图片基本以纵轴对称,可将对称原理具体到该题目:坐标系中(x1,y)关于对称轴 x＝x0 对称的坐标为(2x0－x1,y);(x1,y1)关于对称中心(x0,y0)的对称坐标为(2x0　x1,2y0　y1)。

小技巧:在 RAPTOR 中利用对称作图时,可以不必自己计算数值,只需要直接写出算式即可,RAPTOR 运行时将会自动计算。如图 8－58 所示。

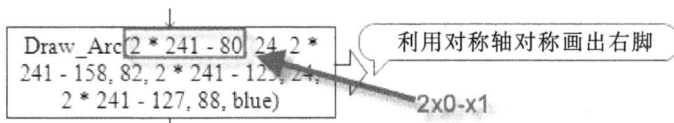

Draw_Arc(2 * 241 - 80, 24, 2 * 241 - 158, 82, 2 * 241 - 123, 24, 2 * 241 - 127, 88, blue)

利用对称轴对称画出右脚

2x0-x1

图 8－58　利用对称原理计算坐标位置

④曲线拟合问题。该图片中多处涉及到曲线拟合问题,如果曲线拟合处理不好,画出来的图片将会很不理想,因此,尽可能解决好这一问题,也成为画好图片的关键。这里给读者介绍一种曲线拟合方法,供大家参考。读者也可以根据自己的经验采用其他方法解决。

这里可以利用画图工具,画出与目标弧线拟合度最好的椭圆,将鼠标分别移动到矩形框任意一对对角(如左下角与右上角),并读取坐标。值得注意的是,此时的左下角对应到 RAPTOR 上是该矩形的左上角。然后再将鼠标分别移动到弧线的起止位置并读取坐标,然后即可在 RAPTOR 上绘制对应弧线,参见图 8－59。

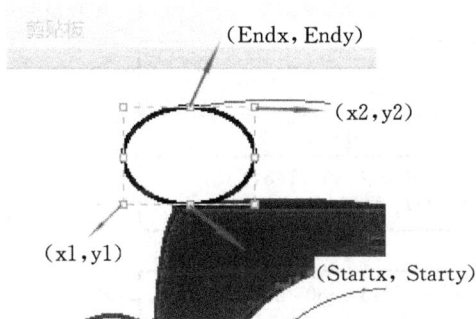

(Endx, Endy)

(x2,y2)

(x1,y1)

(Startx, Starty)

图 8－59　曲线拟合示意

注意:弧线起始坐标和终止坐标极易弄反。RAPTOR 中是以逆时针方向画弧,而在这里恰恰又与 RAPTOR 相反,需要按照顺时针取坐标。

小技巧:图形较多的时候,难免会出现缝隙、错位的情况。进行调整时,细小的差距可以直接更改数值,但是很多时候计算数值太麻烦,和上面所说的对称的做法一样,可以直接写出算式,如原坐标为(285,150),现在想要向右移动 17 个单位,就可以直接在 285 后面减去 17,即(285－17,150)。

程序实现中共包括 11 个子图:main 子图(参见图 8－60)、nose 子图(参见图 8－61)、eyes子图(参见图 8－62)、beard 子图(参见图 8－63)、face 子图(参见图 8－64)、arms 子图(参见图 8－65)、head 子图(参见图 8－66)、belly 子图(参见图 8－67)、decoration 子图(参见图 8－68)、body 子图(参见图 8－69)、foot 子图(参见图 8－70)。程序运行效果如图 8－71 所示。

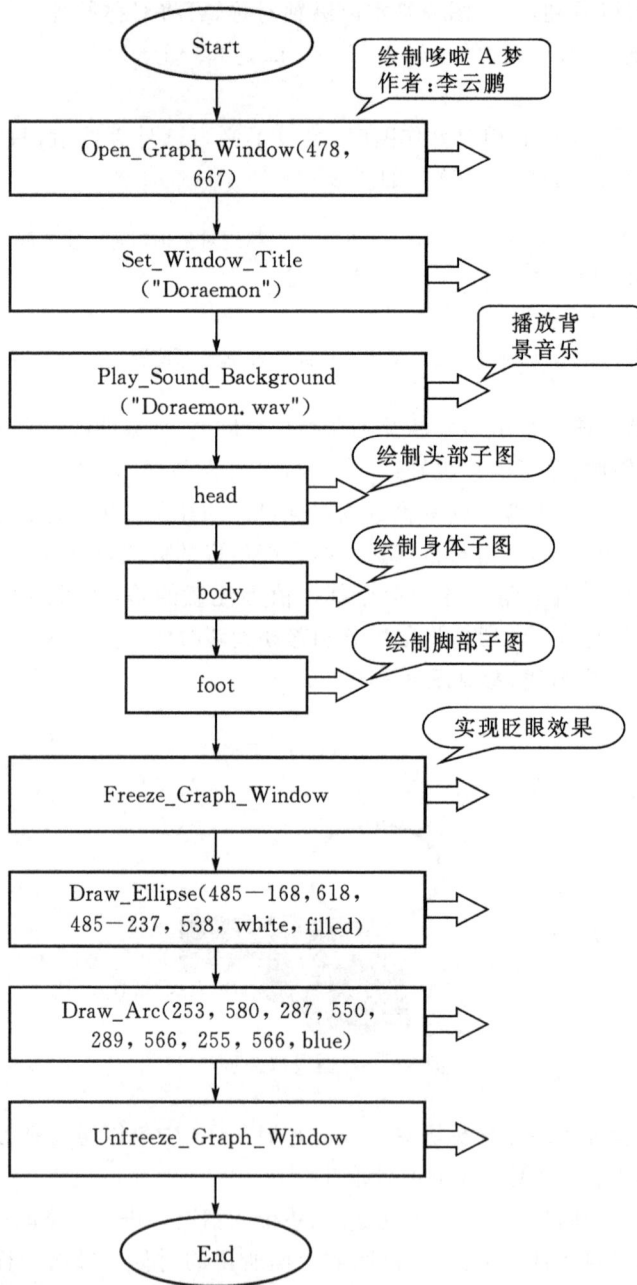

图 8-60　哆啦 A 梦 main 子图

Start

鼻子绘制子图

Draw_Circle(241，520，30，blue, filled)

Draw_Circle(241，520，26，light_red, filled)

Draw_Circle(236，534，8，white, filled)

Draw_Box(240，493，242，375，blue, filled)

End

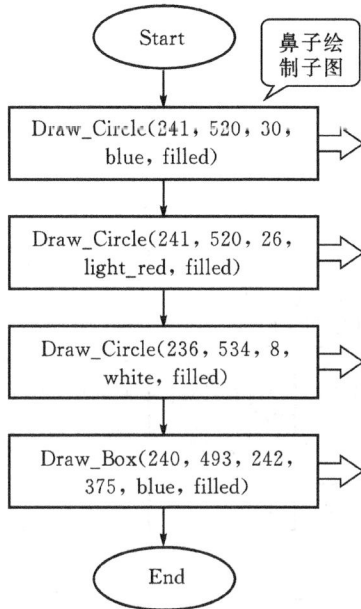

图 8-61　哆啦 A 梦 nose 子图

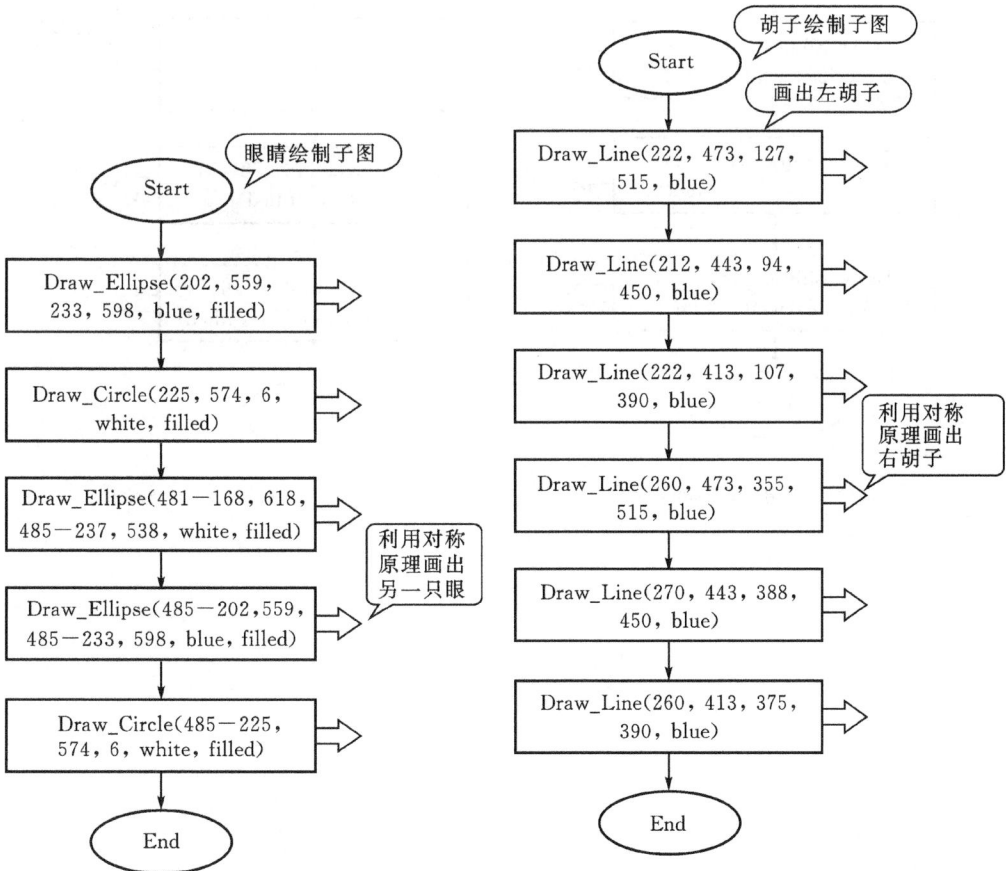

胡子绘制子图

Start

画出左胡子

Draw_Line(222，473，127，515，blue)

Draw_Line(212，443，94，450，blue)

Draw_Line(222，413，107，390，blue)

利用对称原理画出右胡子

Draw_Line(260，473，355，515，blue)

Draw_Line(270，443，388，450，blue)

Draw_Line(260，413，375，390，blue)

End

眼睛绘制子图

Start

Draw_Ellipse(202，559，233，598，blue, filled)

Draw_Circle(225，574，6，white, filled)

Draw_Ellipse(481-168，618，485-237，538，white, filled)

利用对称原理画出另一只眼

Draw_Ellipse(485-202，559，485-233，598，blue, filled)

Draw_Circle(485-225，574，6，white, filled)

End

图 8-62　哆啦 A 梦 eyes 子图

图 8-63　哆啦 A 梦 beard 子图

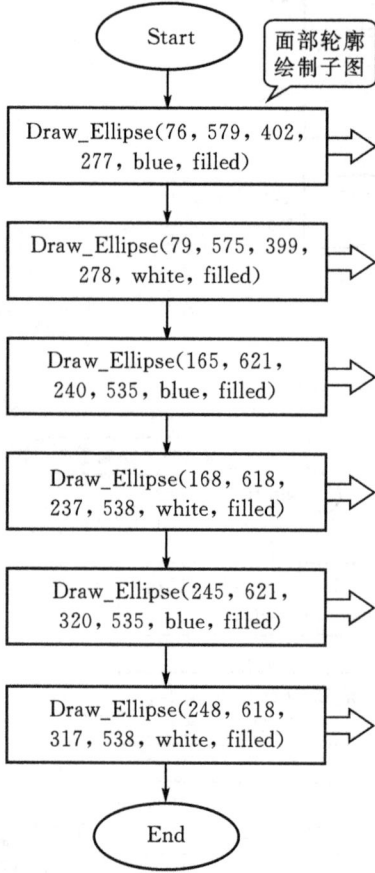

图 8-64　哆啦 A 梦 face 子图

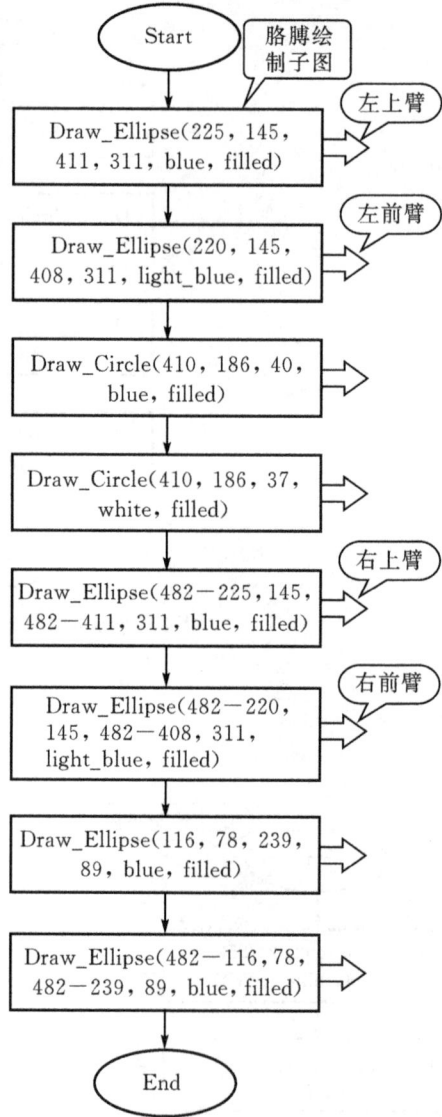

图 8-65　哆啦 A 梦 arms 子图

Start　　头部绘
　　　　　制子图

Draw_Ellipse(45，645，440，
264，light_blue，filled)

Draw_Ellipse(52，632，433，
277，blue，filled)

Draw_Ellipse(56，628，429，
281，light_blue，filled)

face　　画面部

eyes　　画眼睛

nose　　画鼻子

Draw_Arc(88，665，393，375，
160，468，323，468，blue)　　画嘴

beard　　画胡子

End

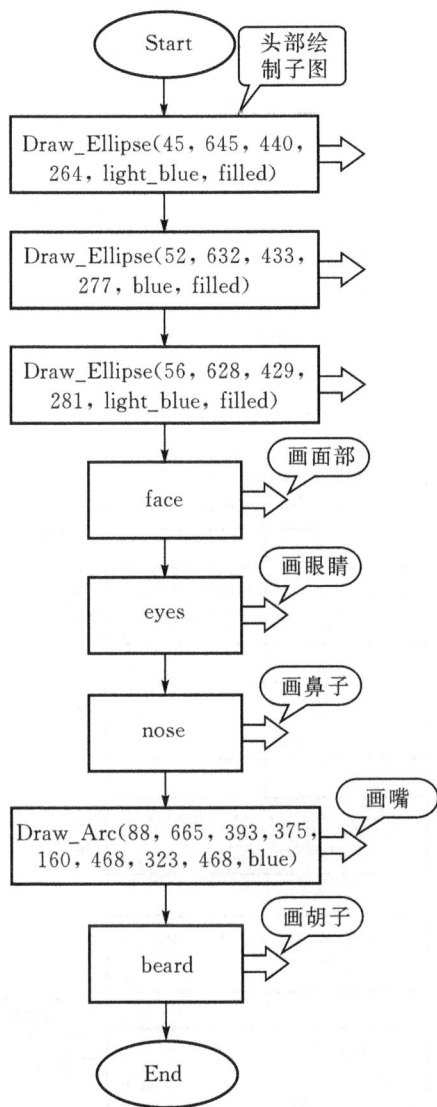

图 8-66　哆啦 A 梦 head 子图

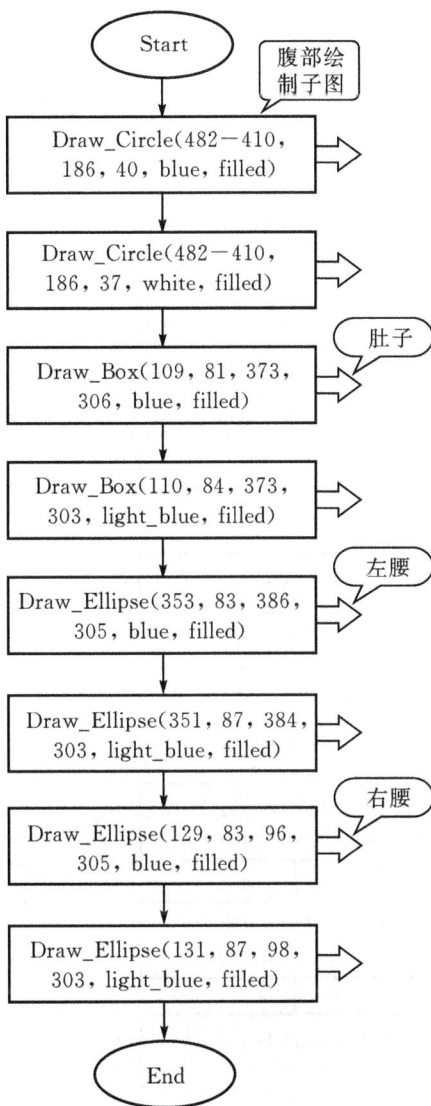

Start　　腹部绘
　　　　　制子图

Draw_Circle(482－410，
186，40，blue，filled)

Draw_Circle(482－410，
186，37，white，filled)

Draw_Box(109，81，373，
306，blue，filled)　　肚子

Draw_Box(110，84，373，
303，light_blue，filled)

Draw_Ellipse(353，83，386，
305，blue，filled)　　左腰

Draw_Ellipse(351，87，384，
303，light_blue，filled)

Draw_Ellipse(129，83，96，
305，blue，filled)　　右腰

Draw_Ellipse(131，87，98，
303，light_blue，filled)

End

图 8-67　哆啦 A 梦 belly 子图

Start 装饰绘制子图

Draw_Ellipse(132，112，354，310，blue，filled)

Draw_Ellipse(135，115，351，307，white，filled)　口袋

Draw_Arc(152，132，330，293，152，213，328，213，blue)

Draw_Line(152，213，328，213，blue)

Draw_Box(373，296，110，311，blue，filled)

Draw_Box(112，308，371，298，light_red，filled)　红带

Draw_Circle(241，278，34，blue，filled)

Draw_Circle(241，278，31，yellow，filled)　铃铛

End

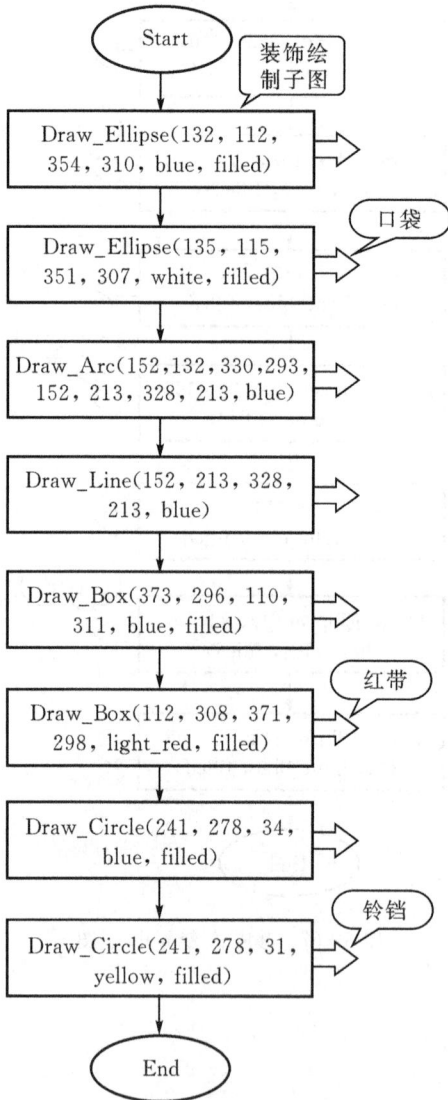

图 8-68　哆啦 A 梦 decoration 子图

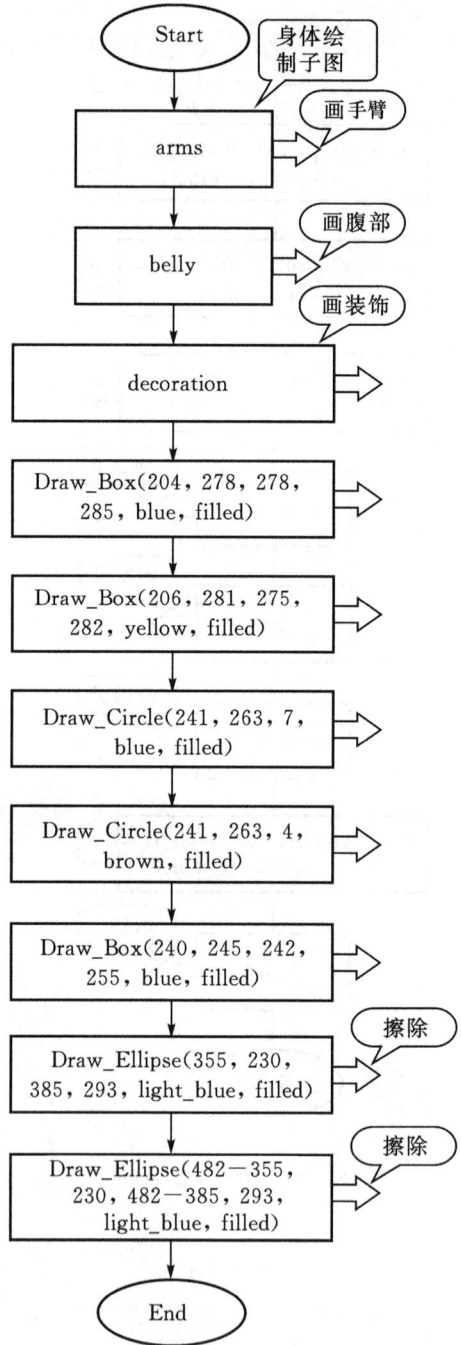

Start 身体绘制子图

arms　画手臂

belly　画腹部

decoration　画装饰

Draw_Box(204，278，278，285，blue，filled)

Draw_Box(206，281，275，282，yellow，filled)

Draw_Circle(241，263，7，blue，filled)

Draw_Circle(241，263，4，brown，filled)

Draw_Box(240，245，242，255，blue，filled)

Draw_Ellipse(355，230，385，293，light_blue，filled)　擦除

Draw_Ellipse(482-355，230，482-385，293，light_blue，filled)　擦除

End

图 8-69　哆啦 A 梦 body 子图

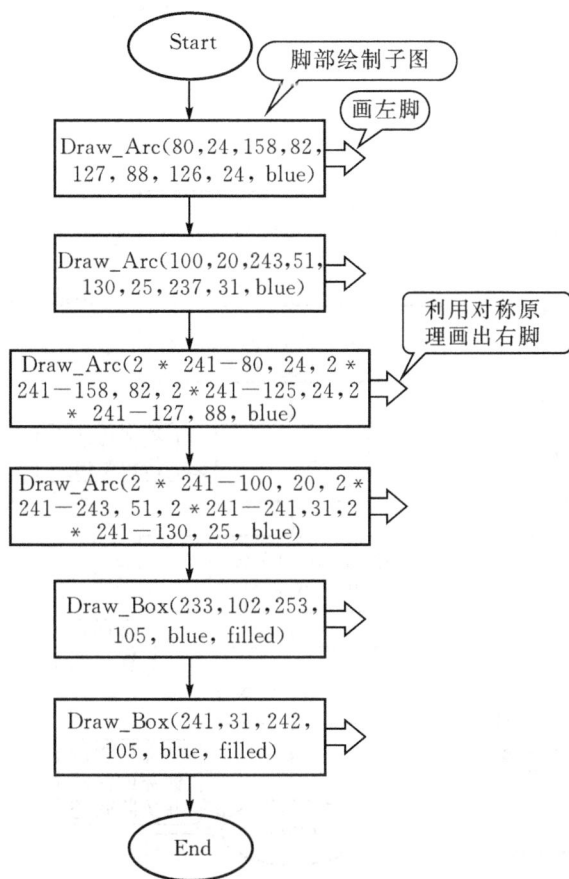

图 8-70　哆啦 A 梦 foot 子图

图 8-71　哆啦 A 梦运行效果

## 8.6.2　滚铁环的简单实现

滚铁环(参见图 8-72)是旧时儿童游戏,流行于中国各地。20 世纪六七十年代,滚铁环是男孩子的炫技宝物,拥有铁环就如同现在的孩子带着滑板上学一样,非常风光。铁环的玩法是用铁勾推动铁环向前滚动,以铁勾控制其方向,可直走、拐弯。控制铁环的动作有一定的难度,需要一定的技巧。技术好的孩子能把铁环从家一路滚到学校,绕过各种障碍,甚至可以过水塘上楼梯,别的孩子只有在一旁艳羡的份。

在这里需要借助 RAPTOR 的图形功能,绘制一个简单的滚铁环动画。

【例 8.13】利用 RAPTOR 的图形功能,模拟滚铁

图 8-72　滚铁环示意图

环的游戏,可以省略铁环把手,直接模拟铁环滚动。

**解**:这个问题的求解,需要考虑以下几个因素:

①如何画地平线。可以用 Draw_line()画一条线来模拟地平线。

②如何画铁环。这个问题比较容易解决,可以使用两个 Draw_Circle()过程画两个半径不同的同心圆,并且外圆采用有色实心填充,内圆采用白色实心填充。需要注意的是:两圆半径不宜相差过大,并且在画圆顺序上一定是先画大圆,后画小圆。有兴趣的读者可以修改源程序,先画小圆,后画大圆,看看结果如何。

③铁环如何实现滚动。因为在这里编写的是一个简易滚铁环模拟程序,所以可以把铁环的滚动简单处理为上述两个同心圆的移动,要实现移动,将两个同心圆在同一水平下的不同位置重新画一遍即可,所以同心圆的半径应该是一个动态变化的表达式。例如,可用这样的形式:

```
Draw _ Circle (150 + step, 121, 100,
Green,filled)
```

其中,step 是一个变量,每循环一次,step 值加1。

④如何清理铁环轨迹。在实现程序过程中,这个问题也是关键。如果没有这一步,就会在地平上留下铁环滚过的轨迹。要解决这个问题,可以采用覆盖法,即用一个不小于外圆的无色圆覆盖铁环原位置的圆。

程序 main 子图见图 8-73,circle 子图见图 8-74。

本例中的滚铁环虽然实现了向前走的效果,但没有真正实现边走边滚的效果,有兴趣的读者可以试着改造该程序,使其既能向前走,又有滚动效果。

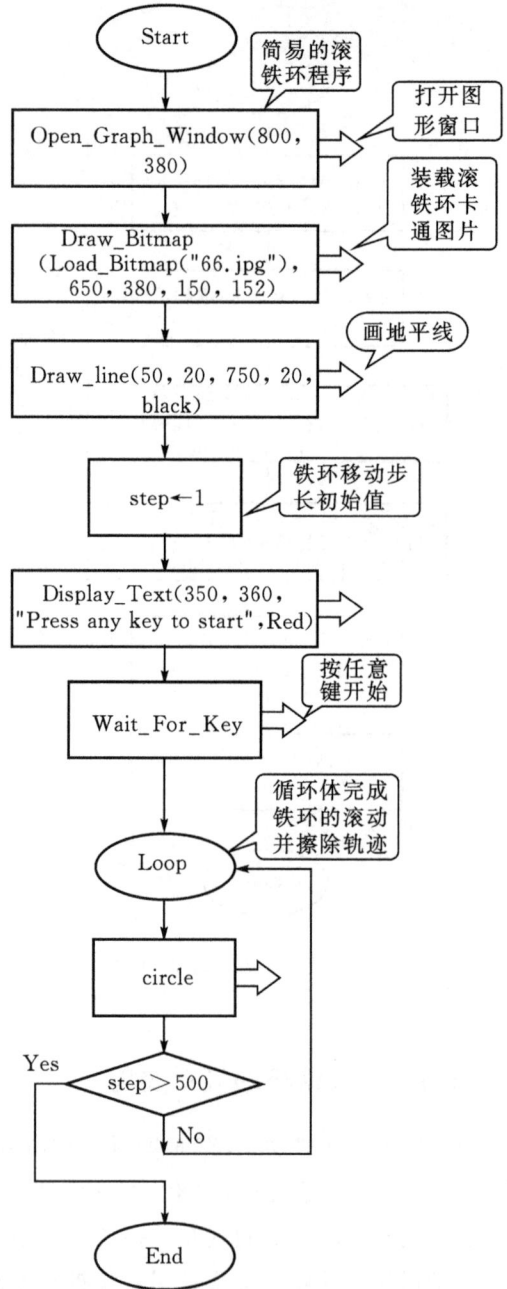

图 8-73　滚铁环 main 子图

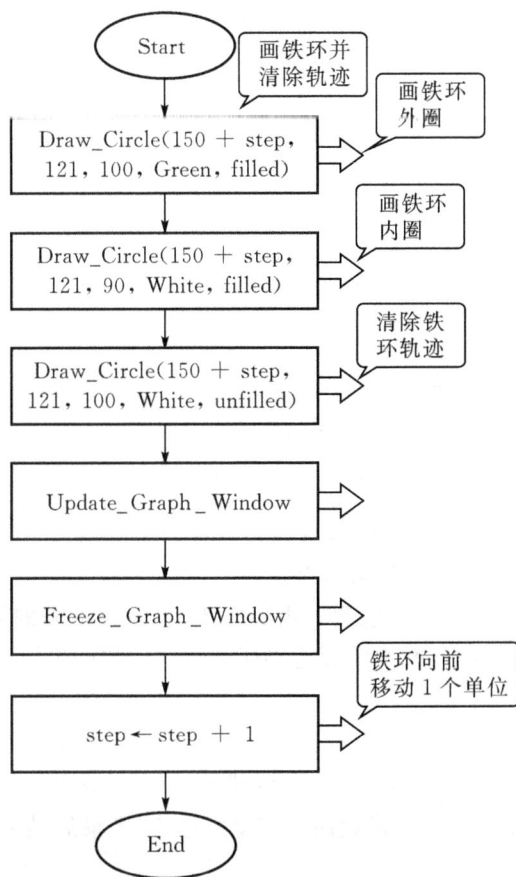

图 8-74 滚铁环 circle 子图

## 8.6.3 石头剪子布游戏的实现

石头剪子布,又称"猜丁壳",如图 8-75,是一种流传多年的猜拳游戏。起源于中国,然后传到日本、朝鲜等地,随着亚欧贸易的不断发展它传到了欧洲,到了近现代逐渐风靡世界。

图 8-75 石头剪子布游戏示意

游戏规则:石头打剪刀,布包石头,剪刀剪布。在这种游戏中,既锻炼了人的反应能力,又可以看出一个人的灵活性。

下面要做的事情就是如何用 RAPTOR 实现该游戏。

**【例 8.14】**利用 RAPTOR 实现石头剪子布的游戏。

**解:**要实现该游戏,需要考虑下面几个问题:

- 游戏模式的选定。
- 玩家如何选择手势?
- 计算机如何出拳?
- 如何判定胜负?

就上面所提出的问题,我们先做个分析,并给出设计思路。

常规的模式是人机对战,即玩家和计算机进行比赛。在此我们就采用该模式。

玩家如何出拳呢? 要做到这一点也不难,利用我们前面所学的知识,可以在窗口指定区域通过图片显示三种手势,玩家用鼠标指向某一手势的图片,即认定选择了该手势。为了方便,需要将三种手势定义给一个变量,如变量 me,并指定若 me=1,表示出拳为石头;若 me=2,则表示出拳为剪子;me=3 时,则认为出拳为布。

计算机如何出拳? 大家可能都想到了用随机数,但是接下来的问题是如何利用随机函数产生[1,3]之间的数。这个问题其实前面也有所介绍。例如产生[1,3]之间的随机数可以这样实现:

floor(random * 3 + 1)

random 函数负责产生一个[0,1)之间的随机数,然后给该数乘以 3,则可以产生一个[0,3)之间的随机数,再给其加 1,并对结果做向下取整的操作,则最后结果一定是一个[1,3]之间的随机数。

可以将上面产生的随机数送到一个变量中,如 computer,表示计算机在一次比赛中的出拳类别。注意,这里的类别必须与上面玩家的出拳类别一致,即 computer=1 表示出拳为石头,computer=2 表示出拳为剪子,当 computer=3 时表示出拳为布,否则就无法判断输赢。

如何判定胜负呢? 这也是该游戏最关键的一环。按照我们上面的规则,对 me 与 computer 的差值进行分析,得到表 8-12 的内容。

表 8-12 石头剪子布胜负判定表

| me | computer | 差值 | 判定 |
|---|---|---|---|
| 1 | 2 | −1 | |
| 2 | 3 | −1 | 玩家胜 |
| 3 | 1 | 2 | |
| 1 | 3 | −2 | |
| 2 | 1 | 1 | 玩家负 |
| 3 | 2 | 1 | |
| 1 | 1 | 0 | |
| 2 | 2 | 0 | 平局 |
| 3 | 3 | 0 | |

从表中可以清晰地看到,若两者差值为-1或者2时,则玩家胜;差值为-2或者1时,玩家负;若差值为0,则为平局。只要将这样的逻辑判断转换成符合 RAPTOR 规则的关系表达式,则很容易实现胜负的判定。

石头剪子布的程序流程图可以分成五个模块:computer_show,计算机出拳模块,如图8-76所示;main,程序主模块,如图 8-77 所示;init,初始化模块,如图 8-78 所示;me_show,玩家出拳模块,如图 8-79 所示;compare,比较模块,如图 8-80 所示。运行结果如图 8-81所示。

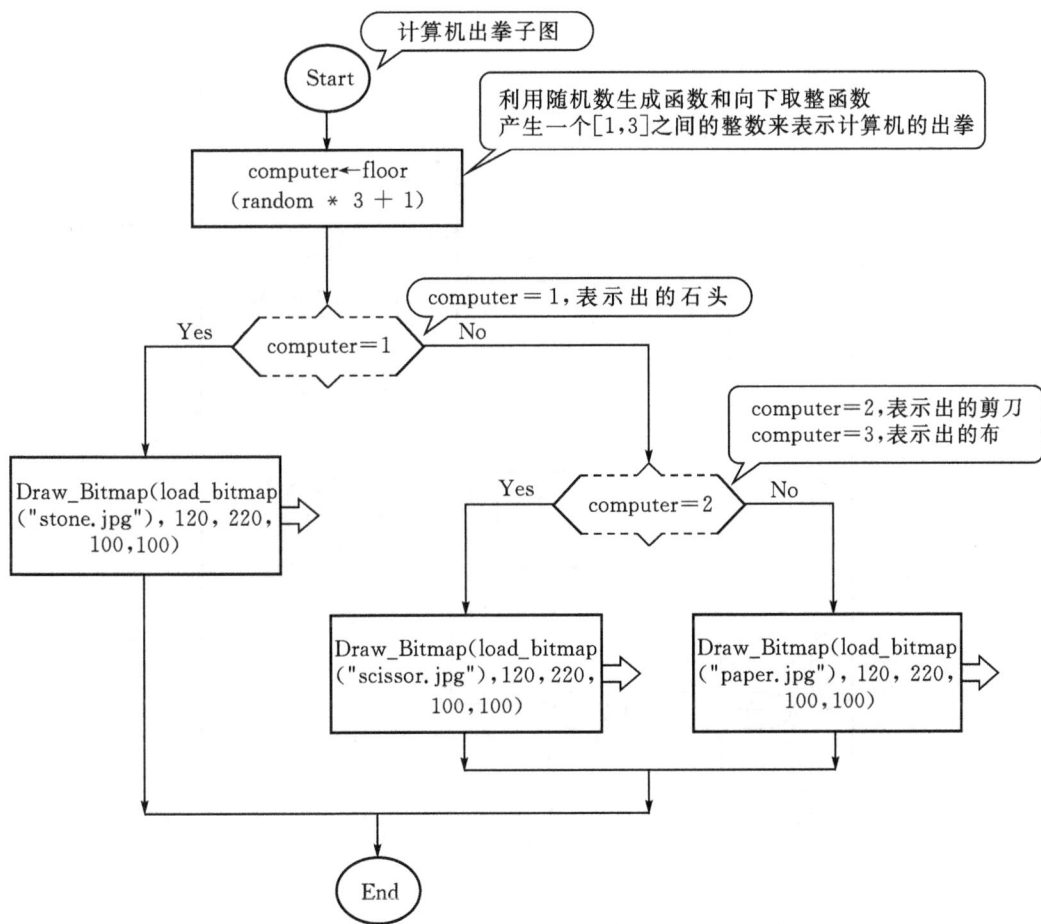

图 8-76　computer_show 模块流程图

```
        ┌─────────────┐
        │    Start    │          ┌──────────────────┐
        └─────────────┘          │ 程序:石头剪子布    │
                                 │ 作者:湛杨梦晓      │
                                 │ 修改:谢涛         │
                                 └──────────────────┘
        ┌─────────────┐          子图_初始化
        │    init     │ ▷
        └─────────────┘

        ┌─────────────┐ ◁───────────────────────┐
        │    Loop     │                          │
        └─────────────┘                          │
                                                 │
Yes   ╱x>260 and x<310 and y >150╲               │
◁─────╲    and y<170             ╱               │
        │ No                                     │
        ┌─────────────────────┐                  │
        │ Display_Text(260，290，│ ▷               │
        │ "Score:" + score，blue)│                 │
        └─────────────────────┘                  │
        ┌─────────────────────┐                  │
        │ Display_Text(260，170，│ ▷               │
        │ "EXIT"，black)        │                 │
        └─────────────────────┘   获取鼠标点击位置  │
        ┌─────────────────────┐                  │
        │ Get_Mouse_Button     │ ▷               │
        │ (left_button，x，y)    │                │
        └─────────────────────┘   清除前一次显示区  │
        ┌─────────────────────┐                  │
        │ Draw_Box(120，121，400，│ ▷              │
        │ 320，white，filled)    │                │
        └─────────────────────┘                  │
                                  子图_玩家出拳      │
        ┌─────────────┐                          │
        │  me_show    │ ▷                        │
        └─────────────┘                          │
                                                 │
Yes    ╱ me=0 ╲  No                              │
◁──────╲      ╱──────┐                           │
        │            │                           │
子图_计算机出拳  ┌───────────────┐                 │
        │      │ computer_show │ ▷              │
        │      └───────────────┘                │
子图_进行比较,给出输赢 ┌───────────┐               │
        │          │  compare  │ ▷             │
        │          └───────────┘               │
        └──────┬─────┘                          │
               └───────────────────────────────┘
        ┌─────────────────────┐
        │ Close_Graph_Window  │ ▷
        └─────────────────────┘

        ┌─────────────┐
        │    End      │
        └─────────────┘
```

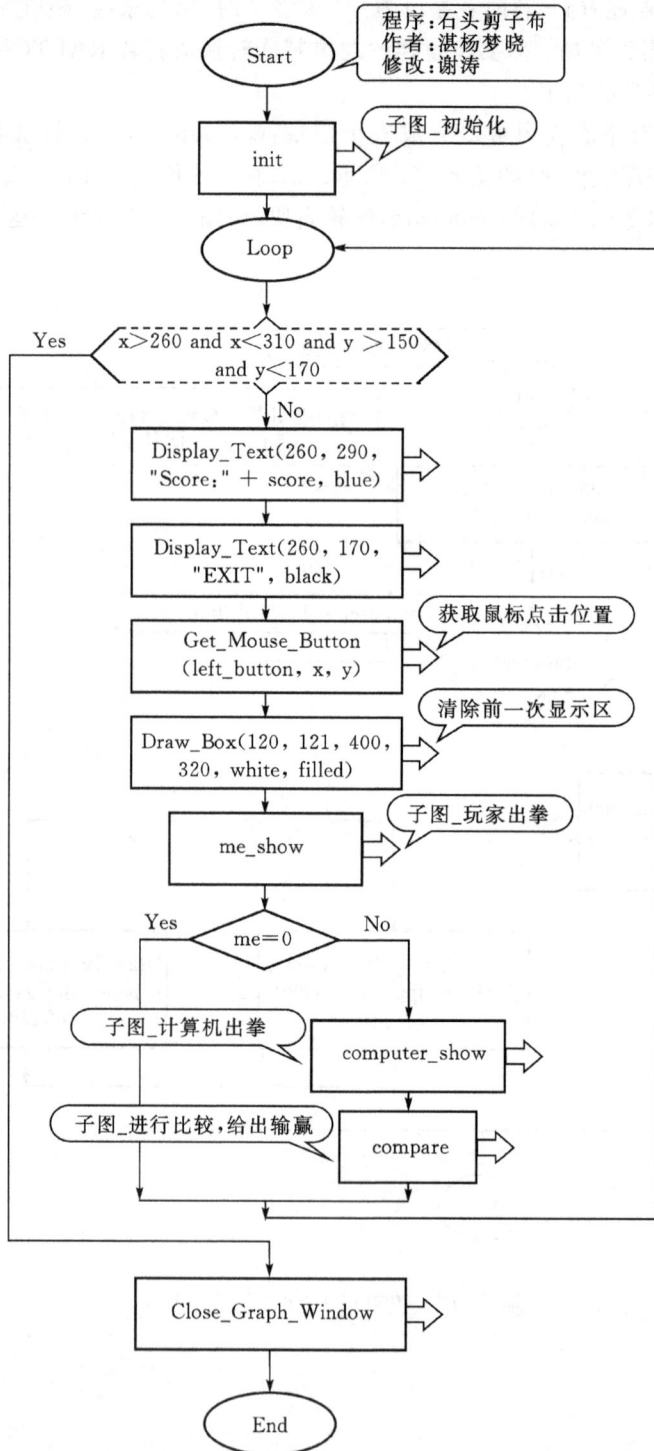

图 8-77　main 模块流程图

```
                    ┌─────────────┐
              Start │  初始化子图  │
                    └─────────────┘

              x ← 0     ┌──────────────┐
                        │ (x,y)        │
                        │ 鼠标左键点击点 │
                        └──────────────┘

              y ← 0

                        ┌──────────────┐
             me ← 0     │ 玩家出拳变量   │
                        │ 设置初值为 0,  │
                        │ 表示还未出拳   │
                        └──────────────┘

        Open_Graph_Window
           (400, 320)
                              设置程序显示标题

        Set_Window_Title("Rock
        -Scissors-Paper ")
                              显示玩家选择区

           Draw_Bitmap
        (load_bitmap("ssp.jpg"),
         1, 120, 400, 120)
                              玩家头像

           draw_bitmap
        (load_bitmap("head.jpg"),
         1, 320, 100, 100)
                              计算机头像

        Draw_Bitmap(load_bitmap
        ("computer.jpg"), 1, 220,
          100, 100)

             score ← 0    用来记录用户的得分

                          设置显示字体的大小
          Set_Font_Size(15)

               End
```

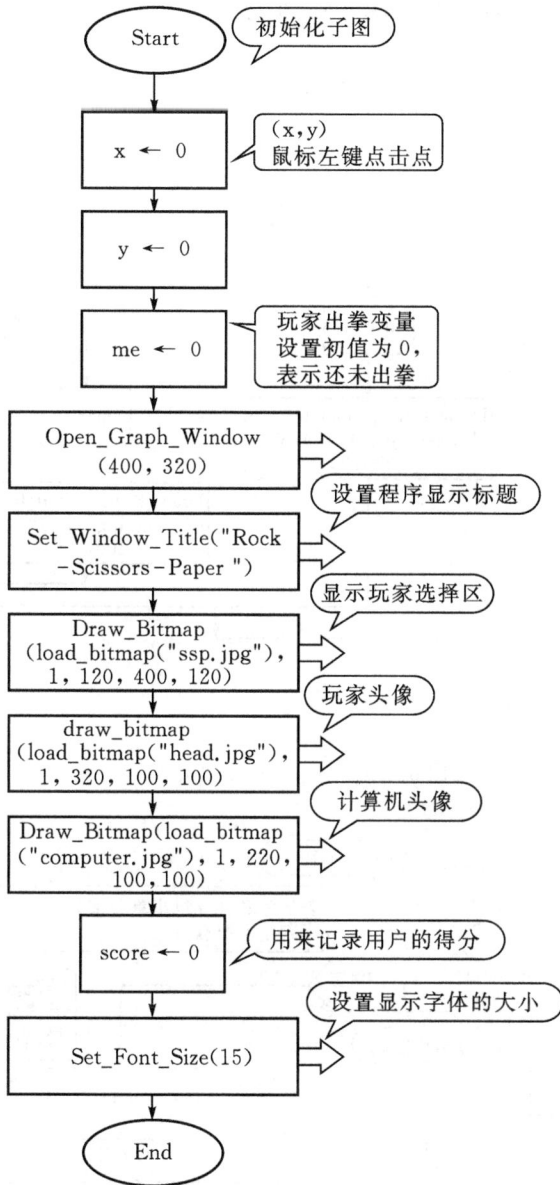

图 8-78　init 模块流程图

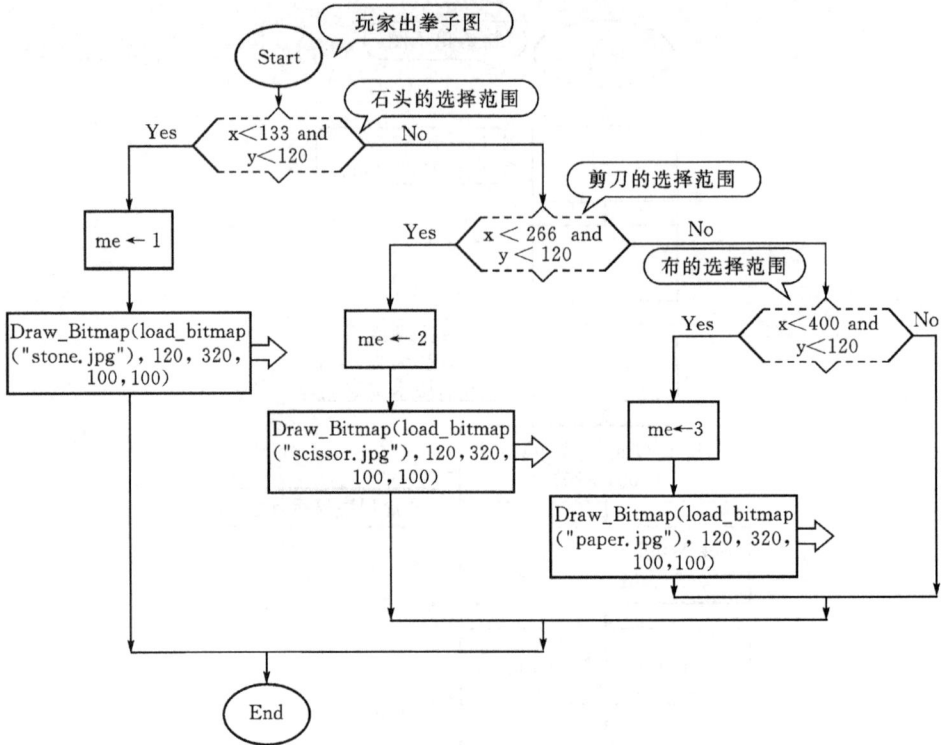

图 8-79　me_show 模块流程图

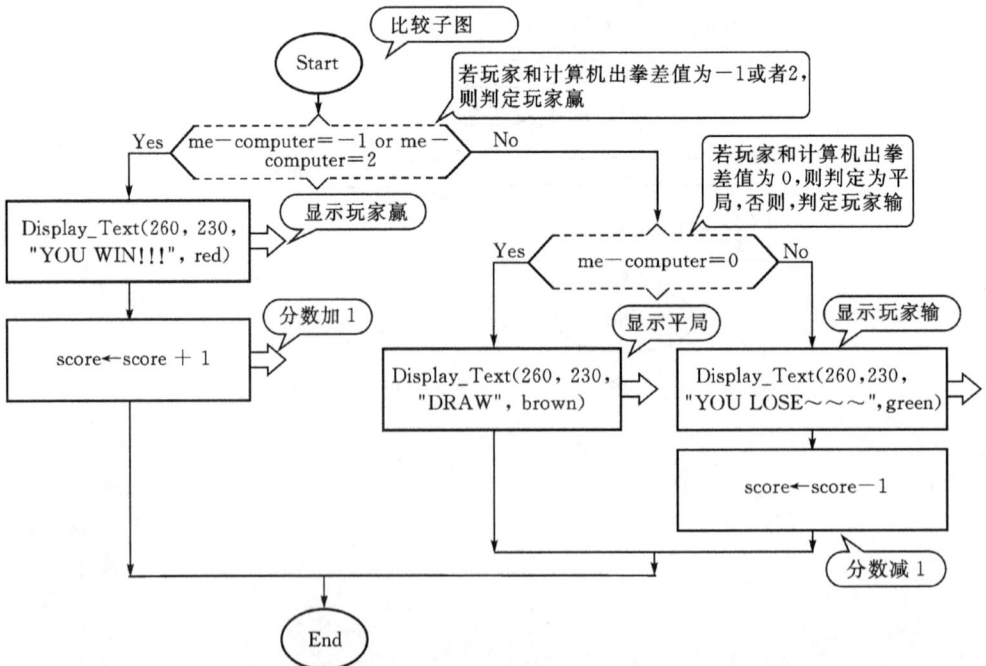

图 8-80　compare 模块流程图

图 8 - 81　石头剪子布运行结果

## 本章习题

### 一、判断题

1. RAPTOR 中子图和子程序只是叫法不同,本质上没有太大的区别。（　）

2. 一个赋值语句中的表达式可以是任何计算单个值的简单或复杂公式。（　）

3. RAPTOR 的六个主要符号分别为:赋值（assignment）、输入（input）、输出（output）、调用（call）、选择（select）、循环（loop）。（　）

4. "and"是 RAPTOR 中的关系运算符,其两边均为真时,结果为真,否则结果为假。（　）

5. 一个 RAPTOR 数组中,所有数组元素必须具有相同的数据类型。（　）

6. false 是 RAPTOR 中的常量,表示逻辑假,定义为 0。（　）

7. 一个变量值的设置可以通过调用过程的返回值赋值。（　）

8. RAPTOR 支持可变长数组。（　）

9. RAPTOR 的子程序中有一个重要的限制就是形式参数数量不能超过 8 个。（　）

10. RAPTOR 的子图是将 main 子图进行扩展或折叠的一种方法,所有子图与 main 子图共享所有变量。（　）

### 二、实验操作

1. 从对话框输入三个数据,比较其大小,并测试运行结果。

2. 计算"上下五千年"中共有多少个闰年。其中"上下五千年"指从公元前 2986 年到公元 7014 年。

3. 中国有俗语"三天打鱼两天晒网"。某人从 2000 年 1 月 1 日起开始"三天打鱼两天晒网",编写程序判断这个人在 $n$ 天后是"打鱼"还是"晒网"。

4. 有一只蚂蚁站在数轴的原点,从第 1 天开始,如果它的位置是 3 的倍数就向后退 7 格,如果是 5 的倍数就向后退 3 格,如果是 7 的倍数就向后退 5 格,若位置不是 3、5、7 的倍数,向前走当前天数除以 3、5、7 的余数之和这样多步。请问 100 天之后它在哪里?

5. 让用户输入身高和体重,根据身体质量指数 BMI（Body Mass Index,简称体质指数或体重指数）,是用体重公斤数除以身高米数平方得出的数字,是目前国际上常用的衡量人体胖瘦程度以及是否健康的一个标准。如果 BMI 小于 18.5 显示"Under Weight";如果 BMI 大于等于 18.5 并小于 24 显示"Health";如果 BMI 大于等于 24 并小于 28 显示"Over Weight";如果 BMI 大于等于 28 显示"Adiposity"。

6.使用一对骰子进行一万次投掷,分别输出两个骰子点数相等的结果。

7.请画一个简易的围棋盘(9×9),并且能够实现棋子的走子,即鼠标点到相应位置,则出现棋子。

8.参考石头剪子布游戏,实现猜牌游戏,规则如下:

由电脑随机抽取一张牌,玩家开始猜,每一次猜完以后,电脑会提示你所猜的数是大了还是小了,若在三次之内(包含第三次)猜中则玩家赢,否则电脑赢。

9.设计一个鼠标状态显示器:在屏幕上实时显示鼠标左键是否被按下、右键是否被按下、鼠标的位置信息。

10.设计一个打 SARS 游戏:开始时屏幕上有一小矩形,上方显示着一个数字 0。每当用鼠标点击一次矩形,矩形随机移动至另一个位置,上方的数字增加 1。计时 60 秒,记录点击的总次数。总次数越多分数越高。

11.设计一个吹泡泡游戏:屏幕中央有一个圆,表示泡泡,用户按下"B"键并抬起一次,泡泡就会变大一点,当泡泡触碰屏幕边缘的时候就会破裂。计时,需要的时间越短分数越高。

12.设计一个高尔夫球游戏,开始屏幕上随机位置放着一个球,屏幕中央有一个比球略大的洞。用键盘控制球的滚动,当球进洞后,屏幕上随机地再出现第二个球。计时 60 秒,记录进球的总球数,进的球越多分数越高。

13.设计一个简单的二维奇偶校验游戏。桌面上有 25 张牌,排成 5×5 的正方形,有的正面朝上,有的反面朝上。这时在这个正方形的右方和下方各加一条,使每一行每一列均为偶数张牌朝上,偶数张牌朝下。完成之后请用户闭上眼睛,计算机任意翻转一张牌,然后用户睁开眼睛,根据奇偶校验原理判断哪一张牌被翻转过。

14.设计飞蛾扑火游戏:屏幕上有若干个圆,表示飞蛾。当没有鼠标点击的时候飞蛾小幅度地随机运动,鼠标左键按下时飞蛾在随机运动的同时向鼠标靠拢,距离小于给定值即被"烧死"消失,鼠标右键按下时飞蛾在随机运动的同时向鼠标远离。当飞蛾全部死亡时结束程序。

# 参考文献

[1] 周以真.计算思维.中国计算机学会通讯[J].2007,3(11).

[2] 王飞跃.从计算思维到计算文化[J].中国计算机学会通讯.2007,3(11).

[3] 董荣胜.计算机科学导论——思想与方法[M].北京:高等教育出版社,2007.

[4] 董荣胜,古天龙.计算机科学与技术方法论[M].北京:人民邮电出版社,2002.

[5] 张晓如,张再跃.再谈计算机思维[J].计算机教育,2010(23).

[6] 董荣胜,古天龙.计算思维与计算机方法论[J].计算机科学,2009,36(1):1-4.

[7] 王树林,黄德双,骆嘉伟.计算科学与生命科学的相互交融与相互启示[J].计算机科学,
 2008,35(11):31-35.

[8] 孙兆豪,孙俊卿,郭喜凤.论计算思维和计算机思维[BS/OL].http://www.gljpkc.com/
 jsjkxdl/fushe5-2.asp.

[9] 程向前,等.计算机应用基础2011[M].北京:中国人民大学出版社,2010.

[10] (美)奥加,帕森.计算机文化[J].4版.田丽韫,译.北京:机械工业出版社,2003.

[11] 石钟慈.第三种科学方法——计算机时代的科学计算[M].广州:暨南大学出版社,2000.

[12] 鄂大为,庄鸿棉.信息技术基础[M].北京:高等教育出版社,2003.

[13] 郑纬民,汤志忠.计算机系统结构[M].北京:清华大学出版社,1998.

[14] 冯博琴,吕军,等.计算机网络[M].北京:高等教育出版社,2000.

[15] 张尧学,史美林.计算机操作系统教程[M].2版.北京:清华大学出版社,2000.

[16] 丁宝康.数据库原理[M].北京:经济科学出版社,2000.

[17] 何东键.多媒体技术与应用[M].西安:西安交通大学出版社,2003.

[18] 赵子江.多媒体技术应用教程[M].3版.北京:机械工业出版社,2003.

[19] June J Parsons, Dan Oja. New Perspectives on Computer Concepts[M]. 10th Edition.
 Thomson Learning, 2008.

[20] 彭爱华,刘晖,王盛麟.Windows 7使用详解[M].北京:人民邮电出版社,2010.

[21] 谢涛,程向前,杨金成.RAPTOR程序设计案例教程[M].北京:清华大学出版社,
 2014,9.

[22] 冯博琴,贾应智.全国计算机等级考试一级教程 MS Office[M].3版.北京:中国铁道出版
 社,2014.

[23] 冯博琴,贾应智.大学计算机基础[M].4版.北京:中国铁道出版社,2014.

[24] 冯博琴,贾应智.大学计算机基础实验指导[M].4版.北京:中国铁道出版社,2015.

[25] 尤晓东.大学计算机应用基础[M].北京:高等教育出版社,2008.

[26] 李德奇.ASP.NET程序设计[M].北京:人民邮电出版社,2007.